眺望・景観をめぐる法と政策

弁護士
坂和章平［著］
Sakawa Shohei

発行 民事法研究会

はしがき

1　数多い民事法研究会の出版物には、『実務○○法講義』というタイトルの「実務法律講義」シリーズと『○○の上手な対処法』というタイトルの「実務法律学全集」シリーズ等がある。「実務法律講義」シリーズで『実務不動産法講義』を執筆した私に、「実務法律学全集」シリーズで『景観紛争の上手な対処法』執筆のお声がかかったのは2005年3月である。そのようなテーマの本の執筆で私にお声がかかったのは、第1に私が『実務不動産法講義』を出版した2005年4月の少し前の2004年11月に『Q&Aわかりやすい景観法の解説』(新日本法規出版)を出版していたため、第2に阿倍野再開発訴訟における画期的な最高裁判決の獲得（1992年11月26日）や『まちづくり法実務体系』（編著、新日本法規出版・1996年）の出版をはじめとするたくさんの法律書の出版など、私が1980年代中頃以降ライフワークとして都市計画・まちづくり法の分野に取り組んでいたためである。そのような「お声掛け」を大変名誉なことと受け止めた私は早速その構想を練ったが、すでに出版されていた『マンション紛争の上手な対処法』や『廃棄物紛争の上手な対処法』などの名著を前に、作業は遅々として進まなかった。

　その最大の原因は、2004年（平成16年）12月18日に景観利益を認めた国立マンション事件の1審判決はすでに出ていたものの、眺望・景観紛争の実例の集積が少ないうえ、裁判によってそれなりの成果をあげた例がほとんどないことであった。私自身、景観をテーマとする本格的な訴訟を数件住民側代理人として闘った経験があったが、いずれも期待したような成果をあげることはできなかった。さらに、国立マンション事件1審判決は所詮例外的な判決で、きっと控訴審では逆転されるだろうと考えていたこともあり、景観紛争にいかに上手に対処すべきかについて、私なりの実践に基づいた戦略と戦術そしてノウハウをまとめることは容易にできなかったのである。

2　そのような中で、2005年11月、耐震強度偽装問題が発覚し大きな社会問題となったため、急遽2007年7月『建築紛争に強くなる！　建築基準法の読

はしがき

み解き方——実践する弁護士の視点から』（民事法研究会）を出版したり、「二足のわらじをはく弁護士」として定期的な出版が義務づけられていた（？）『SHOW-HEYシネマルーム』の出版（2002年6月から2012年1月まで計27巻）、さらには2009年8月に初めて中国語で出版した『取景中国——跟着电影去旅行（Shots of China）』（上海文芸出版）や、2010年3月の『名作映画から学ぶ裁判員制度』（河出書房新社）、2010年12月の『名作映画には「生きるヒント」がいっぱい！』（河出書房新社）の出版等に追われ、いつの間にか『景観紛争の上手な対処法』の執筆が宙に浮いてしまっていた。

　ところが、私がそんな風に浮気（？）している間に、2004年（平成16年）6月に制定され2005年（平成17年）6月に全面施行された景観法が少しずつ全国で活用され始めた。そして2007年（平成19年）3月、京都市は眺望景観創生条例という何ともすごい条例を制定した。さらに、全国的に注目されていた鞆の浦の埋立てをめぐる訴訟では、2008年（平成20年）2月に仮の差止命令が出されたうえ、2009年（平成21年）10月には埋立免許を差し止めるという画期的な判決が出された。また、国立マンション事件は予想どおり控訴審では逆転したが、2006年（平成18年）3月の最高裁判決は差止請求は棄却したものの、景観利益を認めるという画期的な内容となった。

　他方、日本の政治状況をみても、2001年4月から2006年9月まで5年半続いた小泉純一郎内閣の中で確立した「観光立国」への道は、「美しい国づくり」をめざす安倍晋三内閣に承継されたうえ、2009年8月30日の政権交代後も民主党政権にしっかりと受け継がれた。そして、経済成長著しい中国からの観光客増大という新たな状況下、観光立国への期待は飛躍的に大きくなっていった。そのような中で景観法の活用、具体的には景観行政団体となった地方自治体が景観計画を策定し、景観地区を指定することによって良好な景観を形成していくことが重要な政策課題となっている。

　3　以上のように、2005年3月から2012年2月まで約7年の間に大きくわが国を取り巻く状況が変化する中で私が決断したのは、『景観紛争の上手な対処法』というタイトルの変更である。つまり、個々具体的な景観紛争への上

手な対処という視点ではなく、景観法を軸とした眺望・景観をめぐる法と政策の新局面を明らかにし、市民と自治体が共に良好な景観を形成するために進むべき姿を示そうと考えたのである。もちろん、国立マンションと鞆の浦の二大判決は多くの眺望・景観紛争の蓄積の中で生まれたものであるから、それまでの眺望・景観紛争の分析は不可欠である。また、往々にして見逃されがちだが、景観法の制定と同時に屋外広告物法も改正されたため、良好な景観形成に大きな障害となる屋外広告物についての法と政策の検討も不可欠である（この点でも、とりわけ京都市の眺望景観創生条例に注目したい）。

　今や景観をめぐる時代状況は個々の眺望・景観紛争の判例分析というレベルを超え、日本国をあげて観光立国をいかに推し進めていくのか、そして景観法という重要な武器を手にした市民や自治体がいかにそれを活用して各地に良好な景観を形成していくのかを考え、立案し、実践するという新たな局面に突入しているのである。政治においても、政局を楽しみ批評するだけの劇場型民主主義ではなく、ひとつひとつの政策を国民が主体的に判断し責任ある一票を投じるという主体的民主主義が要請されているのと同じように、眺望・景観紛争についても市民や行政に主体性と責任が問われているのである。もっとも、日本の都市法は複雑かつ難解である。これが都市法をライフワークとしている私の最大の感想であり、景観法制定後の各種立法をみてもその感をますます強くしている。つまり、市民や行政が主体的によりよき景観を形成していくためには、景観法を軸とした複雑かつ難解なまちづくりの法と政策の学習が不可欠なのである。

4　政治的にも経済的にも未曾有の危機にあった日本国は、さらに2011年3月11日、東日本大震災という大災害に見舞われた。そのような中、菅直人政権という官邸と民主党という与党全体の機能不全が痛々しいほど露呈された。このままでは日本は沈没する。それはきっと、各界の心ある人たちに共通する認識であろう。しかし、市民と自治体が一体となって日本の優れた景観を守り発展させ、眺望・景観をめぐる法と政策を正しく進めるならば、日本国再浮上の途はあるのではないか。3・11東日本大震災からの復旧・復興

は容易なことではないことは明らかであるが、それでもなお、私はそう確信している。一方ではそのような大局的な目をもちながら、他方で読み解き方が難しい景観法を軸とした眺望・景観をめぐる法と政策の新局面を、本書でしっかり学んでもらいたい。

　本書の構想はそのほとんどを筆者（＝坂和章平）が練り体系化したが、眺望・景観判例の分析や景観利益を中心とした国立マンション、鞆の浦という「両横綱判決」の分析については、長男の坂和宏展が奮闘した。難解極まりない学者の先生方の判例評論を整理し、それにコメントを加えるのは大変な知的作業であった。その他本書の完成については、彼が猛暑の2010年の7月・8月中に黙々とパソコンに向かってキーボードを叩いてくれたことが大きく寄与している。彼は東京での3年半の弁護士生活を経て、2010年4月に坂和総合法律事務所に入所し、父親と共に事務所を背負うことになった59期の弁護士だが、これによって、私はもちろん彼も大いに成長したものと確信している。彼の協力なしには本書は完成しなかったはずだから、彼には心から感謝したい。最後に、2005年3月から約7年間辛抱強く本書の完成を見守ってくれた民事法研究会の田口信義社長と担当の軸丸和宏さんにも、この場を借りて心からのお詫びと謝意を捧げたい。

　2012年3月

弁護士　坂　和　章　平

目 次

序章　観光立国への道──景観法の活用──

第1節　日本国の行き詰まりと中国の台頭 2
　Ⅰ　日本国の行き詰まり 2
　Ⅱ　中国の台頭 3

第2節　観光立国と押し寄せる中国人観光客 4
　Ⅰ　「観光立国」政策 4
　Ⅱ　押し寄せる中国人観光客 5

第3節　日本の「まち」の魅力 7
　Ⅰ　『狙った恋の落とし方。』のヒットと北海道ブーム 7
　Ⅱ　日本の「まち」は美しい？ 8
　Ⅲ　日本の観光力 9
　Ⅳ　東日本大震災を超えて 9

第4節　景観法の活用 12

第1章　まちづくりと景観法

第1節　まちづくりの法と政策 14
　Ⅰ　まちづくりの法と政策素描 14
　　1　まちづくりとは、まちづくり法とは 14
　　2　戦後のまちづくりとまちづくり法 15
　　3　日本のまちづくりの特徴 17

5

目次

  Ⅱ まちづくりの実践と問題意識 18
   1 出版にみるまちづくりの実践 18
   2 筆者の問題意識 19

第2節 小泉都市再生にみる、まちづくりの法と政策 20

  Ⅰ まちづくりの現状と課題 20
   1 小泉内閣と都市再生 20
   2 民主党連立政権下のまちづくり 20
  Ⅱ 都市再生の活用とその批判 21
   1 都市再生への批判 21
   2 五十嵐弁護士の視点 22
   3 筆者のスタンス 23
  Ⅲ まちづくりで重要さを増す「景観価値」 24
   1 伊藤グループの活躍 24
   2 景観価値の位置づけ 24

第3節 眺望・景観をめぐる法と政策 26

  Ⅰ 希薄だった「景観」意識 26
  Ⅱ 多発する眺望・景観紛争 26
  Ⅲ 法の不備と法廷闘争の限界 27
  Ⅳ 景観価値の高まりと眺望・景観をめぐる「法と政策」の必要性 ...28

第4節 「美しい国」と景観法 30

  Ⅰ 「美しい国」というキーワード 30
  Ⅱ 景観価値と私権制限 31
  Ⅲ 「美しい国づくり」のための法と政策・景観法の活用 31
  Ⅳ 景観法制定と眺望・景観紛争の変化 32

第5節　本書がめざすもの・本書の構成 ……………………………34

第2章　眺望・景観紛争の論点と到達点

第1節　眺望紛争とその到達点 ……………………………38

Ⅰ　眺望判例の整理と分析 ……………………………38
　1　眺望判例の整理 ……………………………38
　2　眺望判例の分析 ……………………………39
　3　昭和50年頃まで ……………………………39
　　＜chart 1＞　眺望判例一覧表 ……………………………40
　4　昭和50年から昭和末期まで ……………………………48
　5　平成以降 ……………………………49
　6　まとめ ……………………………51

Ⅱ　眺望判例から景観判例へ ……………………………52
　1　眺望・景観判例の新たな潮流 ……………………………52
　2　「国立マンション事件」最高裁判決前の景観判例 ……………………………53
　3　「国立マンション事件」最高裁判決後の景観判例 ……………………………55
　4　眺望判例の現在 ……………………………55

Ⅲ　判例・学説から読み解く眺望・景観紛争 ……………………………58
　1　眺望とは何か ……………………………58
　2　眺望の独自性とは——「日照・眺望紛争」からの独立 ……………………………58
　3　眺望の「景観への接近」と「個別化」 ……………………………60
　4　個別の眺望の時代から、全体の景観の時代へ ……………………………62
　5　注目される新たな「眺望」のあり方 ……………………………63

第2節　景観紛争と景観価値の高まり ……………………………65

目 次

 Ⅰ　眺望紛争から景観紛争へ ………………………………………………65
  1　公害から環境へ …………………………………………………65
  2　眺望から景観へ …………………………………………………67
  3　司法的視点の限界と立法的・政策的視点の必要性 …………68
 Ⅱ　景観価値の多様性 ………………………………………………………69
  1　「美の原則」を条例に掲げた意味 ……………………………69
  2　どのような景観が「よい」のか ………………………………71
 Ⅲ　景観価値についての学説 ………………………………………………74
  1　田村明教授による分析 …………………………………………74
  2　「美しい景観を創る会」の主張と批判 ………………………76
  3　景観価値の議論に必要なものは──日欧中の都市比較 …77
 Ⅳ　景観紛争は新たなステージへ …………………………………………80

第3節　まちづくりと眺望・景観紛争 ……………………………………81

 Ⅰ　まちづくりにおける眺望・景観の位置づけ …………………………81
  1　まちづくりの多様性と景観の地位 ……………………………81
  2　まちづくりと眺望・景観紛争 …………………………………83
 Ⅱ　マンション紛争と眺望・景観 …………………………………………85
  1　まちづくり紛争の主役はマンション …………………………85
  2　マンション紛争の対処法 ………………………………………86
 Ⅲ　眺望・景観にみるマンション紛争①──マンションの形状による紛争 …………………………………………………………………………88
  1　高さをめぐるマンション紛争 …………………………………88
  2　地下室マンションをめぐる紛争 ………………………………89
  3　長さをめぐるマンション紛争 …………………………………90
  4　デザイン・色彩とマンション …………………………………90
 Ⅳ　眺望・景観にみるマンション紛争②──建築地域による紛争 …91
  1　都心部におけるマンションvsマンション ……………………91

2　世界遺産とマンション 92
　　3　歴史・文化とマンション 94

第4節　眺望・景観紛争への新たな対応策 95
　Ⅰ　マンションと景観紛争への新たな対応策 95
　　1　景観法を活用した規制 95
　　2　司法による抑制の強化 96
　　3　「やり得」を許さない事後規制 97
　　4　高層マンションの建築規制に伴う調整 98
　　5　紛争解決チャンネルの多様化 99
　Ⅱ　公共事業・大規模開発と景観紛争への新たな対応策 100
　　1　公共事業と景観紛争 100
　　2　民間大規模開発と景観①――今、東京の大規模再開発は 102
　　3　民間大規模開発と景観②――今、大阪の大規模再開発は 106
　　4　まとめ 108
　Ⅲ　規制と開発の両立を 108
　　1　価値の転換を、景観価値の重視を 108
　　2　規制と開発のメリハリによって良好な景観を形成することの
　　　意味 110
　　3　規制と開発の両立を 111

第3章　眺望・景観紛争の到達点
　　　――2つの注目判例から――

第1節　景観紛争の意義と到達点
　　　――国立マンション事件判決を中心に 114
　Ⅰ　国立マンション事件の概要と住民運動の特徴 114

目次

  1 国立マンション事件とは ……………………………114
  2 大学通りの景観をめぐる住民運動の特徴 ……………115
  3 地区計画が先か、建築確認が先か ……………………115
   <chart 2> 大学通りの景観をめぐる住民運動 ………116
 Ⅱ 景観利益を中心とした１審判決と控訴審判決の法理 …117
  1 違法部分の撤去を命じた１審判決と逆転控訴審判決 …117
  2 １審判決の法理 …………………………………………118
  3 控訴審判決の法理——景観利益についての判断 ……120
  4 地区計画と条例についての１審判決と控訴審判決の相違 ……121
 Ⅲ 最高裁判決の意義と限界 …………………………………123
  1 住民側による上告とその結果 …………………………123
  2 最高裁判決が認めた「景観利益」 ……………………124
  3 景観利益の侵害 …………………………………………124
  4 最高裁判決の意義とその限界 …………………………126

第２節 鞆の浦世界遺産訴訟
   ——眺望・景観紛争の新たな時代 ……………………129

 Ⅰ 鞆の浦の架橋計画(広島県福山市) ………………………129
  1 鞆の浦とは ………………………………………………129
  2 鞆地区道路港湾整備事業の概要 ………………………130
  3 対立軸は「景観vs利便性」 ……………………………131
  4 『五十嵐・美しい都市』にみる鞆の浦とは …………132
 Ⅱ 埋立免許仮の差止め申立事件(本件仮の差止事件) ……133
  1 仮の差止めとは …………………………………………133
  2 本件仮の差止事件と裁判所の判断 ……………………134
 Ⅲ 埋立免許差止請求事件(本件差止訴訟) …………………135
  1 差止めの訴えの明文化 …………………………………135
  2 訴訟の経過と争点 ………………………………………136

         3　画期的な1審判決 ……………………………………137
         4　1審判決の判断①──「法律上の利益」の有無 ………138
         5　1審判決の判断②──「重大な損害を生ずるおそれ」「適当な
           方法」の有無 ……………………………………………141
         6　1審判決の判断③──明らかな法令違背及び裁量権の逸脱又
           は濫用の有無 ……………………………………………142
     Ⅳ　1審判決後の動き …………………………………………144
         1　認可の先延ばしと広島県による控訴 …………………144
         2　知事交代による推進派と反対派の協議の開始 ………145
         3　控訴審の動向 …………………………………………146
     Ⅴ　仮の差止事件と1審判決の評価とその評論 ………………146

第3節　景観事件の東西「両横綱判決」の検討 ………………148
     Ⅰ　景観事件の東西「両横綱判決」の3つのポイント …………148
     Ⅱ　景観利益の法的保護性とは ………………………………149
         1　「景観利益」とは何か …………………………………149
         2　「都市の景観」と「歴史・文化の景観」 …………………150
         3　民事訴訟における景観利益と、行政訴訟における景観利益 …154
     Ⅲ　民事上の損害賠償と差止め ………………………………156
         1　不法行為に基づく損害賠償と、差止請求の関係 ……156
         2　景観訴訟における差止めの可否 ………………………157
         3　景観訴訟では「公」vs「私」が逆転するのか …………160
         4　行政訴訟における差止めについての裁量判断手法との比較 …161
     Ⅳ　景観行政訴訟固有の論点 …………………………………162
         1　原告適格と行政事件訴訟法9条 ………………………162
         2　原告適格についての適用法令と「関連法令」 …………163
         3　原告適格が認められるのは、「距離」か「面」か ………166
         4　景観利益と「重大な損害を生ずるおそれ」 ……………169

11

5　今後の景観行政訴訟の課題 169

第4章　住民参加のまちづくりと景観法

第1節　まちづくり条例・景観条例の到達点 172

Ⅰ　「上乗せ」「横出し」条例の意義と限界 172
　1　公害の時代における「上乗せ」「横出し」条例 172
　2　「法律先占論」との闘い 173
Ⅱ　開発指導要綱の意義と限界 174
　1　開発指導要綱とは 174
　2　開発指導要綱の歴史 175
　3　「通達」と開発指導要綱 176
　4　武蔵野市マンション事件と開発指導要綱 177
　5　武蔵野市長の刑事事件と開発指導要綱 179
　6　そもそも、なぜ「開発指導要綱」だったのか 181
Ⅲ　まちづくりに委任条例が果たした役割 182
　1　委任条例と自主条例、2つの方向性 182
　2　委任条例の強化①──美観地区と風致地区 183
　3　委任条例の強化②──地区計画制度と建築条例 185
　4　委任条例の強化③──特別用途地区 186
Ⅳ　まちづくりに自主条例が果たした役割①──先進的な取組み ...188
　1　神戸市の事例──神戸市地区計画及びまちづくり協定等に関する条例 188
　2　東京都世田谷区の事例──世田谷区街づくり条例 ...189
Ⅴ　まちづくりに自主条例が果たした役割②──まちづくり条例・景観条例へ 190
　1　委任条例と自主条例の組合せによるまちづくり 190

2　景観法制定以前の景観条例 190
　　3　「条例によるまちづくり」についての小林教授の分析 191
　　4　真鶴町における「美の条例」 192
　　5　自主条例の展開とその限界 194
　Ⅵ　自主条例は「無力」か──宝塚市パチンコ店条例事件の影響 ...194
　　1　宝塚市パチンコ店条例事件とは 194
　　2　宝塚市パチンコ店条例事件の波紋 197
　Ⅶ　開発指導要綱の自主条例化 198
　　1　開発指導要綱の条例化の促進 198
　　2　指導要綱のみを条例化した事例──明石市、藤沢市 199
　　3　指導要綱の条例化にあわせてプラスαのまちづくり制度を定
　　　　めた事例──宝塚市 200
　　4　指導要綱の条例化を契機としてまちづくり条例を制定した事
　　　　例──武蔵野市、所沢市 200
　　5　さらなる拡大への期待 201
　Ⅷ　景観法に基づく委任条例の活用 202
　　1　景観法制定の意義 202
　　2　景観法が定める委任条例の活用 202

第2節　まちづくりにおける住民参加 204

　Ⅰ　住民参加の重要性とその拡大 204
　　1　住民参加の重要性 204
　　2　条例制定と住民参加 204
　　3　住民参加の仕組みと拡大 205
　Ⅱ　地区計画における住民参加 205
　　1　住民参加の萌芽としての地区計画 205
　　2　地区計画制度における条例 206
　　3　地区計画における住民参加の意義と限界 206

目次

- Ⅲ 「まちづくり協議会」と住民参加 ……………………………207
  - 1 先進的な自治体における「まちづくり協議会」 …………207
  - 2 阪神・淡路大震災と「まちづくり協議会」 ………………209
  - 3 まちづくり協議会の限界と課題──芦屋中央地区における筆者の実践から ……………………………………………211
- Ⅳ NPO法人による都市計画決定への住民参加 …………………213
- Ⅴ 都市計画決定への住民参加①──平成12年改正都市計画法 ……214
  - 1 住民参加の拡大と都市計画法の改正 ………………………214
  - 2 平成12年改正法以前の都市計画法における住民参加 ……215
  - 3 平成12年改正法による住民参加の拡充 ……………………216
- Ⅵ 都市計画決定への住民参加②──平成14年改正都市計画法 ……219
  - 1 都市計画の提案制度の創設 …………………………………219
  - 2 都市計画の提案制度の概要 …………………………………220
  - 3 都市計画の提案制度の活用状況 ……………………………221
- Ⅶ 景観法における住民参加 ………………………………………221
  - 1 景観法が定める住民参加の制度と仕組み …………………221
  - 2 景観計画の提案制度 …………………………………………222
  - 3 景観計画策定の提案事例 ……………………………………223

第5章 景観法の制定とその活用

第1節 景観法の制定とその概要 ……………………………228

- Ⅰ 景観法制定の背景とその意義 …………………………………228
  - 1 景観法の制定 …………………………………………………228
  - 2 景観法制定の背景 ……………………………………………228
  - 3 景観法制定の意義 ……………………………………………229
- Ⅱ 景観法の構成とその特徴 ………………………………………230

		1	景観法の構成	230
		2	景観法の特徴	231
	Ⅲ	景観法が定めた重要なツールとその意義		232
		1	景観行政団体と景観計画	232
		2	景観地区と準景観地区	234
			<chart 3> 景観地区における規制の対象と手段	235
		3	景観地区の画期性	235
	Ⅳ	景観法の活用状況		237
		1	景観法の完全施行から7年余	237
		2	景観行政団体	237
			<chart 4> 景観行政団体数の推移	238
		3	景観計画の策定状況	239
		4	景観地区・準景観地区の策定状況	240

第2節　景観法の到達点と課題 …………………………………… 242

	Ⅰ	景観法の到達点		242
		1	景観法への期待	242
		2	景観法の到達点（定着状況）	243
	Ⅱ	景観法が定める委任条例		245
		1	景観法が定める委任条例の拡充	245
			<chart 5> 景観法の委任条例の定め	246
		2	景観地区指定の意義とその活用状況	247
	Ⅲ	委任条例①——景観計画に関する委任条例の到達点		250
		1	国土交通省によるアンケート調査	250
		2	景観計画に関する委任条例の到達点	251
	Ⅳ	委任条例②——景観地区に関する委任条例の到達点		251
		1	国土交通省によるアンケート調査	251

目次

   <chart 6> 景観法第 3 章が定める区域に関する条例の委任事項
      を定めた委任条例の件数 252
  2 景観地区等に関する委任条例の到達点 253
 Ⅴ 今後の課題 254
  1 景観計画（区域）と景観地区のさらなる拡大 254
  2 景観価値の高まり 254
  3 地域主権戦略大綱の閣議決定（第 2 次見直し）と第 2 次一括
   法の制定に伴う景観法の一部改正 256

第 6 章　屋外広告物と景観法

第 1 節　屋外広告物と眺望・景観紛争 260

 Ⅰ 屋外広告物と眺望・景観 260
  1 溢れかえる屋外広告物は、全て悪玉か 260
  2 観光名所となっている屋外広告物も 261
  3 本章で検討する屋外広告物とは 263
 Ⅱ 屋外広告物と表現の自由をめぐる紛争——ポスター、ビラ貼り ...264
  1 ポスター、ビラ貼りと表現の自由の衝突 264
  2 眺望・景観保護の観点からの問題意識 265
 Ⅲ 屋外広告物をめぐる判例の検討 266
  1 判例の紹介 266
  2 6 つの判例の検討 271
  3 借地借家に付随する屋外広告物をめぐる紛争 272
  4 まとめ 273
 Ⅳ 眺望・景観保護の観点からの屋外広告物規制 273
  1 眺望・景観保護の観点からの、規模の大きな屋外広告物規制 ...273
  2 眺望・景観保護からの、規模の小さい屋外広告物規制——ポ

　　　　スター、ビラ貼り等 274
　　3　景観法の活用による屋外広告物規制 275
　　4　広告業界による自主的な屋外広告物規制 276
　　5　屋外広告物と眺望・景観の共存とは 277

第2節　景観法の制定に伴う屋外広告物法の改正 278

　I　旧屋外広告物法による規制――簡易除却制度の創設と拡充 278
　　1　屋外広告物法の制定 278
　　2　屋外広告物法の主な改正とその限界 279
　II　特区の活用による即時撤去とボランティアによる簡易除却 280
　　1　特区の活用 280
　　　　<chart 7>　旧屋外広告物法における違反広告物の除却に関する
　　　　　制度 281
　　2　違反広告物の撤去における市民ボランティアの活用例 282
　III　景観法制定に伴う屋外広告物法の改正――即時撤去 283
　　1　景観法制定に伴う屋外広告物法の平成16年改正 283
　　2　平成16年改正による規制強化――簡易除却制度の拡充 284
　IV　景観計画を活用した屋外広告物の規制と屋外広告物条例 286
　　1　景観計画を活用した屋外広告物の規制 286
　　2　屋外広告物条例に関する権限移譲 287
　　3　2つの武器 287

第3節　景観法を活用した先進的な取組み 289

　I　景観法を活用した先進的な取組み①――金沢市 289
　　1　はじめに 289
　　2　金沢市の取組み 289
　　3　その評価 291
　II　景観法を活用した先進的な取組み②――小田原市、尾道市 292

目次

  1 はじめに ……………………………………………292
  2 小田原市の取組み …………………………………292
  3 尾道市の取組み ……………………………………294
 Ⅲ 景観法を活用した取組み③――倉敷市、伊丹市、鎌倉市、
  松山市 …………………………………………………295
  1 はじめに ……………………………………………295
  2 倉敷市の取組み ……………………………………295
  3 伊丹市の取組み ……………………………………296
  4 鎌倉市の取組み ……………………………………298
  5 松山市の取組み ……………………………………299

第4節 東京都の景観法を活用した先進的な取組み …………301

 Ⅰ 屋外広告物条例に基づく独自の取組み ………………301
  1 東京都屋外広告物条例 ……………………………301
  2 東京都独自の取組み――地域ルール ……………301
 Ⅱ 景観計画に基づく屋外広告物の規制 …………………302
  1 屋外広告物の表示等の制限 ………………………302
  2 屋外広告物の表示に関する共通事項 ……………303
  3 景観形成特別地区における基準 …………………304
  4 小笠原における基準 ………………………………305
   <chart 8> 文化財庭園等景観形成特別地区における屋外広告物
    の表示等の制限に関する事項 ………………………306
   <chart 9> 水辺景観形成特別地区における屋外広告物の表示等
    の制限に関する事項 …………………………………307
 Ⅲ 屋外広告物条例の改正 …………………………………308

第5節 京都市の屋外広告物条例改正にみる新たな展開
   ――攻めの条例へ ……………………………………309

18

Ⅰ　新景観政策と屋外広告物条例の改正 ……………………………309
　　　1　新景観政策による屋外広告物規制の見直し ……………309
　　　2　その概要 ……………………………………………………309
　　Ⅱ　屋外広告物規制のための景観計画の活用 ……………………310
　　　1　景観計画を活用した取組み ………………………………310
　　　2　屋外広告物規制区域の再編 ………………………………311
　　　　　<chart 10>　屋外広告物規制区域の種別 ………………312
　　Ⅲ　新景観政策による屋外広告物条例の改正 ……………………315
　　　1　許可の基準 …………………………………………………315
　　　2　屋上に設置する屋外広告物及び点滅照明の禁止 ………316
　　　　　<chart 11>　建築物等定着型屋外広告物の最上部の高さの上限 …317
　　　3　優良意匠屋外広告物の指定制度 …………………………318
　　　4　従前からの条例を活用した取組み ………………………319
　　　5　規制強化に対する「緩和」措置 …………………………320

第6節　屋外広告物規制の到達点 …………………………………………322

　　Ⅰ　屋外広告物規制の新たな武器とは ……………………………322
　　Ⅱ　突出した到達点──京都市 ……………………………………323
　　Ⅲ　首都らしい到達点──東京都 …………………………………324
　　Ⅳ　高水準の到達点──金沢市、小田原市、尾道市 ……………325
　　Ⅴ　標準程度の到達点──伊丹市、鎌倉市、倉敷市、松山市 …325
　　Ⅵ　各自治体への今後の期待 ………………………………………326

第7章　景観政策の新たな展開
── 攻めの景観条例へ──

第1節　京都市の新景観政策──眺望景観創生条例 …………………330

目 次

Ⅰ 京都市の新景観政策 ……………………………………………………330
　1 新景観政策への足取り ………………………………………………330
　2 京都市の新景観政策の概要 …………………………………………331
　　　<chart 12> 新景観政策施行に関する経過 ……………………332
　　　<chart 13> 新景観政策の制度上の枠組み ……………………333
Ⅱ 眺望景観創生条例の内容 ………………………………………………335
　1 目的、基本理念、責務 ………………………………………………335
　2 定　義 …………………………………………………………………336
　3 眺望景観保全地域の指定等 …………………………………………336
　　　<chart 14> 眺望景観の定義 ……………………………………337
　　　<chart 15> 眺望景観保全地域 …………………………………338
　　　<chart 16> 眺望景観の規制概念図 ……………………………339
　　　<chart 17> 眺望景観保全地域の対象地と指定 ………………339
　4 眺望景観保全地域における建築物等に関する制限 ………………342
　　　<chart 18> 賀茂川右岸からの「大文字」の眺望空間保全区域にお
　　　　　　　　 ける制限 ………………………………………………344
　　　<chart 19> 賀茂川右岸からの「大文字」の近景デザイン保全区域
　　　　　　　　 における制限 …………………………………………345
　　　<chart 20> 賀茂川右岸からの「大文字」の遠景デザイン保全区域
　　　　　　　　 における制限 …………………………………………346
Ⅲ 景観地区（都市計画）・景観計画の見直しと市街地景観整備条例
　 の改正 ……………………………………………………………………347
　1 景観地区（都市計画）の見直し ……………………………………347
　　　<chart 21> 新景観政策による景観地区見直しの内容 ………348
　　　<chart 22> 形態意匠の制限が適用除外される建築物 ………351
　2 新景観政策による景観計画の見直しと市街地景観条例の改正 …352
　　　<chart 23> 新景観政策による建造物修景地区見直しの内容 ……352
Ⅳ 高度地区（都市計画）による高さ規制の見直し ……………………354

20

	1	高度地区（都市計画）の見直し 354
	2	特例許可制度の創設 355
		<chart 24> 特例許可の対象 356
		<chart 25> 特例許可の手続の概要 357

V 風致地区（都市計画）の見直しと風致地区条例・自然風景保全条例の改正 358
  1 風致地区（都市計画）の見直し 358
  2 風致条例の改正 359
    <chart 26> 新景観政策が施行された後の風致地区 360
    <chart 27> 京都市の風致地区の種別 361
    <chart 28> 特別修景地域の指定 362
  3 自然風景保全条例の改正 364
    <chart 29> 特別修景地域における形態意匠等の基準（抜粋） 365
    <chart 30> 許可が不要となる行為（自然風景保全条例9条1項ただし書） 367
    <chart 31> 許可の基準（自然風景保全条例12条） 367

VI 京都市の新景観政策の画期性 369
  1 眺望景観創生条例制定と市街地景観条例改正の画期性 369
  2 その突出性 370
  3 高さ規制の強化に対する反発 371
  4 「施行4年」における定着性とその評価 372

第2節　東京都の新景観政策 375

I 東京都の景観政策の歩み 375
  1 景観法の制定前 375
  2 景観法の制定後——景観審議会の答申 376
II 景観条例の改正 378
  1 景観法に関する改正——委任条例への「衣替え」 378

21

2　東京都独自の制度の創設——事前協議制度 ……………………379
　　　　<chart 32>　事前協議の対象（東京都景観条例20条・2条5号、
　　　　　　　　　　施行規則4条2項） ……………………………380
　　　　<chart 33>　事前協議の時期 ………………………………381
　Ⅲ　景観計画の策定 ……………………………………………………381
　　1　東京都景観計画における景観計画区域 ……………………………381
　　2　景観基本軸 …………………………………………………………382
　　　　<chart 34>　景観計画区域の区分 ………………………………382
　　3　景観形成特別地区 …………………………………………………383
　　　　<chart 35>　景観基本軸 ……………………………………384
　　　　<chart 36>　文化財庭園等景観形成特別地区 ……………………386
　　　　<chart 37>　建築物の建築等の景観形成基準 ……………………387
　Ⅳ　景観計画にみる東京都の「意気込み」 ………………………………388

第3節　芦屋市の新景観政策 ……………………………………………390

　Ⅰ　市全域を景観地区に指定 ……………………………………………390
　　1　芦屋市とは …………………………………………………………390
　　2　芦屋市による景観地区の指定 ……………………………………391
　Ⅱ　芦屋景観地区の内容 …………………………………………………392
　　1　建築物の形態意匠の制限 …………………………………………392
　　2　工作物の形態意匠の制限 …………………………………………392
　　　　<chart 38>　建築物の形態意匠の制限の内容 ……………………393
　　　　<chart 39>　大規模建築物 …………………………………395
　　　　<chart 40>　認定工作物（芦屋市都市景観条例2条2項5号、別表
　　　　　　　　　　第1） ……………………………………………396
　　　　<chart 41>　認定工作物の形態意匠の制限の項目別基準（芦屋市都
　　　　　　　　　　市景観条例14条、別表第2） …………………………397
　　3　芦屋景観地区の画期性 ……………………………………………402

Ⅲ　芦屋市都市景観条例の改正 ……………………………………403
  <chart 42>　芦屋市都市景観条例の新旧比較 ………………404
Ⅳ　景観地区で全国初の計画不認定 ………………………………405
 1　全国初の計画不認定事例の登場 ………………………………405
 2　計画不認定となったマンション計画の概要 …………………405
 3　計画不認定の判定の根拠 ………………………………………406
 4　その後の行方 ……………………………………………………407
Ⅴ　芦屋川南特別景観地区の指定 …………………………………408
 1　芦屋川南特別景観地区を指定 …………………………………408
  <chart 43>　景観形成基準の内容 ……………………………409
 2　芦屋川沿岸の北部地域についても景観特別地区に指定の手続中 ……………………………………………………………………410
Ⅵ　六麓荘町の「豪邸条例」 …………………………………………410
 1　建築協定から地区計画へ ………………………………………410
 2　地区計画への「格上げ」とその意義 …………………………411
 3　「豪邸条例」の制定 ……………………………………………412
 4　「豪邸条例」の評価 ……………………………………………413

第4節　各地の新景観政策 ……………………………………………414

Ⅰ　岐阜県各務原市——分譲住宅地初の景観地区 ………………414
 1　分譲住宅地に対する景観地区の指定 …………………………414
 2　グリーンランド柄山の分譲と景観地区の指定 ………………415
  <chart 44>　グリーンランド柄山景観地区の内容 ……………416
 3　グリーンランド柄山景観地区における景観形成ガイドライン …417
Ⅱ　兵庫県西宮市 ……………………………………………………419
 1　横長マンションを禁止する景観計画 …………………………419
  <chart 45>　建築物の新築・増築・改築・移転について定められた共通基準 ……………………………………………………………421

目次

　　　2　西宮市都市景観条例の改正 ……………………………………422
　　　3　甲陽園目神山地区を景観重点地区に指定 ………………………423
　　　　　<chart 46>　緑化についての重点地区基準 ………………424

第5節　大阪のまちづくりと景観政策 ……………………………426

　Ⅰ　大阪府・市における景観法の活用 ……………………………………426
　　　1　大阪府における景観法の活用──景観計画と景観条例 ………426
　　　2　大阪市における景観法の活用①──景観計画と景観条例 ……428
　　　3　大阪市における景観法の活用②──景観協議会 ………………429
　Ⅱ　大阪府・市のまちづくりのおもしろさ ……………………………430
　　　1　大阪府・市のまちづくりの特徴 …………………………………430
　　　2　水都大阪2009の試み ………………………………………432
　Ⅲ　大阪府・市のまちづくりのユニーク性と住民参加 …………………434
　　　1　中之島の桜の植樹 …………………………………………………434
　　　2　道頓堀川の浄化 ……………………………………………………435
　　　3　天満天神繁昌亭の復活 ……………………………………………436
　　　4　大阪府・市のまちづくりにみる住民参加 ………………………437
　Ⅳ　「大阪維新」とまちづくり ……………………………………………437
　　　1　びっくり仰天の橋下知事誕生 ……………………………………437
　　　2　橋下府政のまちづくり ……………………………………………438
　　　3　「大阪維新の会」の躍進とまちづくり …………………………439
　　　4　「10大名物構想」に注目 …………………………………………440

終章　日本はどこへ行くのか
────景観をめぐる法と政策への不安と期待────

第1節　こんな不安①──日本の経済 …………………………444

Ⅰ　大阪万博 vs 上海万博、日本 vs 中国 444
　　　1　万博の入場者数 444
　　　2　日本と中国の経済発展 444
　　Ⅱ　中国映画『CEO』をどう見るか 445
　　Ⅲ　日本丸の「CEO」（最高経営責任者）の手腕 447

第2節　こんな不安②──日本の政治 449

　　Ⅰ　政権交代と政権のたらい回しをどう考えるか 449
　　Ⅱ　「行き当たりばったり」の一例 450

第3節　こんな期待①──自治体間競争によるまちづくり ...452

　　Ⅰ　景観法は上からか、それとも下からか 452
　　Ⅱ　地方分権、地域主権の進展 453
　　Ⅲ　自治体間競争への期待 453
　　Ⅳ　「大阪都構想」への期待 454
　　Ⅴ　震災の克服と再び観光立国へ 454

第4節　こんな期待②──住民参加のまちづくり 456

　　Ⅰ　「住民運動」に期待 456
　　Ⅱ　「自立した市民」の形成 457
　　　1　「自立した市民」とは 457
　　　2　まちづくりの分野での「自立した市民」の形成 458

第5節　こんな期待③──柔軟な思考と骨太の議論、そして政策的議論 460

　　Ⅰ　柔軟な思考 460
　　Ⅱ　骨太の議論 460
　　　1　環境権の議論 460

2　インパクトのある議論の必要性 ……………………………461
Ⅲ　政策的議論を ………………………………………………………462
　　1　要件事実論の立場 ……………………………………………462
　　2　法政策の議論の必要性 ………………………………………464

▶参考文献・参考論文 ………………………………………………465
▶著者略歴 ……………………………………………………………469

●凡　例●

【法　律】
- 区分所有法　　建物の区分所有等に関する法律
- マンション建替え円滑化法　　マンションの建替えの円滑化等に関する法律

【判例集・雑誌】
- 民集　　最高裁判所民事判例集
- 判時　　判例時報
- 判タ　　判例タイムズ
- ジュリ　　ジュリスト

【引用文献】
- 『五十嵐・都市法』　　五十嵐敬喜『都市法』（ぎょうせい・1987年）
- 『小林・まちづくり条例』　　小林重敬編著『地方分権時代のまちづくり条例』（学芸出版社・1999年）
- 『小林・総合的まちづくり』　　小林重敬編著『条例による総合的まちづくり』（学芸出版社・2002年）
- 『松原・失われた景観』　　松原隆一郎『失われた景観──戦後日本が築いたもの』（PHP研究所・2002年）
- 『田村・まちづくりと景観』　　田村明『まちづくりと景観』（岩波書店・2005年）
- 『創る会・美しい日本を創る』　　美しい日本を創る会編著『美しい日本を創る──異分野12名のトップリーダーによる連携行動宣言』（彰国社・2006年）
- 『坂和・実務体系』　　坂和章平編著『まちづくり法実務体系』（新日本法規出版・1996年）
- 『坂和・都計法手引』　　都市計画法令実務研究会編『わかりやすい都市計画法の手引』（新日本法規出版・2003年）

序章

観光立国への道
──景観法の活用──

序章　観光立国への道——景観法の活用

第1節　日本国の行き詰まりと中国の台頭

I　日本国の行き詰まり

　日本は第2次世界大戦で敗戦国となり、都市の多くは空襲で焦土と化した。しかしその復興はめざましく、1951年のサンフランシスコ講和条約の締結（西側諸国のみとの「片面講和」）による主権の回復、朝鮮戦争の勃発に伴う1950年代初頭の「朝鮮特需」などを経て、1960年代に始まった高度経済成長により日本は、1968年にはGNP（国内総生産）第2位（資本主義国中）を達成し、世界屈指の経済大国へと成長した。その象徴ともいえる時代が1980年代後半から始まったバブル景気の時代である。この時期、日本は世界中の不動産や美術品を買いあさった。しかし、わが世の春を謳歌した日本の不動産バブルは1990年3月のいわゆる「総量規制」をきっかけに崩壊し、以降日本国は長く苦しい不景気の時代に突入することになった。当初は「失われた10年」といわれていたものが、今では実質的に「失われた20年」になってしまったうえ経済のデフレ傾向も進み、抜本的な景気回復の道筋はみえていない。この間何度か小さなチャンスはあったものの、アメリカでのITバブルの崩壊（2001年）やリーマンショック（2008年）などさまざまな外的要因もあって、日本経済は浮上のきっかけをつかみきれないまま停滞を続けている。

　また、他方で急速な少子高齢化が進む中、日本国は多額の財政赤字を抱えたまま、その経済は「じり貧」に追い込まれつつある。政治的には、「構造改革」を掲げた小泉純一郎内閣が2001年4月から通算5年半という長期政権を維持したが、その後の自公連立政権は安倍・福田・麻生内閣といずれも約1年の短命で終わり、大きな政治不信を招く結果となった。そして、2009年8月30日に実施された衆議院議員総選挙では民主党が歴史的大勝利を収めて政権交代を実現したものの、2010年6月鳩山由紀夫総理は普天間基地問題と「政治

とカネ」問題で小沢一郎幹事長と共にわずか9カ月で総理大臣職辞職に追い込まれた。その後菅直人内閣に交代したが、同年7月11日の参議院議員通常選挙で早くも与党過半数の確保に失敗したうえ、2011年3月11日に発生した東日本大震災への対応の拙さで大きな非難を浴びて、政局は混迷し、結局、野田佳彦内閣に交代することとなった。このように、もはや政治の混乱と政治家たちの指導力不足は目を覆うばかりの惨状となっている。このような経済もダメ、政治もダメという状態では、日本国の行き詰まりは明らかである。

Ⅱ　中国の台頭

　他方、その背後から目覚ましい発展と成長をみせたのが中国である。中国は2003年から2007年まで年10％を超えるGDP成長率を実現するなど、1960年代から1970年代にかけての日本国を彷彿させる経済急成長ぶりをみせ、2010年にはアメリカに次ぐ世界第2位の経済大国になった。さらに、今や中国は安い労働力を活かした「世界の工場」から、富裕層を中心とした「世界の市場」としての位置づけを確立しようとしている。その結果、中国共産党の一党独裁による人権問題や、農村と都市の格差など多くの社会問題を抱え込んではいるものの、とりわけ都市部の富裕層は今や日本にとって無視できない「顧客」となっている。後述のように、彼らは中国で日本製品を買ってくれるだけではなく、大挙して来日し、観光客として多額のお金を落としてくれる、ありがたい「お客様」となっているのである。

序章　観光立国への道——景観法の活用

第2節　観光立国と押し寄せる中国人観光客

I　「観光立国」政策

　日本には優れた観光資源がある。したがって、これをいかに活用するかが日本経済を復活、強化するうえで大切である。

　わが国は2007年（平成19年）1月には、1963年（昭和38年）に制定された「観光基本法」を全面改正した「観光立国推進基本法」を施行し、同年6月観光立国推進基本計画を策定した。さらに、2008年10月1日、新設の「観光庁」を発足させた。2009年8月30日の衆議院議員総選挙における民主党の大勝によって実現した民主党・国民新党・社民党の3党連立政権による「政権交代」の後、鳩山由紀夫総理は今後のわが国の経済成長分野の柱に観光を位置づけた。そして鳩山政権に代わった菅直人政権も、当然のように、この「新成長戦略」に基づき「訪日外国人を2020年初めまでに2500万人、将来的には3000万人まで伸ばす」ことをめざす政策を継続している。

　もっとも、観光は近年になって急に注目され始めたわけではなく、1996年4月には「観光交流による地域国際化に関する研究会」が、訪日外国人旅行者を2005年時点で700万人に倍増させる訪日観光交流倍増計画「ウェルカムプラン21」を提言している。また2000年5月には、2007年時点で800万人をめざす「新ウェルカムプラン21」が観光産業振興フォーラムで緊急提言の一部として採択されている。

　さらに、小泉純一郎政権下の2003年には「ビジット・ジャパン・キャンペーン」と銘打ち、2010年までに訪日外国人旅行者を1000万人とする目標が掲げられた。現在の政策は、その延長線上にある。

Ⅱ　押し寄せる中国人観光客

　「観光立国日本」にとって、今や押し寄せる中国人観光客は最重視すべき「顧客」である。日本を訪れる中国人は1998年には27万人であった（平成11年版観光白書）が、2008年には100万人となった（平成21年版観光白書）。この伸び率は他国を大きく上回っており、2010年7月29日付け日本経済新聞によれば、2010年上半期、中国からの訪日は70万4800人で昨年同期比47.4％の大幅増となっている。その原因の1つは、2009年7月から富裕層を対象に個人観光査証（観光ビザ）を解禁したことである。

　日本政府はさらに中国人観光客の来日拡大を図るべく、これまでは富裕層にのみ限っていた個人観光ビザの発給要件を緩和し、2010年7月1日から年収3万元から5万元（39万円〜65万円）の中間層にも個人観光ビザを発給するという政策を実行に移した。これによって、中国総人口の約3分の1にあたる4億人が「潜在的観光客」となったため、今後中国人観光客が爆発的に増加することが予想される。現に、東日本大震災の影響で外国人観光客の訪日は大きく減少したが、中国からの観光客の回復はいち早く震災前の水準に戻ったといわれており、今後も増加傾向が続くことは確実である。

　これに対しては、治安悪化の原因になりかねないなど反対意見も少なくない。また、中国は国家戦略として「海洋進出」を企図しているといわれており、日本との間にも東シナ海での海底油田や海底ガス田をめぐる利害など対立する要素も多い。また、中国の急速な海軍力の増強は日本の安全保障に強い影響を及ぼすことは明らかである。加えて、中国は南シナ海での南沙諸島、西沙諸島等の領土問題で積極的な態度に出ており、これらを「核心的利益」であると位置づけている。こうした姿勢は、対中融和姿勢から始まったアメリカのオバマ政権にも影響を及ぼし、アメリカは東南アジア諸国との安全保障面での協力を強化して中国を牽制しようとしている。

　このように日中間にはさまざまな不安定要因もあるが、今や現実論として圧倒的に強まった中国の経済的パワーを無視することは不可能である。この

ように、日米とも中国との密接な関係を維持することが不可欠な状況となっている以上、今後は短期的にも中長期的にも、中国から日本への観光客が増え続けることは確実である。

　確かにここ10年余り、まちを歩くと外国人それも一見しただけでは日本人と区別がつかない中国・韓国からの旅行客が増加したことが実感できるようになった。特に最近目立つのが、大手家電量販店や東京の秋葉原、大阪の日本橋といった電気屋街、そして近時次々とオープンしているアウトレット店で大量の買い物をする中国人観光客の姿である。日本政府観光局のアンケートによれば、外国人観光客が日本で使うお金は中国人が約12万円で堂々のトップであり、これに香港、台湾、韓国が続き、アメリカが3万円以下で5位に甘んじているというから中国人の購買力のすさまじさがわかる。日本で売られている家電製品の品質・性能が中国人に評価されていることは喜ばしいが、買い物だけでは日本の魅力を見に来てくれているとはとてもいえない。買い物だけではなく、観光でもっと「日本のよさ」を見てもらいたいというのが、筆者の率直な気持であり、わが国の政策もそうすべきが当然である。

第3節　日本の「まち」の魅力

I　『狙った恋の落とし方。』のヒットと北海道ブーム

　現時点で中国人観光客に人気の「ゴールデンルート」は、東京、箱根、京都、大阪の見どころを5日から6日で回るコースらしい（2010年7月23日付け日本経済新聞）。箱根や京都などの歴史ある観光地が好まれているところをみれば、中国人観光客は必ずしも「買い物」だけで日本に来ているのではない。

　折りしも、2010年に日本でも公開された馮小剛（フォン・シャオガン）監督の中国映画『狙った恋の落とし方。』（原題：『非誠勿擾』）は、日本語公式サイトで「中国映画史上最大級のヒット作」と銘打たれているとおり、中国では呉宇森（ジョン・ウー）監督の『レッドクリフ』を上回る興行収入をあげた。この映画のロケ地は北海道である。網走、知床、釧路、厚岸、阿寒湖、摩周湖と道東名勝のオンパレードとなっている本作が、中国で2009年の正月映画として公開されるや国内に「北海道ブーム」を巻き起こし、北海道を訪れる中国人観光客が急増した。元々中国では、文化大革命が終焉を迎えた1978年、「日本映画週間」で、北海道が登場する高倉健主演の『君よ憤怒の河を渉れ』が上演されて大反響を呼んだあたりから、同じく高倉健主演の『駅　STATION』（1981年）、最近では『鉄道員（ぽっぽや）』（1999年）まで、「高倉健の映画の舞台」として北海道の知名度は高かったらしい。このような優れた景観を有するまちを多数有しているのは日本の強みであり、この点に対する評価は世界的にも高い。

　日本人もこうしたまちなみや自然の美しさには自信と誇りをもっており、そのことは各種統計調査でも明らかである。安倍晋三内閣の「美しい国づくり」政策の中で行われた世論調査（2007年7月に内閣府が実施）では、現在の日本は「美しい」という回答が53.3％で過半数を超え、日本の美しさとしては「自然（山、森、海、四季のある自然など）」が80.0％でトップ、「景観（田園・

里山の風景、瓦屋根のある町並みなど）」も52.8％と第3位に入っている（複数回答方式）。

II　日本の「まち」は美しい？

　ところで、私たち日本の「まち」は本当に美しいのだろうか。そのような視点に立つと、2005年8月に早稲田大学の学生たちが選定した「みにくい景観25選」が注目される。これは「美しい景観を創る会」の代表をつとめた伊藤滋東京大学名誉教授による試みの1つであるが、文藝春秋2005年8月号の特集によれば、伊藤教授は25の「みにくい景観」を次の6つの類型に分けている。

① 過剰な看板広告
② 美的感覚の欠如した建造物
③ 公共の秩序を乱す景観
④ 行政の無策
⑤ 繁栄から放置された景観
⑥ 壊された川岸の風景

　このような試みは、日本国内はもちろん海外からも注目された。そして発足から2年後の2007年3月26日、「美しい景観を創る会」はファイナル・シンポジウム「美しい景観づくりの取り組みと提言」を開催してパネル討論を行った（2007年3月26日付け日本経済新聞）。同会2年間の活動を集約したこのシンポジウムは、今後の美しい景観づくりのあり方をめぐって多彩なメッセージを発信した。同会のいわば「総決算」ともいうべき出版物が、2008年12月に出版された『美しい日本を創る』である。同会の訴えは、伊藤教授による同書の「はじめに」に端的に表現されている。そこには、「この二年間、十二名が訴えてきた共通の考えは何であったかを振り返ってみる。それは、自然の美しさは人工の美しさに勝ること、歴史や伝統の中に私たちが学ぶべきことが多いこと、そして過剰な消費社会に身を任せている私たちへの反省であったと思う」と書かれている。

さらに高次元の文化論として、「美しい景観を創る会」メンバーの１人であった中村良夫東京工業大学名誉教授は、同書の中で「観光という名の未曾有の民族大移動」が、「文明の構造を組み換え、国の評価基準をも変えつつあるのではないだろうか」と述べている。そしてその文明とは、「生態・資源の消耗によってマネーフローを増大させる文明ではなく、生態保全型の人間環境運営に文化的な付加価値と蓄積を見出す文明」であり、各国は「生き残りをかけた持続可能文明を目指して競い始めた」、「国際的ヘゲモニー（覇権）競争」の中にあると述べている。

Ⅲ　日本の観光力

　日本を訪れる外国人観光客の数は、2009年の「観光白書」によれば、2007年は834万7000人（年間）で、同年の国際ランキング世界28位、アジアでは中国、マレーシア、香港、タイ、マカオに次ぐ６位にとどまっている。確かに、日本は優れた観光資源を有しており、これに着目して日本を訪れる観光客は多い。しかし、世界的にみればその魅力は「まだまだ」であるばかりか、むしろ日本人は高度経済成長期から現在に至るまで利便性と経済効率を追求するあまり、優れた観光資源を多数失ってきたのである。それは、私が長年取り組んできたわが国の「まちづくり」が抱える問題と同じ構造である。

Ⅳ　東日本大震災を超えて

　本書の企画は数年前から始まっており、2010年10月には概ね原稿の執筆を完了し校正を待つばかりであった。ところが、周知のとおり、2011年３月11日に東日本大震災が発生し、東北地方を中心に広い地域が「地震・津波・原発」による未曾有の被害を受けることになった。特に、福島第１原子力発電所の事故による放射能汚染が危惧されたこともあって、東日本大震災を契機として日本を訪れる外国人観光客は大きく減少した。2012年１月20日に内閣府の「景気対応検討チーム」第２回会議に国土交通省・観光庁が提出した資料によれば、震災前後の訪日旅行者は、３月12日から３月31日までの期間で対前

年同期比△72.7％、4月は△62.5％、5月は△50.4％と減少している。震災前は、1月11.5％、2月2.2％、3月1日から11日までは4.3％、それぞれ増加していたにもかかわらずこれだけ大幅な減少がみられたのは、震災の影響の大きさを物語るものである。

　しかし、原発が「冷温停止」となり、2011年12月16日には政府の「事態終息宣言」が出されたこともあって（汚染水の漏出や温度上昇など、なお予断を許さない状況は続いているが）日本を訪れる外国人観光客の数は順調に回復しているようである。2012年2月時点ではまだ詳細な統計や分析は得られないが、前述した観光庁の資料でも訪日旅行者の減少は月を経るごとに回復傾向にあり、同年12月は対前年同期比△13.1％まで回復している。また、ここでも中国人観光客の存在感は強い。同年9月からは個人向け観光ビザの発給要件が緩和されたこともあり、欧米の旅行客の回復が遅れる中、同年10月には前年同月とほぼ同じ水準に回復し、11月には月間9万2300人と11月としては過去最高の訪日旅行者数を記録した。さらに、2012年に入って、1月は中国の「春節」（旧正月）という旅行シーズンでもあるため、中国人観光客は過去最高水準まで回復したと報じられている。

　原発事故は「チェルノブイリ並み」となる国際基準レベル7という大規模なものであり、国際的にも極めて高い注目を集めたため、一時的に日本を観光で訪れようとする外国人が減少したのはやむを得ないが、原発事故の着実な処理とともに観光客数が回復しているのは、それだけ日本が観光地として魅力的であるということにほかならない。東日本大震災による被害は、筆者が弁護士として「復興まちづくり」に関与した1995年の阪神・淡路大震災よりもさらに甚大であったことや、菅総理と民主党首脳陣の迷走した「政権主導」のため、復旧・復興作業が全般的に遅れたばかりか、いまだ復興への道のりが十分に示されているとはいいがたい状況である。復興に関する国の対応も、組織乱立と政治的混乱の中でなかなかまとまらなかったが、紆余曲折の末、やっと2012年2月10日付けで「復興庁」が発足し、初代長官にこれまで復興対策担当相を務めてきた平野達男氏が就任した。復興予算の管理、施

策の調整、被災自治体の一元的窓口という重大な役割を果たす根幹組織の発足によって、ようやく復興事業が本格的にスタートできる体制が整ったということができるが、その運用状況を注視する必要がある。

　また、震災によってあらためて認識された「安全・安心」への要求が、「便利さ」だけではなく景観の活用と衝突する場面も現れている。今回の地震では津波により海岸沿いの地域で多くの人的・物的損害が出たため、住民の「高台移転」が最重要課題として検討されているが、宮城県の名勝地・松島では、被災住民が「安全な高台に家を作りたい」と希望しているのに対し、松島は国の特別名勝に指定されている関係上、高台の多くが建築物の新築が認められない「特別保護地区」「１Ａ地区」に指定されているため、文化庁が「松島は文化財として世代を超えた国民の宝」だとして規制緩和に慎重な姿勢をみせていると報じられた事例もある。「高台移転」など本格的な復興事業はこれからであるが、復興事業が具体化するに伴って、こうした「価値の衝突」をひとつひとつ丁寧に解決していくことが求められる。東日本大震災から１年が経とうとしている今、被災地復興のためにも、こうした問題点を踏まえつつ日本の魅力を再認識し、あらためて「観光立国」をめざすことが不可欠だと筆者は考えている。

第4節　景観法の活用

　どのような「まち」をつくるべきか。それが筆者のライフワークともいえる「まちづくり」である。これまで述べてきたことによって、観光立国という「必要性」を通じて、今「景観」を軸とした「まちづくり」が求められていることがおわかりいただけたと思う。筆者は大阪に住み大阪で活動する1人の弁護士として、まちづくりに関する「法」と「政策」を勉強し、実践し、筆者なりの意見を表明・発信してきた。その中で今「景観」というキーワードが浮上し、その存在感が急激に大きくなろうとしている。わが国では2004年（平成16年）6月に景観法が制定され、これに関連する法律が整備されたことによって、景観を重視したまちづくりのための武器はすでに整備できている。しかし、どんなに優れた武器であっても使いこなせなければ意味がない。景観法というすぐれた武器を「活用」しなければ、景観を重視したまちづくり、観光客を呼び寄せることのできるまちづくりはできないのである。

　さあ、制定から8年を経ようとする今、景観法はどこまで活用されているのだろうか。以下、景観法を軸とした「眺望・景観紛争をめぐる法と政策の新局面」をみていこう。

第1章

まちづくりと景観法

第1章 まちづくりと景観法

第1節　まちづくりの法と政策

I　まちづくりの法と政策素描

1　まちづくりとは、まちづくり法とは

　「まちづくり」とは多義的であいまいな概念である。その用法も論者によってまちまちだが、筆者は「町」でも「街」でもなく、「作り」でも「造り」でもなく、平仮名で「まちづくり」と表現することが、この「多義性・あいまいさ」を最もよく表していると考えている。どこに、どのような施設を、誰が、どのような方法で、どのように建築し、どのように活用するのか。また、その計画は誰が、どのようにして立てるのか。そして、その費用は誰が負担するのか。それを決めるのが「まちづくり」である。大都市には大都市の、地方には地方の、商店街には商店街の、それぞれの「まちづくり」が求められる。「まちづくり」は時代の変化と要請に対応したさまざまな政策によって影響を受け、変遷を繰り返してきた。また、法治国家であることの必然としてそれらの政策に対応する法律が立案され、国権の最高機関たる国会において法律の制定・改廃が繰り返されてきた。

　他方、わが国における「まちづくり法」の歴史は、近代所有権確立後初めて「都市計画」と呼べる内容を備えた法令である「東京市区改正条例」（1888年（明治21年）勅令）に始まる。その後、1919年（大正8年）に旧都市計画法が制定され、1968年（昭和43年）に戦後日本のまちづくりの方向性を決定づけた都市計画法が「母なる法」として制定されることになる。ここで、戦後のわが国のまちづくり法の歴史を素描しておこう。

2　戦後のまちづくりとまちづくり法

(1)　一全総

戦後まちづくりは、1950年（昭和25年）に制定された国土総合開発法に基づいて1962年に策定された「一全総」、すなわち第一次全国総合開発計画から始まる。「所得倍増計画」を掲げた池田勇人内閣が策定したこの計画は拠点開発方式を採用し、開発効果が高いとされた重化学コンビナートの整備などに重点をおいた。一全総は高度経済成長期の工業発展に大きく貢献したが、その反面、重化学コンビナートによる四日市ぜんそくなどの公害を多発させる負の側面も有していた。

(2)　二全総

続く「二全総」＝「新全総」は、1969年に策定された。この二全総は、1972年に出版された『日本列島改造論』を引っ提げて、同年7月「庶民宰相」として絶大なる人気をもって国民に迎えられた田中角栄首相によって一気に加速された。当時の優秀な建設・通産官僚たちの頭脳を結集して策定された二全総は、高速道路や高速鉄道の整備を軸としたわが国初の体系的な都市政策と呼べる実質を備えたものであった。他方、1968年（昭和43年）には都市計画法が全面改正されて近代都市法の軸が完成し、翌1969年（昭和44年）には都市再開発法が制定された。都市再開発法は、旧市街地改造法と旧防災建築街区造成法を合体させる形で制定されたものであり、これによって全国の都市の「再開発」が一気に加速し大きな成果をあげたが、その反面として乱開発、地価の高騰という、後の不動産バブルと根を同じくする問題が発生した。

(3)　三全総

これに「揺り戻し」をかけたのが、1977年に策定された「三全総」である。田中首相はロッキード事件によって退陣を余儀なくされたうえ、時代背景としても二度のオイルショックやニクソン・ショックなどがあり、「最も開発志向の強い計画」であった新全総を継承できるパワーをもった後継者はいな

かった。逆に、1978年に発足した大平正芳内閣は「田園都市構想」を掲げて「地方の時代」「低成長の時代」を提唱し、日照被害を防止するための日影規制を設けたり、乱開発防止のために地区計画制度を創設するなど、戦後日本では珍しい「立ち止まり」の時期となった。

(4) 四全総とアーバン・ルネッサンス

ところが、1982年に発足した中曽根康弘内閣は、1985年の「プラザ合意」による円高不況を乗り切るため、「民活（民間活力）の導入」を掲げて1987年に四全総を策定した。規制緩和と民活を軸とした中曽根内閣の都市政策は「アーバン・ルネッサンス」と呼ばれ、その名の下に全国の都市（再）開発が急速に進められた。高さ制限や容積率は緩和され、総合設計制度、特定街区制度、一団地認定制度などの新制度を利用した「都市再開発」がキーワードになり、地価は再び凄まじい勢いで高騰していった。特に東京は「世界の中枢的都市」と位置づけられ、不動産バブルは否が応にも拡大・増幅していった。

(5) バブル経済崩壊後のまちづくり法

不動産融資の総量規制の導入によって1990年以降土地バブルを軸にしたバブル経済は崩壊し、不良債権の処理問題を中心として日本は「失われた10年」に突入していった。「五大改革」を掲げて1996年に登場した橋本龍太郎内閣は「新総合土地政策推進要綱」を閣議決定し、それまでの地価抑制から土地の有効利用の促進へと政策を大転換しようとしたが、「橋本―小渕―森」と続く中で政治・経済の両面ともパワーを失った政権下では、日本浮上のきっかけとなる土地政策やまちづくり法は生まれなかった。

(6) 小泉都市再生の登場

「自民党をぶっ壊す！」と叫び、「構造改革」を掲げて2001年4月に登場した小泉純一郎内閣は、まちづくり法の分野でも都市再生特別措置法を成立（2002年（平成14年）4月）、施行（同年6月）させ、中曽根アーバン・ルネッサンスとは異なる新たな都市再生の戦略を構築し、他の分野の構造改革と同じようにスピード感をもってこれを推し進めた。もちろん、これには多くの

反対論も生まれたが、21世紀を迎えて政治・経済のパワーが劣化し、国際的地位も沈下する一方であった日本国を大きく浮上させるきっかけとなった実績を私は高く評価している。ところが、その後を継いだ安倍晋三、福田康夫、麻生太郎内閣、そして2009年8月30日の歴史的な「政権交代」後の鳩山由紀夫「短期政権」、さらに2010年6月にそれを引き継いだ菅直人政権は、まちづくりの法と政策をリードするという熱意すら何も感じられない体たらくであった。

3 日本のまちづくりの特徴

このように概観すれば、戦後から1970年代までの日本経済の発展とまちづくり法との関連性が極めて強いことがわかる。すなわち、まちづくり法が経済発展の手段として用いられてきたことがわが国の1つの特徴である。

他方、その結果必然的に発生した土地バブルとその崩壊は、土地は必ず値上がりするという「土地神話」を打ち砕くとともに、土地神話と切り離されたまちづくりの法と政策の必要性を痛感させることになった。景観法の制定をはじめとして少しずつその萌芽が見え始めているが、国民の英知を結集したまちづくり法の構築はまだまだ夢のような話である。このようなまちづくりとまちづくり法の歴史的経緯は、拙編著『まちづくり法実務体系』45頁以下や拙著『実況中継まちづくりの法と政策』139頁以下で詳しく解説しているので、それらを参照してもらいたい。

このようにして戦後膨らんだ「まちづくり法」のカテゴリーに数えることができる法律は今や200本を超え、それに要綱や行政指導による規制を考えると、その複雑さ、難解さは恐るべきものがある。「まちづくり」や「まちづくり法」の鍵となるのは、まちづくりの「母なる法」である都市計画法である。また、近時10年の動きをみるためには「小泉都市再生」を取り上げないわけにはいかないため、それは第2節で検討する。

II　まちづくりの実践と問題意識

1　出版にみるまちづくりの実践

　筆者は1974年に弁護士登録した後、司法修習生時代からの延長としての公害・環境問題への取組みを経て、1984年に参加した大阪駅前再開発問題から「まちづくり」の世界に飛び込んだ。そして、その実践の記録として『苦悩する都市再開発』(1985年) を出版し、その後は『岐路に立つ都市再開発』(1987年)、『都市づくり・弁護士奮闘記』(1990年)、『震災復興まちづくりへの模索』(1995年) など一連の著書 (共著、単著含む) を出版してきた。その活動の中で、まちづくりに関する法律があまりにも膨大であまりにも複雑すぎ、使いこなせないものになってしまっていることに疑問と危機感を感じた筆者は、まちづくりに関する法律を独自の視点で体系化するべく『まちづくり法実務体系』(編著、1996年) を執筆した。

　また、「母なる法」の改正をフォローした『Q＆A改正都市計画法のポイント』(編著、2001年)、『わかりやすい都市計画法の手引』(都市計画法令実務研究会編、2003年) を出版するとともに、その後次々と制定された各種の新法について、『注解マンション建替え円滑化法』(編著、2003年)、『建築紛争に強くなる！　建築基準法の読み解き方―実践する弁護士の視点から―』(2007年)、『Q＆Aわかりやすい景観法の解説』(2004年) を出版した。他方、まちづくりを進めるためには政策を決める国民の幅広い参加が必要不可欠であるという問題意識から、法律の専門家ではなく一般市民を対象にまちづくりをわかりやすく解説した『実況中継まちづくりの法と政策1〜4』(2000年、2002年、2004年、2006年) を出版してきた。さらに、弁護士としての実践の中、最高裁判所で画期的な判決を勝ちとった阿倍野再開発訴訟の裁判記録をまとめた『阿倍野再開発訴訟の歩み』(阿倍野再開発訴訟弁護団著、1989年) を手始めに、『ルートは誰が決める？――大阪モノレール訴訟顛末記』(大阪モノレール訴訟弁護団著、1995年)、『津山再開発奮闘記　実践する弁護士の視

点から』(2008年)を出版し、実践的な取組みのあり方を示してきた。

2　筆者の問題意識

　筆者の問題意識はシンプルである。それは、第1に国民が自分の問題としてまちづくりに取り組むことが必要、第2にそのためには国民にとってわかりやすい、使いやすい法制度が必要、第3にその法制度を活かしてどのようなまちづくりをするのかという価値観を共有するための議論と方法が必要、ということである。残念ながら、いまだ真の民主主義が根付かず、「あなた任せ」の傾向が強い今の日本人には難しいことかもしれないが、これができなければ日本のまちづくりは今後も今までと同じような迷走を続け、ついには「日本沈没」に至るかもしれない。その背後に中国が迫っていることは、前述したとおりである。

第2節　小泉都市再生にみる、まちづくりの法と政策

I　まちづくりの現状と課題

1　小泉内閣と都市再生

　日本のまちづくりの流れは、現在もなお小泉内閣が主導した「都市再生」を軸としている。小泉内閣は2001年4月から2006年9月まで5年半の長期政権となった。その手法には賛否両論があるが、小泉総理が政治的・経済的に強力なリーダーシップの下に構造改革を推進したことは間違いない。その後の自公連立政権（安倍・福田・麻生）がいずれも短命に終わったことを考えれば、とりわけその意義は大きかった。その小泉内閣が、まちづくりの法と政策として掲げたのが「都市再生」である。

　2001年4月の経済対策閣僚会議で決定された「緊急経済対策」において、内閣総理大臣を本部長、関係大臣を本部員とする「都市再生本部」が内閣に設置されることになった。その目的は、「環境、防災、国際化等の観点から都市の再生を目指す21世紀型都市再生プロジェクトの推進や土地の有効利用等都市の再生に関する施策を総合的かつ強力に推進するため」である。さらに小泉内閣は2002年（平成14年）には都市再生特別措置法を成立（4月）・施行（6月）させ、前任の小渕内閣・森内閣が進めてきた都市再生の流れを大きく加速させた。

2　民主党連立政権下のまちづくり

　これに対し、現在の政権与党である民主党は、2009年8月に「政治主導」を掲げて政権交代を実現したものの、子ども手当や高速道路無料化などの目玉政策は全て腰砕け、普天間基地問題では外交能力の欠如が明らかになり、

政治主導とは名ばかりであったことを露呈した。自公政権時代から進められてきた地方分権も注目されたが、新政権のそれは「地域主権」と名前を変えただけで実質は全く進まない体たらくであった。さらに郵政民営化という大テーマに至っては、郵政民営化反対論者の亀井静香国民新党代表を金融・郵政改革担当大臣に据えて「改革見直し」を掲げ、結局は郵便貯金・簡易保険の限度額を引き上げる方向に転じるなど、その迷走ぶりは明らかであった。

まちづくり法の分野でも、政権交代をめざす民主党のキャッチフレーズであった「国民の生活が第1」「コンクリートから人へ」という言葉は空々しく、まちづくりの法と政策は全くみえてこない。その結果、現在もまちづくりの法と政策は、小泉内閣がつくった「都市再生」の流れの中にあるが、公共事業の減少で地方都市はますます衰退し、筆者の専門である再開発や区画整理についても各地で赤字を抱え、事業が停滞しているケースが続発している。

小泉内閣は強力な指導力で「都市再生」を推し進めた。それはそれで、まちづくりの法と政策における1つの方向性として評価すべきである。目下最大の問題は、まちづくり全体の法と政策が小泉内閣のときのように盛り上がっていないことだと筆者は考えている。その原因は、はっきりいって前述のような司令部の能力不足である。「官邸主導」「政治主導」というかけ声ばかりで実力が伴っていないことを露呈してしまっているのである。まちづくりにおける法と政策は、政治・経済を強化し、地方分権を進めていくことが大前提であり、景観法の活用はその一分野である。

II 都市再生の活用とその批判

1 都市再生への批判

もっとも、「都市再生」は手放しで迎えられたのではない。その実質的な「生みの親」である小泉内閣が数々の大胆な構造改革を実行して国民の喝采を浴びた反面、「小泉劇場」と揶揄されて各方面から激しい批判にさらされたのと同じように、「小泉都市再生」についても批判がある。

「都市再生」反対論の1つは、「経済的に行き詰まることが目に見えている」、「多くの事例で破綻している」というもので、いわば経済的メリット論に根ざしている。その論点は、筆者の実践とも重なっている。つまりその論点は、不十分な計画であったため空室が目立ち、客が来ないことに悲鳴を上げた商店主たちが「商人デモ」を行った大阪駅前第二ビル再開発や、「大阪駅前の二の舞はごめんだ」を合い言葉とした阿倍野再開発と基本的に同じであり、同じ構造を抱えている。これはある意味では、儲かればよし、儲からなければダメという比較的単純な話であるが、もっと別の視点からの理論的な批判も多数存在する。

2　五十嵐弁護士の視点

　その急先鋒の1人が、「都市法」分野の第一人者、五十嵐敬喜弁護士・法政大学教授である。五十嵐弁護士は、1987年にわが国初の「都市法」の体系書として『都市法』を出版した「理論派」であると同時に、神奈川県真鶴町がバブル経済期の急激なマンション開発に対処するため1993年（平成5年）に制定した「美の条例」の提唱者という、地に足のついた「実践派」である。さらに、『美の条例――いきづく町をつくる』『公共事業をどうするか』『公共事業は止まるか』『美しい都市をつくる権利』『都市計画法改正――「土地総有」の提言』など都市法に関する多数の著書がある。

　五十嵐弁護士の小泉都市再生に対する評価は極めて厳しい。たとえば、五十嵐敬喜＝小川明雄『「都市再生」を問う――建築無制限時代の到来』（2003年）の中では、小泉都市再生を大都市の建築規制を取っ払い、超高層ビルを乱立させて「ミニ・バブル」と建築公害を引き起こし、景気対策の名の下に大都市圏にのみ公共投資を注ぎ込み、地方を切り捨てる国民無視の政策であり、際限のない政官財の都市の私物化、財政の私物化である、と批判している。

　都市再生特別措置法の仕組みは簡単にいうと、都市再生緊急整備地域というエリアを指定し、民間ディベロッパーが都市計画を「提案」し、地権者の同意に要する手続を簡素化して都市計画決定・事業計画認可までのスピード

を大幅にアップ、そのエリアでは既存の都市計画や建築規制は適用を除外されて自由な事業遂行が可能になり、資金面でも公共施設整備支援に対する無利子貸付け・SPC等に対する出資や社債取得・民間事業者の社債発行に対する政府保証が行われるというものである。これを見れば確かに、大手不動産業者が大都市で大型商業施設や高層マンションを建築するためのスキームという色合いが濃厚であるから、こうした批判にも納得できる点は多い。

筆者が学習した限り、五十嵐弁護士の主張は一貫して「建築自由の原則」を制限することにあり、ヨーロッパに範をとった「美しい都市」づくりをめざしている。「所有権は義務を伴い、所有者は義務を負担する。都市は自治体と住民によってつくられる」を「都市計画の拠って立つ原則」であると考え、憲法を改正して「市民の憲法」をつくろうという五十嵐弁護士の目から見れば、政権主導、財界主導の色が強い小泉都市再生はナンセンスそのものとなるのであろう。

3　筆者のスタンス

しかし筆者は、それだけのパワーとリーダーシップがなければ国全体のまちづくりの法と政策は動かないと考えている。本書が現局面におけるまちづくりの法と政策の軸として位置づけ、その到達点（定着ぶり）を明らかにする景観法もこうした大きな流れの中で制定されたのであるから、「現実派」の筆者は小泉都市再生はもっと評価されてもよいと考えている。本来であれば、法定事業である土地区画整理事業や市街地再開発事業などの手続で進められるはずであった都市再生緊急整備地域における「再開発」が、この特別措置法によって民間資金によって進められたというのも、低迷する日本経済の活性化という面からはそれなりに評価されるべきである。

Ⅲ　まちづくりで重要さを増す「景観価値」

1　伊藤グループの活躍

　小泉都市再生には大都市偏重という批判が強いが、そもそも小泉都市再生は都市再生緊急整備地域というエリアだけで行われたわけではない。都市再生の分類においては、「美しい景観を創る会」代表の伊藤滋早稲田大学教授が政策グループ「都市再生戦略チーム」座長として大活躍した。その成果は、2005年にまとめられた『都市再生最前線——実践！　都市の再生、地域の復活』からうかがうことができる。そもそも、都市再生本部の活動は「都市再生プロジェクトの推進」、「民間都市開発投資の促進」、「稚内から石垣まで全国の都市再生の推進」という「三本柱」であった。同書は、「高齢者のためのまちづくり」として北海道伊達市、「都市と農村の連携による中心市街地の活性化」として福島県福島市、「水辺をいかした観光まちづくり」として千葉県佐原市などあわせて10の都市を取り上げ、ページのほとんどを地方都市の再生に割いて紹介している。こうした取組みは地方自治体と住民が積極的に行動した結果であるが、今の日本ではトップダウンの決定がなければ動き出しが遅いうえ、いつまでも何も決まらないことも多い。一定の地方都市においても「都市再生」というスローガンと政策が果たした役割は大きいというのが、公平な評価ではないだろうか。

2　景観価値の位置づけ

　同書の中に、伊藤教授の興味深い記述がある。それは、「景観は市民ルールを確立できるかどうかの試金石」であると位置づけ、「今年（筆者注：2005年）は景観が街づくりの中心課題になりそうです。現在の日本の都市はあまりにも汚いです」である。その例として、伊藤教授は、街中に氾濫する広告・看板、ごみ袋や廃材の放置、屋根のないコンクリートむき出しの屋上、電線地中化の遅れ、などを指摘し、最後にこう結んでいる。「隣近所・向こう三

軒両隣で約束をして、それに従った形でブロック塀をとりこわして生垣を作り、建物を作っていくことを考えましょう。市民生活を市民自らがルール化していくことがこれからの課題です。その意味では、今年6月に全面施行される景観法の先行きを私は非常に注目しています」。

　これを筆者なりの言葉で言い換えれば、景観というのはまちづくりの「目標」であると同時に、民主主義に基づくまちづくりの「入口」なのである。そして、このような議論を真正面からできるのは、ひとえに「景観価値」が高まっているからにほかならない。

第3節　眺望・景観をめぐる法と政策

Ⅰ　希薄だった「景観」意識

　元々、日本は豊かな自然に恵まれた国であった。ところが、ある意味ではそれが仇となり、日本人には「景観は貴重なもの、大事なもの、守るべきもの」という意識が希薄となった。「日本人は水と安全はタダだと思って生活してきた」とよくいわれるが、それと同じである。つまり、豊かな自然がありすぎるとそのありがたみを感じられなくなり、「少しくらい壊しても大丈夫」という意識になってしまうのである。その結果、日本の美しい景観を「みんなが少しずつ」破壊していったのではないだろうか。まさに、「赤信号、みんなで渡れば怖くない」といったところであるが、それを許すと交通秩序の崩壊につながることは避けられない。

Ⅱ　多発する眺望・景観紛争

　日本ではそのことが、「高度経済成長」という格好の機会を得て露呈した。経済の発展と技術の進歩によって、あまりにも急激かつあまりにも大規模な開発が全国的に実施された。1960年代に発生した人間の健康に直結する公害問題が大きくクローズアップされ、「遅い」「不十分」といわれながらも、1970年の「公害国会」に象徴されるように有毒物質の使用禁止、汚染物質の排出規制の強化など一定の対応がとられてきた。それに対して、日本全国で二全総が大々的に展開される中、その反面として必然的に発生した乱開発、ミニ開発問題や多発し始めた日照紛争への対応は、極めて不十分であった。今日の東京にみるような超高層ビルの林立はまだまだ先のことだが、1970年から80年代の開発や建築をめぐる紛争は日照紛争を中心に多方面に広がった。眺望・景観をめぐる紛争もその1つである。

　第2章で詳しく検討するように、その紛争は初期の段階では、主として眺

望を売り物にした観光地での眺望侵害という商業的利益を中心とした問題であったが、経済成長によって日本全体が豊かになり、個人の住環境が充実してくるにつれて、リゾートマンションなどを舞台にした個人の住宅・マンションからの眺望に対する侵害を訴える事件が増加してきた。同じ住環境に起因する問題の中でも、より切実な日照権問題については一定の法的解決が図られたが、眺望についてはこれといった対策がとられないままに建築物の高層化が進み、またリゾート地ではない通常の住宅地においても、眺望・景観をめぐる紛争が多発するようになった。

Ⅲ　法の不備と法廷闘争の限界

しかし、多くの新たに発生する社会問題と同じように、眺望や景観を保護する法律は存在せず、またその必要性も十分には認識されなかった。そのため、直接に健康被害をもたらす公害被害としての排気ガスや有害排水物、そして人格権侵害と位置づけられた日照被害などに比べると眺望や景観に対しては法的な対応は弱かった。むしろ、環境保護運動と結びついた「自然破壊」や「生態系の破壊」に反対する運動や取組み、そしてその対策よりも「出遅れた」感が強い。

もちろん、眺望や景観という側面が全く考慮されなかったわけではない。たとえば、歴史的な都市や建造物については1966年（昭和41年）に古都における歴史的風土の保存に関する特別措置法（以下、「古都保存法」という）が制定され、一定の保護を受けることになった。しかし、その対象となる「古都」は「わが国往時の政治、文化の中心等として歴史上重要な地位を有する京都市、奈良市、鎌倉市及び政令で定めるその他の市町村」（古都保存法2条1項）にすぎず、あくまで伝統と文化の保全という位置づけにすぎなかった。この間の歴史的経緯は、西村幸夫『環境保全と景観創造——これからの都市風景へ向けて』の「歴史的環境保全運動の展開」に詳しい。同書では、戦後文化財保護運動から出発して古都保存法とその改正を通じて「町並み保全運動」が行われ、一定の成果をあげてきたことが詳しく紹介されているが、他

方で、都市全体の景観については1970年代から一部先進自治体が条例をつくるなどして取り組んできたものの、「都市景観の整備」は「試行錯誤の域を出ていない」と評している（同書207頁）。

　他方、眺望・景観紛争の一部は裁判で争われることもあり、その時々のニュースとして画期的な判決が出されたこともあった。しかし、眺望・景観は「法的な権利ないし利益としては保護されない」という判例の潮流が確立したために、これらの判決が社会全体に影響を及ぼすには程遠いものであった。こうした流れは、2005年（平成17年）に「景観利益」という概念を真正面から認めた国立マンション事件最高裁判決が出るまで続くが、その点については本書第3章を参照してもらいたい。

　このように歴史を振り返ってみると、「景観」というものは立法の場でも司法の場でも正面から認知されず、せいぜい他の問題に付随して取り上げられる程度のいわば「継子」扱いをされてきたといっても過言ではないであろう。

IV　景観価値の高まりと眺望・景観をめぐる「法と政策」の必要性

　しかし時代は変化し、今やようやく「景観」が観光資源としてだけでなく、一般市民が豊かな日常生活を営むうえでも必要不可欠な要素であることが法的にも認知されてきた。その立法における成果が景観法であり、司法における成果が国立マンション事件最高裁判決である。今や景観は、まちづくりの「主役」に躍り出ようとしているといっても過言ではない時代状況を迎えている。

　景観は人間のつくる「まち」と共に変化していくものであるから、優れた景観を維持・保全・創出するためには、景観をまちづくりの法と政策の中に位置づけなければならない。他方、まちづくりには民主主義が必要なことは前述のとおりであり、その実践を約20年間続けている筆者が痛感するところである。そして、民主主義とはただみんながあれこれ好き勝手なことを言い

合うことではなく、全員が共通の基盤をもって議論を行い、責任をもった結論を出すことである。「景観を大切にしましょう」というかけ声だけでは何にもならない。日本国民みんなが景観を中心としたまちづくりについての「法と政策」を勉強し、「どんな景観をつくるのか」という民主主義に基づく議論をしなければならない時代に入ったということである。

第4節 「美しい国」と景観法

I 「美しい国」というキーワード

　現在の日本のまちづくりを考えるうえで「都市再生」というキーワードが欠かせないのと同じように、景観を考えるうえで欠かせないキーワードが「美しい国」である。2003年、小泉政権下の国土交通省は「美しい国づくり政策大綱」を発表した。その中には、「我が国の景観・風景の現状」として、「我が国は地域による気候・風土の多様性、四季の変化に富んでおり、水と緑豊かな美しい自然景観・風景に恵まれている。その美しさは海外からも高い評価を得ている」とある。この大綱は、「この国土を国民一人一人の資産として、我が国の美しい自然との調和を図りつつ整備し、次の世代に引き継ぐ」ということを理念としているため、必ずしも観光立国を目的としていたわけではないが、「美しい国」はそれだけで観光資源であることはいうまでもない。小泉内閣は、ほぼ同時期に「観光立国行動計画」を公表しており、これも後の景観法の制定に影響を与えている。「小泉」という存在がいかに大きかったかがわかるというものである。

　その後を受けて2006年9月に発足し、「本格保守政権」が期待された安倍内閣も「美しい国づくり」をスローガンに掲げた。安倍総理自ら『美しい国へ』という単行本（文春新書）を上梓したほどだからその力の入れ具合がうかがえようというものである。安倍内閣下では、「『美しい国づくり』推進室」まで設置されたが、安倍政権自体が2007年9月には退陣を余儀なくされて短命に終わったため、ほとんど機能しないままになってしまった。また、安倍内閣のいう「美しい国づくり」は「活力とチャンスと優しさに満ちあふれ、自律の精神を大事にする、世界に開かれた、『美しい国、日本』」をつくるというもので、もっぱら自主憲法制定など保守政治のあり方や外交方針、教育分野の改革などを念頭においたものであった。そのため、環境・景観政策の分

野ではこれといって特徴ある政策の打ち出しがみられなかったのは残念である。

Ⅱ　景観価値と私権制限

　都市再生に対しては前述のとおり、「儲からない」という趣旨の批判に加えて、五十嵐弁護士による「美しい都市」という視点からの批判や大都市偏重・事業者偏重という批判が展開された。こうした批判の方向性は、ひと言でいえば「規制緩和反対」ということになる。これに対して、景観価値を重視して美しい国をつくるということは、「所有権絶対の原則」「建築自由の原則」に反して私権を制限・規制することにほかならない。したがって、都市再生に対する批判とは逆に、景観価値尊重の反面として、事案ごとに権利を制限されることになる権利者の反発が生まれることは必至である。

　そもそも、2004年（平成16年）6月の景観法制定当時、すでに500弱の地方公共団体は自主的に「まちづくり条例」や「景観条例」を制定し、積極的に景観の整備・保全を図っていた。しかし、それまでは景観に対する国民共通の基本理念が示されていなかったうえ、自治体レベルのソフトな手法では限界があり、また、国の税制上・財政上の支援を充実させる必要もあった。そのため、景観法という「法律によるまちづくり」の必要性が痛感されたのである。これは大きな観点でいえば、開発を推進するまちづくりから、開発を抑制・規制するまちづくりへと大きく方向転換したということができる。

Ⅲ　「美しい国づくり」のための法と政策・景観法の活用

　景観法は、わが国初めての景観についての本格的・総合的な法律として制定された。逆にいえば、それまでのわが国の法制度には「景観」に関する体系的な規律がなく、そのため規制に多数の抜け道があったり、「やったもの勝ち」になったりすることが多かったわけである。そしてその結果が、前述の「みにくい景観」である。景観法はそのような問題を解決するための基礎

法、いわば「景観の憲法」ともいうべき法律として制定されたが、国、自治体、そして何より国民がこれを使いこなさなければ意味がない。

　筆者はすでに景観法が制定された当時、景観法の「使い方」を解説するためのものとして2004年に『Q＆Aわかりやすい景観法の解説』を執筆し、そのことを強調してきた。景観法は2005年（平成17年）6月1日に全面施行されたが、それからすでに6年半が経過し、さまざまな形で成果を発揮しつつある。したがって、この本の意義は現在でも失われていないどころか、ますます重要度を増していると私は確信している。しかし、今大切なことは景観法を解説することではなく、それを武器として活用することである。そして、良好な景観を守るためには何らかの形で私権を制限しなければならないという側面がある。つまり、景観法はいわば私権を制限してまで美しい景観を守るための根拠規定なのである。したがって、近い将来、新たな「公」（景観）と「私」（私権）の衝突が生まれ、その紛争が法廷に持ち込まれるであろうこともしっかり頭に入れておく必要がある。

Ⅳ　景観法制定と眺望・景観紛争の変化

　もちろん、これまでにも眺望や景観をめぐる紛争は多数発生している。しかし前述のように、わが国には眺望・景観に関する体系的な規律が存在しなかったため、公による規制がほとんど作用しておらず、紛争のほとんどは「景観を侵害する私」対「侵害を受ける私」や、「侵害を受ける私」対「対策をとらない公」の構図であった。ところが、景観法を読めばわかるように、「公」は今や景観を守るため積極的に私権を制限しようとしている。これに対し、「自己の利益のために私権を主張する私」の力が弱くなっているわけではない。今後は、新たな形の「公・私」紛争が増加することは必至である。

　このような新しい形での「公」と「私」の衝突・対立こそ、法的解決が極めて難しい景観・眺望紛争である。大雑把な言い方をすれば、これまでの眺望・景観紛争は、「規制されるべきものが規制されなかったために起きた紛争」であった。これに対して、今後の眺望・景観紛争は、「何が規制されるべき

で、何が規制されるべきではないかの紛争」が増加する、ということになる。もっとも、そうだとすると紛争が生じるポイントは結局同じで、視点が変化したことによって紛争の態様が変化しているだけだと評価することも可能である。

第1章 まちづくりと景観法

第5節　本書がめざすもの・本書の構成

　以上述べたような景観を軸としたまちづくりの法と政策の現状を前提として、本書の狙いは、①眺望・景観をめぐるまちづくりの法と政策の現状を把握・整理すること、②過去の判例はもちろん、国立マンション事件と鞆の浦事件という二大最高裁判決を分析して眺望・景観紛争のポイントを把握・整理すること、③景観法が定めた多様なツールの使い方と先進的な地方自治体の「使いこなし」例を紹介・検討すること、そして④京都市の眺望景観創生条例をはじめとする、景観法を軸としたまちづくりの法と政策の新局面を明らかにすることにある。前著『Ｑ＆Ａわかりやすい景観法の解説』は景観法というツールの内容を説明するもので、法律の解説書という位置づけであった。しかし、本書はより実践的に、景観法を軸としたまちづくりの法と政策のあるべき姿を考えてもらうための手引書である。

　そのため本書の構成は、第２章第１節での判例の分析を通じて眺望・景観紛争の到達点を探るところからスタートする。そして第２節では、眺望紛争から景観紛争への変化を概観しながら、「景観価値」がいかに多様性をもった概念であるかを明らかにする。第３節では、景観紛争がマンション建設や大規模開発とどのように関連しているのかを検討し、規制と開発の両立が不可欠であることを明らかにする。

　第３章では、第１節で重要なターニングポイントとなった国立マンション事件判決を、第２節で鞆の浦差止訴訟判決を詳しく紹介し、第３節では及ばずながら主な論点についての私なりの検討を加える。

　第４章は、第１節でこれまでの景観に関するまちづくりにおいて重要な役割を果たしてきた条例、とりわけ自主条例としての景観条例を中心に検討する。景観法を軸としたまちづくりを実践するためには条例の活用が不可欠であるところ、いくつかの先進的な自治体が実践してきた条例の活用法を紹介し、その到達点と課題を述べる。そして第２節では、まちづくりにおける住

第5節　本書がめざすもの・本書の構成

民参加の歴史を概観し、景観法が定める住民参加の重要性を明らかにする。

　第5章では第1節で景観法を概観するとともに、その活用状況を一覧する。景観法の詳細は、前著『Q＆Aわかりやすい景観法の解説』に譲るが、同書は法律の解説書という位置づけ上かなり細かいところまで詳しく解説している。それを通読するのは大変なので、この節はいわば前著のダイジェスト版といったところである。これを前提として、第2節では景観法が定める委任条例の到達点を明らかにするとともに、今後の課題を述べる。このように、第5章はいわば「景観法の使いこなし総論」である。

　第6章では景観に重大な影響を及ぼす屋外広告物問題を検討する。景観法による景観計画の策定においていかに屋外広告物を規制するか、また景観法制定に伴って改正された屋外広告物法を活用した屋外広告物条例の制定によっていかに屋外広告物を規制するか、その実践が京都市、金沢市などいくつかの先進的な自治体で展開されている。地味な分野であるためあまり脚光を浴びることがないが、屋外広告物規制は良好な景観形成のための重要な「法と政策」であるから、かなりのスペースを割いてこれを検討する。

　そして最後の第7章では、第1節で景観法の制定後それを最大限活用した新たな景観条例・景観政策として、京都市の眺望景観創生条例を詳しく紹介し検討する。その画期的な内容には目を見張るものがあるが、その反面として今後、公（による規制）と私（権の制限）の調和がどのような形で実現するのか、それとも徹底的に争うことになるのかが注目される。続いて、第2節では首都東京都の取組みを、第3節では市域全体を景観法の目玉である景観地区に指定した芦屋市の先進的試みを紹介する。さらに第4節では、各地の新景観政策と景観条例を、第5節では大阪のまちづくりと景観政策を紹介し、終章で景観をめぐる法と政策の今後の展開（期待）を述べたい。このように、第6章と第7章はいわば「景観法の使いこなし各論」ということになる。

　都市計画法を「母なる法」とした多くのまちづくり法の中で、景観法は近時最も注目すべき法律の1つである。にもかかわらず、いまだその内容や活用法が国民と自治体に周知されているとはいいがたい。その最大の原因は、

第 1 章　まちづくりと景観法

やはりまちづくり法の複雑さと難解さのためである。景観価値が高まった今、まちづくりの分野で眺望・景観紛争が拡大していくことは必至である。そのようなケースにおいて、以上のような構成でまとめた本書が活用されれば幸いである。

第2章

眺望・景観紛争の論点と到達点

第1節　眺望紛争とその到達点

Ⅰ　眺望判例の整理と分析

1　眺望判例の整理

　第1章では、まちづくりの歴史的経緯に注目することの必要性を説明した。本書が対象とするのは「眺望・景観紛争」であるが、それを検討するについての切り口はいろいろ考えられる。そこで本章では、スタンダードな方法として、眺望・景観が問題となって争われた裁判の判決と事案を分析するところから始めたい。

　そこで、まず最初に眺望紛争と景観紛争を区別しておく必要がある。眺望と景観の関係は後に詳しく考察するが、差しあたりここでは、単に「見晴らし」が問題になるのが眺望紛争であると考えておこう。

　「景観」は比較的最近になって現れ、注目されるようになった概念である。これに対し、眺望については比較的早い段階から権利性が主張され、眺望を害する建築が行われることを理由とした紛争も発生してきた。しかし、法的に何が「眺望」として保護されるのかは必ずしもはっきりしていなかった。そこで、これまでに公刊された裁判例のうち、主として「眺望の侵害」がキーワードになったものを時系列に沿って一覧表にまとめたので（<chart 1>）、これを参照しながら検討していくことにしよう。

　なお、この一覧表の注意事項であるが、ここでは、「日照」が主たる問題となっている事案は取り上げない（たとえば、後掲伊藤論文で取り上げられている神戸地裁伊丹支判昭和45・2・5判時592号41頁、大阪地判昭和50・5・21判時798号67頁、千葉地判昭和56・7・17判時1020号99頁、名古屋地判昭和58・8・29判時1101号91頁、千葉地裁一宮支決昭和62・2・7判時1243号90頁など）。

　また、眺望紛争のうち、後述の「信頼違背型」（眺望を売りにするマンショ

ンの近隣に後から建物が建てられた類型)は、眺望利益そのものが問題ではなく契約の問題であるから、別に取り上げることにする。

さらに、後に詳しく述べるが、2000年(平成12年)6月5日の東京地裁八王子支部の仮処分決定を皮切りとする、一連のいわゆる国立マンション事件以降、「眺望」から「景観」へという新たな流れができた。この部分は従来型の「眺望判例」と異なるところが大きいので、別途取り上げることとする。

2　眺望判例の分析

ここでは、時代区分に応じてどのような紛争が判例に現れてきたか、そしてそれに対してどのような判断がなされてきたかという、歴史的経緯に重点をおいて分析する。これによって、眺望紛争も社会情勢の変化の影響を大きく受けるものであることがわかる。法的構成に力点をおいて眺望に関する判例を分析した例として、伊藤茂昭ほか「眺望を巡る法的紛争に係る裁判上の争点の検討」判タ1186号4頁(以下、「伊藤論文」という)があるが、ここでは私なりの歴史的視点から眺望判例を解読・分析する。

3　昭和50年頃まで

初期の眺望紛争(昭和50年頃まで)は、リゾート地や観光地において、海、山、名勝地、観光施設などがよく見えることをセールスポイントにした旅館やレストランが眺望侵害を訴えるケースが多い(事件番号1、3、4、5、6、8、10)。こうした類型では、眺望は人格的な利益というよりも、商業的な利益として理解されることになる。

同様に商業的利益の追求をメインにするものとして、建物に設置していた電光掲示板や看板が見えなくなるとか、空港から見えていた看板が見えなくなるなど、やや毛色の異なる眺望紛争も発生している(事件番号2、7)。これは眺望に関する紛争というよりは広告物に関する紛争に分類できるものであるため、第6章で別途詳しく取り上げることにするが、商業的利益が中心という意味では同一の時代背景下にあるということができる。

第2章 眺望・景観紛争の論点と到達点

<chart 1> 眺望判例一覧表

事件番号	裁判所判決年月日	出典	概要	地域の特性 住宅地域	地域の特性 商業地域	地域の特性 リゾート・観光地域	地域の特性 文化地域歴史的	主張側の属性 住宅	主張側の属性 商業施設	主張側の属性 街全体	相手方 本人 個人	相手方 本人 企業	相手方 本人 公共団体	相手方 建築許可主体	相手方 都市計画等認可主体
1	東京高判 S38.9.11	判タ154号60頁	旅館の眺望が妨げられる			利根温泉			○			○			
2	東京地判 S38.12.14	判時363号18頁	電光掲示板が見えなくなる		銀座				○			○			
3	大津地判 S40.9.22	行裁例集16巻9号1557頁	湖水埋立・道路開設			琵琶湖			旅館				大津市		
4	札幌地判 S41.4.15	判タ189号180頁	隣接ビルの板塀	○					ビル			ビル			
5	和歌山地裁田辺支判 S43.7.20	判時559号72頁	旅館の眺望が妨げられる			白浜温泉			旅館			旅館			
6	高松地判 S44.4.10	行裁例集20巻4号452頁	埋立免許、利用変更承認取消し			小豆島			旅館						町
7	東京地判 S44.6.17	判タ239号245頁	隣接建物の看板で看板の片面が覆われる		新宿駅前通				店舗			店舗			
8	津地判 S44.9.18	判時601号81頁	旅館の眺望が妨げられる			伊勢志摩			旅館			近鉄			

40

第1節　眺望紛争とその到達点

請求内容					裁判内容		判決の法律構成	備　考
工事差止め		許可・認可差止め	妨害排除	事後損害賠償請求	本案・仮処分の別	認容・棄却・却下		
事前	工事中							
○					仮処分決定認可判決	認容	建築に権利濫用	
			○			棄却	権利濫用に至らない	
○					仮処分	却下	権力行為に民事仮処分だめ	
			○		訴訟	棄却	権利濫用に至らず	
		○			仮処分	却下	受忍限度論	
					取消訴訟	却下	処分性なし	
			○	○		棄却	受忍限度論	
○					仮処分	却下	受忍限度論	

41

9	京都地判 S45.4.27	判時602号 81頁	隣地にホテル建築			京都	自宅		ホテル	
10	京都地決 S48.9.19	判タ299号 190頁	ビル建築			京都	旅館		ビル	
11	仙台地決 S49.3.28	判時778号 90頁	分譲マンション建設	○			住宅		マンション	
12	東京地決 S51.3.2	判時834号 81頁	リゾートマンション建築		熱海		リゾートマンション		開発業者	
13	東京高決 S51.11.11	判時840号 60頁	リゾートマンション建築		熱海		リゾートマンション		開発業者	
14	横浜地裁横須賀支判 S54.2.26	判時917号 23頁	観光地ではないが海が見えなくなる	△	△		居宅	居宅		
15	横浜地判 S55.11.26	判時1013号13頁	公園近くに宗教団体ビルとホテル建築		横浜山下公園		居宅(数戸)			横浜市
16	和歌山地判 S56.5.26	訟月27巻7号1316頁	国道の防音壁設置	○	○		自宅兼店舗		国	
17	東京地判 S57.4.28	判時1059号104頁	看板が空港から見えなくなる		羽田空港			○	○	

第1節　眺望紛争とその到達点

			○	訴訟	眺望侵害は認めず、住居立入り等で慰謝料を認容	受忍限度論	主たる争点はホテル建築工事において作業員が原告の敷地・居宅に立ち入ったことであり、その点については慰謝料を認めた。
	○			仮処分	認容		詳細は登載されておらず不明。
○				仮処分	6階の1室建築差止認容	眺望は受忍限度の認定に加えられない	日照、プライバシー、電波障害などで差止めを認定したが、眺望は確保されなくてもやむを得ないと判断。
	○			仮処分	棄却	眺望権は保護薄い	
	○			仮処分（東京地決S51.3.2抗告審）	棄却	眺望権は保護薄い	
		○	○		収去棄却、賠償認容	権利濫用あり	
				取消訴訟	却下	法律上保護された利益なく適格ない	
		○		訴訟	棄却	受忍限度論	
			○	訴訟	棄却	眺望は反射的利益	

43

18	仙台地決 S59.5.29	判タ527号 158頁	レストランの眺望が妨げられる			松島		食堂	食堂？	
19	名古屋高決 S61.4.1	判タ603号 70頁	リゾートマンション建築	△	△		別荘		開発業者	
20	東京地決 H2.9.11	判タ753号 171頁	保養所建設			伊豆高原	リゾートマンション		分譲業者	
21	京都地決 H4.8.6	判時1432号125頁	ホテル建設			京都		仏教会	ホテル	
22	大阪地判 H4.12.21	判時1453号146頁	リゾートマンション建築			木曽駒高原		社用別荘	リゾートマンション	
23	松山地決 H5.9.30	判時1485号80頁	分譲マンション建設			松山	近隣住民住居・店舗		住宅協会	
24	仙台高判 H5.11.22	判タ858号259頁	飲食店店舗の建設			松島公園	飲食店		飲食店	
25	京都地判 H6.1.31	判例地方自治126号83頁	ホテル建設			京都		仏教会		京都市
26	和歌山地判	判例地方自治145号36頁	橋の建設			和歌山和歌の浦		住民		和歌山市長

第1節　眺望紛争とその到達点

	○			仮処分	認容		詳細は登載されておらず不明。
○				仮処分却下抗告審	抗告棄却	受忍限度論	
○	○			仮処分	却下	受忍限度論、眺望は切実性低い	相手方はリゾートマンションの売主でもある。
○				仮処分	却下	景観権は不明確	主位的には計画変更の合意に基づく請求。
			○	訴訟	認容	眺望利益の享受を目的とした建物建設など重要性認められる場合は法的保護に値する。受忍限度を超える侵害がある	控訴後の経過は不明。
○				仮処分	却下	旅館や別荘ではなく眺望は法的保護されない	日照権などの複合型。
○				仮処分取消控訴	棄却	受忍限度論	工事禁止の仮処分はいったん発令されたが、取り消されたために控訴。
				取消訴訟（京都地決H4.8.6の本案）	却下	文化的環境権は未成熟、原告適格なし	ホテル建設に必要な道路廃止処分と建築許可処分の取消しを求めたもの。
				違法公金支出差止	棄却	歴史的景観権は具体性に欠け法的権利でない	

45

27	岐阜地決 H7.2.21	判 時1546号81頁	配水池建設工事	○			住民		各務ヶ原市	
28	長野地裁上田支判 H7.7.6	判 時1569号98頁	隣接別荘建築		別荘地「学者村」	別荘		別荘		
29	仙台地決 H7.8.24	判 時1564号105頁	隣接マンション建築	○		分譲マンション住民ら		建設業者		
30	大阪地判 H10.4.16	判 時1718号76頁	隣地マンション建築	中高層住宅専用地域				建設業者		
31	大阪高判 H10.11.6	判 時1723号57頁				自宅				
32	大阪地判 H11.4.26	判 タ1049号278頁	隣地住宅建設	○		自宅	自宅			
33	神戸地判 H12.1.25	判例地方自治211号95頁		○			住民15名	不明	市	
34	東京高判 H13.6.7	判 タ1070号271頁	隣地マンション建築（ただし4階建て程度）			鎌倉	自宅		マンション	
35	東京地判 H15.2.20	D1-law（第一法規・判例体系）ID28081417	マンション1階の焼鳥屋の排煙設備設置	○		マンション		テナント		

第1節　眺望紛争とその到達点

○				仮処分	却下	眺望は特に重要である必要、受忍限度論	住宅地における眺望は観光地より価値が低いと明言。
		○		訴訟	棄却	眺望利益は法的保護と明言したが受忍限度内	
○				仮処分	認容	売主として眺望について信頼させた信義則上の義務	相手方は申立側分譲マンションの売主でもある。
			○		認容	重要な眺望で法的保護、配慮不十分で受忍限度以上	反対派住民団体とは協定書が交わされている。
			○	大阪地判 H.10.4.16 控訴審	1審認容を取消し	重要ではなく法的保護に値しない	
		○	○	訴訟	棄却	受忍限度論	
				建築確認処分無効確認訴訟	却下	眺望は法的確立した権利でない	
			○		棄却	重要な眺望で法的保護だが受忍限度内	自宅からの眺望は元々少なく、景観権をあわせて主張したが認められず。鎌倉市景観条例、ガイドラインあり。
		○	○	訴訟	排煙設備撤去、慰謝料認容	眺望は「遠く見晴らす」であり目障りなだけでは受忍限度を超えない	騒音、臭気、圧迫感を総合して受忍限度を超えると判断した。

47

第2章　眺望・景観紛争の論点と到達点

36	名古屋地決 H15.3.31	判タ1119号278頁	マンション建設		「白壁地区」		近隣住民		
37	那覇地決 H15.9.19	D1-law（第一法規・判例体系）ID28091280	ホテル建設		西表島		近隣住民	ホテル	
38	東京地判 H20.1.31	判タ1276号241頁	マンション建設		熱海		マンション住民	マンション	
39	横浜地裁小田原支決 H21.4.6	判時2044号111頁	住宅建設		真鶴	別荘		別荘	

4　昭和50年から昭和末期まで

　これに対して、昭和50年以降、同様にリゾート地や観光地を舞台にしながらも、リゾートマンションの所有者や眺望を期待して居住している住人など、個人が訴えを提起したケースが目立つようになる（事件番号11～16、19、20）。この類型の認容例として有名になったのが、横須賀野比海岸眺望判決（横浜地裁横須賀支判昭和54・2・26判時917号23頁。事件番号14）である。もっとも、個人が訴えを提起したケースで、その後これに続く認容例はほとんどみられない。

　その意味では、「一般住宅の眺望利益を保護した本判決は、今後のいわゆ

48

				仮処分	認容	景観利益を認めたが眺望には触れていない	江戸時代の武家屋敷のまちなみが残る地区であり保存地区の指定あり。
○							
○				仮処分	却下	眺望によって利益を得ている（旅館等）わけではなく景観利益は抽象的	メインはホテルの排水など環境破壊。
			○	訴訟	棄却	社会観念上も重要と認められる眺望は、法的見地からも保護されるべきだが侵害は受忍限度を超えていない	いずれもリゾートマンションの要素が強い。
○				仮処分	認容	「人格的生存に重要な価値を与えるものとして社会から承認されるべき重要性」を備えていれば、眺望利益は人格的利益として法的保護に値する	

る眺望権や一般的な景観に関する環境権の確立へ向けて重要な礎石となるもの」（淡路剛久「眺望・景観の法的保護に関する覚書——横須賀野比海岸眺望権判決を契機として」ジュリスト692号119頁。以下、「淡路論文」という）とまではいえなかった（少なくとも直接的には）ことになる。これに続く純粋な個人的眺望利益を理由とする認容例は、横浜地裁小田原支決平成21・4・6判時2044号111頁（真鶴町建築禁止仮処分事件。事件番号39）を待たなければならないことになる。

5　平成以降

平成に入った頃から、個人ではなく近隣住民が団結して訴えを提起する

ケースが目立ち始める（事件番号23、25～27、29、33、36～38）。しかし、眺望は日照よりも切迫性の薄いものとされ、「人格権的な眺望利益」によって請求が認容されるケースはごく稀であった。

　他方で、これらと異なる路線での眺望紛争としてこの頃から現れてくるのが、眺望を売り物にした不動産（主にマンション等）が売買された後、近隣に新たな建物が建つなどして従前の眺望が失われてしまったため、分譲業者等の売主に対して売買契約の有効性を争ったり、説明義務違反に基づく損害賠償請求を行うという類型、すなわち伊藤論文がいう「信頼違背型」である。この類型にも、同じ分譲業者がさらに次のマンションを建築しているというケースと、第三者が新たにマンションを建築しているケースに分けることができる。この類型では、当事者間で眺望が売り物になっている限り、契約解除や代金減額が認められている例が相当ある。たとえば、建築工事禁止の仮処分が認められた例として仙台地決平成7・8・24判タ893号78頁を、損害賠償が認容された例として横浜地判平成8・2・16判時1608号135頁をあげることができる。最近の判例としては、たとえば札幌地判平成16・3・31裁判所ホームページ、福岡地判平成18・2・2判タ1224号255頁などがある。これらの判例をみれば、当事者間の契約の中で具体化した眺望利益は法的に保護され、損害賠償・差止めが認められやすいということができる。また、新たな建築による眺望の阻害ではなく、元々建てられていた建物との関係であっても、実際の眺望が説明と相違しており、マンションから二条城の眺望が得られなかったことについて売主の説明義務違反を認め、損害賠償請求を一部認容した大阪高判平成11・9・17判タ1051号286頁もある。逆に否定例としては、札幌地判昭和63・6・28判時1294号110頁、東京地判平成5・11・29判時1498号98頁、大阪地判平成11・12・13判時1719号101頁などがある。

　ただし、この類型で重要なのは、眺望利益の大小や重要性よりむしろ重要事項説明などで「どのような信頼をもたせたか」である。たとえば、上記の大阪高判平成11・9・17では、原告（買主）が契約解除した後、同一価格でその物件を購入した者があったことが認定されていることからすると、眺望

自体の客観的価値は決して大きなものではなかったようであるが、買主が眺望を重視して繰り返し質問をしていたにもかかわらず、売主側業者の説明が実際の眺望と異なっていたことを重視して、原告の請求を認めたことが参考になる。

　他方で、説明不十分だとして紛争になるケースもある。平成18年1月20日付け朝日新聞夕刊によると、大阪市中央区玉造で眺望を売りにした35階建てのマンションを建築し販売したところ、南側敷地に20階建ての高層ビル建築計画が持ち上がった。隣接地は京セラミタ社の所有地で、同社は事前にマンション事業者に対し、「将来新社屋を建てるかもしれないし、建てないかもしれないが、購入希望者に伝えてほしい」と申し入れていたため、事業者側はマンションを販売するにあたり、重要事項説明書で「敷地南側は将来的に開発行為・建物建築の可能性があります」と記載して説明していたが、購入者側は「表現があいまい」「説明不足」と憤ったという（本件が法廷で争われたのかは定かではない）。

6　まとめ

　以上のとおり、これまでの眺望紛争は大きく3つの時代に区分できることがわかる。これは、いってみれば商業利益を中心とする第1期、個人の人格的利益が主張されるようになった第2期、個人の主張にとどまらない住民運動的な訴訟の増加と、契約関係における眺望利益の保護が認められるようになった第3期、ということになる。それを筆者なりに法律論としてまとめれば、眺望に関する判例の到達点は次のとおりとなる。

① 　個別的な眺望は、それを売り物にしている観光旅館等でない限り主観的なものであり、原則として具体的な権利ということはできない。したがって、それを侵害されたからといって損害賠償や差止めを求めることはできない。

② 　ただし、特に保護すべき理由がある場合には、眺望利益も法的に保護されるものと認められる場合がある。しかし、眺望が法的に保護される

場合であっても、眺望侵害行為が社会的にみて権利濫用にあたらず、受忍限度内である限り、損害賠償や差止請求は認められない。
③　侵害が受忍限度内であるかどうかの判断においては、客観的な眺望の侵害状況が重要であることは当然であるが、新たに建物を建てようとする側が事前に建築内容を説明したり、建築内容の変更を含めた交渉に応じたりするなど、「誠実に対応しているかどうか」も極めて重要な要素となる。差止認容例（横須賀野比海岸眺望侵害事件、真鶴町建築禁止仮処分事件）においては、特にこの点が強調されている。
④　マンションなどの不動産売買契約において、当事者が特に優れた眺望に着目するなどして購入した場合には、眺望は具体的利益として保護される。具体的には、売買契約における信義則上の説明義務などの法律構成で、契約解除や損害賠償が認められる可能性がある。売主が自ら眺望を侵害するケースと、第三者によって眺望が侵害されるケースでは、売主に課される義務の程度は異なるが、第三者侵害型であっても売主が義務を負わないわけではない。

II　眺望判例から景観判例へ

1　眺望・景観判例の新たな潮流

　この潮流に対して、眺望そのものを保護するというよりも、まち全体の「景観」を保護するという「別の流れ」からの変化が起きてきた。つまり、特定主体の眺望を個別に保護するという方向ではなく、まち全体、不特定多数の人々が享受する景観を、司法が真正面から取り上げる方向である。こうした流れをつくり出すについて画期的な判断を示したのが、国立マンション事件における建物撤去請求民事事件の第1審判決（東京地判平成14・12・18判時1829号36頁、宮岡コート判決）や、武家屋敷のまちなみが残る「白壁地区」でのマンション建設差止めの仮処分を認めた名古屋地決平成15・3・31判タ1119号278頁である。

国立マンション事件第1審判決は、「特定の地域内において、当該地域内の地権者らによる土地利用の自己規制の継続により、相当の期間、ある特定の人工的な景観が保持され、社会通念上もその特定の景観が良好なものと認められ、地権者らの所有する土地に付加価値を生み出した場合」には、地権者らは、その「土地所有権から派生するものとして、形成された良好な景観を自ら維持する義務を負うとともにその維持を相互に求める利益（以下「景観利益」という。）を有する」と述べ、この景観利益は法的保護に値し、これを侵害する行為は、一定の場合には不法行為に該当すると判示した。そして、実際に損害賠償を認めたうえ、建物の20mを超える部分を撤去するよう命じるという異例の判決を下した。これに続いて、名古屋「白壁地区」仮処分決定も同様に、白壁地区内の住民は「所有する土地所有権から派生するものとして、形成された良好な景観を自ら維持する義務を負い、かつその維持を相互に求める利益（景観利益）を有すると認めるのが相当」であり、この景観利益を侵害する建物については差止めも認められる、と判断し、高さ20mを超える部分の建物の建築を差し止める仮処分を出した。これらの裁判例は、ドラスチックな結論と相まって、大きな話題を呼ぶことになった。

とりわけ国立マンション事件は他の一連の民事・行政訴訟とともに大きな社会問題となって、最高裁判所まで争われることになった。そして、最高裁判所は2006年（平成18年）3月30日、景観利益は法律上の保護に値するという画期的な判決を下した。国立マンション事件については第3章第1節と第3節で検討するが、これによって眺望・景観に関する紛争のあり方にも大きな変化が起きたことは間違いない。

2　「国立マンション事件」最高裁判決前の景観判例

もっとも、国立マンション事件第1審判決や名古屋「白壁地区」仮処分決定は、画期的な判断として注目を集めたものの、この段階では、いまだ司法判断の流れを変えるには至らなかった。これを「新たな潮流」と呼ぶためには、やはり、国立マンション事件の最高裁判決を待たなければならなかった

ことにも注目しておきたい。

　たとえば、国立マンション事件の最高裁判決前に出された名古屋地決平成16・10・18判例地方自治268号98頁は、住民が道路工事を行う事業者である市を相手として道路建設工事禁止の仮処分を求めた事案であるが、この決定では、申立人の景観権の主張に対し、「地域全体に関わる多数の人々の利益、生活、行動を巻き込むもの」であって、利益の享受・侵害は主観的な判断に頼らざるを得ず、「ある個人がもっとも望ましいとする状態を他の個人は必ずしも最適とは考えない」ため、利害の対立の調整が必要で、「統一的な利益・意見を観念し難い概念である」から、「物権類似の絶対性、排他性を認めることはできない」と判示し、被保全権利の疎明がないものとされた。

　また、住民がマンション建築に反対して、高さ15mを超える部分の建築禁止などを求めた訴訟である東京地判平成17・11・21判時1915号34頁・判タ1255号190頁でも、「環境権、景観権あるいは景観利益について」として、住民らの主張する環境、景観は「主観的抽象的なものにとどまり」「何らかの法的保護に値する価値や利益が、明確に、また具体的に存在するということを見出すことはできない」と判示された。

　さらに、東京地判平成17・11・28判時1926号73頁も、原告が主張する景観の成立要件となる事実が認定できないという理由ではあったが「良き景観の形成、維持については、基本的には、景観法が定める手法を通じて、その目的を達することが期待されるというべきである」と述べて建物の一部撤去請求は認められないものとした（この事件では、建築工事の騒音被害を理由として、一部原告の損害賠償請求の一部が認容されている）。

　これらの裁判例には、国立マンション事件第1審判決や、名古屋「白壁地区」仮処分決定の影響をみてとることはできない。すなわち、これらの画期的な裁判例も、もし国立マンション事件の最高裁判決が出なければ、昭和54年横須賀野比海岸眺望権判決のように、一時の「あだ花」で終わってしまう可能性が十分あったのである。

3 「国立マンション事件」最高裁判決後の景観判例

ところが、国立マンション事件最高裁判決後の裁判例は、当然ながらいずれも一般論としてはこの最高裁判決を前提とした判断をしている。たとえば、東京地判平成19・10・23判タ1285号176頁は、早くも国立マンション事件最高裁判決の基準をそのまま用いて景観利益が「法律上保護に値する」と明示し、問題となった土地周辺の景観に近接する地域内の居住者は景観利益を有すると判示した。また、東京地判平成20・5・12判タ1292号237頁、名古屋地判平成21・1・30判例集未登載も、同様に国立マンション事件最高裁判決を引用して景観利益が法律上保護に値することを認めている。

これらの裁判例は、いずれも結論としては請求棄却とされている。しかし、国立マンション事件最高裁判決を契機として、司法判断の潮流に変化が生じていることは明らかである。今後は「景観利益が法的保護に値する」ことを当然としたうえで、「どのような場合に」景観利益が法律上保護されると認められるのかが焦点となるであろう。

4 眺望判例の現在

(1) 眺望に関する紛争の多様化・個別化

近時は景観に関する紛争がこうした「盛り上がり」をみせているのに対し、眺望に関する紛争は多様化、個別化する方向にある。すなわち、これまでにみられた典型的な眺望紛争のカテゴリーにあてはまらない例がいくつも現れるようになってきているのである。

たとえば、年1回の隅田川花火大会が見える利益が問題になった東京地判平成18・12・8判時1963号83頁などはその典型である。そこでは、「年1回、侵害側マンションの屋上で花火を観望することを認める」といったアドホックな解決策が提示されている（鎌野邦樹「眺望・景観利益の保護と調整――花火観望侵害・損害賠償請求事件（東京地判平成18・12・8）を契機として」NBL853号10頁。以下、「鎌野論文」という）ように、個別具体的で柔軟な対応

が可能であり、かつ必要な時代状況になっている。

　また、眺望は通常「高さ」によって遮られるものであるが、建築物のデザインが多様化した結果、「色彩」が問題とされることも多くなっている。そのため、著名な漫画家である楳図かずお氏が、自宅を建築するにあたり外壁を赤と白のストライプに塗装しようとして近隣住民から反対されて紛争になった、いわゆる「まことちゃんハウス」（赤白ストライプハウス事件。東京地判平成21・1・28判タ1290号184頁）のような紛争も増加することが考えられる。この判決も、国立マンション事件最高裁判決を引用して景観利益の法的保護性を認めたうえで、さらに「この良好な景観の恵沢を享受する利益には、建物等の土地工作物の外壁の色彩も含まれ得る」と判示し、色彩も景観利益に含まれることを認めている。このケースでは、原告らに建物外壁の色彩に関する景観利益は認められず、また建物建築が社会的相当性を欠くとはいえないので、仮に原告らに景観利益が認められるとしてもこれに対する違法な侵害はないと判断されているが、一般論としてではあっても、色彩も景観利益の要素となりうることを認めた点は注目される。

(2)　流動する眺望紛争

　他方、これまでにみられた典型的な眺望紛争がなくなったわけではない。真鶴半島に位置する真鶴町別荘地における個人対個人の争いで、建築禁止仮処分を認めた前掲・横浜地裁小田原支決平成21・4・6（事件番号39）も現れている。

　もっとも、こうした裁判例も、国立マンション事件を中心とした「景観重視」の流れの中にあることは間違いない。真鶴町は、本書でも何度か取り上げるように、五十嵐敬喜弁護士らのグループを中心に制定された「美の条例」など景観を維持する取組みを続けており、この仮処分決定の中でも、「豊かな地理的特性は、地域住民の努力によって守られてきた歴史を有し、真鶴町の地域行政も、地域の良好な景観の保持のために積極的な施策を続けている」と評価されている。これは、前掲・東京地判平成20・5・12が「高さの制限など意識的な行政活動が行われた形跡がない」、「地域周辺の住民らが意識的

な活動を行い、成果を挙げてきた形跡もない」といった事情をあげて、「原告ら主張の景観が、人々の歴史的又は文化的環境を形作っていると認めることはできず、これを景観利益と評価することはできない」とされているのと対比すると、その違いは一目瞭然である。

ただし、この判例にはやや気になる点がある。それは、報道によれば、この決定の申立人は某私立大学教授だということである。同様に、個人間での眺望利益の保護を認めた稀有な例である横須賀野比海岸眺望侵害事件の原告は、夫婦2名とも文筆業であった。「申立人の職業」というのが眺望利益を認める要素とされているわけではないであろうが、いわゆるインテリ的な職業であるということが、裁判官の心証に微妙な影響を与えているのかもしれない。

一方で、眺望による商業的利益を得ているわけではないという点を重視して、近隣住民による西表島でのホテル建設差止めを認めなかった那覇地決平成15・9・19判例集未登載（事件番号37）のように、初期の眺望紛争のとらえ方から脱し切れていないとみられる例もある。したがって、眺望をめぐる紛争の状況は再び流動的になっているというのが実情ではないだろうか。

(3) **眺望紛争の新たな論点**

眺望紛争の新たな論点としては、「信頼違背型」の類型において、消費者契約法の制定がどのような影響を及ぼすかも注目される。前掲・福岡地判平成18・2・2の事例では、マンション売主の眺望に関する説明義務違反を認め、債務不履行解除が可能であるとして買主側からの手付金の返還請求とオプション工事代金相当額の損害賠償請求を認めたにもかかわらず、消費者契約法4条1項1号、同条2項に基づく契約取消しについては否定している。

民法上の債務不履行解除と消費者契約法に基づく取消しは要件を異にする別個の制度であるとはいえ、消費者が契約の拘束から離脱することを容易にするという消費者保護の趣旨に照らすと、結論はともかく内容的には疑問が残る部分もある。もっともこれは、もっぱら消費者法の理論発展に待つべき領域である。

III 判例・学説から読み解く眺望・景観紛争

1 眺望とは何か

　以上の歴史的経緯をみれば明らかなように、「眺望」とは何を指すのかは必ずしもはっきりしない。通常の国語的用法からは「見晴らし」と言い換えることができ、特に高いところから広い視野で遠くを見通すことができるというニュアンスが強いが、これだけでは、何が法的に保護される可能性のある眺望なのかは明らかにならない。これに対して、法的紛争における「眺望」の隣接概念となるのが日照と景観である。そこで、以下まず伝統的な日照紛争と眺望の関係を確認する。そのうえで、眺望と景観の区別について、これまでの学説における定義を確認し、さらに京都市の新条例のような新たな定義を踏まえ、これからの眺望・景観紛争のとらえ方を検討したい。

2 眺望の独自性とは──「日照・眺望紛争」からの独立

(1) 眺望紛争と日照紛争との重複

　従来、眺望紛争と密接な関係があるものとして取り扱われてきたのは日照紛争である。日照は、文字どおり太陽光に照らされることであるが、眺望も日照も同じ視覚・光学上の問題であるから、実際に眺望紛争が日照紛争と重複する部分は多い。

　すなわち、新たな建物の建設によって既存建物が従来享受していた日照が侵害されるということは、同時に既存建物からの「見晴らし」である眺望も侵害されていることにほかならない。したがって、実際の紛争においては「日照、眺望等が害される」というようにまとめて主張されるケースが多い。

　もっとも、いくつかの眺望に関する裁判例（<chart 1>に掲げたものの中では、東京高決昭和51・11・11（事件番号13）、東京地決平成2・9・11（事件番号20）等）が言及しているように、眺望は日照（や騒音や大気汚染）のように直ちに健康被害に直結するようなものではないため、これらの被害に対する保護と比

べれば、眺望が切実な利益とはいえないことは間違いない。そのため、日照に比べ眺望そのものの侵害が主たる争点になることは少なく、裁判例も日照に比べて格段に少ない（たとえば、平成元年の大塚論文が分析した差止裁判例では、日照侵害について差止めを請求した事件が102件あるのに対して、眺望侵害についての事件は8件にすぎない）。多くの「日照も眺望も侵害されている」という紛争では、被害者側はより認められやすい日照被害にウエイトをおいて争っていくことになるし、「日照は侵害されているが眺望は十分である」というケースは通常考えられない。

したがって、眺望が主な争点となるのは、「日照は侵害されていないが、眺望は侵害されている」という事案のみである。しかも、眺望侵害についての被害者側の意識が薄ければ、それは紛争にすらならないのであるから、こうした結果は当然のことであろう。

(2) 環境利益としての眺望権

日照権については、すでに判例の動向を受けて、行政や立法による規制のやり方がほぼ固まっているため、どのような場合に日照権侵害とされるかがかなり明らかになっている。そのため、個別の事案ごとの紛争は発生し続けているものの、新たな争点・論点が登場することはあまり考えにくい。

もっとも、最近では、法的には日影規制のない近隣商業地域であっても、受忍限度を超える日影被害が生じる場合には日照権侵害により工事を差し止めることができるという仮処分決定が出される（神戸地裁尼崎支決平成22・2・24判例集未登載（2010年3月24日付け朝日新聞、同日付け読売新聞夕刊））など、新たな動きもみられる。近隣商業地域では日影規制がないため、日照権侵害による差止めは極めて認められにくかったが、決定では「日影規制がないからといって権利侵害が生じないわけではない」として14階建てマンションのうち10階を超える部分の建築差止めを認めている。日影規制のない地域でのこの判断は異例であり、景観法に代表される法的規制を重視する流れの中で注目すべきものである。

上記の裁判例が指摘しているように、日照はあくまで騒音や大気汚染と同

様に健康に直結した利益であり、「快適で健康な生活に必要な生活利益」（最判昭和47・6・27民集26巻5号1067頁）である。これに対し、すでに述べたとおり、眺望や景観は日照と比べると切実さの程度が低いことは間違いない。したがって、日照侵害と眺望侵害とでは判断の基準が異なってくるのはやむを得ないといえる。眺望は日照と独立した環境利益の1つとして把握し、後述するように景観との関係で保護すべき範囲を検討していくべきものだと思われる。言い換えれば、「日照・眺望紛争」というカテゴリーから眺望を独立させ、独自の位置づけを確立させる必要がある。

3　眺望の「景観への接近」と「個別化」

(1)　眺望と景観の区別

すでに整理・分析した裁判例の大勢からわかるように、眺望が紛争の争点となるのは、海・山・名勝地・リゾート地や京都のような観光地である。住宅地と分類されるものについても、海、山、市街地を一望することができるような良好な眺望を有する郊外の住宅地が大半であり、通常の住宅地では眺望はほとんど問題になっていない（むしろ密集住宅地では日照紛争が深刻となる）。他方で、こうした良好な眺望を有する場所では、国立マンション事件を契機として景観紛争が新たな潮流となっている。そうすると、眺望と景観の区別はどのように考えればよいのだろうか。

(2)　眺望の定義

これまでも、眺望は単独で論じられるよりも、むしろ景観との対比で定義されることが多かった。いくつかの代表的文献を検討してみよう。

淡路剛久早稲田大学教授は、1979年に発表された前掲・淡路論文において、眺望は「良き風物を享受する個人的利益の側面を意味」するものであるのに対し、景観は「それがより客観化、広域化して価値ある自然状態（自然的、歴史的、文化的景観）を形成している場合」をいうとして区別している。したがって、眺望の阻害は「一般的な景観の破壊と違って、個別的、主観的面が強い（もっとも、両者は程度の違いしかないが）」と説明されている。さらに、

第1節　眺望紛争とその到達点

眺望の侵害が「より広域化し、一般的な景観の破壊とみられる場合」には、「より一般的な景観を享受する利益ないし権利（『環境権』）の侵害として評価される可能性がある」と論じていた。これは、今日的表現でいうところの景観権ないし景観利益の法的保護性を示唆したものである。

　さらに、淡路教授がこの区別を最初に提唱したとして取り上げているのが、大阪弁護士会環境権研究会が昭和48年に出版した『環境権』（日本評論社）である。同書では、眺望については本書の<chart 1>でも取り上げた東京高判昭和38・9・11判タ154号60頁（事件番号1）の第1審である前橋地判昭和36・9・14判タ122号93頁（観光旅館の眺望利益を認めた）を引用したのに対し、景観については日光太郎杉事件判決（宇都宮地判昭和44・4・9判時556号23頁）が「景観的・風致的・宗教的・歴史的および学術的価値を同時に併有するようなものは、ひとり原告だけの利益としてではなく、広く国民全体に共通した利益・財産として理解されるべき」と判示したことを引用して、「眺望においては、特定の人間の被害が問題にされているのに対して、景観においては、万人の利益が問題になる点に両者の差異がある」と結論づけている（以上、同書83頁～85頁）。

　現在でも、おおむねこのような眺望と景観の区別が維持されている。たとえば、2007年に出された前掲・鎌野論文では、眺望は「特定人が特定の場所から得られる眺め（見晴らし）」とし、景観は「眺望がより広域化したもの（風景）で、不特定多数人が享受できるもの」とされている。

　大阪弁護士会環境権研究会の提言をはじめとして、淡路論文が眺望を「個人的利益」といい、鎌野論文が「特定人が」得られる眺めと述べていることから明らかなように、眺望と景観の区別は、主として利益主体（「誰の」）に着目して行われている。

　これに対し、前掲・伊藤論文における眺望の定義はやや異なるように思われる。伊藤論文では、眺望を「見渡した眺め、みはらしのことをいい、特定の場所から得られる眺め」をいうとしており、「誰の」という点には触れていない。これは、「誰の」ではなく「どこからの」というより客観的な要素

に着目した定義ということができる。ただし、伊藤論文は、景観の定義については淡路論文を参照しつつ、「客観的な風景外観であり、眺望がより客観化、広域化して価値ある自然状態を形成しているもの」をいうとしているので、こうした点を明確に意識して眺望と景観の区別を議論しているというわけではないようにも思われる。しかし、「眺望」という概念を「誰の」ではなく「どこからの」に重点をおいて理解するという点では、後に述べる京都市新景観政策が眺望を「特定の視点場から眺めることができる特定の視対象及び眺望空間から構成される景観」と定義したことと通じるものがあるといえる。

(3) 景観と眺望との関係

こうした議論を踏まえたうえで、景観と眺望の関係をどのようにとらえるべきかであるが、「景観」は従来の「眺望」の延長上にある概念と考えることもできるが、そうではなく新たな複合的概念と考えるべきである。なぜならば、眺望は、あくまで「1つの視点」から「あるものが見えるか、見えないか」が問題であり、固定的・受動的なものである。これに対し、景観は、まち全体を複眼的に観察して初めて認識することができるものであり、変化していく度合いも大きいうえ、「何と何を組み合わせれば調和のとれた景観になる」という創造の余地が大きい概念である。眺望は、「維持するか、失われるか」の二者択一であるが、景観は「どのように創造すべきか」という可塑性に富んでいると言い換えることもできよう。

さらに、景観は、その可塑性を活かし、後述の京都市の新景観政策のように、個別の眺望をその中に取り込んでいくことも可能である。これを眺望概念のほうからみれば、今後、「眺望」紛争は、よりスケールの大きな「景観」紛争に吸収・集約されていく方向性と、より個別具体的な生活利益の紛争に二分化していくことが考えられる。

4 個別の眺望の時代から、全体の景観の時代へ

鎌野論文が、「特定人の特等席からの眺望は、少なからず他の者の景観や眺望を奪うことによって成り立つという側面を有している」と指摘するよう

に、ある人の眺望利益の保護を強化することは眺望の独占を招き、他の人の眺望を阻害するだけでなく、全体としてまとまりの悪いまちを形成してしまうかもしれない危険をはらんでいる。

前記ⅠⅡで分析してきた「昭和50年頃まで」から2002年（平成14年）の国立マンション事件１審判決頃までの裁判例は、個別の眺望を守るための訴訟であった。これは、時代背景として広い意味での環境に対する保護が薄かったため、「個別の利益」として法的保護になじみやすい「眺望」の侵害に反対するという方向性での運動になったものであるから、それなりに理由があり、意義があった。

しかし現在では、国立マンション事件などを契機として、広く景観を保護する流れができてきている。今後は、この「眺望から景観へ」という流れを活かしながら調和のとれたまちづくりのため、特定の場において得られる眺望利益を「適正に配分する」という方向が検討されるべきである。たとえば、良好な眺望を有する地域については、住宅地として個人の所有や開発に委ねるのではなく、優先的に公共施設をつくり、市民が公平にアクセスできるようにして眺望を市民の共有財産にするなどの工夫を考えなければならない。

5　注目される新たな「眺望」のあり方

その意味で、第７章第１節で詳しく紹介する京都市の「眺望景観創生条例」は、筆者の考える「景観に吸収・集約されていく眺望」の新たな位置づけとしても注目される。

この条例では、眺望景観を「特定の視点場から眺めることができる特定の視対象及び眺望空間から構成される景観」と定義し、具体的に境内の眺め、通りの眺め、水辺の眺めなど眺望景観の種類を列挙している。また「視点場」を「公共性の高い場所で、優れた眺望景観を享受することができる場所をいう」と定義している。つまり、「ある公園から、山並みを眺める」とか、「ある神社から、市街を一望できる」といった「眺望景観」を広く保護するという試みである。

第2章　眺望・景観紛争の論点と到達点

　従来の「眺望」は、あくまで個別的利益としてとらえられていた。つまり、新条例の言葉を借りれば「視点場」を私人（個人及び企業）が独占していることが前提となっており、それが侵害されているかどうか、侵害されても受忍すべきかどうかが紛争となってきた。しかし、新条例は、眺望を景観の一内容として公共的利益に組み入れ、公的にこれを保全・維持、さらには「創生」し、市民の共有財産としようという意欲的な内容になっている。このように、今や眺望の活用は新たな次元に入ってきていると評価することができる。

第2節　景観紛争と景観価値の高まり

I　眺望紛争から景観紛争へ

1　公害から環境へ

(1)　格好の素材の紹介

　第1節では、これまでに発生した眺望判例に焦点をあて、歴史的な視点から眺望紛争を分析してきた。この分析を通じて、「眺望紛争から景観紛争へ」という大きな流れがあることが理解できるであろう。

　「眺望から景観へ」というと馴染みが薄いかもしれないが、「公害から環境へ」という言葉ならわかりやすいかもしれない。実は、眺望・景観紛争の「眺望から景観へ」という大きな流れも、「公害から環境へ」と同じような大きな流れなのである。

　「公害から環境へ」という流れを理解するための近時の格好の素材は、読売新聞に連載された宮本憲一大阪市立大学名誉教授の「時代の証言者」である（2007年3月7日から連載）。宮本教授は、1961年、金沢大学で助教授になった頃、四日市のコンビナートで公害が発生していることを知ったところから公害問題に取り組むようになった。宮本教授は環境経済学という分野を確立した経済学者であるが、『恐るべき公害』という歴史的名著の著者であるとともに、「公害研究」を田尻宗昭、宇井純、原田正純らと開始し、「日本環境会議」の中核を担った実践派でもある。四日市ぜんそく、イタイイタイ病、水俣病で大きな貢献をしたことでも知られている。筆者は、後述の大阪国際空港訴訟、西淀川公害訴訟では弁護団の一員として直接指導を受けたうえ、私的にもいろいろ教えを受けている。日本の現代公害史の見事なダイジェストであるこの連載は、ぜひ一読されたい。

(2) 公害対策基本法から環境基本法へ

　1960年代の高度経済成長による公害被害を受けて、1970年に開かれた国会は「公害国会」と呼ばれ、公害対策基本法の改正、水質汚濁防止法の制定など、合計14本の公害関係法の改正・制定が行われた。

　しかし、時代はさらに大きく動いた。1969年にわが国で初めて「公害白書（昭和43年度版）」が刊行されたが、この白書もわずか3年後の1972年には「環境白書」と題名を変更している。この「環境白書」の冒頭「刊行にあたって」では、その前年に発足した環境庁長官・大石武一名で、環境汚染は「経済の発展、人類の進歩の裏側にかくれた『必要悪』であるといった意識」から「国民共通のあるいは人類共通の財産である環境資源を食いつぶしていることであり、人類は自分の運命のみならず、地球の上に住むすべての生命の運命までも危機におとし入れるのではないかという認識」への転換が必要であると訴えられている。すなわち、個別の公害被害の救済という視点から、より大きく、限りある環境資源の維持、保全という視点が必要になってきたという認識が示されている。

　もっとも、1970年の「公害国会」による「立法的解決」にもかかわらず、四大公害訴訟の勝訴判決によって司法の流れが確定したのは1970年代半ば以降となった。また、その後も日本の公害・環境行政は「日本列島改造」や「アーバン・ルネッサンス」との間で行きつ戻りつを繰り返した。「公害対策基本法」が廃止され「環境基本法」が制定されたのは1993年（平成5年）になってからであるから、公害から環境への「衣替え」完了までには20年の歳月を要したことになる。また、憲法の人権カタログに載っていない「新しい人権」として「環境権」を憲法上の権利であることを認めるべきだという主張の歴史も古いが、現在に至るまでそれは明確な形では認められておらず、あいまいなままとなっている。

2　眺望から景観へ

(1)　眺望・景観判例分析のまとめ

眺望・景観紛争も、それと同じような過程をたどっている。ここで第1節で行った分析を再度簡単にまとめてみれば次のとおりである。

① 最も初期に現れたのは眺望紛争であり、それも主として景勝地における旅館やレストランの営業利益を守るための眺望紛争であった。

② 次第に眺望利益が法的に保護されるべきではないかという意識が高まり、一般人が眺望利益を主張して裁判を起こすケースが増加した。さらに、一部ではこれが認められた判例も出たことによって、眺望利益に関する議論が加速した。

③ その結果、「特定物の眺望」と「一体としての眺望」や、マンション建設に伴う「第三者原因型」と「売主責任型」に分類されるように、さまざまな類型の眺望紛争が発生することになった。

④ しかし、眺望は日照などと比べると保護の必要性が薄いとされ、眺望を理由とする差止めは認められないのが一般的であった。さらに、抽象的な景観利益は法的権利として認められていなかった。

⑤ ところが、国立マンション事件の1審判決は景観利益を認めて建物の撤去を命じ、世間をあっと言わせた。これは、国立市特有の景観形成の蓄積と、国立特有の住民運動の蓄積によるものであり、地裁判決→高裁判決→最高裁判決、さらに多数の民事・行政訴訟を経て、最高裁判所が景観利益を法的に保護されるものとして認めるという結論となった。これは極めて画期的なことであった。

⑥ 他方、地方自治体が「景観条例」を制定するなど、立法的な取組みを通じて眺望とは異なる景観利益が明確に認知されてきた。

⑦ こうした2つの潮流の中で、景観法という基本法が制定された。

(2)　「公害から環境へ」の流れと同じ

こうした流れは、「公害から環境へ」という流れと同じだと筆者は考えて

いる。個別の事件を通じて「公害」が社会問題化してきたこと、その結果「環境」が広く認知されるようになったこと、しかし抽象的には「環境権」が法的権利であるとはみられなかったこと、ところがあるターニング・ポイントから「環境」が本格的な政策課題として取り上げられるようになったこと、という歴史的経緯がよく相似しているのである。

わが国の「公害・環境問題」は、一方で1960年代の高度経済成長時代の負の遺産としての公害、環境破壊、他方で日本列島改造、開発優先主義での負の遺産としての乱開発、無秩序なまちづくりという歴史的経緯を抜きに理解することはできない。「眺望・景観問題」もこれと同じような歴史的経緯の中に位置づけられるのだということをしっかり理解する必要がある。

3　司法的視点の限界と立法的・政策的視点の必要性

第1節では、眺望・景観紛争を「司法的視点」から検討した。司法的視点とは、裁判などの争いになった場合に、既存の法律や条例を基礎とし、判例の積み重ねを参考にしながらどのような結論を導くかという視点である。もちろん、そこでは新しく法律や条例をつくることによって紛争を解決するということはできない。何らかの「よい解決法」が見出せても、「それは立法論であって、裁判では無理だ」ということになるのである。

これに対して、立法的・政策的視点とは、まさに紛争の合理的解決のために「どのような法律や条例をつくるか」という視点である。もちろん、そこでは新たな価値に基づいてチャレンジをすることも可能であるが、逆に多くの関係者の利害の調整ができず、その結果「いつまで経っても決まらない」「総論賛成・各論反対」で、だらだらと時間を浪費してしまう危険もある。

これらは相互に独立しているわけではない。裁判によって司法的視点が明らかにされ、それに対して立法が解決策を提示することもあれば、新たな立法によって生じた紛争が裁判に持ち込まれて司法的視点から検討されることもある。このように両視点は密接に絡むものであるから、司法的視点から論点を検討するにあたっては、「立法的にはどのように解決することが考えら

れるか」を、立法的視点から論点を検討するにあたっては、「もし裁判になったらどのように判断されるか」を、それぞれ念頭におかなければならない。

そこで、以下では立法的・政策的視点を盛り込みながら、景観価値の多様性を整理しておきたい。

II　景観価値の多様性

1　「美の原則」を条例に掲げた意味

(1)　「美の八原則」とは

このように、眺望紛争から始まった「景観紛争」であるが、そもそも「景観」とは何なのだろうか。どうして「景観」が大事なのだろうか。これが「景観価値」の問題である。それは法律で一義的に定められるものではないし、定めても意味のないものである、ということを初めに述べておきたい。

ところが、前述の真鶴町「美の条例」には、配慮すべき「美の八原則」が掲げられている（美の条例10条）。この原則は、イギリスのチャールズ皇太子が著した『英国の未来像――建築に関する考察』の中で示された10原則を日本風にアレンジしてつくられたものだという（五十嵐敬喜ほか『美の条例』111頁）。

① 場所　　建築は場所を尊重し、風景を支配しないようにしなければならない。

② 格づけ　　建築は私たちの場所の記憶を再現し、私たちの町を表現するものである。

③ 尺度　　全ての物の基準は人間である。建築はまず、人間の大きさと調和した比率をもち、次に周囲の建物を尊重しなければならない。

④ 調和　　建築は青い海と輝く緑の自然に調和し、かつ町全体と調和しなければならない。

⑤ 材料　　建築は町の材料を活かして作らなければならない。

⑥ 装飾と芸術　　建築には装飾が必要であり、私たちは町に独自な装飾

を作り出す。芸術は人の心を豊かにする。建築は芸術と一体化しなければならない。
⑦　コミュニティ　建築は人々のコミュニティを守り育てるためにある。人々は建築に参加するべきであり、コミュニティを守り育てる権利と義務を有する。
⑧　眺め　建築は人々の眺めの中にあり、美しい眺めを育てるためにあらゆる努力をしなければならない。

(2)　その意義

　読んでみると、もっともらしいことを書いていることはわかる。しかし、その字面だけ眺めてもなかなかピンとくるものではない。
　この原則は、五十嵐弁護士や真鶴町のスタッフ、そして住民が協働する過程で活かされたからこそ有意義なものとして掲げられたということができる。つまり、条例でこう決めたからみんな従いなさい、ではなく、みんなが話し合ってこうしようと決めたことが条例に示された、という意味で、この条例は1つの「結果」なのである。景観価値は、このように、その地域に住む住民自身によって決められるものでなければならない。五十嵐弁護士自身、『美の条例』の中で、美の基準を画一的に定めるのはファシズムではないかという批判に対し、「デュー・プロセス（法の適正な手続）」が担保されていることを強調して、合意形成による美の創出を訴え、真鶴町の「コミュニティセンター」建設の過程を「美の実験」としてモデルとなる建築プロセスを示そうとしている。

(3)　その評価

　とはいえ、真鶴町の取組みが万全のものというわけではないのも当然である。松原隆一郎東京大学教授の『失われた景観——戦後日本が築いたもの』によると、真鶴町では、町民全世帯に「真鶴町まちづくり条例・美の基準・デザインコード」（1992年発行）が配布されている（同書112頁）とのことである。しかし、「実際に真鶴町を訪ねると、『美の基準』についてはその存在すら知らない人が多いことに気づく。これは調査によっても裏付けられている。

……伊藤明日香氏が1999年夏に行ったアンケート調査（配布数267、うち有効回答数136、回収率50.9％）によると、『美の基準』を知らなかったという人が75人（55.1％）あった。以前から町民であった人の五割以上、新しく越してきた人の九割以上がその存在を知らなかったと推測される」として、美の条例が「どれほど町民の真意をくみ取ったものであるかは心もとない」と評されている（同書151頁）。それどころか、住民は「反マンション運動」については熱心だが、自分たちの住宅建築の「美」については無関心で、「個人用住宅ではラブホテルのような奇抜な外観でピンクの色使いのものが出現している」という（同書155頁）。松原教授は、「『美の基準』にせよ『デュープロセス』にせよ、画期的だと騒いでいるのは私も含め学者が大半なのである。しかしそうした知識人たちの関心は、反マンションでまとまった町民の意識からはいまだ遊離しているように見える」（同書156頁）と疑問を投げかけている。景観についての合意形成が、いかに困難であるかを如実に示しているといえるであろう。松原教授の「景観を維持し発展させるのは条例ではなく、文化や政治、経済を貫いて条例を支える精神である」（同書159頁）という言葉を、国民ひとりひとりが重く受け止める必要がある。

2　どのような景観が「よい」のか

(1)　「景観」概念の多様性

　もっとも、景観は「多様性・多義性・幅広さ」をもつ概念であるから、一概に「この景観がよい」とはいいにくいことが問題をより難しくしている。それは、いくつかの視点から検討してみればすぐにわかることである。
　まず、「対象」の多様性を考える必要がある。
　古い歴史的なまちなみや建築物、高層ビルが建ち並ぶ現代都市、開発されずに残っている海、川、山などの自然、日常的に目にする建築物、商店街、ポスター、放置自転車まで、およそ「見えるもの」は全て「景観」の対象となりうる。
　また、対象を「どのような場としてとらえるか」も多様である。

京都、奈良、鎌倉といった古いまちは観光地であるとともに歴史のまちでもあり、歴史的なまちなみの保全、歴史的な建造物の保全、文化遺産の保全といった大きなテーマを、大勢の観光客を集められる魅力や利便性と両立しなければならない。都市部は経済活動を行う利便性を追求すべき場であるとともに、そこに暮らす人々の日常生活の場であり、生活利益をも保護しなければならない。「歴史のまち」と「観光地」、「経済都市」と「日常生活」、いずれを重視するかは人によって、立場によって異なることは明らかである。
　そもそも、景観に対する価値観が多様であることも重要である。
　一般論として、古いまちなみを残すことは景観の保護につながると評価する人は多いが、こうした景観の保護はほとんどの場合「利便性」と相反する。古い建物を残すのも程度問題という側面があり、たとえば東京駅は1914年（大正３年）に開業した歴史ある赤レンガの駅舎で、常に「保存の必要性」が説かれている。しかし、東京駅は日本最大の利用者数を誇る文字どおり「日本の玄関口」である。筆者に言わせれば、ここは保存よりも利便性を優先すべき場面ではないかと思うのだが、どうであろうか。また、2009年３月12日付け読売新聞の「保存建築まるで接ぎ木」という記事では、東京・丸の内などを中心に多く見られる古い建築物に最新のビルを重ねる「かさぶた保存」が、外国の建築関係者からは冗談のように思われるという。この手法を使えば容積率アップの優遇が受けられるのが多用の原因であるが、一部でも景観を残すのがよいのか、いびつな景観となってしまうのか、評価は人によって分かれるところであろう。かさぶた保存が行われていない元のままの姿を保っている数少ない建築物である東京中央郵便局は、一度は建替えが決まり周辺に分散して仮移転したものの、保存をめぐって論争が続き、建替えはストップしたまま仮移転先での業務が続いており、利用者が割を食う結果となっている。

(2)　「良好な景観」の多様性

　さらに、「良好な景観」が人によって異なることも理解しておくべきである。整然と立ち並んだ高層ビル街が観光名所になっている例は多い。たとえば

第2節　景観紛争と景観価値の高まり

　六本木ヒルズや東京ミッドタウンに対して「景観を破壊している」という批判はあまり聞かれない。こうしたまちなみは良好な景観とはいえないのだろうか。作家の有栖川有栖は、林芙美子の「海が見える。海が見える」をもじって「梅田が見える。梅田が見える」といい、「母なる淀川と林立する超高層ビルが一体となった風景が好きだ」、「梅田の適当な場所にあと何棟かいいビルが建てば、淀川越しに日本一のスカイラインができるのではないか」と書いている（2010年9月1日付け日本経済新聞「余も世もばなし」）。

　広々と整備された公園は、住民の憩いの場にもなるが、人工的で無機質なものと感じる人もいるかもしれない。

　東京タワーは本来無機質な鉄塔だが、観光名所になった。フランスのエッフェル塔も建築された当時は景観を壊すとしてごうごうたる非難を浴び、20年で壊すことになっていたそうだが、今ではパリのシンボルである。

　乱雑な看板、広告、ピカピカ光る巨大なネオンは景観を壊すのは確かであるが、それに目を引かれて客が集まるというのも事実で「目に付く」ことのメリットがあるからこそ設置されている。派手なネオンといえば、「カジノの代名詞」ともいえるアメリカのラスベガスは煌々たるネオンのイメージだが、これはこれで1つのシンボルだから、「ネオンのないラスベガスなんて……」とリピーターならずとも思うはずである。日本でも最近カジノ解禁政策が話題に上ることがある。筆者が注目している府知事から転身した橋下徹大阪市長もカジノ解禁を主張する1人で、2010年7月に「大阪エンターテイメント都市構想推進検討会」という組織をつくり、大阪に「カジノを含めた統合型リゾート」をつくろうとしているらしいが、まさかネオン禁止のしっとりとした「大人のカジノ街」になるわけはない。適材適所というものがあるはずである。京都では、屋外広告物条例の改正によって、嵐山の「美空ひばり館」外壁に掲げられていた4m四方の写真パネル2枚が条例違反を理由に取りはずされたという（2010年2月15日付け毎日新聞）。「美空ひばり座」としてリニューアルオープンするのにあわせてのことだというが、美空ひばりの巨大看板なら許せるように思うのは筆者だけではないであろう。

2010年7月3日付け朝日新聞によると、「古寺や城趾だけでなく、ふだん目にする風景が文化財として評価され始めている」という。老人が多く集まり、「おばあちゃんの原宿」として親しまれる東京・巣鴨地蔵通り商店街や、工業地帯のコンビナート群、ニュータウンなども、土地の記憶が濃く残り、住民や働く人にとってかけがえのない場所は「文化的景観」として保護すべきという考え方で、歴史的景観とは明らかに異なる方向性であるが、これも「景観」の1つといえるだろう。

Ⅲ　景観価値についての学説

1　田村明教授による分析

都市政策を専門としていた田村明法政大学名誉教授の『まちづくりと景観』（岩波新書）では、「景観は誰のものか」という1章を立てて、明治維新直後の銀座、絶対王政時代のベルサイユ、アメリカのワシントンDCなど歴史的なエピソードを紹介しつつ、「旅行者と生活者」、「権力者と市民」、「経営者と市民」、「公共事業者と市民」といった視点で、さまざまな立場からの景観への見方があることを示している。

たとえば、明治維新直後の1872年、銀座瓦斯街計画というものが立てられた。これは、横浜に上陸した外国人たちが汽車に乗って新橋から東京の街に入るときに、真っ先に通る銀座通りを西欧に劣らない洋風の町にして日本の地位を高め、不平等条約の改正につなげようとしたものだという。これは「旅行者」の視点を重視したものであるが、観光立国の視点はこれに近いものがある。

さらに時代をさかのぼって、絶対王政期のヨーロッパでは権力者のためのまちづくりが行われていた。ベルサイユ宮殿の王宮は、市街地と、それよりはるかに広大な王の庭園の中心に置かれており、都市も庭園も王宮の付属物で、「景観は王1人のためにあった」という。また、絶対王政から市民革命、そして独立戦争を経たアメリカでは、ワシントンDCのモールの丘に、民衆

の選んだ議員による議会のための巨大な連邦議事堂が建設された。これは権力者の交代を象徴する出来事であるという。なるほどと頷かされる。

　現在の問題は、やはり「経営者と市民」、「公共事業者と市民」であろう。同書は、「現在、景観は生活者としての市民の立場で評価すべきものであろう」としている。

　一般論としてはそのとおりであるが、実際に個別の場で「市民」の利害調整を図るのは困難を極める。同書では、「かつては景観を醜くする企業もあったが、今では生活者である市民のためにも企業イメージのためにも避けるだろう」というが、現実にはそうではない。それは「あるべき企業像」ではあっても、現実の企業像ではない。けばけばしいネオンも乱雑な看板も、広告効果があり、客が集まるからこそ設置されるのである。その意味では、企業を利用するのもまた市民であるという利害対立がそこに存在する。

　市民の景観を壊すとして反対運動が起こる高層マンションも、企業が利益のために建てているという側面だけでは本質に迫れない。高層マンションに入居したいという「市民」がいるからこそ高層マンションが建てられ、売られるのである。全ては「市民」次第であり、「市民vs市民」なのである。「市民vs資本」という構図は必ずしも正しくない。何を美しいと感じるか、何を守り、何を変えていくべきかは、結局自分たち自身が対象を見て、感じたことを話し合い、具体的な政策につなげていくしかない。

　ちなみに、「都市プランナー」であった田村教授は、かつて「革新自治体」のさきがけであった飛鳥田一雄横浜市長のブレーンとして横浜市のまちづくりに携わってきた専門家である。1926年生まれという高齢ながら、2005年には前掲『まちづくりと景観』を、2006年には『都市プランナー田村明の闘い──横浜＜市民の政府＞をめざして』を出版するなど元気いっぱいだったが、2010年1月25日に亡くなられた。飛鳥田市長の横浜は「市民参加」をキーワードとして掲げた市政で大いに注目されたものであり、それは本書の視点においても参考になる。また、横浜市の近時のまちづくりは、「みなとみらい21」地区の再開発の中で赤レンガ倉庫と石造ドックを残し、横浜らしさを出すな

どバランス感覚に優れており、1つの成功例として参考にすべきである。

2 「美しい景観を創る会」の主張と批判

　前述のように、美しい景観を創る会が「醜い景観」を集めた試みは大いに注目され、「美しい国づくり政策大綱」にも同じような文言が並んでいる。しかし、こうした主張に対する根強い批判も存在する。これも景観に対する多様な価値観を示すものであるため、少し引用して検討してみよう。

　たとえば、建築史が専門の五十嵐太郎東北大学教授の著書『美しい都市・醜い都市——現代景観論』（中公新書ラクレ）は、冒頭から「創る会」批判で始まる。すなわち、「醜い景観」を集めて企業を名指しで批判する行為は、「醜い景観狩り」であり、何が美しく、何が醜いか十分な議論を尽くしていない、むしろ「醜い」とされる景観を好ましく思うという意見も少なくない、それを醜いというのであれば、専門家集団としてせめて大学院生レベルを超える説明を加えよ、という。そして、五十嵐教授は、「国家が制度として美を語ることに違和感を覚える。……正義を掲げて戦争を続ける国家、健康を賞賛しながら身体の監理を推し進める行政、あるいは安全な社会をめざして監視と排除に向かう社会と似ていないだろうか。美学とは感性の問題である」（同書35頁）と主張し、美の多様性を強調している。建築を芸術と考える側の意見である。

　こうした主張に対する反論は、「創る会」も用意している。「創る会」は、むしろ「景観を壊す建築」を批判する。石井弓夫氏は、『美しい日本を創る』の中で、土木の専門家として、「建築は芸術」であると建築家が主張することを批判し、「そもそも、個性を主張するのが芸術ですから、全体を調和させないとつくり上げることができない景観とは本質的に相容れないと思います」と述べている（同書50頁）。田村教授も、『まちづくりと景観』の中で、「美しい街とは、個人の趣味や主観の問題ではなく、その地域の人々が共有し、来訪者にも認められた、地域が共有する価値である。個人レベルの次元を超えて客観化されている、景観の美しさがある」と主張している（同書32頁）。

どちらの意見が正しいか、その軍配を上げることは本書の役割ではない。元々これらは、文化論、文明論そして政策論であり、法的に検討できるテーマではない。しかし、景観法の制定は、「美しい国日本」を求める議論がなされ、景観価値が高まったことによるものである。したがって、景観法の制定によって「何が景観価値か」を考える議論は今後も加速していくはずである。それはそれでよいことだが、一般論、抽象論ではわからないことが多い。具体的な事例と取組みの内容を検討することが必要不可欠である。

3　景観価値の議論に必要なもの──日欧中の都市比較

(1) ヨーロッパのまち

そもそも日本の「まち」は美しくなく、ヨーロッパの「まち」は美しいとよくいわれる。これは、景観に関するどの本を開いても当然のことのように書かれている。映画評論家と弁護士の二足のわらじを履く筆者の「映画友達」の1人であるエッセイストの武部好伸氏は、ひょんなことから「ケルト」に興味をもち、足かけ10年、毎年1カ月ずつ、ヨーロッパの16カ国20地域を回って10冊に及ぶ「ケルト紀行シリーズ」を出版しているというおもしろい人である。同氏は自分でカメラをぶら下げていき、現地の写真を撮ってくる。その写真に写るヨーロッパのまちなみは確かに美しく、筆者はいつも感嘆の声を上げている。

これは、ヨーロッパの「まち」が長い歴史と伝統をもっているからというだけではなく、市民と行政がいっしょになって建築の「計画」を立て、それぞれのまちの個性を発揮しながら統一感あるまちなみを形成してきたことによるものである。戦後復興の混乱期を経て、直ちに高度経済成長と乱開発の時代に入った日本との違いは「計画の歴史」にある。

(2) 中国のまちづくり

その対極ともいうべき存在は中国であろう。「一党独裁」の中国では全てが中国共産党中央の考えによって決まるから、どのような「都市計画」でも実行することが可能である。2008年8月8日に開催された北京オリンピック

のメインスタジアムとなった「鳥の巣」やその他の施設の建設については、多数の市民が強制的に立ち退かされたという報道が多くみられた。日本では、そのような場合任意の買収による立退きの打診から、最終的には土地収用法に基づく強制的な土地収用まで相当時間がかかることは目に見えている。2007年に出版された倉沢進＝李国慶『北京──皇都の歴史と空間』(中公新書)は、オリンピック施設の建設に沸く北京の姿とともに、北京のグローバリゼーションを支える場所として「金融大街」、CBDとも国貿街とも呼ばれる「中央商務地区」、電子産業のメッカ「中関村」をあげている。金融大街と中央商務地区は、1993年の「北京城市総体計画1991−2010」で採択され、非常に明確な計画によって整備されたものだという。これに対し、中関村は1980年代から電子企業の街として発展が始まっており、IBMを買収した「レノボ」本社があるところとしても有名である。同書は、農村立退き移転問題を指摘しつつ、北京がこうした発展を遂げていくことにより、「得体の知れない都市」になっていると指摘されていることを紹介している。2010年5月から万博が開催された上海でも、超高層ビルを中心とした建築ラッシュは凄まじい。ある意味では、これぞ究極の「まちづくり」かもしれない。

　こうした「強制力」は、景観保全の面では前向きに活かされるかもしれない。中国にはユネスコ登録の世界遺産が38カ所あるというが、観光資源としての世界遺産に着目したとき、こうした景観を守るためには周辺建築の制限はおろか、いったん建てられた建物であっても遠慮会釈なく取り壊してしまうのではないだろうか。

　「共産党主導」、「政府主導」を象徴する事例として、山東省徳州市に「太陽バレー」という都市が建設され、エコ都市のモデルにされているという。中心部にそびえるのは、太陽エネルギーで給湯・空調などを行う建築面積8万㎡の世界最大級のエコホテルだそうだ。さらに第2号の「エコ都市」建設が、シルクロードの敦煌付近で計画されているという(「Pen」2010年9月1日号85頁)。いかに広大な中国とはいえ、このような都市をあっという間につくり上げてしまう中国のパワーはものすごい。

(3) 威海の定遠艦景区

　少々余談かもしれないが、この記事は、「中国のこと、もっと知りたい。」という特集記事の一部で、その中に「各地のテーマパーク」という項目があり、中国ではテーマパークが百花繚乱で、各地で「プチ万博」状態だという。かくいう筆者も中国には大いに刺激を受けており、現在、「中国語漬け」の毎日であるが、筆者が2010年3月に訪れた山東省の威海（ウェイハイ）市には、日清戦争で日本が撃沈した清国北洋艦隊の旗艦であった戦艦「定遠」号の「レプリカ」が設置された大型テーマパーク「定遠艦景区」が存在する。レプリカといってもプラモデルではなく、本物とほぼ同じに作った正真正銘の「船」で、何と5000万元（約70億円）の費用を投じて建造されたものである（筆者のホームページで旅行の様子を公開しているので、ぜひ参照されたい）。日本でも横須賀に日露戦争の殊勲艦である戦艦「三笠」が保存されているが、そこを訪れる人の数は決して多くない。映画『男たちの大和／YAMATO』で広島県尾道市につくられた戦艦大和の実物大ロケセットは、6億円かけて制作したにもかかわらず、撮影終了後の一般公開はわずか1年で終了した。せっかく100万人以上の見学者を集めたのにもったいない限りだが、中国は一地方でこのような巨大なテーマパークをつくり、しかも戦艦のレプリカまでつくって展示しているのかと驚かされた。このテーマパークを建設するには、何といっても中国共産党や市政府の力が必要だが、逆に、党の理解さえ得られればどのようなプロジェクトでもすごい勢いで進むらしい。このパワーの前には、日本はもはや風前の灯火かもしれない、といっては言い過ぎだろうか。

(4) さて、日本は

　話が脱線したが要は、ヨーロッパには民主主義の歴史と伝統に支えられた計画都市が、中国には共産党の一党独裁のパワーとスピードに支えられた計画都市がある。そこで、さて日本は、と考えると、「総論賛成、各論反対」で「人のやることにケチをつけるだけの腐った民主主義」で、いつまでも意思決定ができず、その間にどんどん別の建物が建っていき、計画の立てようもなく

なってしまうというのが現実で、お粗末なことこの上ない。筆者自身もあちこちで「ホンネの議論が必要だ！」といつも主張しているが、いつになってもそれができないため、正直なところ少々うんざりしている。そのような日本でよいのかどうかは国民が決めることであるが、正直なところ筆者には、景観価値も「何となく」高まったようにしかみえない面もあり、心配している。

IV 景観紛争は新たなステージへ

　若干悲観的な本音を披露してしまったが、景観価値は一朝一夕に高まったわけではない。個別の紛争を通じて、景観という概念が徐々に明らかになるとともに、景観が法的に保護されるべきものであるという意識が高まってきたのである。『五十嵐・都市法』は1987年の時点においてすでに「景観法」という一節を設け、1976年のユネスコ勧告を引用しつつ、「景観は都市の部分的な装飾物としてではなく、都市計画の本質とならなければならない」と説いていたが、同時に、「日本の景観法の発展は、都市計画の本質としてではなく、むしろ外在的に、部分的にとらえられている」、「その結果これらの法律や条例でカバーしきれない、しかし重要な建物や町が、次々と失われていっている」と批判していた（同書283頁）。こうした「法の隙間」で発生してきたのが、眺望・景観紛争である。このことは、裏を返していうと眺望・景観紛争の発生ポイントと到達点を分析していくことによって、「何が景観価値として重視されているのか」がわかるということを示している。そして、意識するとしないとにかかわらず、景観紛争はすでに発生しているのである。

　そして、「眺望から景観へ」の流れ、景観法の制定、景観価値の高まりの中、国立マンション事件や鞆の浦事件をみるまでもなく、景観紛争はすでに新たなステージへと突入しているのである。

第3節　まちづくりと眺望・景観紛争

Ⅰ　まちづくりにおける眺望・景観の位置づけ

1　まちづくりの多様性と景観の地位

(1) 『まちづくり法実務体系』の試み

　第2節では「景観紛争と景観価値の高まり」について検討したが、第3節ではそれがまちづくりとどのような関係に立つのか、そしてまた、まちづくりにおいて景観紛争がどのような形で起こってくるのかを考えていきたい。

　「まちづくり」という言葉は多義的であるうえ、その言葉自体もひらがなの「まちづくり」のほか、「街づくり」「町づくり」「都市づくり」等の漢字入りがあり、その使い方によってイメージは大きく異なってくる。筆者は1996年に『まちづくり法実務体系』を執筆するにあたり、冒頭6頁を割いて「まちづくり」という言葉について解説し、筆者なりの「まちづくり法」の定義を試みた。しかし、現在でも特に統一された定義はみられないまま、各自が個々のイメージに基づく「まちづくり」を語り、実践しているのが現状である。

　また、筆者らは、独自の「まちづくり法実務体系」を構築するにあたり「法律に基づくまちづくり」と「法律に基づかないまちづくり」に注目した。「法律に基づかないまちづくり」とはいかにも奇妙な言葉であるが、それは正確には法律に根拠をもつまちづくり手法としての「地区計画等」や「建物規制の例外的緩和」に対して、法律に根拠をもたないまちづくり手法としての要綱事業を指している。要綱事業とは、法律に定められてはいないが、一定の要件を満たした事業に対して国や公共団体が補助金を出すなどして行うまちづくりの手法である。要綱事業が認められるのは、強制的な権利制限や変動を伴わないまちづくり手法については、必ずしも法律で定めなくてもよいと考えられているためである。したがって、これは別の言い方をすれば、ハー

ド な手法に対するソフトな手法ということもできる。「政治主導」ではなく「官僚主導」を特徴とするわが国では、まちづくりにおいては法律に基づかないまちづくり手法である要綱事業の役割が非常に大きいのが特徴である。

(2) あれから16年後

『まちづくり法実務体系』を執筆した当時の筆者の問題意識は何よりも「まちづくり法の複雑化と難解性」であったが、「あれから16年後」の今もそれは変わらないばかりか、ますます複雑かつ難解になっている。他方、執筆当時の筆者はまちづくり法を「計画法」と「規制法」の2つに大きく区分するとともに、「計画法」の不十分さを指摘したが、「あれから16年後」の今、国土開発に関する計画法の要であった国土総合開発法は国土形成計画法へと大きく姿を変えることになった。

また『まちづくり法実務体系』でわざわざ1章を設けて「震災復興まちづくりの特例」を取り上げたのは、当時の大テーマであった震災復興まちづくりの要請のためであったが、その後この論点はほとんど深化していない。しかし、大量のマンションの倒壊例を目の前にしてその建替えが大問題となったため、その後、区分所有法の改正、マンション建替え円滑化法の制定などの重要立法が相次いだ。そして、何といっても大きいのは都市計画法の平成12年大改正と小泉都市再生の展開である。このようにまちづくり法は、「あれから16年後」の間に大きな変貌を遂げている。

そのような状況下、筆者はあらためてまちづくり法の体系化を試みたいと考えている。

(3) まちづくり法の中における景観の地位

2000年(平成12年)の都市計画法大改正のキャッチフレーズは、「都市化社会から都市型社会へ」であった。これは成長期から成熟期へと移行した日本社会にとってある意味必然的な流れであった。高度経済成長を経て華やかなバブル経済の時代を、「まちづくり弁護士」として息つく間もなく駆け抜けてきた「団塊の世代」の筆者にしてみれば、これは考えられないような環境の変化であるが、これが紛れもない現実である。そして、当時はまちづくり

法の中でほとんどその存在価値が認められていなかった「景観」が、今やまちづくり法の「主役」の座を占めようとしている。それまでは文化論・文明論の文脈の中でしか語られていなかった景観が、近時の景観価値の高まりと2004年（平成16年）6月の景観法の制定によって、俄然まちづくり法の中でその存在価値を主張し始めたのである。

2　まちづくりと眺望・景観紛争

(1)　まちづくりの法と政策における景観の価値

　第1節では、過去に訴訟となった眺望紛争に焦点をあてて分析を行った。そして、続く第3章では、都市型景観紛争の到達点としての国立マンション事件判決（1審・控訴審・上告審）と非都市型景観紛争の到達点としての鞆の浦事件1審判決を詳しく検討する。これらは公刊判例を分析していく法律家のいわば「常套手段」であるが、他方では訴訟にならないまちづくりに関する紛争もたくさんある。筆者は、まちづくりの現場での実践を積み重ねる中でその実感を強くもつようになり、次第に「まちづくり法」のみならず、「まちづくりの法と政策」の重要性を認識するようになってきた。単に既存の法律を活用して紛争を解決することの限界は、あまりにも大きかったのである。

　振り返ってみれば、これまでのまちづくりにおいても「景観」というキーワードが意識されることは少なかったとはいえ、「景観紛争」というカテゴリーに入れることができる紛争はたくさん発生していた。にもかかわらず、その体系的な整理、分析が行われることが少なかったのは、景観や景観価値というものが意識されることが少なかったからである。しかし時代は変化し、今や「景観を中心としたまちづくり」という考え方が大きな説得力をもつようになった。第2節で紹介した田村明教授は、1968年に横浜市に勤めた当初、高速道路の地下化問題に取り組んだが、そのとき建設省都市計画課から「都市を美しくしようなんてけしからん」、「贅沢を言うな。東京の日本橋の上だって高架で跨いでいるのだ」と言われたという（『都市プランナー田村明の闘い』71頁）。今から考えれば信じがたい発言だが、道路を1mでも長くつくるの

が至上命題だった当時ではこれが普通の感覚だったのである。これでは景観に焦点をあてたまちづくりなど考える余地はなく、その当時に景観の価値を主張しても、それは単なる「反対運動」のための理屈づけにすぎないとみられたのは当然であった。

(2) 景観重視はどこまで本当か

もっとも、近時景観や景観価値が重視されてきたといっても、それがどこまで本当か、またどこまで定着していくのかは定かではない。

たとえば、ちょうど上記で取り上げた東京・日本橋の高速道路の景観問題は今から6年ほど前に大きな話題となった。古くは東海道をはじめとする街道の出発点であり、今でも道路元票が置かれる「道路の起点」日本橋は、1999年には国の重要文化財建造物に指定されている。しかし、今やこの日本橋の上空は、2005年に公開されて日本アカデミー賞14部門を受賞する大ヒットとなった映画『ALWAYS　3丁目の夕日』で象徴的に取り上げられたように、1964年の東京オリンピック開催にあわせて整備された首都高速道路に覆われてしまっており、その景観には見る影もない。

この高速道路の高架を移設して日本橋の景観を取り戻そうとする動きは昔からあったが、2005年12月、小泉純一郎元首相の「ツルの一声」によって「日本橋プロジェクト」が動き始めた。その結果、2006年9月には、本書で何度も紹介した伊藤滋早稲田大学教授らを中心とする「日本橋川に空を取り戻す会」が地下化案を有力とし、民間再開発と公共事業を組み合わせた事業手法を提案する意見書を提出した。

そこまではよかったのだが、5年半続いた小泉内閣の退陣後、その話題はさっぱり聞こえてこない。これこそ日本を象徴する景観プロジェクトのはずであったが、その後いったいどうなってしまったのだろうか。かけ声だけで終わってしまわなければよいのだが……。

(3) 今こそ、まちづくりと眺望・景観を考えるとき

一方では景観価値が高まり、他方でその本当度（本気度）に疑問符もある現状において、今こそ歴史を振り返った景観紛争の分析が必要であると筆者

は考えている。また、景観法による公的な規制が可能になった今、その活用如何によっては、これまで訴訟として表れてこなかった眺望・景観紛争についても訴訟に発展してくる可能性がある。そこで本節では、訴訟に限らず、今日までのまちづくりの中で発生してきた眺望・景観をめぐる紛争を筆者なりに整理し分析してみたい。もっとも、当然その全てを網羅することはできないため、筆者なりのいくつかの視点からその眺望・景観紛争を整理・分析する。

Ⅱ　マンション紛争と眺望・景観

1　まちづくり紛争の主役はマンション

　まちづくりの現場において眺望・景観と衝突することが多く、かつ解決が難しいのがマンション建築をめぐる紛争である。

　わが国の一般向け分譲マンションのはしりは、1956年に「四谷コーポラス」という建物が建築されたのが最初だという。当初は富裕層向けの高級住宅として販売されていたが、昭和40年代からはマンションの大衆化路線によりその建築は急激に増加した。これには、1970年に住宅金融公庫がマンション購入のための融資制度を拡大したことなどが寄与していたという（日本マンション学会法律実務研究委員会編『マンション紛争の上手な対処法〔第3版〕』2頁・4頁〔折田泰宏〕）。同書の時代区分によれば、マンションをめぐる紛争は次のように整理されている。

① 昭和30年代　　区分所有に関する法律が未整備であったため、昭和37年に旧区分所有法が制定された。
② 昭和40年代　　マンションが増加するに従って日照紛争が多発した。
③ 昭和50年代前半　　昭和48年のオイルショック時に建築されたマンションの欠陥建築が問題となった。
④ 昭和50年代後半　　旧区分所有法ではマンション管理が不十分であるとされ、昭和58年に区分所有法が大改正された。

⑤　昭和60年代　　ペット問題、駐車場問題、暴力団入居問題、フローリング騒音、大規模修繕と費用負担の問題など、多様な紛争が表面化した。
⑥　平成以降　　マンションブーム時に多数建築されたマンションの老朽化と建替えが問題になった。特に阪神・淡路大震災で多数のマンションが倒壊したこともあり、被災区分所有建物の再建等に関する特別措置法、住宅の品質確保の促進等に関する法律、マンション建替え円滑化法など新規の立法が続いている。区分所有法も大改正された。

　このうち、②以外は全てマンション内部の紛争であるのに対し、②だけはマンションと近隣住民の間に発生する紛争である。日照紛争は眺望・景観紛争とよく似たところがあるが、異なる面が多いことはすでに述べた。同書は、主に日本マンション学会所属の多数の弁護士の手によるマンション紛争に関する最高水準の実務書であるが、同書にも「景観」という視点に着目した紛争の対処法は述べられていない。ことほど左様に、マンションと景観という視点はこれまでなかったのである。

2　マンション紛争の対処法

　マンション建築に伴う近隣住民との紛争については、これまで次のような解決策が講じられてきた。

(1) 司法による抑制

　日照権侵害が発生する場面では、人の生命や身体、健康に直結する問題であるため損害賠償はもとより司法による差止めも認められる。特に、整備された日影規制に違反していると認められる場合は、かなり容易に差止め・損害賠償が認容される。

　しかし、これは文字どおり健康を守るための最小限の規制にすぎず、建築自由の原則を覆すものではない。そして、眺望・景観は日照のような切実なものではないとされてきたため、眺望・景観を理由とする建築の司法的抑制は、第1節でみたとおりほとんど認められていない。

(2) 開発規制

後の第4章第1節で検討するように、各地方自治体は昭和50年代から急激に広がった乱開発とマンション建築に対して、「上乗せ・横出し」条例による規制や開発指導要綱による規制を試みてきた。しかし、そのいずれにも問題があり、十分な抑制は困難であった。また、当時の試みの主眼は急激すぎる人口増加に伴う公共施設（水道、学校等）の不足への対処がメインであり、眺望・景観を保護するというテーマは副次的な課題であった。

(3) 今どきのマンション紛争解決法

マンション建築をめぐる紛争は全国に広がり国民的関心を集めた。そこでNHKは2005年8月4日放送の『難問解決ご近所の底力』において、「解決なるかマンション紛争」というタイトルの番組を放映してマンション紛争の解決法を検討した。そしてそこでは、①地区計画を活用した事例（札幌・南円山六条地区）、②優良建築物等整備事業の例、③交渉による合意（東京都台東区）といったやり方で、マンション建築に伴う眺望・景観紛争を解決したというすばらしい例が紹介された。

(4) 今後のマンション紛争と眺望・景観

しかし、あちこちで多発するマンション建築と近隣住民との紛争については、なかなか万能の処方箋はない。その問題の本質は、日本は「建築自由」を原則とする国であるというところにある。つまり、都市計画法、建築基準法等の法規の基準に適合さえしていれば、どのような建物であっても法的に建てることが可能であるから、隣近所からいくら苦情が出てこようとも「建てる」と言われればそれ以上はどうしようもないのである。日照権侵害などの理由で人格権侵害を訴えたり、財産的価値の下落などを主張しても、建築が「公法上違法ではない」以上、交渉で多少の解決金をもらうとか、民事訴訟で多少の損害賠償が認められることはあっても、マンションの階数を下げさせたり、形状を変更させたりという差止請求は基本的に難しいのである。ましてや眺望・景観に関する権利や法的利益は、建築自由の原則の基礎である所有権と比べてあまりにも弱いのである。

「景観利益」が法的に保護される利益であることを認めた国立マンション事件最高裁判決は画期的であるが、全てのケースで同じような結論が出ることが想定できるわけではない。このケースは、そもそも国立市という地域の特殊性や歴史的に形成されてきた粘り強い住民運動が事前にあったおかげという面が強いから、どこでもその1審判決と同じように差止め・建築物撤去の判決が出るわけではない。また、国立マンション事件のような多数の訴訟を闘っていくためのエネルギーは膨大なものであるから、誰でもこれと同じような労力を費やせるものではない。

すなわち、所詮私人間の紛争や裁判だけではマンション建築をめぐる眺望・景観紛争は解決できず、「建築自由の原則」自体を修正するような公的な規制が必要になるのである。そのような問題意識の下で、以下裁判にならない、あるいは裁判では認められないマンション建築と近隣住民との紛争がどのようなポイントで発生するのかについて、大きく「マンション自体の形状による紛争」と「建築地域による紛争」に分けていくつか事例を紹介する。なお、これはごく限られた範囲の筆者が集め得た情報によるものであることをお断りしておく。

III 眺望・景観にみるマンション紛争①
——マンションの形状による紛争

1 高さをめぐるマンション紛争

大阪府箕面市では、2003年9月2日、山すそに高さ約60mの20階建てマンションが建築される計画をめぐって、地元住民23人が建築主と施工業者に対して高さ30mを超える部分の建築工事禁止を求める仮処分を大阪地方裁判所に申し立てた（2003年9月3日付け読売新聞、同日付け産経新聞等）。住民らは景観にあこがれて入居し、長年にわたって四季折々の彩り豊かな景観から心の安らぎなどの生活利益を享受してきたとして「景観権」を主張したが、2004年（平成16年）2月には仮処分の申立ては却下された（2004年3月6日付

け産経新聞)。ちなみに箕面市は2000年(平成12年)の改正都市計画法に基づき、2003年11月に高度地区を見直す都市計画変更を行い、第1種から第8種までの高度地区を設けて建物の絶対的な高さを最大31mまでとしたが、このマンションは規制前に着工されていたためこの規制は適用されなかった。

住民らは、申立ての却下に先立ち、2003年11月14日に住民9000名分の署名を集めて市長あてに提出し、箕面市議会も2004年3月5日、業者に対して市が計画変更を強く指導するよう求める請願を採択するなど運動を広げた(2004年3月6日付け産経新聞)。さらに住民らは同年6月16日、大阪地方裁判所に建築物の撤去などを求めて訴えを提起したが、2005年(平成17年)4月21日には敗訴判決を受け控訴も断念された。結果としてこのマンションの建築は止まることなく、同年5月末に竣工したのである。

このようなマンションの高さをめぐる紛争は、マンション紛争の中で最も一般的なものであり、日照権とも絡んで問題となりやすい。

2 地下室マンションをめぐる紛争

高さに関連して、近年は「地下室マンション」と呼ばれる問題が発生している。地下室マンションとは、1994年(平成6年)の建築基準法改正によって、「住宅地下室の容積率不算入」という措置が導入されたことによって生じた問題である。つまり、これによって地下室の面積は建物の容積率に算入しなくてもよいことになったため、山すそのような傾斜地を利用して、「地上3階、地下6階建て」などという建物が、本来であれば9階建てなど到底建てられないはずの地域（たとえば第一種低層住居専用地域）に建築されることになったのである。悪質なケースでは、平坦地に「盛り土」をして地下室をつくり出すという例もあるという。こうしたマンションは高さ制限を潜脱するものであるばかりか、良好に保たれていた景観を破壊するものであり、適切な規制が必要になる。2004年（平成16年）には横浜市、川崎市などで条例による規制が行われたが、全国的な取組みは不十分である。

89

3　長さをめぐるマンション紛争

　高さほど目立たないが、マンションの「長さ」が問題となるケースもある。高さが高い「のっぽビル」は嫌でも視界に入るため目障りになるが、高さはそれほどではなくても横幅が長いマンションは壁面の面積が大きくなるため、隣接地の住民に対して圧迫感や威圧感を与えることになる。この点に着目して、壁面の最大面積などに対する規制を加えたのが第7章で紹介する兵庫県西宮市の条例である。人間にとっての圧迫感や威圧感といった「感覚」が心理学的にどのような影響を及ぼすのかについては未解明の点が多いため、仮にこれが訴訟となった場合、その司法的な解決には困難が予想される。

4　デザイン・色彩とマンション

　個人の住宅と異なり、多数の人に販売しなければならないマンションは「万人受け」が求められ、極端に奇抜なデザインや色彩が用いられることは少ないため、こうした点が紛争のポイントになることは少ない。しかし、たとえば人気漫画家・楳図かずお氏が赤白のストライプの自宅を建築しようとして訴訟になった「赤白ストライプハウス事件」（東京地判平成21・1・28判タ1290号184頁）や、皇居側のイタリア文化会館が真っ赤に塗装された事件（2006年に建築）など、色彩をめぐる紛争は近年増加傾向にある。こうした問題に取り組んでいる「公共の色彩を考える会」のホームページによると、マンションについても色彩に関する紛争が発生しており、1997年には横浜市の青葉台にピンクのグラデーションに塗装されたマンションが建築され、近隣住民と対立したが、結局マンションはその色で建築されたという（<http://www.sgcpp.jp/hp/history/noise.htm>）。こうした問題は、多くの場合「そんなことは誰も予想していなかった」というものになり対処が難しい。事例を集積し検討したうえ、色彩やデザインについての規制を考えていく必要がある。

IV　眺望・景観にみるマンション紛争②
　　——建築地域による紛争

1　都心部におけるマンションvsマンション

　近時都心部では、良好な眺望を売り物にする超高層マンションが次々と建てられ、販売されている。しかし、せっかく購入した高層マンションの目の前に新しい高層マンションが建ってしまえば、その眺望は台無しになる。その典型例はすでに紹介した「信頼違背型」の大阪地判平成20・6・25判時2024号48頁である。これは、近鉄不動産が大阪の難波で販売した高層マンションで、原告の居住するマンションは28階建てであるのに対し、同じ近鉄不動産が約80m離れた地点に39階建てのマンションを建築したというものである。判決文によると、原告らが契約前にもらったパンフレットには、「都心を見下ろす優雅」、「都心の超高層ならではの光景は、ここだけに許された優雅でもあります」、「都心のパノラマ指定席」、「あなただけのパノラマ指定席が暮らしに潤いと安らぎを運んでくれます」等々の記載が踊っていたという。なるほど、購入直後そのすぐ近くに自分のマンションより11階も高いマンションが建築されるとなれば、その憤りはもっともだが、それは法的に保護される利益とはいえない。

　こうした場合、すぐに目の前に新しいマンションが建つことを知っていながら販売した等の事情があれば、すでにみたとおり、「信頼違背型」の訴訟によって分譲業者に損害賠償を求めることも可能である。しかし、いつ、どこに、どのようなマンションが建つかなど、誰もわかるわけがない。そもそも原告のマンション自体がそうやって建てられたものだから、文句を言うのは難しいに決まっている。この事件でも、大阪地方裁判所は原告の訴えを全て認めなかった。

　ところが、何でも「早い者勝ち」が流行するのは世の常というもので、京都市では、2007年の「新景観政策」によってマンションの高さ制限が強化さ

れたが、規制前に建築確認をとった「駆け込み」物件が、「今だから提供できるプレミアム物件」という理由で価格が高騰し、上層階が下層階の2倍もの価格で分譲されるケースまで出てきたという（2007年8月8日付け産経新聞）。過渡期の現象とはいえ、景観をめぐる紛争には、こうした「独占欲」が背景にあるということをよく認識しておくべきであろう。

2　世界遺産とマンション

(1) 鞆の浦判決

　第3章第2節で取り上げる鞆の浦事件1審判決は、世界遺産級と評価される鞆の浦（広島県福山市）の埋立て・架橋計画の是非を問うたものである。2005年10月21日に中国・西安で開かれた国際記念物遺跡会議（イコモス）の総会において、異例なことに、鞆の浦の埋立て・架橋計画の中止を求める決議が全会一致で採択された。鞆の浦事件については、広島地裁判決により埋立免許が差し止められるという事態を迎え、現在は控訴審で係争中であるが（第3章第2節参照）、この広島地裁判決は、「鞆の浦の景観は美しいだけでなく文化的、歴史的価値を有し、国民の財産である」と明言している。

(2) 宇治の平等院

　他方、マンション建築が世界遺産と衝突するケースも多発している。たとえば、世界遺産に指定されている京都府宇治市の平等院でも景観紛争が起きている。平等院の背後に2棟の15階建てのマンションが出現し、宇治市はこれをきっかけに2002年に景観条例を制定し、2004年には高さ20mを超える大規模建築物については事前の届出を義務づけて、周辺の景観に配慮するよう指導、助言できるようにした。しかし、平等院の背後にさらに9階建てマンションの建築計画が明らかとなり、強制力のない条例の限界を痛感させられることとなり、高さ制限をさらに厳しくした都市計画決定を実施することになった。現在、宇治市は、景観法に基づく景観行政団体として景観計画を策定し、「世界遺産背景地地区」「歴史的遺産周辺地区」「平等院参道地区」などの重点景観計画区域として指定するなど、景観の保全を図っている。

(3) 世界遺産指定の力

　世界遺産に指定されれば、景観保全運動のための大きな力になることは間違いない。日本経済新聞が2006年8月からシリーズ連載している「世界遺産と景観」では堺市の古墳群、姫路城の桜門橋、京都市のまちなみが取り上げられている。2007年2月14日付け読売新聞夕刊によると、京都市は、京都御所や嵯峨嵐山一体、知恩院などを世界遺産に登録するよう追加申請を行うという。法的な保護策が厳しく求められる世界遺産への登録は、古都の風景を守る「切り札」あるいは「錦の御旗」になる。

　本来、地域の景観は住民の選択によって決まるべきものであるから、住民が利便性を優先する場合にはそちらを優先することになる。しかし、世界遺産ともなればその価値は住民だけが享受するものではないというのは鞆の浦事件判決が述べるとおりである。景観が失われれば、世界遺産としての価値もなくなってしまう。住民もそれを自覚し、世界遺産の景観と共存する方法を考えていく必要があることは明白である。

(4) 原爆ドーム近隣

　同じく世界遺産である広島の原爆ドームのすぐ近くにマンションが建築されるということが問題になった例もある（2006年4月15日付け毎日新聞、2006年5月8日付け読売新聞）。原爆ドームの場合、その所在地が商業地の真ん中であるため、土地の有効活用を図りたいという事業者側のニーズも理解できるケースであるが、原爆ドームの場合は周辺が高層化すると世界遺産としての価値が失われ、登録抹消ということにもなりかねない（ドイツのケルン大聖堂が実際にそのような危機に陥ったという）。原爆ドームが世界遺産であることの意味も含めて、国民的な議論が必要な場面であろう。逆に、原爆ドームの近くに建てられていた9階建ての広島商工会議所ビルは、原爆ドームの景観を保護するために移転先を探しているという（2008年3月10日付け毎日新聞夕刊）。

　住民の利便性だけで世界遺産の景観を壊すことはできないというべきだが、日本には、世界遺産にまで至らなくとも歴史的・文化的に貴重な自然風

景や建造物がたくさんある。守られるべき範囲がどこまで及ぶのかは難しい問題である。

3　歴史・文化とマンション

　神奈川県小田原市にある小田原城は、周知のとおり戦国大名北条氏が5代にわたって居城とした天下の名城である。1938年には国の史跡に指定されているが、この小田原城から約150mのところに13階建てマンションの建築計画が持ち上がり、反対運動が勃発した。このケースでは業者が歩み寄り、2005年6月に小田原市が約6.2億円で建設用地を買収する合意が成立して決着した。これは比較的円満に解決した例であるが、かなりの財源が必要となるため全ての紛争でこうした方法が使えるわけではない。

　また、2006年5月18日付け産経新聞は、大阪の仁徳天皇陵から約1kmの地点に、南海電鉄が高さ148mの高層マンションを建築する計画を立てており、堺市が南海電鉄に対して高さと階数の引下げを要望したことを報道した。このマンションは、「仁徳天皇陵を一望できること」をセールスポイントとして売り出されていた。当初は45階建て、高さ152mであったものを、地元住民と堺市の申入れで42階建て、高さ148mまで引き下げられたが、堺市がさらに一段の引下げを求めたものである。これを受けて、南海電鉄は2007年4月10日、15階建て、高さ45mと大幅に計画を変更した（同年4月11日付け日本経済新聞）。仁徳天皇陵も世界遺産の候補に入っているが、「眺望の独占」と「景観」の衝突を象徴するような例といえる。もっとも、同じ世界遺産候補でも、市街地の真ん中、スーパーマーケットの駐車場の一角に位置する百舌鳥・古市古墳群のような例もある（2008年10月9日付け毎日新聞）。このような立地では、住民の理解を得てマンション建築を防ぐのは難しいケースが多いであろう。

第4節　眺望・景観紛争への新たな対応策

I　マンションと景観紛争への新たな対応策

　第3節で取り上げたようなマンション紛争は、これまでの法的枠組みだけでは容易に規制できず、解決困難であった。しかし、今や景観法ができたため、こうした紛争を（事前に）公的に規制するための「武器」は整備されている。また、景観価値の高まりを受けて、さまざまな視点から景観紛争への対応策が工夫されている。そこで以下、このようなマンションと景観紛争への対応策としての新たな潮流を整理したい。

1　景観法を活用した規制

(1)　景観計画区域による規制

　まず、景観計画区域について景観計画を定め、その中で建物の高さや形態、意匠について勧告・協議・変更命令の基準を定めることができる（景観法8条1項～3項）。これにより、マンション建築についての届出を義務づけること、勧告すること、協議を求めることなどが可能になる（同法16条1項・3項・6項）だけでなく、その規制に従わせるための変更命令を出すことができる（同法17条1項）。もしこれに違反していれば、原状回復命令又はそれに代わる措置をとることも可能である（同条5項）。ただし、景観計画は、景観行政団体でなければ定めることができない。そして、2011年8月の第2次一括法制定までは、政令指定都市・中核市以外の市町村は都道府県の同意を得ないと景観行政団体になることはできなかった。また、景観計画区域における景観計画による景観創出の手法は「届出・勧告」を中心としたものである。

(2)　景観地区による規制

　また景観法をより積極的に活用すれば景観地区の指定を行い、その中で高

さ制限などを加えることもできる。景観地区の指定がなされた場合、高さ制限などの数値基準については建築確認の対象となり、これに違反する建物は建築確認を取得できない（景観法61条）。他方、形態意匠については、建築確認のような数値基準に馴染まないため、建築確認とは別の、市町村長による計画認定の対象とすることができる。これは、認定を受けなければ工事に着手できず、仮に認定を受けないまま工事に着手すれば工事の停止、改築などを命じることもできる（同法62条～64条）という強力な制度である。なお、建物以外の工作物についても、条例で定めることによって同様の規制を及ぼすことができるし（同法72条）、景観地区は都市計画の一種であることから、都市計画区域ないし準都市計画区域内でなければ景観地区の都市計画決定を行うことはできないが、都市計画区域外であっても、準景観地区という景観地区と同様の地区を定めることができる。

(3) 武器の活用が大テーマ

これらの詳細は第5章や拙著『Q&Aわかりやすい景観法の解説』を参照してもらいたいが、このような景観法が定める「武器」を活用すれば、高層マンションの建築を（事前に）規制することは十分可能である。もっとも、このような規制は住民自身の権利（私権）を制限する「劇薬」ともなるため、住民の合意の下でうまく使いこなせるかどうかは今後の課題である。実際に第7章で紹介するように、京都市をはじめとする先進的な自治体は、景観地区制度や計画認定制度を使いこなして高さ制限を図るなどしているが、そこまで踏み込めている自治体はまだまだ数少ないのが現状である。

2 司法による抑制の強化

第1節でも取り上げたが、横浜地裁小田原支決平成21・4・6判時2044号111頁では、真鶴町の別荘地で隣接地に高さ8mの住宅を建築しようとした行為が差し止められた。この決定では、真鶴町が「美の条例」などで景観を保全する取組みを行っていた地域であることが評価されている。このような取組みを地道に続け、景観を保全しようと努力している地域は、司法の場で

の争いにも強いということが実証されたことになる。しかし、こうした個人の主張による建築差止めが認められたケースはまだまだ少なく、今後個々のマンション建築をめぐる訴訟において司法がいかなる抑制力をもっているかはまだまだ不透明である。

3 「やり得」を許さない事後規制

　このようなマンション建築をめぐる眺望・景観紛争は、基本的に「建ってしまったらアウト」と考えられてきたが、近時は必ずしもそうではないという認識が広まってきた。この点については、直接眺望・景観に関する事例ではないが、2009年（平成21年）12月17日最高裁判所が、新宿の「たぬきの森」と呼ばれる地域で建築されていたマンションについて「建築確認を取り消す」という判決を出したことが注目される（民集63巻10号2631頁・判時2069号3頁）。マンションはすでに着工しており、7割方まで工事が完成した段階で建築確認を取り消すという控訴審判決が出されたため工事が中断し、さらに最高裁判所が控訴審と同じ判断を下したため建築中のマンションは完全に宙に浮く結果になった。このままではこのマンションは違法建築となるため、工事が進められず取り壊すしかない。

　国立マンション事件最高裁判決は景観利益が法律上保護されることを明らかにしたという意味で画期的だったが、マンション建築による景観利益の侵害までは認めなかった。そのため、国立マンション事件1審判決のように「高さ20mを超える部分を撤去せよ」という差止認容はおろか損害賠償の認容までもいっていない。そのような状況下で下されたこの「たぬきの森」事件最高裁判決が、眺望・景観紛争の分野でどこまで有効に活用ができるかはこれからの大きな検討課題である。マンション建築が景観利益を侵害する不法行為だと認められれば、最高裁判所でも建築中のマンションの（一部）撤去を命ずる判決が出る日も遠くないかもしれない。

　もっとも、建築確認が違法であればそれを取り消すことができるのは当然である。したがって、法的には、この最高裁判決の主たる意義は、建築確認

に先立って行われる区長の「安全認定」という手続が違法であった場合、その瑕疵が建築確認にも承継され、建築確認も違法になるのか否かという「行政行為の違法性の承継」と呼ばれる論点について、承継を肯定する判断を下したところにある。つまり、「都心にたぬきが住む」という環境保全の問題（価値）については、東京高等裁判所も最高裁判所も全く触れていないのである。実際に建築中の都心部の大規模高層マンションの建築確認が取り消されるのは珍しいため、社会的に注目が集まった事件であることに注意しなければならない。

　ちなみにこの事件では、判決後2カ月近く経ってもマンションは宙に浮いたままで、取り壊しもなされていないことが報道されている（2010年2月15日付け日本経済新聞）。巨額の資金をかけて施工する大規模マンション建築は進めるのも大変だが退くのもまた大変であるから、たぬきの森事件の先行きは不透明である。しかし、ここで大切なことは判決の画期性を強調するだけでなく、その後の対応において「やったもの勝ち」の風潮を許さないという姿勢を示すことである。たぬきの森事件の今後の展開を見守っていく必要がある。

4　高層マンションの建築規制に伴う調整

　高層マンションの建築が規制され、建てられなくなるということは、新規のマンション建築だけではなく、既存のマンション建替えの際にも問題になる。すなわち、規制が強化されると規制前に建てられた段階では適法だったマンションと同じボリュームのマンションに建て替えることはできなくなり、必然的に資産価値も下がるわけである。したがって単に規制を強化するだけでは、地域住民の理解と協力を得るのは難しい。

　この点が問題になったのが、新景観政策を打ち出した京都市である。京都市では新たに厳しい高さ規制を行った結果、「田の字地区」と呼ばれる京都市中心部を中心として約1800棟ものマンションが既存不適格となった。そのため、京都市は規制強化とセットにして、高さ規制を上回るマンションの建

替えを対象として工事費の助成などを行う政策を打ち出した（2007年1月31日付け読売新聞）。京都市では、2007年から「京町家」を公費で買い取って保全・活用する景観再生事業が行われる（2007年2月3日付け読売新聞）など、理念だけでなく経済面にも目を配ったさまざまな試みが行われていることは評価に値する。

もっとも、上記のような助成策もその原資は税金であるから、そこには市民の理解が不可欠となる。したがって、京都以外の都市でこのような施策を実行できるかどうかは難しい問題だろう。

また、マンションの建築規制は不動産価値の下落につながるという評価が多く、実際に公示価格の低下もみられる。しかし、そのような「不動産屋的発想」が全てではないという価値観の転換も必要ではないだろうか。景観に価値を見出す国民的合意が定着すれば、よりよい景観を有する物件が高い取引価値をもつことにつながるはずである。それを夢や理想とせず最終的にはそうした価値観と方向性をめざすべきである。

5　紛争解決チャンネルの多様化

他方、高層マンション建築に伴う眺望・景観紛争を円滑に解決できるよう、市民の手で全国組織をつくって対処しようという動きもある。2008年7月20日付け朝日新聞に、京都で「景観と住環境を考える全国ネットワーク」が設立されたという記事が掲載された。これは、高層マンションをめぐる紛争に関する相談の受付、支援、事例集の出版などの活動を行うための組織であり、ウェブサイトで「景住ネットニュース」を配信するほか、多数のシンポジウムを開き、平成22年7月には沖縄で全国大会が開催されるなど、地道な活動が続いている。その代表は私の友人でもある東京の日置雅晴弁護士で、副代表には国立マンション事件でも大きな役割を果たした上原ひろ子元国立市長らも名を連ねている。

マンション建築に伴う眺望・景観紛争の解決のためには、こうした動きにも注目したい。

Ⅱ　公共事業・大規模開発と景観紛争への新たな対応策

1　公共事業と景観紛争

(1)　公共事業は諸悪の根源か

　これまで、マンションと景観との関係があまり体系的にとらえられてこなかったのとは異なり、公共事業は景観を壊す「諸悪の根源」のように思われておりイメージが悪かった。そのような中、公共事業を主管する国土交通省は、2003年に発表した「美しい国づくり政策大綱」で「美しさへの配慮を欠いていたという点では、公共事業をはじめ公共の営みも例外ではなかった」と述べて、劇的な「方向転換」をしてみせた。このインパクトは大きい。確かに五十嵐敬喜＝小川明雄『公共事業をどうするか』（岩波新書）にみるように、長年続いた自民党政権下における公共事業を軸とした政・官・業の癒着が、日本の財政を「破綻」状態まで追い込んだ諸悪の根源であったことは間違いない。また、「土建国家ニッポン」の称号に象徴されるように、わが国の発展と経済成長が公共事業に依存してきたことも間違いない。そのため、政権交代を果たした2009年8月の衆議院議員総選挙の際に民主党が掲げていた「コンクリートから人へ」というキャッチフレーズは基本的に正しいはずである。しかし、こと景観に関しては、これまでの公共事業は「諸悪の根源」とされるほどに景観を破壊してきたのであろうか。また、全ての公共事業が景観を破壊してきたと評価するのは妥当なのであろうか。筆者は、公共事業をそのような視点で十把一絡げに論ずることには反対である。つまり、景観を破壊しなかった公共事業や、新たに良好な景観をつくり出した公共事業もたくさんあると考えているのである。

(2)　都市施設に関する都市計画

　公共事業の最たるものは、都市計画法11条に定める「都市施設に関する都市計画」として都市計画決定される道路や空港、橋、公園などである。その

うち、公園が景観を害するものではなく、むしろ良好な景観の形成に寄与するものであることは誰しも異論がないはずである。しかし、たとえば、東京・日本橋の上を走る首都高速が景観を破壊していることは間違いない。また、江戸の八百八町に対して「八百八橋」といわれた「水都」大阪の川の中に建てられた橋脚とその上を走る阪神高速も醜悪そのものである。しかし、日本橋の上を走る高速道路の移設を主張した景観重視派の意見は、高速道路をつくるなと言っているのではなく適当な場所に移設しろということであり、地下化する案も要するに地上を走る高速道路を見えなくするというものである。つまり、高速道路自体の必要性は認められており、都市部の交通網として不可欠であるという認識は共通である。したがって、これらの高速道路の移設が実現した場合には、その移設事業（公共事業）は景観を破壊するものではなく、良好な景観を創出する公共事業となる。

　道路と並ぶ公共事業の象徴は橋である。そして、東京・臨海副都心の芝浦とお台場を結ぶレインボーブリッジ（1993年開通）や横浜港の本牧埠頭と大黒埠頭を結ぶ横浜ベイブリッジ（1989年開通）のような「都市型」の橋は、新たな都市景観を生み出し、観光スポットとなっている。関西でも、瀬戸内海を跨ぐ本州四国連絡橋の1つである瀬戸大橋（岡山県倉敷市と香川県坂出市を結ぶ10の橋の総称。1988年に全線開通）や、本州と淡路島を結び、世界最長の吊り橋である明石海峡大橋（1998年開通）のように日本の技術力を象徴する橋がある。これらの橋も開通以降多くの観光客を集め、新たな景観を創出している。

　また、最近では鉄道復権の傾向も顕著である。日本の地方都市で一時は自動車の邪魔になるとして排除された路面電車が、LRT（次世代型路面電車システム。「Light Rail Transit」の略）として復活しつつある。本格的LRTの第1号は2006年に開業した富山市の「富山ライトレール」であるが、ほかにも広島電鉄や鹿児島市電においてLRT車両が導入されている。海外においても、アメリカや中国では高速鉄道が車に代わる効率のよい大量輸送網として見直され、その導入をめぐって日本の新幹線がフランスやドイツの高速鉄道と競

り合っている。こうした鉄道も新たな「まちの風物詩」となりうるものである。日本の新幹線も建設当時は騒音振動問題が大きくクローズアップされたが、今やその必要性を否定することはできないうえ、「日本の景観」の一部としてすっかり定着している。なお、新幹線は全国新幹線鉄道整備法に基づいて建設されるものであるため、前述した都市計画法に基づく都市施設としての「都市高速鉄道」には含まれない。

(3) 公共事業による新たな良好な景観の創出

前述したレインボーブリッジや横浜ベイブリッジなどの橋や新幹線のように、公共事業によって建設された「人工建造物」が創出する新たな（都市）景観が、良好な景観として受け入れられているケースは数多い。そう考えれば、公共事業が全て景観と衝突するものということができないのは当然である。つまり、良好な景観とは歴史的・文化的に価値のある古い建造物を中心とする景観や自然環境を中心とする景観だけをいうのではなく、人工的な建造物によってつくり出された新たな（都市）景観も良好な景観と評価すべきなのである。もっとも、第3章第2節で詳述する鞆の浦事件にみられるように、特定の「美しい景観」と対立する公共事業という図式が成り立つケースはある。また、今後景観価値がさらに高まっていけば、景観価値と衝突する公共事業が増加する可能性は高い。そのような衝突が生じた場合には、良好な景観とは何か、守るべき景観とは何か、といった論点を個別に判断していくべきことが不可欠であるが、単純な「公共事業悪玉論」で割り切るべき問題ではないことは、十分念頭においておかなければならない。

2　民間大規模開発と景観①
──今、東京の大規模再開発は

(1) 東京における民間大規模開発

「公共事業イコール景観破壊」といえないことは前述したとおりである。これと同じことが民間の大規模開発にもあてはまる。眺望・景観をめぐる紛争といえば、何となく「高層ビルが悪い」、「都市化が悪い」、「昔のまちなみ

第4節　眺望・景観紛争への新たな対応策

はよかった」という「ノスタルジー論争」になりかねないところがある。しかし、そのような「根拠のない」印象論で景観を語るのは誤りである。すでに完成したマンションの20mを超える7階以上の部分の撤去を命ずる判決を下した1審判決や、景観利益は法的保護に値すると初めて認めた最高裁判決で有名な国立マンション事件のように、マンション開発と景観の衝突が訴訟に発展したケースは存在するが、マンションやオフィスビル、商業施設などの高層ビルの建築を伴う近時の民間大規模開発は、そのほとんどが当初から景観に配慮した計画となっているため、基本的に景観との衝突が問題となることはほとんどない。以下、東京における民間大規模開発の例をいくつか紹介する。

(2)　東京駅近辺の再開発

東京では、JR東日本が「東京駅が、街になる。」というキャッチフレーズで東京駅近辺の再開発を進め、サピアタワー、グラントウキョウノースタワー・サウスタワーなど大規模なオフィスビル建築を進めてきた。これは文字どおり東京駅と直結したビル建設事業であるが、JR東日本は、こうした再開発と同時に、1914年に建築された丸の内「赤レンガ」駅舎について、戦災で焼失した屋根部分と3階外壁を創建当初の姿に復原する工事を進めている。同工事は2012年竣工をめざして工事中とのことであるが、筆者としては、歴史的建造物の保全・復原と現代的再開発を両立させる試みとして評価している。

(3)　森ビルによる開発事業

筆者が大阪・阿倍野の駅前再開発をめぐる事業計画決定の取消訴訟を闘った際に共闘したのが大阪の不動産業者である高橋ビルである。同社は、一時は「東京の森ビル、大阪の高橋ビル」と並び称される勢いを誇っていたが、バブル経済崩壊の影響で今は事実上消滅してしまった。しかし一方の「東京の森ビル」は、バブル経済崩壊時の危機を乗り越え元気いっぱいである。六本木ヒルズやアークヒルズなどの大型複合ビルを手がけた日本有数のディベロッパーである森ビルは、2007年に長期経営計画「Tomorrow Scape 2011+5」

を公表した。そのコンセプトは「ヴァーチカル・ガーデン・シティ」というもので、「建物の集約により足元に豊かなオープンスペースを創出する」とのことである。同社は、「高度利用で随所にオープンスペースを設ける」、「道路上を立体的に利用」、「超高層建物による都心居住を実現」などをキーワードに、国内・国外を問わず多数の（再）開発事業を推進している。

(4) エンターテインメントを中心とした再開発

東京の民間大規模開発はオフィスやホテルなど商業施設が中心で、最近でも「汐留シオサイト」や品川駅前再開発など活発な動きが続いている。その一方でリゾートやエンターテインメントを中心とした再開発も盛んである。その代表例が港区の「お台場」エリアである。同エリアは元々臨海副都心として整備された地域であるが、フジテレビ本社やお台場海浜公園など「遊び」「デートスポット」のイメージが強く、映画『踊る大捜査線』シリーズの舞台として定番になっている。臨海副都心の開発面積は公称442haで、レインボーブリッジを中心とする「新しい都市景観」がつくり出されている。また、ディズニーランド、ディズニーシーを擁する「東京ディズニーリゾート」が所在する千葉県浦安市も、臨海副都心と同様の人工都市である。まちのにぎわい創出にはこういった集客施設が不可欠であり、このような民間大規模開発が眺望・景観と衝突することはほとんどない。

(5) 中国、台湾での開発・建築

ちなみに、森ビルが手がけた事業の中でも、中国・上海での101階建ての複合施設の建築はひときわ目を引く。名称は「上海環球金融中心」（上海ワールドファイナンスセンター）で2008年に竣工した。延べ床面積は38万1600㎡、地上101階・地下3階、高さ492mの「超のっぽビル」である。同じように森ビルが手がけた事業でも、六本木ヒルズ森タワーの延べ床面積がほぼ同等の37万9409㎡で階数が地上54階、地下6階というから、上海ワールドファイナンスセンターののっぽぶりがわかるだろう。同ビルの100階には地上474mの「世界一高い場所にある展望台」が設置された。これは2009年8月27日にギネスブックに認定されており、現在日本で建設が進められている「世界一高

い自立式電波塔」である東京スカイツリーの最も高い展望台でも地上高450mの予定であるため24m負けていることになる。筆者も一度でいいから足を運んでみたいと考えている。ちなみに台湾では、森ビルが手がけた上海ワールドファイナンスセンターと同じ101階建ての超高層ビルが、一足早く2004年に完成している。それが「台北101」で、地上101階、地下5階、高さは509.2mで完成した当時は世界一の超高層建築物だった。こちらは、展望台としての高さこそ中国・上海の「101階ビル」には及ばないものの、91階に屋外展望台(！)が設置されている。優れた眺望は個人で独占するのではなく、こうした形で市民と共有するのが望ましいのではないだろうか。

　ところで、上海といえば高層ビルの建築ラッシュが話題になっているが、筆者は2010年10月25日、全日空の飛行機内でおもしろい記事を発見したので少し紹介しておきたい（以下、「翼の王国」2010年10月号特集「上海たてもの博覧会」を参照）。上海で近時建設された超高層ビルにはユニークなデザインのものが多い。くねくねとした曲線を活かしたビル、まるでロボットのような形のビル、塔のように尖ったビル、「モヒカン刈り」など実に多種多様である。また屋根の「反り返り」など、中国ならではの寺院を模した「装飾」が施されているビルも多い。まさに「美の条例」の「⑥　装飾と芸術」が実践されている。

　上海では、かつて英米仏等列強の租界が置かれ「魔都・上海」と呼ばれた欧風建築物の建ち並ぶ「外灘」と、黄浦江の対岸に位置する新興高層ビル街である「浦東新区」の対比が見どころで、「100年の歴史が外灘に、この10年の発展が浦東にある」といわれている。浦東新区には高さ420.5mの超高層ビル「金茂大厦（ジンマオタワー）」や上述の上海環球金融中心がすでに建築されているほか、第3の超高層ビル「上海中心大厦（シャンハイタワー）」（高さ632m）の建築も進められている。ベルサイユ宮殿を彷彿させるマンション、「巨大ティンパニー」や「シャコ貝」のように見えるユニークな形のビル、巨大な日時計、高速道路を覆う巨大なドーム状のカバー、どれをとっても一見の価値ありというべきラインアップである。筆者としては、これらの巨大

超高層ビルがつくり出す「景観」もすばらしいものがあると評価したい。

3　民間大規模開発と景観②
──今、大阪の大規模再開発は

(1) 成功している開発事業

　プロ野球南海ホークス（現福岡ソフトバンクホークス）のホーム球場であった大阪球場が1998年に解体された。その跡地に、「未来都市なにわ新都」をコンセプトとする再開発によって完成したのが「なんばパークス」である。2003年にオープンした第1期部分で建築された地上10階、地下3階建ての商業棟は、その地上部分が全て段丘状に建てられ、3階から上の屋上部分に約7万株の植物が植栽された屋上庭園が設けられたことで注目を集めた。その後2007年にオープンした第2期部分によって商業棟と屋上庭園が拡張され、隣接地に分譲マンションが建設された。このように総面積1万1500㎡を誇る段丘状の屋上庭園を中心とするなんばパークスは、1987年に「難波地区再開発事業研究会」が発足してから全面オープンの2007年まで実に20年以上の年月を要したが、景観の面からみても高い完成度を誇る民間大規模開発の成功例で、入場者数、収益とも成功している。また、ザ・リッツ・カールトン大阪が入っているハービスOSAKA（1997年竣工）や、グッチやティファニーなどの高級ブランド店が入居して注目を集め、劇団四季の劇場が大盛況のハービスENT（2004年竣工）を中心とする西梅田地区の再開発「オオサカガーデンシティ」も成功を収めている。ちなみに、上記のハービスOSAKAとハービスENTは阪神電鉄によって運営されているが、同社は2006年の阪急・阪神経営統合によって阪急阪神ホールディングスの完全子会社となっている。

(2) 今後に期待される開発事業

　しかし、「日本第2の都市」たる大阪は、上記のなんばパークスや西梅田地区の再開発のようにスポット的に成功している民間大規模開発はあるものの、全体としては「地盤沈下」で、前述したように元気な東京と比べるといまひとつ元気が感じられない。「最後の一等地」といわれている、JR大阪駅

北側の梅田貨物駅付近のコンテナヤードを中心とする「梅田北ヤード」の開発は、2010年3月に総面積約24haのうち約7haが1期先行開発区域として着工したが、2期開発区域のプランはいまだ確定していない。2022年W杯の招致をめざす日本サッカー協会からは「大阪エコ・スタジアム」（仮称）構想が発表されているが、はたして「もの」になるかどうかは不明である。同地区では家電量販店大手のヨドバシカメラを中心とする複合商業施設「ヨドバシ梅田」が2001年にオープンして多くの客を呼び込んでいるが、2011年5月にオープンしたJR大阪駅の新北ビルでJR大阪三越伊勢丹やLUCUA、さらに上記の1期先行開発区域の再開発が関西の景気の起爆剤になりうるかどうかについては、日本の景気の動向に左右される。これは、JR大阪駅の南側に位置し、2012年のグランドオープンをめざして建替えが進んでいる阪急百貨店（阪急うめだ本店）も同様である。また、JR大阪駅から南に約1kmのところに位置する大阪市役所や中之島中央公会堂といった歴史的な建造物が存在する中之島エリアも、大阪大学の旧医学部跡地の開発や国立国際美術館の完成、朝日新聞グループ所有のビル建替えなど再開発が盛んで、2008年に開業した京阪中之島線の開通によりさらに活性化するかとみられていたが、高層マンション建築はいくつかあるものの商業施設としての賑わいはまだまだこれからといったところである。

(3) 大阪のまちづくりの真骨頂

「緑との共存」をテーマとして緑がふんだんに植えられたなんばパークスや、地上の道路両側に幅10mの緑豊かなプロムナードを設置して各ビルをつなぐ地下歩行者道路にも緑豊かな植栽を施したオオサカガーデンシティでは、景観との衝突は発生していない。計画途中にある梅田北ヤード開発では、良好な景観の形成が大前提となっているうえ、国民的注目を集めているため今後も景観との衝突は生じないと思われる。このように、大阪の大規模な(再)開発においても、前述した東京と同じく基本的に眺望・景観をめぐる紛争が生じることはない。そしてこれは、東京・大阪に限らず各地の（再）開発でも同様である。なお、大阪のまちづくりの真骨頂は、こうした「大きなハコ

モノ」をつくる（再）開発とは別のところにあるかもしれない。第7章第5節で紹介するように、「桜の会・平成の通り抜け実行委員会」による中之島での桜の植樹や道頓堀川の水質浄化の取組みなど、「市民の手づくり」によるまちづくりが大きな力を発揮していることは興味深い。

4 まとめ

　以上述べたように、公共事業や民間大規模開発は必ずしも景観と衝突するものではない。むしろ新たな景観を創出し、その景観が良好なものと評価されているケースすら数多く存在する。そのため、「公共事業は景観を破壊する！　民間大規模開発は『悪』だ！」という考え方は、全くの誤りである。わが国では、景観法の制定や国立マンション事件最高裁判決、鞆の浦事件判決などからわかるように景観価値が高まっている。その一方で、リーマン・ショックに端を発する不動産不況が長引いている。そのような昨今の社会経済状況においては、上記のような偏頗な考え方は捨て、良好な景観を形成・保全するために必要な「規制」と、まちの賑わいを創出するとともに新たな景観をつくり出す「開発」をどのようなバランスで両立させるかが重要である。これについては項を改めて述べる。

III　規制と開発の両立を

1　価値の転換を、景観価値の重視を

(1)　「効率的」なマンション

　1950年代に登場したマンションは当初「高級住宅」であったが、1960年代後半頃から大衆化し、富裕層ではなく一般市民が手に入れられるマイホームとして大量に建築・分譲されてきた。その結果、2009年末現在でマンションストック戸数は約562万戸、居住人口約1400万人となった。マンションがここまで増加した理由の1つには「効率的」であることがあげられる。たとえば、1000㎡の土地を100㎡×10区画に区割りして各区画で延べ床面積150㎡の

一戸建てを10戸建築すれば、その総居住面積は150㎡×10戸＝1500㎡となるが、同じ1000㎡の土地に延べ床面積3000㎡のマンションを建築して専有部分の面積が150㎡の部屋を20戸つくれば、その総居住面積は150㎡×20戸＝3000㎡となる。実際にはこれほど単純に考えることはできないが、容積率や建ぺい率、高さ制限等の規制をクリアできることを前提として、同じ面積の土地で1戸あたりの居住面積を同じにするなら、マンションを1棟建てるほうが土地を区割りして一戸建て住宅を複数戸建てるより多い戸数の住居を建築することができるのである。このように、土地を有効活用してできる限り多くの住居をつくるという点からすればマンションを建築するほうが効率的であり、そうすれば1戸あたりの価格を低く抑えることも可能になる。このような意味で「効率的」なマンションは、狭い国土しかもたないわが国の住環境を改善したという点で、日本の住宅政策の歴史において大きな役割を果たしてきた。

⑵　**効率優先からの価値の転換**

　しかし、こうした効率優先の姿勢でマンションを乱立させたことが、結果として多くの景観を破壊してきたのも事実である。1945年の敗戦後の復興から高度経済成長時代を経て、成長社会から成熟社会に入ったわが国では、かつてのような高度経済成長を期待することは到底できない。日進月歩で発展する医療と高度経済成長の恩恵によって世界有数の長寿国となった一方で、出生率の低下や若者の晩婚化が進んだ結果、少子高齢化問題に直面しているわが国においては、前述したような「効率的」なマンションの役割は確実に小さくなっていると考えるべきである。あたかも「バベルの塔」のように高層化を押し進める時代はもはや終わりを告げている。そのような時代状況下にある昨今、超高層マンションの最上階に居住することに価値を求めるのではなく、低層であっても優れた景観を保ったコミュニティに居住することに価値をおくような価値の転換が不可欠である。良好な景観の価値を認め、その景観自体が経済価値を生み出すことに着目して、景観価値を重視する時代に足を踏み入れていることを自覚すべきである。

(3) 眺望を独占しようとしない

また、眺望を「独占」することがナンセンスであることにも気づくべきである。第3節Ⅲ1でみたマンションvsマンションの紛争例からも明らかなように、「建築自由の原則」を盾に眺望を独占することには何の意味もない。なぜなら、高層マンションを購入して眺望を独占したとしてもそれは一時的にすぎないためである。「建築自由の原則」が存在する以上、最初は高層マンションが1棟しかなく眺望を独占できるとしても、新たな「独占希望者」が出現してより高層のマンションが建築されれば、自分が独占した（と思ったはずの）眺望は早晩失われてしまうのである。そのうえ、そのようにして高層マンションが次々と建築されれば、自分が独占したはずの眺望が当初の価値を完全に失うばかりか、結局のところまち全体の景観が損なわれる結果になる。つまり、高層マンションを購入して眺望を独占しようとすることは、蛸が自分の足を食べるのと似たようなもので、結果として自分で自分の首を絞める結果となるのである。もっとも、バブル経済期の頃はマンションを建てたそばから完売するという「いい時代」であったため、強引にマンションを建てようとする業者がいたので紛争になったケースもあった。しかし、バブル経済崩壊とその後の失われた10年を経験し、リーマン・ショックから長引く世界的な金融不況にある昨今、一部都心の高級マンションを除けば、マンション建築自体の採算があわなくなり新築マンションの着工は低調になっている。その結果、皮肉なことに眺望・景観をめぐる紛争も低調になっている。これは決して望ましい流れではないが、現在の時代状況を冷静に見つめれば、2004年（平成16年）に景観法が制定された流れに沿って、良好な景観の形成・保全を優先する方向に価値の転換をすべきである。

2 規制と開発のメリハリによって良好な景観を形成することの意味

筆者は、個人が生活する場としてのマンションについては、基本的に前述したように景観価値を重視して、良好な景観を形成・保全するための規制を

強化すべきと考えている。しかし、そうであるからといって何でも規制し、抑制してしまえば、日本がどんどん縮小してしまうことになるのもまた事実である。したがって、規制すべきところと開発すべきところの「メリハリ」をつけることが重要である。つまり、都心部の（再）開発は都市の更新や経済の活性化のために不可欠であり、良好な景観を形成し共有化するという点でも意義がある。そのため、2002年（平成14年）の都市再生特別措置法の制定・施行等によって推進された「小泉都市再生」はその全てが誤りというわけではない。筆者としては、その中で重視された民間の活力を利用した魅力ある都市づくりという方向は、今後も大いに進めていくべきと考えている。

また、良好な景観を「規制」によってつくり出すことについては異論もある。その1つは、第2節で紹介した五十嵐太郎教授による指摘のように、「美しさ」を公的に決めていくという指向に対する警戒感である。もう1つは、規制することで美しい景観をつくることはできず、自由度が必要だという主張である。京都工芸繊維大学の中川理教授は、「建物や眺望を保全するだけでは景観は作れない。保全したものをどう使いこなすかで、景観の評価は変わっていくのだが、その使いこなしには、むしろ多様な着想を保障できる自由度が求められる」として、京都市の新景観政策に対しては「ここまで厳格な基準が創造的な景観を作ることにつながるのかは疑問が残る」と主張した（2007年3月29日付け読売新聞）。しかし、個人の自由に全てを任せてしまっては、優れた景観を生み出すことができないことはすでに明らかである。そこで最も核心的な論点は、「どこまで規制するか」である。そしてその規制内容を「みんな」で議論して決めることこそが良好な景観の形成・保全のために不可欠な作業であり、それこそがまちづくりの民主主義である。

3　規制と開発の両立を

前記Ⅱで紹介したような東京や大阪などの都心部を中心とした大規模な再開発に対しては、根強い批判がある。筆者自身、1984年の大阪駅前ビル商人デモをきっかけとして再開発の現場に足を踏み入れ、それ以降数多くの「破

綻する再開発」を見てきた。しかしその多くは、計画及び見通しの甘さや不十分さに起因するところが大きかった。再開発の成功例は各地でたくさんあり、その成功によってまちの賑わいが生まれて経済が活性化するというプラス効果があることは、正直に認めるべきである。また、そうした再開発が新たな景観を創出し、その景観が良好なものと受け入れられるという側面があることに対しても肯定的な評価が必要である。再開発によってつくり出される景観があまりにも無機質なものになりすぎないよう、東京駅の再開発では赤レンガ駅舎の復原をセットにしたり、2004年にスタートした大阪・中之島の桜の植樹や2009年から実施されている七夕の夜に大川をLEDでライトアップして天の川を再現する取組みのように、歴史的な建造物や自然と芸術を組み合わせた「複眼的視点」のまちづくりとして、景観と開発とのバランスがとれた再開発を実行することは十分可能である。

　つまり、開発一辺倒でも規制一辺倒でもない、規制（保全）と開発との調和がとれたまちづくりをめざすことが、今後のまちづくりの法と政策のあるべき姿であり、指標の1つであると確信している。そしてそのようなまちづくりを実現するためには、開発を進める側は幅広い意見を取り入れる仕組みをつくらなければならず、開発にブレーキをかける側も、単なる批判ではなく代案を提示したうえでホンネの議論をすることができる体制をつくることが不可欠である。そのまちに住む住民はもとより、規制の強化又は緩和を行う行政や事業として（再）開発を行って利益を得る業者も、それぞれの立場を超えてめざすべきまちの姿をとことん議論することが何よりも求められるのである。

第3章

眺望・景観紛争の到達点
―― 2つの注目判例から ――

第1節　景観紛争の意義と到達点
——国立マンション事件判決を中心に

I　国立マンション事件の概要と住民運動の特徴

1　国立マンション事件とは

　東京都国立市にある通称「大学通り」は、JR中央線国立駅南口から一橋大学の前を通って南に伸びる全長1.8kmの大通りである。全体の幅員約44mの道路で、4車線の道路の両側には幅9mの緑地帯と幅3.6mの歩道が設けられている。その緑地帯には1934年に桜とイチョウが植えられ、今では大きく育ったこれらの並木を中心とする良好なまちなみが形成されている。つまり大学通りとは、70年以上も前から、沿道住民らが並木以上の高さの建物は建てないという「暗黙のルール」の下で自主規制して良好な景観の保護に取り組んできたまちである。

　明和地所株式会社は、1999年7月に大学通りに面した東京海上火災保険計算センター跡地を買い取り、そこに14階建て、高さ44m、343戸のマンションを建築することを計画した。この明和地所によるマンション建築計画を知った沿道住民は、大学通りにおけるこのような高層マンションの建築は、従来守られてきた大学通りの景観を破壊するものであるとして、本件マンションの建築に対する反対運動を展開した。この反対運動では、①建築禁止の仮処分、②行政訴訟（建築物除却命令等請求事件）、③違法部分撤去等請求事件等さまざまな形での民事訴訟や行政訴訟の争いが展開された。これら一連の紛争が国立マンション事件である。特に、上記③の違法部分撤去等請求事件においては、後述するとおり景観利益を初めて認める最高裁判決が下されており、景観紛争の歴史において大きな意義を有する。

第 1 節　景観紛争の意義と到達点——国立マンション事件判決を中心に

2　大学通りの景観をめぐる住民運動の特徴

　大学通りの景観をめぐる住民運動の中で目を引くのは、第1に住民運動のリーダーが市長に立候補して当選したことであり、そして第2に、この市長や本件マンションの建築に反対する住民の運動によって地区計画を定めるに至ったことである。国立マンション事件を含む大学通りの景観をめぐる住民運動の経過は、実際にその住民運動を闘ってきた石原一子氏の『景観にかける——国立マンション訴訟を闘って』(新評論・2007年)に詳しい。国立の住民運動の代表的なものは、①1969年の歩道橋事件、②1973年の第1種住居専用地域の指定、③1994年の景観条例制定の直接請求等である。大学通りの景観は、このような住民運動の歴史的経過を経て形成されてきたものであるが、これらの住民運動の経過を、便宜上控訴審判決の認定に基づいて整理すると、<chart 2>のとおりである。

3　地区計画が先か、建築確認が先か

　本件マンションの建築確認は、2000年1月5日に出された。他方、その直後の2000年2月1日に、国立市議会において地区計画が策定され、また「国立市地区計画の区域内における建築物の制限に関する条例」が施行された。これによって高さ20mを超える建築物の建築が禁止されたのである。この地区計画の策定は都市計画法12条の4、12条の5に基づくものであり、条例による建築制限は建築基準法68条の2に基づくものである。条例が施行された2000年2月1日の時点では、マンション建設工事は「根切り工事」が行われている段階で、建物の基礎工事には入っていなかった。そのため、本件マンションの建築をめぐっては地区計画が先か、建築確認が先か、が1つの争点となった。

　明和地所によるマンション建築計画を知り、確認申請を行おうとする明和地所に対して地元住民はいかなる対応をとったのか。そのような場合、建築禁止の仮処分申請は誰もが思いつく司法的対決の方法であるが、国立マン

115

第3章　眺望・景観紛争の到達点――2つの注目判例から

<chart 2>　大学通りの景観をめぐる住民運動

1934年	大学通りの両側の緑地帯に桜とイチョウを植樹。
1952年	住民運動の結果、本件土地を除くその北側及び東側が都市計画法に基づく用途地域内の特別用途地区として、文教地区の指定を受ける。
1969年	大学通りに歩道橋を設置する問題で住民運動が起こり、行政訴訟に発展。
1973年10月	住民運動の結果、一橋大学から国立高校に至る大学通りの両側の奥行き20mのうち、本件土地を除く部分は第一種住居専用地域に指定される。
1994年11月	国立市都市景観形成条例制定のための直接請求（8154名の署名）
1998年3月	国立市都市景観形成条例の制定（平成10年）
1999年4月	住民運動のリーダーであり、景観保護を訴えた上原公子氏が現職市長を破って当選。

ション事件では住民が地区計画をつくることによって建築物の用途や形態の規制をしようとしたことが大きな特徴である。これは、五十嵐敬喜弁護士らが強力な「参謀」となって知恵を出した結果であり、その経過は五十嵐敬喜『美しい都市をつくる権利』（学芸出版社・2002年）の中でビビッドに描写されている。地区計画と建築確認のどちらが先か、という論点について単純に答えを出せば、「建築確認が先」ということになるが、真の論点はそれだけではない。つまり、地区計画という一定の「地区」のルールを決める制度を、1件のマンション建築に反対する手段として使うことの是非が問われたのである。これは非常に興味深い論点であるため、後に紹介する。

第1節　景観紛争の意義と到達点——国立マンション事件判決を中心に

II 景観利益を中心とした1審判決と控訴審判決の法理

1 違法部分の撤去を命じた1審判決と逆転控訴審判決

　東京地方裁判所は2002年（平成14年）12月18日、違法部分の撤去を求める原告ら住民の請求を認めた。すなわち、特定の地域内の景観利益は法的保護に値し、「本件マンションの建設は受忍限度を超える権利侵害である」、「金銭賠償では救済できない」と判示し、20mを超える7階以上の部分の撤去を命ずる判決を下したのである（東京地判平成14・12・18判時1829号36頁）。これは、7階以上を撤去した場合、建築主である明和地所に約53億円の損害が発生するとしても、「景観の侵害を十分に認識しながら、建築を強行した経営判断の誤りがあった」と述べ、明和地所の建築手続の合法性や財産権の主張を排斥したものであり、また、従来稀にしか認められていなかった景観利益を真正面から認めた画期的な司法判断である。

　この1審判決に対し、当然のように明和地所は控訴した。そして控訴審たる東京高等裁判所は2004年（平成16年）10月27日、景観権・景観利益について、「個々の国民が私法上の個別具体的な権利・利益として、良好な景観を享受する地位をもつものではなく、個人の人格的利益とはいえない」、「良好な景観は国民共通の資産で、適切な行政施策で保護されるべき」と判示して、1審判決の明和地所敗訴部分を取り消して原告ら住民の請求を棄却し、住民側逆転敗訴の判決を下した（東京高判平成16・10・27判時1877号40頁）。

　国立マンション事件の1審判決と控訴審判決は大きな注目を集め、多くの学者によって検討が加えられ次々と論文が発表された。これは、控訴審判決によって取り消されはしたものの、景観利益を認めてすでに建築された7階以上の部分の撤去を命じた1審判決が景観紛争の歴史において画期的であり、大きな意義を有するためである。特に、1審判決は大きな社会的反響を呼び、新聞各紙でも大きく取り上げられたため、その結論については広く関

係者や国民に知られている。しかしその法律構成は難しく、一般的にはなかなか理解できないものである。そこで本稿では、景観利益を中心として１審判決と控訴審判決の法理を整理して紹介する。なお本稿はその評釈が目的ではないため、その詳しい検討は数多く発表されている解説や評釈に譲る。参考までにその主なものを掲げると次のとおりである。

- 吉田克己「『景観利益』の法的保護」判タ1120号67頁
- 淡路剛久「景観権の生成と国立・大学通り訴訟判決」ジュリスト1240号68頁
- 五十嵐敬喜「景観論」都市問題94巻7号17頁
- 大塚直「国立景観訴訟控訴審判決」NBL799号4頁
- 角松生史「地域地権者の『景観利益』——国立市マンション事件民事１審判決」別冊ジュリスト168号80頁
- 富井利安「国立高層マンション景観侵害事件——景観利益の侵害と妨害排除請求の根拠」別冊ジュリスト171号162頁
- 富井利安「国立景観事件（民事）東京高裁判決について」法律時報77巻2号1頁
- 松尾弘「景観利益の侵害を理由とするマンションの一部撤去請求等を認めた原判決を取り消した事例（国立景観訴訟控訴審判決）」判タ1180号119頁
- 加藤了「国立市の通称『大学通り』に完成した14階建てマンションの高さ20メートルを超える部分について撤去を認めた一審判決を取り消し、その撤去請求を棄却した事例」判例地方自治274号72頁

2　１審判決の法理

(1)　１審判決が認めた景観利益

１審判決は、景観権は認めなかったものの、特定の地域における景観であること、相当の期間保持された景観であること、当該景観が社会通念上良好

と認められること等の一定の要件を充足する場合は、「法的保護に値する景観利益」が認められると判示した。1審判決の該当箇所を引用すると、次のとおりである（圏点は筆者）。

> 特定の地域内において、当該地域内の地権者らによる土地利用の自己規制の継続により、相当の期間、ある特定の人工的な景観が保持され、社会通念上もその特定の景観が良好なものと認められ、地権者らの所有する土地に付加価値を生み出した場合には、地権者らは、その土地所有権から派生するものとして、形成された良好な景観を自ら維持する義務を負うとともにその維持を相互に求める利益（以下「景観利益」という。）を有するに至ったと解すべきであり、この景観利益は法的保護に値し、これを侵害する行為は、一定の場合には不法行為に該当すると解するべきである。

(2) 差止めをめぐる受忍限度の判断

従来からの公害差止めの法理の議論においては、大きく「権利構成」と「不法行為構成」がある。これをごく大雑把に説明すれば、前者は日照権等の人格権に対する侵害が認められると、所有権に基づく妨害排除請求が認められるのと同様に、差止請求ができるとする考えであり、後者は民法709条、722条は、不法行為について条文上、「差止め」を認めず、金銭賠償の原則をとっているが、これは過去の損害に対するものであり、継続的不法行為による将来の損害については、侵害行為の違法性の程度が受忍限度を超える場合には、差止めが認められるとする考えである。

そして、受忍限度の判断の際の考慮要素としては、一般的に①被害の内容・程度、②地域性、③加害回避可能性、④被害回避可能性、⑤交渉経緯等があげられる。しかして1審判決は、この考え方に沿って、①被害の内容及び程度、②地域性、③被告の対応と被害回避可能性、④撤去により被告の被る損害の程度を考慮したうえ、結論として原告らの景観利益に対する侵害は受忍限度を超えていると判断し、近隣の土地を所有する原告ら3名に対して、本件マンションの一部撤去等を認めたのである。ちなみに1審判決は、本件マ

ンションの一部撤去に要する費用は少なくとも約53億円になることが予想されると認定したうえで、それよりも侵害される原告らの景観利益の被害のほうが大きい、と判断している。

3 控訴審判決の法理——景観利益についての判断

控訴審判決は、1審判決が認めた景観利益については、良好な景観は国民や地域住民全体に共通の資産であるとして良好な景観の存在を認めながらも、個々の地域住民が独自に私法上の個別具体的な権利・利益として良好な景観を享受するものと解することはできないと判示し、「景観に関し、個々人について、法律上の保護に値する権利・利益の生成の契機を見出すことができない」と結論づけ、住民の景観利益を認めなかった。控訴審判決の該当箇所を引用すると、次のとおりである（圏点は筆者）。

「良好な景観は、我が国の国土や地域の豊かな生活環境等を形成し、国民及び地域住民全体に対して多大の恩恵を与える共通の資産であり、それが現在及び将来にわたって整備、保全されるべきことはいうまでもないところであって、この良好な景観は適切な行政施策によって十分に保護されなければならない。しかし、翻って個々の国民又は個々の地域住民が、独自に私法上の個別具体的な権利・利益としてこのような良好な景観を享受するものと解することはできない。もっとも、特定の場所からの眺望が格別に重要な価値を有し、その眺望利益の享受が社会通念上客観的に生活利益として承認されるべきものと認められる場合には、法的保護の対象になり得るものというべきであるが、1審原告らが主張する大学通りについての景観権ないし景観利益は、このような特定の場所から大学通りを眺望する利益をいうものではなく、1審原告らが大学通りの景観について個別具体的な権利・利益を有する旨主張しているものと解されるところ、1審原告らにこのような権利・利益があるものとは認められないから、本件建物による1審原告らの景観被害を認めることはできない」。

第1節　景観紛争の意義と到達点——国立マンション事件判決を中心に

「(6)景観利益と法的保護

　良好な景観を享受する利益は、その景観を良好なものとして観望する全ての人々がその感興に応じて共に感得し得るものであり、これを特定の個人が享受する利益として理解すべきものではないというべきである。これは、海や山等の純粋な自然景観であっても、また人の手の加わった景観であっても変わりはない。良好な景観の近隣に土地を所有していても、景観との関わりはそれぞれの生活状況によることであり、また、その景観をどの程度価値あるものと判断するかは、個々人の関心の程度や感性によって左右されるものであって、土地の所有権の有無やその属性とは本来的に関わりないことであり、これをその人個人についての固有の人格利益として承認することもできない」。

「良好な景観とされるものは存在するが、景観についての個々人の評価は、上述したとおり極めて多様であり、かつ、主観的であることを免れない性質のものである。一定の価値・利益の要求が、不法行為制度における法律上の保護に値するものとして承認され、あるいは新しい権利（私権）として承認されるためには、その要求が、主体、内容及び範囲において明確性、具体性があり、第三者にも予測、判定することが可能なものでなければならないと解されるが、当裁判所としては、1審原告らが依拠する意見書・学説を参酌しても、景観に関し、個々人について、このような法律上の保護に値する権利・利益の生成の契機を見出すことができないのである」。

4　地区計画と条例についての1審判決と控訴審判決の相違

　以上のように1審判決と控訴審判決は正反対の結論となったが、それについては都市計画法12条の4と12条の5に基づく地区計画及び条例による建築制限の違法性の有無についての判断が大きな要素となっている。

　少し長くなるが、この点についての1審判決の判示を引用すれば次のとおりである。

121

「本件地区計画及び本件改正条例の適法性について

　被告らは、本件地区計画及び本件改正条例が、被告明和地所による本件建物の建築を阻止する目的で制定されたものであることを理由として、本件地区計画や本件改正条例自体が違法無効であると主張しているところ、確かに、本件地区計画及び本件改正条例にそのような目的があったことは否定できない。

　しかしながら、後記のとおり、大学通り沿道地区においては、従来から、地権者らが並木の高さを超えない高さでの土地利用をして『大学通りの景観』を形成、保持し、国立市も、景観条例における『景観形成重点地区』の候補地として、沿道の建築物を、大学通りの景観特性と調和し、バランスのとれた美しいものとすることを行政の景観政策の基準としていたのであって、沿道の建築物が並木の高さである20メートルを超えないものであることは、いわば暗黙の合意、制約とされてきたものである。それにもかかわらず、被告明和地所が、公法上の高さ規制が存在しないことのみを拠りどころとして、並木の2倍以上の高さの建築物の建築を強行しようとしたことから、急遽、それまでの暗黙の合意、制約を公法上の強制力を伴う高さ制限に高める必要が生じたことが、本件地区計画及び本件改正条例制定の動機であって、本件地区計画は国立市の従来の景観政策の延長上にあり、したがって、本件改正条例の制定も、建築基準法の定める目的を逸脱するものではない。その他、手続上もこれを違法、無効としなければならないほどの点は見いだせない。よって、被告明和地所の主張は採用できない」。

　このように1審判決は、地区計画や条例の制定に違法性はないと判断したのである。

　これに対して控訴審判決は、この点について次のとおり判示した。

「本件土地の用途地域は、今日に至っても、建築物について絶対高さの制限のない第二種中高層住居専用地域のままであり、その見直しが検討されていることは証拠上全くうかがわれない。1審被告明和地所が本件土地の取得前に国立市に赴いて、建築計画の説明をした際、国立市の担当者は、建築物

の高さについて具体的な高さの数値を示した指導はしておらず、その根拠も説明しなかった。また、1審被告明和地所が、本件土地が第二種中高層住居専用地域にあることを前提として取得した後において、国立市が1審被告明和地所の意向を一切顧慮することなく、極めて短期間内に本件地区計画を決定し、本件建築条例を制定したことは、都市計画決定及び条例の制定としては異例なことであると考えられ、これらに関して極めて重大な利害関係を有する1審被告明和地所の立場を配慮した慎重な対処がされて然るべきであったといわざるを得ない」。

この判断を前提としたうえ、さらに他のいくつかの要素も考慮したうえで、控訴審判決は、最終的に「以上のとおり、1審被告明和地所の本件土地の取得及び本件建物の建築が、社会的相当性を欠く違法なものであるとは認められない」と認定した。

その結果、それ以上原告ら住民の請求について判断するまでもなく、その請求は認められないと結論づけたのである。

Ⅲ　最高裁判決の意義と限界

1　住民側による上告とその結果

控訴審である東京高等裁判所は明和地所側の主張を認めて、住民側の逆転敗訴となる判決を下した。この控訴審判決に対しては、「時計の針を逆回しした」と憤る住民側が2004年11月8日に上告した。

そして2006年（平成18年）3月30日、最高裁判所第一小法廷は景観利益は法律上保護するに値すると判示したうえで、利益考量の結果本件マンションの建築が原告らの景観利益を違法に侵害する行為にあたるとはいえないとして、住民側の上告を棄却した（最判平成18・3・30判時1931号3頁）。結果的に建物の一部撤去は認められなかったものの、最高裁判所が「景観利益は法的保護に値する」と判断したことは、司法においても景観価値が高まっていることを示すものであり、わが国の景観紛争の大きな到達点である。そこで

以下、最高裁判決の判示のうち景観利益を認めた部分とその法的保護の要件を述べた部分を紹介する。

2 最高裁判決が認めた「景観利益」

最高裁判決は、「良好な景観の恵沢を享受する利益」を景観利益と定義し、良好な景観に近接する地域内に居住してその恵沢を日常的に享受している者の景観利益を、法律上保護に値するものと判示した。最高裁判決の該当部分を引用すると、次のとおりである（圏点は筆者）。

> 「都市の景観は、良好な風景として、人々の歴史的又は文化的環境を形作り、豊かな生活環境を構成する場合には、客観的価値を有するものというべきである」。
> 「良好な景観に近接する地域内に居住し、その恵沢を日常的に享受している者は、良好な景観が有する客観的な価値の侵害に対して密接な利害関係を有するものというべきであり、これらの者が有する良好な景観の恵沢を享受する利益（以下「景観利益」という。）は、法律上保護に値するものと解するのが相当である」。
> 「もっとも、この景観利益の内容は、景観の性質、態様等によって異なり得るものであるし、社会の変化に伴って変化する可能性のあるものであるところ、現時点においては、私法上の権利といい得るような明確な実体を有するものとは認められず、景観利益を超えて『景観権』という権利性を有するものを認めることはできない」。

3 景観利益の侵害

最高裁判決は、上記のとおり景観利益を法律上保護に値するものと認めたうえで、景観利益の違法な侵害があるかどうかについては、①その景観利益の性質と内容、②当該景観の所在地の地域環境、③侵害行為の態様、程度、④侵害の経過等を総合的に考察して判断すべきと判示し、「ある行為が景観

利益に対する違法な侵害に当たるといえるためには、少なくとも、その侵害行為が刑罰法規や行政法規の規制に違反するものであったり、公序良俗違反や権利の濫用に該当するものであるなど、侵害行為の態様や程度の面において社会的に容認された行為としての相当性を欠くことが求められる」との基準を示した。

そして国立マンション事件については、結局のところ本件マンションの建築は、行為の態様その他の面において社会的に容認された行為としての相当性を欠くものとは認め難いとして、原告らの景観利益を違法に侵害する行為にはあたらないと結論づけた。最高裁判決の該当部分を引用すると、次のとおりである（圏点は筆者）。

>「民法上の不法行為は、私法上の権利が侵害された場合だけではなく、法律上保護される利益が侵害された場合にも成立し得るものである（民法709条）が、本件におけるように建物の建築が第三者に対する関係において景観利益の違法な侵害となるかどうかは、被侵害利益である景観利益の性質と内容、当該景観の所在地の地域環境、侵害行為の態様、程度、侵害の経過等を総合的に考察して判断すべきである」。
>「そして、景観利益は、これが侵害された場合に被侵害者の生活妨害や健康被害を生じさせるという性質のものではないこと、景観利益の保護は、一方において当該地域における土地・建物の財産権に制限を加えることとなり、その範囲・内容等をめぐって周辺の住民相互間や財産権者との間で意見の対立が生ずることも予想されるのであるから、景観利益の保護とこれに伴う財産権等の規制は、第一次的には、民主的手続により定められた行政法規や当該地域の条例等によってなされることが予定されているものということができることなどからすれば、ある行為が景観利益に対する違法な侵害に当たるといえるためには、少なくとも、その侵害行為が刑罰法規や行政法規の規制に違反するものであったり、公序良俗違反や権利の濫用に該当するものであるなど、侵害行為の態様や程度の面において社会的

> に容認された行為としての相当性を欠くことが求められると解するのが相当である」。

4　最高裁判決の意義とその限界

　国立マンション事件の最高裁判決は、景観利益が法律上保護するに値するものと判断した初めての最高裁判決である。このように景観利益の「法律上保護性」を最高裁判所として初めて認めたことは、景観紛争の歴史において極めて重要な意味をもつ。また、その保護のために必要な条件を判示したことも大いに評価できる。

　しかしその一方で、本件マンションの建築は、行為の態様その他の面において社会的に容認された行為としての相当性を欠くものとは認め難く、原告らの景観利益を違法に侵害する行為にあたるということはできないとして、結論として住民側の上告を棄却した。

　そのため、この判決では、どのような場合には景観利益が保護されるのか、また、どのように保護されるのか（損害賠償のみが認められるのか、差止めも認められるのか）は明らかにされていない。

　また、「景観利益」の法的な性質についても詳しく論じていないため、最高裁判所が景観利益をどのようなものと考えているのかも明らかではない。この点は、景観利益の侵害に対する差止めと損害賠償を認めるにあたって、景観利益を「土地所有権から派生するもの」としてとらえた第1審判決のほうが従来の不法行為をめぐる議論や裁判例とよく整合し、損害賠償や差止めを認容するための現実的な理論づけを与えていると評価することもできる。

　このように考えると、最高裁判所が、後掲・大塚論文76頁の表現を借りれば「いとも簡単に」景観利益の法律上保護性を認めたことの評価は、案外難しい。本判決に対しては、基本的には肯定的な評価が与えられており、筆者もその意義を軽視するものではないが、やや「ひねくれた」評価をすれば、最高裁判所は単なるリップサービスをしただけではないかとみることもでき

ないわけではなく、その実践は、今後の裁判例に委ねられることになった。

　国立マンション事件は、条例による規制が遅れたためにマンション建築が公法上違法なものではないとされたことが住民側の「弱点」であった。しかし、それ以外の要素を取り上げれば、国立の景観の要保護性が相当高いものであることは明らかであり、損害賠償や差止めを認めるには絶好の事案であった。にもかかわらず、結果として住民側の請求が棄却されたため、景観利益の性質や損害賠償・差止めの成否の基準について、抽象的なことしか示されずに終わったところに本件最高裁判決の限界がある。この点については、今後の議論の深化と裁判例の集積を待つしかない。本書でも、第3節で鞆の浦事件第1審判決との対比の中で、この最高裁判決を検討するが、その理論的・体系的分析は筆者の能力をはるかに超えるため、いくつかの議論のポイントを提示するにとどめざるを得ない。国立マンション事件最高裁判決の解説・評釈はたくさんある。主なものをあげれば次のとおりである。1審判決との対比を含めてこの最高裁判決について詳しく検討するには、これらの解説・評釈を参照されたい。

・大塚直「国立景観訴訟最高裁判決の意義と課題」ジュリスト1323号70頁
・髙橋譲「時の判例」ジュリスト1345号74頁
・髙橋譲「【1】良好な景観の恵沢を享受する利益は法律上保護されるか　【2】良好な景観の恵沢を享受する利益に対する違法な侵害に当たるといえるために必要な条件　【3】直線状に延びた公道の街路樹と周囲の建物とが高さにおいて連続性を有し調和がとれた良好な景観を呈している地域において地上14階建ての建物を建築することが良好な景観の恵沢を享受する利益を違法に侵害する行為に当たるとはいえないとされた事例」最高裁判所判例解説民事篇〔平成18年度〕㊤（1月～5月分）425頁
・淡路剛久「民法709条の法益侵害と最近の三つの最高裁判例㊦」法曹時報61巻7号1頁

第3章　眺望・景観紛争の到達点——2つの注目判例から

- 吉田克己「景観利益」別冊ジュリスト196号156頁
- 上田哲「国立景観訴訟上告審判決」判タ臨時増刊1245号79頁
- 吉村良一「国立景観訴訟最高裁判決」法律時報79巻1号141頁
- 加藤了「国立市『大学通り』に完成した14階建てマンションの高さ20mを超える部分の撤去を認めた一審判決を取り消し，その撤去請求も棄却した二審判決に近傍住民らが上告申立したが最高裁は近傍住民らの上告を棄却した——マンションの一部撤去等請求事件（国立市）」判例地方自治280号104頁

第2節　鞆の浦世界遺産訴訟
――眺望・景観紛争の新たな時代

I　鞆の浦の架橋計画（広島県福山市）

1　鞆の浦とは

　広島県福山市鞆町にある鞆の浦は、瀬戸内海のほぼ中央、沼隈半島の東南端に位置し、沖合で東西からの潮がぶつかり合い引いていく自然の海流を利用した潮待ちの港として、古くから栄えてきた。鞆の浦には、日本の近世の港を特徴づける歴史的港湾施設である波止場（はとば）、雁木（がんぎ）、常夜燈（じょうやとう）、焚場（たでば）、船番所（ふなばんしょ）の5つがセットで残っているが、これら5つがセットで残っているのは日本でも鞆の浦だけといわれている。港町として栄えた鞆の浦は、中世の町割（まちわり）を基盤として、かつての繁栄を偲ばせる町家や浜蔵、江戸時代中期から明治、大正、昭和戦前の各時代を代表する多様な建築物がまとまって残っている。そしてそれらが雁木や常夜燈などの歴史的港湾施設と調和して、歴史的なまちなみを形成している。

　鞆の浦は、わが国最古の歌集である万葉集にも登場し、平安時代末期の源平合戦や室町幕府最後の将軍足利義昭が力を失った場所として、歴史に登場する。また、鞆の浦の景観は、江戸時代に鞆の浦に寄港した朝鮮通信使によって「日東第一形勝」と絶賛され、対馬から江戸までの間において最も景色のよい地として評価されている。国の指定だけでなく広島県指定・福山市指定の文化財も多数存在し、建造物、史跡、名勝、伝統的建造物群、文化的景観などの各分野において、全ての不動産系の優れた文化財が存在する全国的にも珍しい場所であり、その歴史的景観は世界遺産級といわれている。2007年には、財団法人古都保存財団が選定する「美しい日本の歴史的風土100選」

の1つに選ばれ、2008年夏に公開されて大ヒットした宮崎駿監督のアニメ映画『崖の上のポニョ』の構想が練られた町としても有名である。

2　鞆地区道路港湾整備事業の概要

　鞆の浦ではこれまで抜本的な都市基盤整備が行われなかったため、前述のような歴史的なまちなみが残されている反面、生活していくうえでさまざまな問題を抱えていた。主な問題の1つが道路交通の問題であり、渋滞の慢性化、沼隈半島を外周する循環線道路の断絶、幹線道路へのアクセス性の悪さ、幅員の狭さ、離合困難といった問題が指摘されていた。また、安全・安心の面からは、歩行者の安全確保が不十分、緊急車両の通行困難といった問題点があり、観光面においてはアクセス性が悪く、自動車で来訪する観光客の利便性が悪い、駐車場不足といった問題点があった。

　これらの問題点を解消するために期待される方策が、鞆地区道路港湾整備事業であった（以下、本節において「本件事業」という）。本件事業は、広島県と共同で鞆港の沿岸の一部2 haを埋め立てて観光客用の駐車場やフェリーふ頭等を整備し、海上に長さ約180mの橋をかけて約680mの県道を整備するものである。1983年10月、福山地方港湾審議会は本件事業の計画を承認したが、事業推進派の住民と反対派の住民が本件事業をめぐって対立することとなった。2003年9月には、当時の福山市長が本件事業の埋立て・架橋計画への同意を拒否している地権者を説得することを断念し、本件事業の構想を凍結することを表明したが、2004年の福山市長選挙で事業推進派の羽田皓氏が当選し、事業推進に向けた動きが活発になった。そして、2006年2月に広島県は、排水権者全員の同意が得られない状態であっても、本件事業の埋立てについて公有水面埋立法に基づく埋立免許の出願手続を行う方針を表明し、2007年5月に広島県と福山市は、埋立免許権者である広島県知事に対し、本件事業に係る埋立免許を出願した。広島県知事は埋立免許の可否を判断するためその出願内容について審査を行い、2008年6月に埋立免許をするうえで必要となる国土交通大臣の認可を申請した。

3 対立軸は「景観vs利便性」

　本件事業に対しては、鞆の浦の景観を守るべきという立場からの大きな反対運動があった。反対派の主張は、本件事業による埋立て・架橋が行われた場合、他に類をみない鞆の浦の良好な歴史的景観が破壊され、回復不可能となるということである。そのため、2007年3月、映画監督の大林宣彦氏らが中心となって、全国的な反対組織として「鞆の浦　支援の会」が組織され、同年4月には反対住民ら約160名が原告となって、埋立免許の差止めを求める行政訴訟が提起された（広島地裁平成19年（行ウ）第16号・埋立免許差止請求事件。以下、本節において「本件差止訴訟」という）。また、同年5月に埋立免許の出願が行われたことを受けて、同年9月には埋立免許の仮の差止めが申し立てられた（広島地裁平成19年（行ク）第13号・埋立免許仮の差止め申立事件。以下、本節において「本件仮の差止事件」という）。本件仮の差止事件については後記IIにおいて、本件差止訴訟については後記IIIにおいて、それぞれの内容につき説明する。

　また、国連教育文化機関（UNESCO（United Nations Educational, Scientific and Cultural Organization）：ユネスコ）の諮問機関である国際記念物遺跡会議（ICOMOS（International Council on Monuments and Site）：イコモス）は、2004年、2005年、2006年の3回にわたって、鞆の浦の保存と埋立て・架橋道路の建設中止を求める勧告を発表している。イコモスとは、1972年に採択された世界の文化遺産及び自然遺産の保護に関する条約に基づいて、各国の推薦案件を世界遺産リストに登録するか否かを判定する際に専門家としての意見を提出するNGOとして規定されている団体であるが、イコモスが日本の文化遺産に対して勧告を発したのは、これが唯一であり、国際的にも極めて異例なことである。

　さらに、広島県知事が埋立免許をするうえで必要となるために、2008年6月に申請した国土交通大臣の認可については、通常2、3カ月で認可するか否かの判断が下されるところ、認可権者である金子一義国土交通大臣（当時）

が景観を重視する方針に基づいて「住民だけでなく国民同意を取り付けてほしい」と発言するなど（2009年2月13日付け毎日新聞）、事実上「棚上げ」状態とされた。これも極めて異例のことであった。

4　『五十嵐・美しい都市』にみる鞆の浦とは

　「開発vs保全」、「景観vs利便性」で揺れ、全国的な注目を集めた鞆の浦について、『五十嵐・美しい都市』は第2章「美しい都市の検証」の中で、「広島県鞆の浦・迎賓都市の虚構　開発における言語の二重性」という独自のとらえ方で分析している（68頁以下）。同書は2002年3月の出版だから訴訟の結果については触れていないが、万葉集から始まる歴史をもち、奇跡的に「近代化」という破壊から免れた鞆の港が、いかに不思議で魅力的な町であるかについて述べる五十嵐の分析はユニークかつ出色である。しかし、そのような鞆の港にも近代化が忍び寄ってきた。その第1は高齢化と少子化、そしてモータリゼーション、さらに港の機能縮小である。第2は車社会であり、車の渋滞を解決する策として出されたのが「海上道路」であった。第3は「潮待ちの港」としての鞆の港の優れた歴史的遺産が、船が動力で動く今不要になってしまったことである（同書79頁〜80頁）。

　筆者は鞆の浦の対立軸は、「景観vs利便性」だと述べた。しかし、五十嵐は「今回の埋め立てと道路の計画は、このようにして観光と渋滞解消という目的から計画された。港の改変はそのためには不可避である、というのである。しかし、本当にそうであろうか」とそのような対立軸の設定に真正面から疑問を投げかけている。しかして、五十嵐が設定する争点は、「そもそもこの歴史的でエキゾチックな港が埋め立てられてしまったら、いったい誰が観光に来るのであろうか。港をまたぐ道路を作れば本当に渋滞が解消し、生活の利便性が増すのであろうか。逆に、港や町の歴史的遺産を掘り起こし、町中を歩く回廊にしたほうが、観光客にとっても町の人々にとっても『幸福』を増すことになるのではないか。誰しもすぐこういう疑問を抱くだろう。これが争点である」（同書80頁）とシンプルである。「美しい都市をつくる権利」自

体がかなり抽象的で哲学的な概念であるため、「現実派」の私にはわかりづらいところがある。さらに「美しい都市をつくる権利」という理念を大切にする五十嵐は続く「言葉の取り込みと現実」という項で、「歴史的景観」「歴史と文化」「水際空間」「歴史的遺産の継承」などという美しい言葉の取り込み現象があることを鋭く批判し、「後にみる国立市と争われた『景観』などという言葉もその最たるものだ」と指摘する（同書84頁）。そして、「景観は今では国土交通省の目玉商品である。開発派も反対派もともに同じような言葉を使いながら、まったく正反対の立場（利益）に立っている」（同書80頁）とまで言い切っている。このような五十嵐の指摘にも傾聴すべき点が多い。しかしここでも「現実派」の筆者はやはり、「景観vs利便性」という対立軸を明確にしたうえ、景観という言葉の内容をより明確にしていく努力をしていくほかないと考えている。「平和」や「安全」そして「核廃絶」などの美しい言葉や60年安保、70年安保の時に叫ばれた「アンポハンタイ！」のシュプレヒコールと同じように、その中身や内容を議論しないまま、「よき景観」などという美しい言葉に騙されてはならないのは当然である。私のような「現実派」はもちろん、よき景観を守るための市民運動に参加する活動家たちも、この五十嵐の指摘を心して心にとどめるべきであろう。

II 埋立免許仮の差止め申立事件（本件仮の差止事件）

1 仮の差止めとは

　仮の差止めとは、行政事件訴訟法の平成16年改正によって差止訴訟が抗告訴訟の1つとして新たに法定化されたことに伴って創設された、仮の救済制度の1つである。差止めの訴えの提起があった場合において、その差止めの訴えに係る処分又は裁決がされることにより生ずる償うことのできない損害を避けるため緊急の必要があり、かつ、本案について理由があるとみえるときは、裁判所は、申立てにより、決定をもって、仮に行政庁がその処分又は裁決をしてはならない旨を命ずることができる（行政事件訴訟法37条の5第2

項)。

　差止訴訟の係属が要件となっている点や、申立てによってのみ認められ、裁判所の職権では行えない点は、行政事件訴訟法25条2項が定める執行停止と同様である。しかし、積極要件としての損害については、執行停止では「重大な損害」とされているのに対し（同法25条2項）、仮の差止めでは「償うことのできない損害」とされている点で異なっており（同法37条の5第2項）、仮の差止めにおける「償うことのできない損害」のほうがより厳格な概念である。また、執行停止は「本案について理由がないとみえるとき」はすることができないという消極要件が定められているのに対し（同法25条4項）、仮の差止めは「本案について理由があるとみえるとき」にできるとされ、前述の「償うことのできない損害」とともに積極要件として定められている（同法37条の5第2項）。

2　本件仮の差止事件と裁判所の判断

　本件事業をめぐっては、2007年4月に反対派の住民らが原告となって埋立免許の差止めを求める本件差止訴訟が提起されたのに続き、同年9月に、免許権者である広島県知事は本案である本件差止訴訟の第1審判決の言渡しまで、埋立てを免許する処分をしてはならない旨の仮の差止めを求める本件仮の差止事件が申し立てられた。本件仮の差止事件の争点は、①申立人適格（つまり、仮の差止めを求めるにつき法律上の利益を有する者）、②緊急の必要性の有無、③「本案について理由があるとみえるとき」の有無である。そして広島地方裁判所は、申立てから約5カ月後の2008年（平成20年）2月29日、以下のように判示して、申立てを却下する旨の決定を下した（広島地決平成20・2・29判時2045号98頁（平成19年（行ク）第13号））。

　まず、前記①の申立人適格に関し、本件仮の差止事件の申立人は排水権者、漁業を営む権利を有する者、景観利益を有する者の3タイプに分けることができるところ、排水権者と景観利益を有する者については申立人適格を認めたが、漁業を営む権利を有する者については申立人適格を認めなかった。そ

のうえで裁判所は②の緊急の必要性の有無に関し、排水権者については本件事業に係る埋立てが着工されたとしても、「それによって直ちに排水が不可能になり、生活等に多大な支障が生じることになるなど、上記緊急の必要性を認めるに足りる疎明資料はない」と判示し、景観利益を有する者については、本件事業に係る埋立免許がなされた場合、「直ちに差止訴訟を取消訴訟に変更し、それと同時に執行停止の申立てをし、本件埋立てが着工される前に執行停止の申立てに対する許否の決定を受けることが十分可能である」ことから、緊急の必要性があるとはいえないと判示して、本件仮の差止めの申立てを却下した。すなわち、本件仮の差止めの申立ては、排水権者と景観利益を有する者については、緊急の必要があるとはいえないとの理由で、漁業を営む権利を主張する者については法律上の利益を有しないとの理由で、いずれも申立ての要件を欠くため却下されたのである。

このように、本件仮の差止事件については、申立てが却下されたという結果だけをみれば申立人側（反対派の住民）の敗訴であるが、裁判所が申立人適格に関する判断において排水権を有することを認めたことや、景観利益を有する者についての申立人適格を認めたことは非常に大きな意義がある。そのため、反対派の住民らにおいても、この決定を「実質的勝訴」と位置づけている。

III　埋立免許差止請求事件（本件差止訴訟）

1　差止めの訴えの明文化

行政庁が一定の処分又は裁決をすべきでないにもかかわらずこれがされようとしている場合において、行政庁がその処分又は裁決をしてはならない旨を命ずることを求める訴訟を、差止めの訴えという（行政事件訴訟法3条7項）。この差止めの訴えは、抗告訴訟の1つの類型であり、行政事件訴訟法の平成16年改正によって新たに法定化されたものである。すなわち、平成16年改正によってこのように法定化される以前は、差止めの訴えは法定外（無

名）抗告訴訟として論じられ、制定法準拠主義の傾向が強いわが国の判例においては極めて限定的に認められるにとどまっていた（宇賀克也『改正行政事件訴訟法〔補訂版〕』（青林書院・2006年）18頁）ところ、国民の権利利益のより実効的な救済手続を整備するという観点で行われた平成16年改正において、救済範囲を拡大する施策の1つとして法定化されるに至ったものである。

　差止めの訴えは、一定の処分又は裁決がされることにより「重大な損害を生ずるおそれ」がある場合に限り提起することができるものとされている（行政事件訴訟法37条の4第1項）。そして裁判所は、この「重大な損害」を生ずるか否かを判断するにあたっては、損害の回復の困難の程度を考慮するものとし、損害の性質及び程度並びに処分又は裁決の内容及び性質をも勘案するものとされている（同条2項）。ここでは、損害の回復の困難性は考慮要素の1つとなっているが、回復困難な損害であることが要件となっているのではないことに注意を要する。つまり、回復困難な損害とまではいえなくとも、損害の性質及び程度、処分又は裁決の内容及び性質を勘案して、差止めが認められる場合がありうるのである。また裁判所は、差止めの訴えに係る処分又は裁決につき、「行政庁がその処分若しくは裁決をすべきでないことがその処分若しくは裁決の根拠となる法令の規定から明らかであると認められ」るとき、又は、「行政庁がその処分若しくは裁決をすることがその裁量権の範囲を超え若しくはその濫用となると認められる」ときは、行政庁がその処分又は裁決をしてはならない旨を命ずる判決をすると定められている（同条5項）。この規定は、本案における原告勝訴の要件を定めるものであり、前者は、行政庁に当該処分をするか否かについての裁量がないと認められる場合をいい、後者は、裁量は存在するが、処分をすることが裁量権の範囲の踰越又は濫用となると認められる場合をいうものとされている。

2　訴訟の経過と争点

　反対派の住民は2007年4月25日付けで、広島県知事による広島県及び福山市に対する本件事業に係る埋立てを免許する処分をしてはならない旨を求め

る本件差止訴訟を提起した。本件差止訴訟の1審においては、2007年7月から2009年2月まで合計11回の期日と1回の現場協議（検証）が行われ、2009年（平成21年）10月1日に1審判決が下された（広島地判平成21・10・1判時2060号3頁）。

本件差止訴訟の争点は、①行政事件訴訟法37条の4第3項所定の「法律上の利益」の有無、②同条1項本文所定の「重大な損害を生ずるおそれ」及び同項ただし書所定の「適当な方法」の有無、③同条5項所定の明らかな法令違背及び裁量権の逸脱又は濫用の有無、である。上記争点①②はいわゆる本案前の争点であり、これらの争点をクリアしなければ、具体的な争点（本件差止訴訟においては上記争点③）に立ち入ることなく、原告の請求を却下する「門前払い」の判決が下されることになる。ちなみに、行政庁の処分をめぐる取消訴訟や差止訴訟の歴史をみれば、原告適格や争訟成熟性といった訴訟要件を満たさないことを理由として請求を却下する「門前払い」の判決が下されるケースが非常に多い。

3　画期的な1審判決

本件差止訴訟に先立つ本件仮の差止申立事件の前掲・広島地決平成20・2・29は、前述のとおり、結論として仮の差止申立てを却下したものの、同決定においてすでに、景観利益を有する者の申立人適格が認められていた。そのため、1審判決がこの決定の判断を踏襲すれば、原告適格の点（つまり前記2の争点①）はクリアできると予想することができたが、前記争点②③について裁判所がどのような判断を下すのかが注目された。しかるところ、前掲・広島地判平成21・10・1は、広島県知事による埋立ての免許を差止めする判決を下し、本件差止訴訟の1審は住民側の全面勝訴となった。

前記争点①②③に関する広島地方裁判所の判断については項を改めて紹介するが、本件差止訴訟の1審判決において、歴史的景観についても景観利益が法的保護に値する利益と認められたことは、国立マンション訴訟の最高裁平成18年判決が都市景観について法的保護に値する利益を認めたことと並ん

で画期的である。この1審判決を受けて、今後景観利益の守備範囲がどこまで広がるかが注目される。

さらに今回の判決が国立マンション訴訟判決以上に画期的なのは、景観利益が法的保護に値する利益と認めたうえで行政庁の処分の差止めを認めて、公共事業に現実的なストップをかけたことである。これは、国立マンション訴訟判決が、地域住民が法律上保護すべき景観利益を有することを認めたものの、マンション建築が景観利益を違法に侵害する行為にあたるとはいえないとして上告を棄却したことと比較しても、これまでの行政訴訟（差止訴訟）の歴史に風穴をあけた判決である。

4　1審判決の判断①——「法律上の利益」の有無

本件差止訴訟の原告は、本件仮の差止事件の申立人と同様、慣習排水権者、漁業を営む権利を有する者、景観利益を有する者の3タイプに分けられるところ、1審判決は、慣習排水権者と景観利益を有する者について行政事件訴訟法が定める「法律上の利益」を認めた。このうち後者の景観利益を有する者についての判示が特に重要であるため、以下、1審判決の判示を適宜引用して紹介する。

1審判決は、まずはじめに、本件埋立免許の根拠法令たる公有水面埋立法及びこれと目的を共通にするその関係法令の定めのうち、景観利益に関連する規定の要旨として、①公有水面埋立法と同法施行規則の規定、②瀬戸内海環境保全特別措置法と同法に基づく基本計画・県計画、③景観法と同法運用指針及び各種ガイドラインを掲げ、さらに関連事実として、「①鞆の歴史及び著名な建造物等、②鞆港の形状及び港湾施設、③鞆の街並み、④鞆町・鞆港の景観に関する沿革、⑤景観保存事業等」についての事実認定をした。そして、これらの関係法令及び関連事実を基にして、原告らの景観利益を根拠とする行政事件訴訟法が定める「法律上の利益」の有無につき、景観利益を初めて認めた国立マンション事件の最高裁平成18年判決に沿って判断している。

第 2 節　鞆の浦世界遺産訴訟──眺望・景観紛争の新たな時代

　すなわち 1 審判決は、概ね以下のように判示して、鞆町に居住する原告らの景観利益を「法律上の利益」として認めたのである。

「鞆港からは、瀬戸内海の穏やかな海とそれに浮かぶ島々を眺望でき、これと港自体の風景、すなわち、弓状になった海岸線、海に突き出た波止、岸壁に設置された雁木、港中央に佇立する常夜燈、高台にある船番所跡と、上記関連事実として認定した古い町並みや歴史的な出来事にゆかりのある建造物等と相俟って、全体として美しい風景を形成している。加えて、上記の港湾施設として各遺構や古い町並み及び建造物等は、鞆が、長年にわたり港町として栄え、歴史的出来事や幾多の人々の経済的、政治的、文化的な営みの舞台となってきたことを物語るものであることからすれば、上記風景は、美しい景観としての価値にとどまらず、全体として、歴史的、文化的価値をも有するものといえる（以下、この全体としての景観を「鞆の景観」という。）」。

「この鞆の景観がこれに近接する地域に住む人々の豊かな生活環境を構成していることは明らかであるから、このような客観的な価値を有する良好な鞆の景観に近接する地域内に居住し、その恵沢を日常的に享受している者の景観利益は、私法上の法律関係において、法律上保護に値するものというべきである」。

「公水法及びその関連法規の諸規定及び解釈のほか、前示の本件埋立及びこれに伴う架橋によって侵害される鞆の景観の価値及び回復困難性といった被侵害利益の性質並びにその侵害の程度をも総合勘案すると、公水法及びその関連法規は、法的保護に値する、鞆の景観を享受する利益をも個別的利益として保護する趣旨を含むものと解するのが相当である。したがって、原告らのうち上記景観利益を有すると認められる者は、本件埋立免許の差止めを求めるについて、行訴法所定の法律上の利益を有する者であるといえる」。

「鞆町は比較的狭い範囲で成り立っている行政区画であり、その中心に本

件湾が存在することからすれば、鞆町に居住している者は、鞆の景観による恵沢を日常的に享受している者であると推認されるから、本件埋立免許の差止めを求めるについて、行訴法所定の法律上の利益を有する者であるといえる」。

「しかし、鞆町に居住していない者は、上記景観による恵沢を日常的に享受するものとまではいい難いから、本件埋立免許の差止めを求めるについて、行訴法所定の法律上の利益を有する者とはいえない」。

なお1審判決は、概ね以下のように判示して、慣習排水権を主張する原告の一部について「法律上の利益」を有することを認めている。

「公水法は、慣習排水権者の有する公有水面に対する排水の権利を、専ら一般的公益の中に吸収解消するにとどめず、これを個別的利益としても保護する趣旨を含むと解されるから、慣習排水権者は、埋立免許処分につき行訴法所定の法律上の利益を有する者に当たるといえる」。

「他人の所有する排水施設を使用して排水を行っている者であっても、その排水行為が、長期間にわたり反復継続して行われ、かつ、客観的に表現されたもので社会的承認が得られていると認められる場合には、当該排水権者は慣習排水権者に当たるといえる」。

また1審判決は、漁業を営む権利を有する者については「法律上の利益」を有するとは認めなかった。すなわち1審判決は、公有水面埋立法は漁業を営む権利もまた個別的利益として保護する趣旨と解されることから、漁業協同組合（漁協）の組合員及び准組合員は行政事件訴訟法の定める法律上の利益を有すると判示する一方で、漁協が当該公有水面についての漁業権を放棄した場合には、組合員及び准組合員も同放棄の限度で漁業を営む権利を失うと判示して、本件差止訴訟においては、鞆の浦漁協が総会において当該公有水面についての漁業権を放棄する旨決議していることから、漁業を営む権利を有すると主張する原告については、その請求を却下した。

5　1審判決の判断②――「重大な損害を生ずるおそれ」「適当な方法」の有無

　行政事件訴訟法37条の4第1項の「重大な損害を生ずるおそれ」の有無は、損害の回復の困難の程度を考慮するものとし、損害の性質及び程度並びに処分又は裁決の内容及び性質をも勘案するものとされている（同条2項）。そして1審判決は、取消訴訟を提起したうえで執行停止を受けることで権利利益の救済が得られるような性質の損害であれば、そのような損害は同条1項の「重大な損害」とはいえないと解すべきであると判示したうえで、景観利益については、概ね以下のように判示して本件埋立免許がされることにより重大な損害を生ずるおそれがあると認め、同条1項ただし書の「損害を避けるため他に適当な方法がある」ともいえないと判示して、景観利益を有する者の訴えを適法と判断した。

> 「本件事業における中仕切護岸の本体コンクリート工は、本件公有水面を含む鞆港の景観を変化させ得るものといえるし……、中仕切護岸の本体コンクリート工の施工完成後は、その復旧は容易でないものと推認される」。
> 「本件は争点が多岐にわたり、その判断は容易でないこと、第1審の口頭弁論が既に終結した段階であることなどからすれば、本件埋立免許がなされた後、取消しの訴えを提起した上で執行停止の申立てをしたとしても、直ちに執行停止の判断がなされるとは考え難い」。
> 「景観利益に関する損害については、処分の取消しの訴えを提起し、執行停止を受けることによっても、その救済を図ることが困難な損害であるといえる」。
> 「景観利益は、生命・身体等といった権利とはその性質を異にするものの、日々の生活に密接に関連した利益といえること、景観利益は、一度損なわれたならば、金銭賠償によって回復することは困難な性質のものであることなどを総合考慮すれば、景観利益については、本件埋立免許がされるこ

とにより重大な損害を生ずるおそれがあると認めるのが相当である」。

　なお1審判決は、慣習排水権については、代替の排水施設の設置が計画されていることや排水手段の確保のための措置が講じられていること等を指摘して「重大な損害を生ずるおそれ」があるとはいえないとして、慣習排水権を主張する原告の請求を却下している。

6　1審判決の判断③──明らかな法令違背及び裁量権の逸脱又は濫用の有無

　1審判決は、本件埋立て及びこれに伴う架橋を含む本件事業が鞆の景観に及ぼす影響並びに広島県知事の裁量権の範囲について、概ね以下のように判示したうえで、本件事業に係る政策判断の「拠り所とした調査及び検討が不十分なものであったり、その判断内容が不合理なものである場合には、本件埋立免許は、合理性を欠くものとして、行訴法37条の4第5項にいう裁量権の範囲を超えた場合に当たる」と判示した。

「広島県知事は、本件埋立免許が『国土利用上適正且合理的』であるか否かを判断するに当たっては、本件埋立及びこれに伴う架橋を含む本件事業が鞆の景観に及ぼす影響と、本件埋立及びこれに伴う架橋を含む本件事業の必要性及び公共性の高さとを比較衡量の上、瀬戸内海の良好な景観をできるだけ保全するという瀬戸内法の趣旨を踏まえつつ、合理的に判断すべきであり、その判断が不合理であるといえる場合には、本件埋立免許をすることは、裁量権を逸脱した違法な行為に当たるというべきである」。

「上記の施工内容や予定されている利用状況に照らせば、上記橋梁等により鞆の景観における眺望が遮られることはもちろん、上記の埋立地、橋梁及び橋脚等の構築物が本件湾内に出現し、これによって建設された本件計画道路には自動車が走行することにより、鞆の景観は大きく様変わりし、その全体としての美しさが損なわれるのはもちろん、それが醸し出す文化

第2節　鞆の浦世界遺産訴訟——眺望・景観紛争の新たな時代

的、歴史的価値もまた大きく低減するものと認められる」。

「事業者らが予定している対策が講じられたとしても、鞆の景観の価値が上記のようなものであることにかんがみれば、このような対策は上記景観侵害を補てんするものとはなり得ない」。

「鞆の景観の価値は、景観利益が法律上の利益といえるか否かの点の判断において説示したところや上記１に摘示した法令に照らし、私法上保護されるべき利益であるだけでなく、瀬戸内海における美的景観を構成するものとして、また、文化的、歴史的価値を有する景観として、いわば国民の財産ともいうべき公益である。しかも、本件事業が完成した後にこれを復元することはまず不可能となる性質のものである」。

「これらの点にかんがみれば、本件埋立及びこれに伴う架橋を含む本件事業が鞆の景観に及ぼす影響は、決して軽視できない重大なものであり、瀬戸内法等が公益として保護しようとしている景観を侵害するものといえるから、これについての政策判断は慎重になされるべきであり、その拠り所とした調査及び検討が不十分なものであったり、その判断内容が不合理なものである場合には、本件埋立免許は、合理性を欠くものとして、行訴法37条の４第５項にいう裁量権の範囲を超えた場合に当たるというべきである」。

そして１審判決は、事業者らが本件埋立て及び架橋を含む本件事業の必要性、公共性の根拠とする、①道路整備効果、②駐車場の整備、③小型船だまりの整備、④フェリーふ頭、⑤防災整備、⑥下水道整備について具体的に検討したうえで、これらの各点は、「調査、検討が不十分であるか、又は、一定の必要性、合理性は認められたとしても、それのみによって本件埋立それ自体の必要性を肯定することの合理性を欠くものである」と結論づけて、広島県知事が本件埋立免許を行うことは裁量権の範囲を超えた場合にあたるというべきと判示して、本件埋立免許の処分を差止めしたのである。

第3章　眺望・景観紛争の到達点——2つの注目判例から

Ⅳ　1審判決後の動き

1　認可の先延ばしと広島県による控訴

(1)　国土交通大臣の認可先延ばし

　前原誠司国土交通大臣（当時）は、知事の埋立免許を差止める1審判決が下された2009年10月1日の会見で、同判決を「重く受け止める」、「共感する部分が多々ある」と評価し、当面の間は広島県の判断を待つとして、埋立免許の前提となる認可をしない方針を示した。これは、2008年6月に県から申請のあった認可につき、前任の金子一義元大臣が「国民同意を取り付けてほしい」として事実上「棚上げ」していたのを引き継ぐもので、通常であれば2、3カ月で出される認可の判断をさらに先延ばししたものである。
　公共事業を進めるうえで必要な認可を国土交通大臣が「意図的に」先延ばしすることについては、公共事業における大臣の権能という観点から、そのような先延ばしは裁量の範囲内かどうかという論点が考えられる。逆にいえば、認可権者である国土交通大臣が事業推進派の大臣に変われば、すぐにその認可が下ろされることが容易に想像できる。それが政治であり、やむを得ないといえばそれまでであるが、県の申請による認可が「宙ぶらりん」の状態になっているのは異例な事態であることは間違いない。

(2)　県による控訴

　2009年10月15日、被告である広島県は、1審判決を不服として広島高等裁判所に控訴した。その理由は「景観利益の定義があいまいで、知事の裁量権も不当に狭く解釈している」というものである。控訴時点の知事である藤田雄山氏は計画推進の立場にあったため、その意味においては広島県による控訴は想定内であった。原告・弁護団は、同日、県の控訴に対する声明を発表した。同声明は、「無駄な公共事業の見直しは日本の最重要課題でもある」として、「広島県及び福山市は本件計画を速やかに白紙撤回し、多様な地域住民の声や鞆の保存を求める世界の声を素直に聞き、裁判所の指摘した問題

144

点を再度調査検討した上で、歴史的文化的景観と共存した地域の生活環境の改善を実現する道を模索すべきであった」と述べて、県の控訴に対し遺憾の意を表明している。いずれにしても、歴史的景観の景観利益を認めて知事の埋立免許を差し止めるという画期的な1審判決が下された本件差止訴訟は、その審理の場を広島高等裁判所に移して第2ラウンドがスタートすることになったため、その判断が注目される。

2　知事交代による推進派と反対派の協議の開始

　本件差止訴訟については、広島県の控訴によって第2ラウンドの審理がスタートすることになったが、他方2009年11月8日の県知事選挙によって、本件事業の埋立て・架橋計画をめぐる紛争の潮目が大きく変わった。前職の藤田知事は計画推進の立場であったが、新知事となった湯崎英彦知事は、推進一辺倒であった従来の方針を見直し、話合いによる地元の合意づくりを打ち出したのである。

　そして、2010年5月15日、県の呼びかけによって推進派と反対派の住民が話合いをする「鞆地区地域振興住民協議会」の第1回会合が開催された。同協議会は、中立の進行役として弁護士2名が出席し、非公開で開催された。その後第2回会合が7月3日に、第3回会合が8月22日にそれぞれ開催されて協議が進められた。同協議会においては、鞆地区の課題を、①協議会の運営、②子育てや弱者保護などのまちづくり全般、③道路交通、④生活環境、⑤景観、⑥産業の6項目に分けて論点整理し、推進派と反対派の間で議論が行われた。第3回会合後、反対派は「緊急の課題を解決しながら議論する手法は賛成。建設的な話し合いだった」と評価し、推進派も「踏み込んだ議論だった。ただ、いずれは埋め立て・架橋計画の話は避けては通れない」としている。控訴審による法的判断とは別に、賛成・反対と真っ二つに分かれた地元住民の協議によって何らかの建設的な知恵と方向性が打ち出されるかどうかが注目される。

145

3　控訴審の動向

　本件差止訴訟の控訴審である広島高等裁判所は、2010年7月2日に進行協議期日を開き、控訴人である広島県の呼びかけによってスタートした鞆地区地域振興住民協議会における議論の行方を当面見守ることで控訴人（県）と被控訴人（住民）の意見が再び一致したため、約3カ月後の10月15日にあらためて進行協議期日を開催して控訴審の審理について協議することにしたことが報じられた。これは、控訴審においても前述した住民たちの協議をできるだけ尊重しようとする姿勢を示したものである。

　訴訟外の当事者間の協議によって紛争が解決できる見込みがある場合は具体的な審理を延期し、協議の結果を待つというのは、裁判の実務において珍しくない処理である。しかし逆に、その見込みがない場合は早急に審理を進めなければならないことは当然である。したがって、上記協議会において埋立て・架橋計画の議論が、いつ、どのようなタイミングで行われ、その議論の結果がどのようなものになるか、そしてそれが控訴審での審理にどのような影響を与えるのかが大いに注目される。

V　仮の差止事件と1審判決の評価とその評論

　以上述べたように、仮の差止事件と1審判決は画期的な意義と内容を有するものである。したがって、それについての評釈は多い。その主なもので筆者が後に引用する評釈だけ列記すると次のとおりである。

- 北村喜宣「法的保護に値する景観利益を侵害される者は、公有水面埋立法にもとづく埋立免許の差止訴訟を提起する法律上の利益を有するとされた事例」（TKCローライブラリー速報判例解説・環境法No.3）
- 山村恒年「地方行政判例解説・鞆の浦埋立免許差止請求事件」判例地方自治327号85頁
- 交告尚史「鞆の浦公有水面埋立免許差止め判決を読む」法学教室354号

> 7頁
> ・角松生史「景観利益と抗告訴訟の原告適格――鞆の浦世界遺産訴訟をめぐって」日本不動産学会誌86号71頁
> ・福永実「景観保護を理由として公有水面埋立免許の差止めが認められた事例」（TKCローライブラリー速報判例解説Vol.6（2010.4）行政法No.7・53頁）
> ・福永実「自然・歴史的景観利益と仮の差止め」大阪経大論集310号65頁

　国立マンション事件と対比しながらの鞆の浦判決の検討は筆者の能力をはるかに超えるものであるが、そのポイントだけを項を改めて第3節で述べる。

第3章　眺望・景観紛争の到達点──2つの注目判例から

第3節　景観事件の東西「両横綱判決」の検討

Ⅰ　景観事件の東西「両横綱判決」の3つのポイント

　注目すべき景観判例として、第1節で国立マンション事件判決を、第2節で鞆の浦事件仮の差止めと第1審判決を取り上げて基本的な解説を加えた。この両判決は後述する北村論文がいう「民事訴訟の国立マンション事件に対応する行政訴訟の鞆の浦事件」、「景観事件の東西両横綱」であり、今後の景観紛争はこの両判決の検討を抜きにしては論じられない。

　両者とも最新の判例であり、議論が始まったところであるだけに難しい法的論点を多数含んでおり、不透明なところも多い。したがって、それらを全て理解し、解説することは筆者の能力を超えるところである。その本格的検討のためには、両判決の評釈・解説を十分に読み込み考察する必要がある。したがって、ここでは筆者が重要だと考える次の3つのポイントのみを取り上げ、考察の参考にしてもらいたい。

　ポイントの第1は、両判決が景観利益を「法律上保護される利益」と認めたことの意義とその内容である。これが意外とわかったようで、突き詰めていくと難しいため、その詳細な検討が不可欠である。第2は、法的に保護される利益としての景観利益がどれほど侵害された場合に民事上の損害賠償や差止めあるいは差止めの行政訴訟が認められるのか、という論点である。これには歴史的に積み重ねられてきた公害・環境判例や日照権判例が参考になるが、新しい局面をどう切り開いていくのかは極めて難しい。そして第3のポイントは、行政訴訟においては法律上保護されるべき景観利益を有する者の範囲と原告適格の範囲が直結するため、行政訴訟においていかなる範囲で原告適格が認められるのかという行政訴訟特有の問題である。近時の行政訴

訟においては原告適格が拡大される方向にあることは明らかであるが、「原告適格」に直結する「法的に保護されるべき景観利益」を判断するについて、どこまでの関係法令を考慮するのかという問題は個々の行政訴訟ごとに判断せざるを得ないことになる。その論点整理は今スタートしたばかりである。

II 景観利益の法的保護性とは

1 「景観利益」とは何か

そもそも、「景観利益」あるいは一歩進んで「景観権」という概念自体は、環境権説、自由権又は「拡張された人格権」説、所有権から派生する利益説といったさまざまな根拠づけとともに主張されてきた（その整理として、大塚直「国立景観訴訟最高裁判決の意義と課題」ジュリスト1323号74頁（注1）を参照）。そして、その到達点としては「権利性及び法的保護利益性を積極的には肯定しない見解が潜在的な多数を占めていたと見られる」（同論文）とされていた。ところが、国立マンション事件最高裁判決は、同事件1審判決のように土地所有権との関係での利益を媒介にすることなく、直接的に「景観利益」を法律上保護される利益であると認めている。根拠づけはともあれ、画期的な判決であることは間違いない。

しかも、同判決は不法行為の成否については、「私法上の権利が侵害された場合」だけでなく、「法律上保護される利益が侵害された場合」にも成立しうることを明示した。景観利益の侵害であっても損害賠償や差止めが認められる可能性を明らかにしたのである。

いうまでもなく、国立マンション事件は不法行為に基づく損害賠償と差止めを求める民事訴訟であった。現行の民法（平成16年改正後の民法）709条における不法行為の成立要件は、故意又は過失によって「他人の権利」又は「法律上保護される利益」を侵害することである。ちなみに、改正前の民法では「他人の権利を侵害」した場合しか明記されていなかったが、明確に権利といえないものであっても「法律上保護される利益」であればよいというのは確立

149

した判例法理であり、学説上もそれに異論がなかったことは周知のとおりである。したがって、この点に関しては、国立マンション事件最高裁判決は当然のことを述べたにすぎない。もっとも、「権利」か「法律上保護される利益」かによって、差止めの可否などの結論が変わってくる可能性はある。また、「権利侵害」と「違法性」の関係など学説上激しく議論されてきた論点とも関係してきて難しい問題を生ずるが、これは後述する。

2 「都市の景観」と「歴史・文化の景観」

(1) 問題の所在

　国立マンション事件最高裁判決は、「都市の景観は、良好な風景として、人々の歴史的又は文化的環境を形作り、豊かな生活環境を構成する場合には、客観的価値を有するものというべきである」と述べており、判決の対象が「都市の景観」であることを明示している。法的には、鞆の浦事件第1審判決が国立マンション事件最高裁判決のスキームをそのまま用いて景観利益の認定をしているため目立たないが、少なくとも政策的にみた場合、景観利益を判断するについて何を重視すべきかの優先順位が同じでよいのかどうかの議論が必要になるのではないかと筆者は考えている。

　他方、国立マンション事件最高裁判決は国立の「歴史・文化」に着目して、国立の「都市の景観」は法律上の保護に値すると結論づけている。したがって、都市以外の景観についても、「歴史・文化」という同じ要素に着目して保護されうるとみることは十分できると思われる。しかし、明らかに「まちなか」で、その「まちなか」での生活者の景観が中心に据えられる国立の景観と、自然の風景が中心となっている歴史的な鞆の浦の景観では内容に明確な違いがある。それに、同じ「歴史・文化」でも、国立の歴史・文化は、近代の都市形成における歴史・文化が中心であるのに対し、鞆の浦のそれはもっと古い時代からの保存的価値があるはずである。そういった点を無視して同じ土俵で議論をしてよいのかどうか、という点が問題になる。そこで以下、両事件の具体的事実を拾い上げて検討してみよう。

第3節　景観事件の東西「両横綱判決」の検討

(2)　国立マンション事件最高裁判決で取り上げられた事情

　国立マンション事件最高裁判決は、景観利益が法律上保護される利益であることの論証を行うにあたり、国立の「まち」について、次のような事情を拾い上げた。

> ・道路の形状、「大学通り」という呼称、樹木の植栽状況
> ・大学通り沿いの地域の用途地域区分・建物高さの規制状況
> ・「大学通り」が形成された大正年間からの歴史的経緯（学園都市としての出発、教育施設を中心とした閑静な住宅地、文教地区の指定など）
> ・大学通りの景観が、「新東京百景」「新・東京街路樹10景」「新・日本街路樹100景」など優れた街路の景観として紹介されていたこと
> ・国立市平成10年都市景観条例の制定経過、内容

　そのうえで、これらの事情を、「①教育施設を中心とした閑静な住宅地を目指して地域の整備が行われたとの歴史的経緯があり、②環境や景観の保護に対する当該地域住民の意識も高く、③文教都市にふさわしい美しい都市景観を守り、育て、作ることを目的とする行政活動も行われてきたこと、④現に大学通りに沿って一橋大学以南の距離約750mの範囲では、大学通りの南端に位置する本件建物を除き、街路樹と周囲の建物とが高さにおいて連続性を有し、調和がとれた景観を呈していること」（丸数字は筆者）と整理して、大学通り周辺の景観が「良好な風景として、人々の歴史的又は文化的環境を形作り、豊かな生活環境を構成するもの」だと認定した。

(3)　鞆の浦事件第1審判決で取り上げられた事情

　これに対して、鞆の浦事件第1審判決は、景観利益が私法上の法律関係について法律上保護に値することの根拠として、次のような事情をあげた。

> ・万葉集に始まる、鞆の歴史及び歴史的建造物の存在
> ・鞆港の形状及び港湾施設、特に常夜燈・雁木・焚場・船番所・鐘楼の存在

151

- 鞆の街並み、特に江戸時代からの建築物や市の重要文化財の存在
- 鞆港の一部が大正14年に「鞆公園」に指定されたこと、瀬戸内海国立公園の指定範囲であること、「美しい日本の歴史的風土100選」に選ばれていること
- 昭和48年から文化庁・市による伝統的建造物の保存事業等が行われていること

そのうえで、これらの事情を、「①鞆港からは、瀬戸内海の穏やかな海とそれに浮かぶ島々を眺望でき、これと②港自体の風景、すなわち、弓状になった海岸線、海に突き出た波止、岸壁に設置された雁木、港中央に佇立する常夜燈、高台にある船番所跡と、③上記関連事実として認定した古い町並みや歴史的な出来事にゆかりのある建造物等とが相俟って、全体として美しい風景を形成している。加えて、④上記の港湾施設として各遺構や古い町並み及び建造物等は、鞆が、長年にわたり港町として栄え、歴史的出来事や幾多の人々の経済的、政治的、文化的な営みの舞台となってきたことを物語るものである」（丸数字は筆者）という事情を列挙している。

(4) 事実認定の比較

このような両判決の事実認定を比較すると、それぞれの「景観」の内容は全く異なるものであることがわかる。まず、国立マンション事件最高裁判決は、あくまで「都市」の景観が近現代的にどのように形成され、保護されるべき対象となっているかに焦点をあてて検討している。ちなみに国立という「まち」について、このことをより強調しているのは同事件第1審判決である。すなわち第1審判決は、原告らの景観利益を認定するにあたって、「都市景観による付加価値は、自然の山並みや海岸線等といったもともとそこに存在する自然的景観を享受したり、あるいは寺社仏閣のようなもっぱらその所有者の負担のもとに維持されている歴史的建造物による利益を他人が享受するのとは異なり、特定の地域内の地権者らが、地権者相互の十分な理解と結束及び自己犠牲を伴う長期間の継続的な努力によって自ら作り出し、自らこれ

第3節　景観事件の東西「両横綱判決」の検討

を享受するところにその特殊性がある」として、「都市景観」の特殊性を強調している。

　ところが鞆の浦の景観は、鞆の浦事件第1審判決が拾い上げた事情からみても、古代にまでつながる歴史的文化的価値と自然の風物に依拠したものであり、国立のような「近現代」「都市」の景観とは全く異なるものである。

　しかし、鞆の浦事件第1審判決は、景観利益の内容について、国立マンション事件最高裁判決の枠組みをそのまま踏襲している。景観利益について、こうした一元的な理解でよいのか、「都市」と「地方」あるいは「近現代」と「歴史」といった多様な景観を類型化して、景観利益を精緻に分析していく必要はないのか、それは今後の司法に課せられた大きな課題ということになりそうである。

　もっとも、鞆の浦事件第1審判決は、「鞆港からの風景」について、「美しい景観としての価値」にとどまらず「全体として歴史的、文化的価値をも有する」と述べている。ここで、単に「美しい」だけでなく、「歴史的・文化的価値」と述べているのは、ここでの「価値」が主観的なものでなく客観的なものであるということを意味している。すなわち、国立マンション事件最高裁判決が、都市の景観について「人々の歴史的又は文化的環境を形作り、豊かな生活環境を構成する場合には、客観的価値を有する」と述べたのと同様の論旨を、「鞆港からの風景」について展開するための根拠ということができる。こうした論理展開からは、鞆の浦事件第1審判決が、「景観利益」一般について国立マンション事件最高裁判決と異なる理解をしているのかどうかは筆者にはよくわからない。鞆の浦事件第1審判決は、原告適格、裁量権の逸脱・濫用における判断において、こうした鞆の浦の景観利益が私法上保護されるだけでなく、「国民の財産ともいうべき公益」であることを認めている。こうしたそれぞれの表現が正確にはどのような意味をもっていると理解すべきなのか、その細かいところまでの議論が必要になるはずである。

3 民事訴訟における景観利益と、行政訴訟における景観利益

　国立マンション事件最高裁判決は不法行為に基づく損害賠償と差止めを求めた民事訴訟であるのに対し、鞆の浦事件は行政事件訴訟法に基づく行政訴訟である。しかして、そこで論じられる「景観利益」はどこまで同じものなのであろうか。民事訴訟と行政訴訟で「景観利益」の理解に差は生じるのであろうか。

　これはかなり難解な論点であるが、国立マンション事件最高裁判決が景観利益が「法律上の保護に値するものと解するのが相当」としながら、民事上の不法行為が成立するための「法律上保護される利益の侵害」は認めなかったことに着目した指摘がある（北村喜宣「判批」TKCローライブラリー速報判例解説・環境法No.3）ことに注意が必要である。

　この北村論文が着目するのは、次の3点である（318頁～319頁）。すなわち、①国立マンション事件最高裁判決は、景観利益に対する違法な侵害があったと認められるためには、「侵害行為が刑罰法規や行政法規の規制に違反するものであったり、公序良俗違反や権利の濫用に該当するものであるなど、侵害行為の態様や程度の面において社会的に容認された行為としての相当性を欠く」ことが必要であるとして、民事的な「法律上保護される利益の侵害」を認めなかったこと、②その根拠として、同判決は、景観利益の保護は「第一次的には、……行政法規や当該地域の条例等によってなされることが予定されている」ということをあげていること、③鞆の浦事件仮の差止決定では、鞆の浦一帯が瀬戸内海環境保全特別措置法の下での広島県計画の対象地域に含まれているという公法的規制の存在を重視して、「法的保護に値する景観利益を有するものとして、本件埋立免許について行訴法37条の4第3項にいう法律上の利益を有するというべき」と判示したこと、である。

　北村論文は、これら①から③の事実から、鞆の浦事件仮の差止決定について、「おそらく、この『法的保護に値する景観利益』という表現は、前出の

国立市事件最高裁判決のそれとは異なるのであろう」（同論文319頁）と分析している。つまり、国立マンション事件最高裁判決が、景観利益は「法律上の保護に値する」というときの「法律上」とは、民事ではなく「行政法規・条例上」ということを意味している、と理解するのである。このように考えれば、鞆の浦事件仮の差止決定が原告適格について「法律上の利益」の有無を検討するにあたり、鞆の浦一帯が瀬戸内海環境保全特別措置法に定められた広島県計画の対象地域に含まれているという「行政法規」による公的規制が存在することを重視して、その規制対象地域である「歴史的街並みゾーン」の居住者に原告適格を認めたことが整合的に理解できるというわけである。そして北村論文は、これは「計画によって環境公益を確定し、その実現にあたり行政の監視者として関係市民を参画させる」という環境法学の整理手法と共通するものだとしている（同論文319頁）。

　この点は、鞆の浦事件第1審判決でも同様の判示がなされており、行政事件訴訟法上の「法律上の利益」を実体法上の「法律によって保護された利益」と解するか、それとも一種の訴訟法上の利益として「法的保護に値する利益」と解するかという一般的な論点とも関係してくることは間違いないが、この点は原告適格に関する問題なので後述する。

　こう考えると、鞆の浦仮の差止決定が「法的保護に値する景観利益を有するものとして、本件埋立免許について行訴法37条の4第3項にいう法律上の利益を有するというべき」というときの「法的保護に値する景観利益」は、あくまで「公法的意味における利益」であり、私法的（民法的）意味における利益について判示した国立マンション事件最高裁判決が示した「法律上保護に値する景観利益」とは異なるものだということになる（北村・前掲論文319頁）。このような議論も、景観利益の法的性質に影響を及ぼすものとして十分な検討が必要である。

Ⅲ　民事上の損害賠償と差止め

1　不法行為に基づく損害賠償と、差止請求の関係

　前述のように、国立マンション事件最高裁判決は、景観について「景観利益」と「景観権」を明確に区別し、景観利益を超えた景観権という「権利性を有するもの」は認められないとした。また同判決は、あくまで民法上の不法行為や差止請求との関係で景観が「法律上保護される利益」にあたることを判示したにすぎない。そして、結論としては不法行為の成立は否定され、原告の損害賠償と建築差止め（撤去）の請求はいずれも棄却されたため、景観利益の侵害による差止めが認められるか否かについては判断していないという高橋調査官の見解もある（高橋譲「時の判例」ジュリスト1345号77頁）。

　公害・環境をめぐる訴訟では、不法行為に基づく損害賠償に加えて、差止請求が認められるか否か、それが認められるのはどのような場合かが古くから大問題とされた。

　差止請求の法律構成は、大きく分けて権利説（権利構成）と不法行為説（不法行為構成）という2つの流れがあり、最近ではそれらを複合的に構成する二元説、違法な侵害があれば差止めを認めるべきだとする違法侵害説などが主張されている（吉村良一「不法行為の差止訴訟」内田貴ほか編『民法の争点』296頁）。

　権利説とは、何らかの絶対権ないし排他的支配権が侵害された場合に、その権利に基づいて差止めを認めようという説である。したがって、根拠となる権利は、所有権や人格権といった「強い権利」として認められている必要性が高い。判例の傾向としては、不法行為説に立って不法行為の効果として差止めを認めるものは少なく、概ね物権的請求権ないし人格権に基づいて差止めを認めるのが一般的であった。すなわち、権利構成が裁判例の主流であるということができる。

　しかし、権利説に立ったとしても、権利侵害があったからといって直ちに

差止めが認められるわけではなく、そこには「受忍限度論」による絞りがかけられるというのが大勢である。受忍限度論とは、被侵害利益の種類、被害の程度、加害行為の公共性などの要素を考慮し、受忍限度を超える場合にのみ違法性ありとして差止めを認めるというものである。

この受忍限度には損害賠償と差止めで程度の違いがあり、損害賠償よりも差止めのほうが受忍限度が高い＝請求が認められるためのハードルが高いと認識されている。このことは、道路公害（騒音・排気ガス等）についての国道43号線訴訟最高裁判決（最判平成7・7・7民集49巻7号2599頁）においても、差止請求と損害賠償請求では、請求を認容するかどうかについての「違法性の判断において各要素の重要性をどの程度のものとして考慮するかにはおのずから相違があるから、……違法性の有無の判断に差異が生じることがあっても不合理とはいえない」として是認されていることからも明らかである。日照権をめぐる訴訟や公害・環境訴訟では、差止請求の裁判例が多数出され、大きな蓄積となっている。

2　景観訴訟における差止めの可否

前述の高橋調査官の解説からも明らかなように、国立マンション事件最高裁判決だけでは、景観利益に基づく差止めが認められる可能性があるのかどうかはまだわからない。しかし、同判決を仔細に検討することによって、その手がかりを得ることはできる。

国立マンション事件最高裁判決は、景観利益が「私法上の権利」であるというためには、私法上の権利といいうるような明確な実体を有することが必要になるとし、「現時点においては」そのようなものは認められないと述べている。しかし、「現時点においては」という留保が付いているということは、裏を返せば、「将来においては」景観権という私法上の権利が承認される余地があることを示唆しているということもできる。

大塚・前掲論文は「本判決は上記のように『景観権ないし景観利益の侵害による不法行為をいう点について』判示するにとどまっているところ、差止

めとの関係では、次の2つの立場のどちらを採用したかは必ずしも明らかではない」と指摘する（同論文78頁）。すなわち、「第1は、私法上の権利であれば差止め（原状回復と重なる場合を含む）が認められるが、『法律上の利益』であればそうではないとの考え方（権利説）をとり、本判決が『法律上保護される利益』について判示している点はすべて慰謝料や弁護士費用（すなわち損害賠償）の問題に関する記述であるとの立場」、「第2は、『法律上保護される利益』が認められるだけでも場合によっては不法行為に基づく差止めが認められるとの考え方（第1審と同様の立場）を採用する可能性もあるが、本判決はこの点については判断をしていないと見る立場である」（同論文78頁）。そして、「判決文を素直に読めば、第1の立場となろう」と述べつつ、続いて「もっとも、第1審が不法行為に基づく差止めを認めている点、本件訴訟では差止めが大きなウエイトを占めており、上告理由でも不法行為に基づく撤去が求められている点、本件では本判決は不法行為の成立を否定しており、差止めについて判断する必要がなかった点から、第2の立場をとっていると解することも十分可能である」とも述べている（同論文78頁）。

　もし上記第1の立場を前提とすれば、景観利益が極めて明確な形になり、私法上の権利といえるほどになっているような事案でない限り、景観利益を理由とする差止めは認められないことになる。したがって、今後の差止訴訟における争いの焦点は、「景観利益が私法上の権利といえるほどに明確化しているか」という点に集中することになるであろう。逆にいえば、その枠組みの中で「本件ではこれこれの理由により、景観利益は極めて明確な形で住民に帰属しており、それはもはや景観権ということができる」といった判断が下されれば、おそらく差止請求が認容されることになるであろう。

　しかし、上記第2の立場だとすれば、差止めの可否についても、国立マンション事件最高裁判決が不法行為の成否について述べた「被侵害利益である景観利益の性質と内容、当該景観の所在地の地域環境、侵害行為の態様、程度、侵害の経過等」を総合的に考慮して決するということになるのであろうか。その場合に、損害賠償と異なるハードルが課されるのかどうかはわから

ない。しかし、前掲・国道43号線公害訴訟最高裁判決が示した一般命題が適用されるとすれば、差止めのほうが高いハードルを要求されることになると考えるべきであろう。

　一般的な受忍限度論では、差止めを命じなければ事後的な金銭賠償では回復できないほどの損害が生ずるかどうかによって差止めの可否が判断されることになる（内田貴『民法Ⅱ〔第2版〕』451頁等）が、以上のように、「景観利益」をどのように理解するかによって、差止請求の法律構成をどのように考えるかということとも絡んで、難しい問題になってくる。

　前述のように、不法行為に基づく差止請求は認められず、所有権や人格権に基づく差止めであれば認められる場合があるという一般的な理解の下では、景観利益は「景観権」にまで高められなければ民事上の差止めは認められないということになりかねない。その意味では、国立マンション事件第1審判決が「いわゆる抽象的な環境権や景観権といったもの」は「直ちに法律上の権利としては認められない」としつつ、地権者の「土地所有権から派生するもの」として、良好な景観の維持を相互に求める利益を「景観利益」と呼び、「法的保護に値」すると判示した（したがって、地権者以外の者には原告らが主張するような景観利益ないし景観享受権は認められないとした）構成のほうが、差止請求の一般理論に乗せるには有利だということになるのかもしれない。吉田克己教授が第1審判決の評釈でいうところの、「既存の法理との接合を図った苦心の構成」（「『景観利益』の法的保護」判タ1120号70頁）である。

　しかし、最高裁判所があえてそうしなかったというのであれば、最高裁判所は景観を理由とする差止めに対して消極的な姿勢を示したということになるのかもしれない。しかし、筆者としてはそうした方向性は妥当ではなく、事案に応じてより柔軟に差止めが認められる法的構成が望ましいと考えている。淡路剛久教授は、眺望権も初めは財産権の保護から出発したが、今では人格権の要素を含む眺望権にまで発展しつつあるということと対比しながら、景観権が第1審判決のように所有権を媒介として保護されるというのは「過渡的な構成」であり、景観権についても眺望権と同様の発展が期待され

るという視点を示されている（「景観権の生成と国立・大学通り訴訟判決」ジュリスト1240号77頁以下）が、同感である。

3　景観訴訟では「公」vs「私」が逆転するのか

　ところで、これまで一般的に公害・環境訴訟で損害賠償や差止請求の前に立ちはだかっていたのは、「公共性」の壁であった。前掲・国道43号訴訟や筆者がかつて参加した大阪国際空港騒音訴訟などでは、道路、空港などの「公共性」がある事業に対し、私権である人格権をもって差止めができるのか否かが大きな問題となった。すなわち、「私権に基づく差止請求vs公共事業」であり、「原告＝私、被告＝公」の構図であった。

　これに対し、日照権訴訟では多くの場合、「私権に基づく差止請求vsマンションなどの私企業」すなわち「原告＝私、被告＝私」という構図で損害賠償や差止めが争われてきた。国立マンション事件最高裁判決も、景観利益は個人に帰属するものであること＝私権性を認めているから、その意味ではこの景観訴訟も日照権訴訟と同じ構図になっている。

　ところが、今後の景観訴訟については、鞆の浦事件第1審判決が指摘したように、景観のほうが住民の私権を超えて、国民全体の財産という「公益性」を帯びてくることが考えられる。そして、逆に差止めを求められる側である景観侵害者のほうが、「建築自由」という私的所有権の行使を主張するという一種の「逆転現象」が生じうる可能性にも注目する必要がある（もっとも、鞆の浦事件自体は、道路建設のための埋立ての差止めを求めるものだから、こうした図式にはあてはまらない）。いわば、「原告＝公、被告＝私」という構図である。

　このように、景観は公害のようにひとりひとりの権利に還元しきれない要素を含んでいることをどのように考慮するかが大きな問題である。将来このような構図の景観紛争、景観訴訟が出てきた場合、違法性の判断はどのように行われるのであろうか。それについて筆者は、公益をより優先する方向性をめざすべきだと考えている。この意味では、「地権者の所有権」という狭

い範囲に着目した国立マンション事件第1審判決よりも、「周辺住民」に広く景観利益を認めた最高裁判決のほうが差止認容の面で有利だとも考えられる。もっとも、景観の公益性を広く認めていくと、行き着くところは後述のような団体訴訟・客観訴訟的なものになっていく可能性もあり、理論的裏づけが難しくなるかもしれない。なお、これらの論点の解釈は筆者の能力をはるかに超えるものであるから、筆者なりの問題意識の指摘のみにとどめておきたい。

4　行政訴訟における差止めについての裁量判断手法との比較

これに対し、行政訴訟である鞆の浦事件第1審判決は、国立マンション事件最高裁判決が示した「景観利益」を出発点としながら、差止めを認めるための要件を定めた行政事件訴訟法37条の4第5項の「行政庁がその処分若しくは裁決をすることがその裁量権の範囲を超え若しくはその濫用となると認められるとき」、すなわち裁量判断について、最近の判例に従い、「判断過程合理性審査方式」を用いて検討している（山村恒年「地方行政判例解説・鞆の浦埋立免許差止請求事件」判例地方自治327号86頁）。

そこでは、事業の必要性・公共性と埋立自体の必要性についての裁量権の範囲を超えた理由として、事業の具体的必要性と代替案（道路整備、駐車場整備、小型船だまり整備、フェリーふ頭）について、必要性それ自体の判断のための代替案と、必要性がある場合のそれを充足するための代替案の検討の不作為が合理性を欠くという判断がなされている点、最近の政府の「事業仕分け」でも活用されている費用便益分析の手法について、交通効果と景観価値の費用便益分析が不十分であると指摘している点などが注目されている。

民事訴訟である国立マンション事件と行政訴訟である鞆の浦事件では、基本的な判断枠組みが異なるのは当然であるが、こうした判断手法や判断の内容を詳細に比較対照して検討する必要がある。

Ⅳ　景観行政訴訟固有の論点

鞆の浦事件は行政訴訟であるため、固有の論点が含まれている。その第1は原告適格の問題であり、第2は行政事件訴訟法37条の4第1項が規定する「重大な損害を生ずるおそれ」の解釈問題である。そこで以下その両者について、いくつかの論点を整理しておきたい。

1　原告適格と行政事件訴訟法9条

一般的には、景観は「みんなの利益」というふうに漠然と考えてもよさそうであるが、法律論を詰めていくと「個人の利益」に還元せざるを得ないところが出てくる。それは、法律が特に司法の場では「個人の権利を保護するためのシステム」として働くためである。すなわち、仮に多数の住民が一斉に訴えを提起したとしても、それは法的にはあくまで「たくさんの個別の権利の束」としか認識されないのである。そうすると、「誰が」景観利益を有しているのか、特に裁判に訴えて直接保護されるべき景観利益を有しているのは誰なのか、ということが大きな問題となる。

これを前提として、行政訴訟では「原告適格」が問題となる。行政事件訴訟法9条では、取消訴訟は「当該処分又は裁決の取消しを求めるにつき法律上の利益を有する者」に限り、提起することができると定められており、誰でも訴えを提起できる構造にはなっていない。また、この「法律上の利益」を判断するについては、法令の「文言」だけでなく「趣旨・目的」と、利益の「内容・性質」を考慮するものとされており、また、法令の「趣旨・目的」について、「目的を共通にする関係法令」の「趣旨・目的をも参酌」し、利益の「内容・性質」が「害される態様・程度をも勘案」することとされている（同条2項）。この9条2項は、2004年（平成16年）の行政事件訴訟法改正によって追加された解釈規定であり、最高裁判例が積み重ねてきた内容を確認したものである。これは、行政事件訴訟法上の「法律上の利益」をどのように解すべきかについて従前から激しい争いがあったところ、原告適格を拡

大する方向での解釈を可能にするために付加されたものである。

2 原告適格についての適用法令と「関連法令」

(1) 原告適格を判断する際の関連法令

この論点については、原告らの原告適格を判断するについての関連法令として、環境基本法、自然公園法、文化財保護法、瀬戸内海環境保全特別措置法（瀬戸内法）、景観法及び環境影響評価法（アセス法）をあげたことが注目されている（交告尚史「鞆の浦公有水面埋立免許差止め判決を読む」法学教室354号9頁〜10頁）。このような原告の主張は、原告適格を広く認めようとする2004年（平成16年）の行政事件訴訟法改正の趣旨に沿ったものである。

これに対して被告らからは、当然のごとく、「なぜアセス法が景観利益を個別的に保護するのか」、「アセス法は本件事業に適用されない。環境基本法はプログラム規定にすぎない」等の反論がなされた。

このような原被告間の応酬を受けて、鞆の浦事件第1審判決では、原告適格の判断における関連法令として、公有水面埋立法及び同法施行規則、瀬戸内法、基本計画及び県計画、景観法、景観法運用指針、各種ガイドラインがあげられている。しかし、アセス法や環境基本法は取り上げられていない。また、実際に原告適格の有無を判断する過程においては、公有水面埋立法及び瀬戸内法の規定のみが参照されているにとどまっており、景観法、景観法運用指針、各種ガイドラインの具体的な規定が参照されているわけではない。交告・前掲論文は、このような姿勢をとった鞆の浦事件第1審判決を、「公水法上の意見書提出の手続（筆者注：公有水面埋立法3条に基づく埋立ての告示があったときは、その埋立てに関し利害関係を有する者は、都道府県知事に意見書を提出することができる）に着目し、あくまで規範面に手掛かりを求めて景観利益が個別的に保護されていることを論証しようと努めている」と評価している（11頁）。したがって、判決内容や交告論文の評価からすれば、鞆の浦事件第1審判決は、原告適格の判断における関連法令の範囲を必ずしも広くとらえているとはいえないのかもしれない。

(2) 関連法令に関する判決の態度

しかし、こうした判決の態度が「関連法令」の存在を無視したり、軽視したりしているというわけではない。鞆の浦事件第1審判決は、原告適格ではなく、本案の争点である「明らかな法令違背及び裁量権の逸脱又は濫用の有無」に関する判断において、埋立免許に関する公有水面埋立法4条1項1号の「国土利用上適正且合理的ナルコト」について知事が判断するにあたり、「その裁量は、関連法規である瀬戸内法と景観法の趣旨に沿って行使されなければならない」と判示するなど、景観法の規定を積極的に引用している。交告・前掲論文は、本案の争点の判断枠組みにおいて、「あらかじめ鞆の景観の価値がかなり高く設定されている」と評価しており（13頁）、景観法を含め、さまざまな法令が直接にではなくても「景観価値」全体に影響を及ぼしうることが示されている。

(3) 関連法令はどこまで参照されるか

ただし、こうした法令群がどの程度まで法律上の利益の有無の判断において参照される「関連法令」となりうるのかについて懐疑的な見方もある。たとえば、北村・前掲論文では、瀬戸内法を公有水面埋立法の関連法令であると解してその趣旨目的を参酌したうえで公有水面埋立法の趣旨目的を解釈し、それを基に申立人適格を認めた仮の差止決定に対して、「これらの明文規定によって、公水法と瀬戸内法との間には、強い法的リンクが張られている。環境保全という目的の共通性に加えて、本決定が関係法令性を認めたのは、こうした理由からである。たんに、『環境法があるから』、『同じような目的規定があるから』というだけでは不十分と考えているようにも思われる」と指摘している（318頁）。

ここでいう「強い法的リンク」とは、瀬戸内法13条1項が、公有水面埋立法の埋立免許の判断にあたっては瀬戸内法3条1項に規定されている瀬戸内海の特殊性に「十分配慮しなければならない」と定めていることや、政府の定めた基本計画及び広島県の定めた県計画が、免許にあたっては瀬戸内法13条2項の基本方針に沿って、環境保全に十分配慮すること、埋立事業にあたっ

第3節　景観事件の東西「両横綱判決」の検討

ては地域住民の意見が反映されるよう努力することを定めていたこと（埋立地の用途は、これらの計画に違反しないことが免許の要件である。公有水面埋立法4条1項3号）などを指している。瀬戸内海の特殊性とは、「瀬戸内海が、わが国のみならず世界においても比類のない美しさを誇る景勝地として、また、国民にとつて貴重な漁業資源の宝庫として、その恵沢を国民がひとしく享受し、後代の国民に継承すべきものである」（瀬戸内法3条1項）とされていることである。

こうした瀬戸内法の規定はかなり抽象的で、ともすれば単なる宣言的規定としかみられないものであるが、こうした形で原告適格の判断の基礎となりうるという意義が確認されたといえる。

さらに、角松生史教授は、景観法を、原告（申立人）適格の判断にあたって「『関係法令』と位置づけるべきかはともかくとして、参酌されなければならない」と明確に述べている（「景観利益と抗告訴訟の原告適格――鞆の浦世界遺産訴訟をめぐって」日本不動産学会誌86号73頁～74頁）。

角松論文は、景観法が参酌されるべき根拠として、①景観法2条3項が、基本理念として「良好な景観は、地域の固有の特性と密接に関連するものであることにかんがみ、地域住民の意向を踏まえ、それぞれの地域の個性及び特色の伸長に資するよう、その多様な形成が図られなければならない」として、「地域固有の特性」「地域住民」の法的認知を試みていること、②景観法運用指針が、景観法2条3項の解釈として、「良好な景観は、地域において積み重ねられてきた暮らしやコミュニティ等の地域の固有の特性が形として現れ出ているものである」、「地域ごとの個性や特色を活かして地域色豊かな景観となるように、地域住民の意向を踏まえつつその形成を図る必要がある」等と述べていることから、③「景観については、その特性上、『良好な景観』とは何かというそもそもの目標設定の段階から、具体的な保全措置の段階に至るまで、地域住民の協働なしにはおよそ有効な施策をなしえないという認識」が示されていることをあげている。そして、こうした認識は、「景観利益の法的保護利益性を認める方向に作用するだろう」とも述べ、原告適格の

165

判断において景観利益を考慮することの重要性を強調している（同論文73頁〜74頁）。

　このように、なるべく広い範囲で、関連法令の「趣旨・目的」を参酌しながら原告適格を広げていこうとする方向性は、景観訴訟の間口を広げるものであり、望ましい流れといえる。しかし、1800以上といわれる現行法の70％から80％は行政関連法規であるといわれており（阿部泰隆『行政法解釈学Ⅰ』28頁）、膨大な行政法規ごとにこうした関連性を考えていくのは大変な作業となる。いくら神様のような頭脳をもった人間でも1人で全てを把握しておくのは不可能なのは当然であり、事案ごとの学習が必要不可欠である。

3　原告適格が認められるのは、「距離」か「面」か

(1)　行政事件訴訟法上の原告適格が認められる範囲

　国立マンション事件最高裁判決は、「少なくともこの景観に近接する地域内の居住者」であれば景観利益を有すると認定した。

　これを受けた鞆の浦事件第1審判決は、原告適格の判断において、「鞆の景観に近接する地域内に居住し、その恵沢を日常的に享受している者」は私法上の法律関係において法律上保護に値するという、国立マンション事件最高裁判決と同様の立論を行った後、さらに進んで行政事件訴訟法上の原告適格が認められる者の範囲を検討している。そして、そこでは、鞆町が比較的狭い範囲で成り立っている行政区画であり、その中心に湾が存在することから、「鞆町に居住している者」は「鞆の景観による恵沢を日常的に享受している者であると推認されるから、本件埋立免許の差止めを求めるについて、行訴法所定の法律上の利益を有する者であるといえる」とした。これに対し、鞆町に居住していない者は、鞆の景観による恵沢を日常的に享受している者とはいえないとして原告適格を認めなかった。

(2)　「点」からの「距離」による判断と「面」による判断

　この点については、行政事件訴訟法改正後のいわゆる小田急高架化事業最高裁判決（最判平成17・12・7民集59巻10号2645頁）において、騒音や振動を

念頭においたとみられる「生活環境」についての原告適格が、特定の施設や危険・環境負荷の発生源という「点」からの「距離」の遠近で判断されていたこととの比較・整合的理解が必要になる（福永実「判批」TKCローライブラリー速報判例解説Vol.6（2010.4）行政法No.7・53頁以下、仮の差止事件に関する、福永実「自然・歴史的景観利益と仮の差止め」大阪経大論集310号72頁以下）。

　要するに、①行政事件訴訟法改正前における判例法理としては、ある行政処分について直接の影響を受けない近隣住民など第三者の原告適格を判断する場合、生命・身体等への影響がある場合はともかく、それ以外の住環境利益や財産的利益については軽視する傾向にあった。また、行政事件訴訟法改正後の判決である小田急高架化事業最高裁判決も、あくまで騒音・振動といった危険や環境負荷の発生源という「点」からの「距離」に着目して原告適格を判断するという態度を示したため、同法改正後も生活環境についての原告適格が拡大される可能性は低いとみられてきたのである。

　これに対して、鞆の浦事件第１審判決のように「鞆町に居住している者」であれば原告適格が認められるという考え方は、「点からの距離」ではなく、時間的・空間的な広がりをもった「面」に居住する者に広く原告適格を認めていく方向につながると考えられる。

(3)　「近接」「居住」「生活環境」

　この点については、角松・前掲論文が、原告適格の判断枠組みにおいて、国立マンション事件最高裁判決が示した「景観利益」の概念を参照しながら、「近接」「居住」「生活環境」という３つの概念に注目して分析していることが参考になる（75頁〜76頁）。

　角松論文によれば、「近接」は従前の判例法理と同様の手法から原告適格を認めようとするものである。これに対し、国立マンション事件最高裁判決も鞆の浦事件第１審判決もあげている「居住」という概念は、「景観に関わって個々人が織りなす多様な生活関係の『結節点』」であり、「特定の土地という単一の視点からの『眺望』にとどまらず、ある者が地域に居住していることに伴う日々の営みの総体において、特定の景観の『恵沢を日常的に享受』

している」ことに着目するものであり、景観利益の「保護範囲の確定にあたって、生活関係の結節点としての『居住』地を基準とした指標によって判断することが可能になる」という。また、「生活環境」という概念そのものは小田急高架化事業最高裁判決でも考慮されたものであるが、角松論文は、景観との関係で「生活環境」という概念を検討した場合、景観法運用指針を参照するならば、景観利益は歴史的・文化的要素を含んだ「豊かな生活環境」に由来するものであることが明らかであると述べ、「原告適格の判断にあたり、歴史的・文化的価値要素がどの程度・どのような形で考慮に入れられるべきかは、関係法令も踏まえた根拠法令の趣旨・目的の解釈問題となってくるだろう」と結論づけている（75頁〜77頁）。

角松論文はこうした分析により、今後の景観行政訴訟において原告適格をなるべく広く認めていくための理論的基礎づけを行おうとしているものとみられる。筆者もその姿勢に賛成する。

(4) **原告適格に関する今後の問題点**

もっとも、鞆の浦事件第1審判決が鞆町の住民に原告適格を認める理由として、「鞆町は比較的狭い範囲で成り立っている行政区画であり、その『中心に本件湾が存在する』こと」を掲げている（二重カギ括弧筆者）ことからすると、同判決はあくまで風景の中心である「湾」からの距離に着目しているという見方もできそうであり、景観利益が「面」であることを原告適格の判断に直接結びつけたものとまではいえない可能性もある。景観行政訴訟に関する今後の裁判例の集積が期待される。

他方で、原告らが鞆の景観の高い歴史的、文化的価値を強調したことに対し、これは「個々人の個別的利益を超える面があり、それに対する侵害を鞆の住民が抗告訴訟の形で争うことには無理があるのではないかという指摘」もなされている。しかし、逆にそうだとすると団体訴訟しかなくなり、どのような団体であればよいのかという困難な問題も生じてくる（交告・前掲論文13頁参照）。

以上、2つの論点から行政事件訴訟特有の「原告適格」の問題を取り上げ

たが、いずれにしても景観紛争について原告適格を有する者の範囲という問題は極めて難しい。今後起こってくるであろう事案ごとに判断が積み重ねられていくのを待つしかないであろう。原告適格の有無は行政訴訟が「門前払い」になるかどうかの分かれ目であり、実務的にみても極めて影響の大きい論点である。

4　景観利益と「重大な損害を生ずるおそれ」

　鞆の浦事件の本訴は、行政事件訴訟法37条の4第1項に規定された差止めの訴えである。差止めは、「重大な損害を生ずるおそれ」があるときにのみ認められ、「その損害を避けるため他に適当な方法があるとき」には認められない。鞆の浦事件第1審判決は、景観利益が「一度損なわれたならば、金銭賠償によって回復することは困難な性質のもの」という点を指摘している。差止めの訴えは、元々明文では認められておらず、2004年（平成16年）の行政事件訴訟法改正で初めて規定されたものであり、制度の定着のためにもこうした事例の積み重ねが不可欠である。もちろん、旧法時代にも無名抗告訴訟として差止めの訴えが可能であることは論じられていたが、景観価値の高まり、景観保護の必要性が明らかになってきた現在では、その積極的な活用が望まれる。

5　今後の景観行政訴訟の課題

　以上のように、「原告適格」と「重大な損害を生ずるおそれ」という2つの論点だけでも理論的に難解な問題がたくさんある。こうした問題点をまちづくり法や行政訴訟についての知識が乏しい一般国民にわかりやすく説明し、今後次々と提起されてくる可能性のある景観行政訴訟において国民に納得のいく解決を図るのが今後の司法の役割である。逆に、国民もこうした難しい議論を避けることなく勉強していく姿勢が必要である。

　ここで取り上げた景観行政訴訟のポイントは景観法の制定と直接関係するものではないが、原告適格を判定するについて角松・前掲論文が、「関係法令」

の外延に景観法や「景観法運用指針」(2005年9月、国土交通省・農林水産省・環境省)が位置づけられる可能性に言及している点は注目される(73頁〜74頁)。「良好な景観」とは何かを考えるについては、それに地域差があることや、統一的な定義をおくとかえって画一的な景観を生むおそれがあるのは当然である。しかし、「景観については、その特性上、『良好な景観』とは何かというそもそもの目標設定の段階から、具体的な保全措置の段階に至るまで、地域住民との協働なしにはおよそ有効な施策をなしえないという認識は、景観利益の法的保護利益性を認める方向に作用するだろう」との角松教授の指摘は重要であり、十分噛みしめたい。

第4章

住民参加のまちづくりと景観法

第4章 住民参加のまちづくりと景観法

第1節 まちづくり条例・景観条例の到達点

I 「上乗せ」「横出し」条例の意義と限界

1 公害の時代における「上乗せ」「横出し」条例

　筆者が1974年に弁護士登録した後、まず取り組んだのは公害問題であった。登録後すぐに大阪国際空港公害訴訟弁護団に参加し、数年後には西淀川大気汚染公害訴訟弁護団にも参加した。1960年代末に始まったいわゆる「四大公害訴訟」が大々的に取り上げられていたこともあり、当時公害問題は弁護士が取り組むべき社会問題の代表格であった。ちなみに、当時筆者は西淀川公害訴訟では「公害差止めの法理」という先進的かつ困難なテーマの研究に奮闘した。

　公害問題は、1960年代の高度経済成長や田中角栄の「日本列島改造論」と結びついた経済繁栄の負の側面であり、諸外国からは「ギルティ（犯罪）」とまでいわれた深刻なものであった。ところが、その対策が後手後手となったため、被害の発生・拡大の防止も不十分、発生した公害被害に対する補償・賠償も不十分であった。

　もちろん、何らの対策が講じられなかったわけではない。公害被害の補償面では、1969年（昭和44年）には「公害に係る健康被害の救済に関する特別措置法」が、1973年（昭和48年）には「公害健康被害の補償等に関する法律」が制定されている。公害被害の防止面でも、1968年（昭和43年）は従来のばい煙の排出の規制等に関する法律に代わって「大気汚染防止法」が、「公害国会」といわれた1970年（昭和45年）には公共用水域の水質の保全に関する法律や工場排水等の規制に関する法律に代わって「水質汚濁防止法」が制定されるなど、それなりの立法措置がとられてきた。これらの法律によって、

汚染物質の排出規制が強化されたが、それでもなお不十分であるとして、地方自治体が法律よりも厳しい規制を条例で定める例が相次いだ。それがいわゆる「上乗せ・横出し」条例である。

2 「法律先占論」との闘い

日本国憲法を見ると、地方自治体は、「法律の範囲内で条例を制定することができる」とある（憲法94条）。「法律の範囲内で」とは「法律に違反しない限り」という意味だと解されているので、法律に定めのない事項に関する条例、つまり自主条例を制定することは、地方自治体の自主立法権として認められている。

では、法律で「物質Aについて50ppmを超える量を排出してはならない」と定められているとき、条例でこれをより厳しく20ppmにすることはできるのだろうか。あるいは、物質Aによく似た物質A'についても、同じように規制することはできるのだろうか。前者が法律よりも厳しい数値規制を定める「上乗せ」条例、後者が法律で規制されていないものも規制する「横出し」条例と呼ばれるものである。

かつては、このような条例は認められないというのが通説であった。それが「法律先占論」である。つまり、法律による規制の対象となっている事項については、法律が明示的に委任していない限り、同一目的の条例を制定することはできないと考えられていたのである。この考え方に従えば、法律で「物質Aは50ppmまでの排出は可能」と定められていれば、条例でそれより厳しい規制を加えることはできない。また、物質Aとよく似た物質A'についても、法律が規制の対象範囲からはずしているのだから、その法律が他の物質を規制する余地を残していない限り、条例でその規制を行うことはできないことになる。

ところが実際には、公害の発生を防止するための法律の制定が遅れ、かつその規制が不十分であったことから、全国的に「上乗せ」「横出し」条例を制定する例が相次いだ。この背景には、1955年の自由党と日本民主党による

「保守合同」後、一貫して続いた自由民主党政権による国の立法・行政が、公害規制に消極的な経済界の影響で保守的であったのに対し、保守合同に先立って再統一された社会党と共産党を中心とする「革新自治体」と呼ばれた東京の美濃部亮吉都政、大阪の黒田了一府政などの有力な地方自治体が独自の政策を展開するという、いわゆる「55年体制」を前提とした「保守vs革新」の対立構造があった。

また、最高裁判所は法律先占論を否定したが、それが集団デモを規制するいわゆる公安条例を有効とするものであったため、表現の自由を保護するという観点からは批判を受けていた（最判昭和50・9・10刑集29巻8号489頁。いわゆる徳島市公安条例事件）。もっとも、これらはもっぱら政治的な争点であり、こと公害問題に関しては、上乗せ・横出しを認めるべきだとする主張が有力に展開され、古典的な「法律先占論」は事実上克服されてきたのである。これらの経緯は、1つの時代背景として理解しておく必要がある。

このように、公害問題を通じて地方自治体が「条例」を活用する流れができたため、まちづくりの分野でも条例が活用されることになった。そこで本節ではこれを検討していくが、その前に同時代に展開されたもう1つの地方自治体の工夫である、「開発指導要綱」を概観しておこう。

II　開発指導要綱の意義と限界

1　開発指導要綱とは

「指導要綱」とは何か。その正確な定義は、「地方公共団体によって定立された行政指導の基準」であるとされる。法律による規制では不十分、かつ条例を制定することにも問題がある場合、地方公共団体は「行政指導」という拘束力のない方法で規制を加えるしか方法がない。その場合に、個別の申請に対してその都度行政指導を加えるのではなく、あらかじめ明文のルールをつくっておく。これが「指導要綱」である。そこでここでは、宅地開発の分野で用いられてきた「開発指導要綱」がまちづくりに果たした役割をみてお

こう。

2　開発指導要綱の歴史

　開発指導要綱の原型となったのは、1965年に川崎市が制定した「団地造成事業施行基準」である。また、「要綱」という名称が用いられた最初の例は、1967年に川西市が制定した「開発指導要綱」である。さらに、これが本格的にまちづくりの手法として意識され利用されるようになったのは、1970年に横浜市が制定した「宅地開発指導要綱」がきっかけである(『五十嵐・都市法』319頁)。

　当時これらの都市は、いずれも高度経済成長と人口増加に伴う団地造成や住宅開発に見舞われたため、あまりにも急激な開発(＝乱開発)を抑制するための基準を制定する必要に迫られた。それが当初の川崎市では、事業者に対する「お願い」という形であったが、川西市の場合、事業者に対し市と「協議」することを義務づけた。さらに横浜市の条例では、要綱に違反した場合、水道の供給、ごみ収集、し尿の汲み取りその他の行政サービスを提供しないという、一種の「罰則」を設けて規制の実効性を高めようとした。どのような建物でも、水道が供給されないという不利益は計り知れないため、その「拘束力」は下手な罰金規定などより格段に強力であった。そのため、この方式はたちまち全国に広がり、多種多様な規制内容、規制手段を生み出すことになった。さらに、各種の開発申請に対して自治体が許認可を出さない(「留保」する)という強力な手法も用いられた。この「強制」の方法は、①事前の行政との協議・同意を求める「行政同意型」、②事前の住民との協議と同意の取得を求める「住民同意型」、③開発を行うにあたって、自治体に開発の規模に応じた負担金の支払いなどを求める「負担金型」、④建築確認を留保する、道路位置指定を留保する、車両の通行認定を留保するといった「許認可留保型」、⑤電気、ガス、水道などの供給を拒否する「拒否型」、⑥要綱に違反した事業者の名称や違反行為を公表する「公表型」などに分けることができる。

　しかし、開発指導は所詮「行政指導」にすぎない。行政指導というのは、

昭和30年代から注目され始めた概念であるが、そもそもは学問上の用語でも法令用語でもなく、法的な位置づけは明確ではなかった（現在では、行政手続法上の定義が与えられている）。にもかかわらず、現実的には上記のような強制力を伴って強力な規制をかける手段になったため、「行政が行政指導の名の下に、法律に根拠のない規制を行っているのではないか」、「法律上の義務ではないことを強制しているのではないか」という批判が強かったし、現実にも開発指導要綱による規制に反発する訴訟が多数提起された。そのような流れの中で開発指導要綱は、建設省と自治省（いずれも当時）が出した「通達」と武蔵野市マンション事件最高裁判決によって、実効性を失うことになったのである。以下、その内容をみておこう。

3　「通達」と開発指導要綱

　通達による指導要綱の抑制は、1982年5月27日付けで自治事務次官通知として出された「昭和57年度地方財政の運営について」や、同年10月27日付けで建設省計画局長・自治大臣官房通達として出された「宅地開発指導要綱等の運用について」に始まる。この通達は、開発協議に要する時間をなるべく短縮すること、関連公益公共施設の整備については、他の地方公共団体における整備の水準と比べて「大幅にかけ離れた高い水準」を修正するなど「行き過ぎ」がないようにすること、寄付金の受入れについては収支の内容の明確化に努めること、などを求めるものであった。

　これらの通達は、いずれも「開発指導要綱」に「行き過ぎ」があるという認識に立ち、その是正を図らなければならないという趣旨のものであった（『五十嵐・都市法』350頁）。こうした見直しが行われた1982年といえば、大胆な民間活力の導入と規制緩和路線を打ち出し「アーバン・ルネッサンス」という実にカッコいいスローガンを掲げた中曽根康弘内閣が発足した年である。この通達は、五十嵐敬喜弁護士の表現を借りれば、「総じて、都計法による規制という法律水準まで上乗せ横出し部分をひきもどすことを目的としたもの」であった（『五十嵐・都市法』351頁）。その後も、繰り返し同趣旨の

通達が出されている。すなわち建設省だけでも、1983年8月2日付け「『宅地開発等指導要綱に関する措置方針』について」、1985年12月27日付け「宅地開発等指導要綱による行政指導の積極的な見直しの徹底について」、1988年10月19日付け「土地対策に関連する建築行政の推進について」、1993年6月25日付け「宅地開発等指導要綱の適切な見直しの徹底について」などがあり、自治省も寄付金の取扱いについての通達を繰り返し出している。

このように、毎年のように建設省・自治省から宅地開発指導要綱の見直しに関する通達が出されるという「通達行政」によって、それまで脚光を浴びていた開発指導要綱による開発規制のまちづくり手法は大きくブレーキをかけられることになったのである。

4　武蔵野市マンション事件と開発指導要綱

もっとも、上記「通達」はあくまで「行き過ぎ」を是正しようというものであった。通達を出すのは国という「行政」であるから、自治体においても幅広い裁量が必要とされているという共通の認識があった。そのため、この「通達」はブレーキではあっても決定打ではなかった。要綱による乱開発の規制が急速に力を失ったきっかけは、以下に述べる武蔵野市マンション事件である。

この事件は、武蔵野市の「武蔵野市宅地開発等に関する指導要綱」をめぐって争われた。この指導要綱の中には、マンションなど中高層の建築物を建築する際には、①建築物による日照の影響については付近住民の同意を得ること、②建築計画が15戸以上の場合は、市の定める基準により学校用地の無償提供若しくは用地取得費を負担し、かつその施設の建築に要する費用を負担すること、が定められていた。そして、③指導要綱に従わない事業主に対して、市は上下水道等必要な施設その他必要な協力を行わないことがある、という規定がおかれていた。ところが、業者は住民の同意を得ることができず、かつ負担金を支払う意思もないことを書面で明らかにしたため、市は開発指導要綱を遵守していない段階では給水できないと回答し、実際に給水契約の

締結を拒否し、かつ公共下水道も使用させないと明言した。そのため、業者は水道事業による水の供給、公共下水道の使用を求める仮処分を申請したのである。

これに対し裁判所は、水道事業による水の供給について業者の主張を認め、水道の供給を認める仮処分決定を出した（東京地裁八王子支決昭和50・12・8判時803号18頁。なお、公共下水道については水道と異なり、使用を制限することは公権力の行使にあたるため、民事訴訟法（当時）の規定による仮処分は認められないという理由で仮処分申請は却下されている）。

業者の主張を認めた仮処分の理由の要旨は次のようなものである。

① 水道法15条1項によると、水道事業者（市）は、給水区域内の需要者から給水の申出を受けた場合には、「正当の理由がなければこれを拒んではならない」とされている。

② 行政庁が国民に義務を命じ、あるいは権利自由を制限又は剥奪する権力行為を行う場合には法律の根拠を要する。

③ 指導要綱は条例や規則のように正規の法規ではなく、法律上の根拠に基づいて制定されたものでもない。業者に対する指導方針を明示したものにすぎない。

④ したがって、指導要綱を遵守しないことは直ちに水道供給を拒む「正当の理由」であるとはいえない。

⑤ 具体的な事情を考慮しても、業者は適法な建築確認を得て工事に着工し95％程度完成しており、付近住民の同意という日照権保護のための条件はすでに意味をなさないし、負担金はあくまで「寄付」にすぎず、完全な自由意思によらずに寄付を強要することは許されないから、本件指導要綱を遵守しないことは水道供給を拒否する「正当の理由」にならない。その他、「正当の理由」が認められるような事情はない。

確かに、非常に「隙がない」理由づけであるため、これに対する法的な反論はかなり難しい。またこの仮処分には、マンション建築に反対する周辺住民10名が市への補助参加を申し立てていたが、裁判所は法律上の利害関係が

ないとして補助参加を認めなかった。市と住民が協力して（乱）開発に抵抗しても、緻密かつ原理・原則的な法律論の前には無力であることを象徴する事例である。

　もっとも、これだけならば「たくさんある訴訟のうち、自治体側が敗訴した例の1つ」と考えることも可能であった。ちなみに、1987年に出版された『五十嵐・都市法』には、この決定例を含めた裁判例の詳細な分析がなされている。そこには、建築確認の留保をめぐるもの7件、道路位置指定の留保をめぐるもの1件、車両の通行認定の留保をめぐるもの3件、電気・水道の供給留保をめぐるもの9件、建築確認処分の留保等が争われたもの7件、開発負担金に関するもの3件、合わせて最高裁判決を含む30件の裁判例が掲載されている。そして、同書の判定によれば、行政側は17勝10敗3引き分けで勝ち星先行である。完成した建物に対して自治体が水道を供給しないことはいかにも「嫌がらせ」ではないかとの印象も強いが、この仮処分決定で開発指導要綱の全てが否定されたわけではない。

5　武蔵野市長の刑事事件と開発指導要綱

　この武蔵野市マンション開発事件が後に大きな影響を及ぼしたのは、むしろ「わき道」ともいえる刑事事件であった。水道法上、事業者が正当な理由なく水道の供給を拒んだ場合には刑事罰が設けられている。本件では、武蔵野市長に10万円の罰金の支払いを命じる判決が出された（東京地裁八王子支部昭和59・2・24判時1114号10頁）。弁護側は正当の理由があるとして争ったが、東京地裁八王子支部は、「水道法15条の『正当な理由』については、水道法1条所定の、水道法の目的（清浄にして豊富低廉な水の供給を図り、もって公衆衛生の向上と生活環境の改善とに寄与すること）にそぐわない結果をもたらすような場合にのみ認められる」として、指導要綱を守らせるためという本件での武蔵野市の「目的」は、「水道事業の前記目的とは異なる他の行政目的によることは明らか」であるため、「正当の理由」はないと断じた。また同判決は、指導要綱は法律でも条例でもないから従わないからといって違法

となることはなく、何らかの不利益を与えるような措置を加えることは「法律による行政の原理」に反しており、許されないとした。

さらに同判決は、武蔵野市の指導要綱に対して極めて厳しい批判を加えた。まず住民の同意については、「限られた土地に多数の人口を抱える大都市の住環境の面からみると、住民同意を要件とすることは、高層化による広い居住空間確保の道を閉ざし、先住者に優越的利益を与えることとなるのであって、必ずしも合理性を有するものではない」とした。また教育施設負担金の寄付についても、「市は南北約2キロメートル、東西約6キロメートルの小さな市であるから、一部地域で人口の急増があっても、全体で人口が増加しているわけではないので、比較的容易に対処可能と考えられ、緊急に寄付を強要しなければならない事情はなかった」としている。建前としては確かにそのとおりといわざるを得ない面もあるが、同判決は開発指導要綱の果たしている役割をあまりにも狭くとらえているというべきである。

同事件の控訴審判決（東京高判昭和60・8・30判時1166号41頁）は、「概して原判決の説示は本件指導要綱に対しマイナス面に注目しすぎたきらいもある」と地裁判決を批判し、本件指導要綱は、「運用よろしきを得れば十分に有用だった」と評価した。しかし、完成直前のマンションに水道を供給しないことはやはり違法であるという結論は変わらず、市長側の控訴は棄却された。さらに、1989年（平成元年）11月8日、最高裁判所は市長側の上告を棄却する判決を出し、市長の有罪が確定することとなった。

こうした一連の刑事事件の判決において重視されているのは、「法律による行政の原理」、すなわち、行政の活動は法律の定めるところにより、法律によって行わなければならないという基本原理であり、中でも「行政活動は、必ず法律の根拠（法律の授権）を必要とする」という「法律の留保」の原則である。

確かに、行政による恣意的な判断や運用を防ぐためには、法律による行政の原理と「法律の留保」の原則を遵守することは必要である。しかし、開発指導要綱は法律の不備、不十分性を補うために制定されてきたという歴史的

経緯があり、条例のように議会の議決を経ていないとしても大方の住民の支持を得ているケースがほとんどであった。そして、実際に大多数のケースでは、業者が開発指導要綱に従った開発と建築を行ってきたのである。そのような流れの中で、一部業者が要綱に従わない場合、行政がそれに対処する方法がないというのは妥当ではない。ところが、この最高裁判決は、市長が罰金の有罪判決を受けたという社会的インパクトもあって、極めて大きな社会的影響を及ぼした。この判決と、すでに出されていた「通達」によって、まちづくりにおいて開発指導要綱が主導的役割を果たした時代は終わりを迎えたのである。

6　そもそも、なぜ「開発指導要綱」だったのか

　各地で開発指導要綱が多用されたのは、前述のとおり法律と条例に関する法的な論点があったためである。しかし他方で、開発指導要綱には、武蔵野市マンション事件の判決が批判するように、「法律に基づく行政」の原則に適合しないという弱点があった。また、公害問題における「上乗せ・横出し」問題にみられるように、条例を制定することができる範囲は少しずつ拡大され、徳島市公安条例事件最高裁判決という「お墨付き」も得られた。そこで、まちづくりの分野においても、開発指導要綱という「行政によるまちづくり」から、議会の議決を経た、条例制定による「住民によるまちづくり」を指向する流れが生まれてきた。この流れをつくったのは、オリジナルな条例を制定したいくつかの先進的な自治体である。

　この姿勢は、本書のメインである景観法に基づく景観条例を考える場合にも大いに参考になる。そこで次に、「上乗せ・横出し」条例の限界を踏まえたうえで、創意工夫された「まちづくり条例」を概観する。

Ⅲ　まちづくりに委任条例が果たした役割

1　委任条例と自主条例、2つの方向性

　条例には、「委任条例」と「自主条例」の2種類があることは周知のとおりである。委任条例とは、文字どおり上位の法規範である国会が定めた法律の中に「○○の基準については都道府県の条例で定める」といった形で、条例に具体的な規制内容を委任するものである。自主条例は、そうした法律の委任を受けない独自の条例である。「上乗せ・横出し」条例は、当然法律の委任を受けたものではなく、自主条例である。それに対して、まちづくり法の分野では委任条例が大きな役割を果たしてきた。まちづくりに関する委任条例とは、都市計画法や建築基準法に根拠を有する条例で、その代表的なものとしてすでに次のものがあった。

> ①　1969年（昭和44年）制定の風致政令に基づいて制定される「風致地区条例」（都市計画法58条）
> ②　地区計画等の案について利害関係人の意見を反映させるための「手続条例」（都市計画法16条2項・3項）
> ③　地区計画の具体的内容を実現するため、建築基準法上の制限となって建築確認・是正命令等の拘束力をもつことになる「建築条例」（建築基準法68条の2）
> ④　特別用途地区内における建築物の建築の制限又は禁止に関して必要な規定を定め、建築基準法48条1項ないし12項までの規定による制限を緩和することができる「49条条例」（建築基準法49条）
> ⑤　特別用途地区内における建築物の敷地、構造又は建築設備に関する制限で当該地域又は地区の指定の目的のために必要なものを定める「50条条例」（建築基準法50条）

　また、都市計画法の平成12年改正によって、都市計画法の条例への委任事

項が拡充された。その主なものは次のとおりである。

> ⑥　開発許可の技術基準の強化又は緩和（都市計画法33条3項・4項）
> ⑦　特定用途制限地域における制限（都市計画法8条1項2号の2、建築基準法49条の2）
> ⑧　地区計画等に対する住民参加手続の充実（都市計画法16条3項）
> ⑨　都市計画決定手続の条例による付加（都市計画法17条の2）

　そのような中、まちづくり法の分野では「上乗せ・横出し」条例のような「自主条例の拡大」という方向性と別に、「委任条例の強化」という方向性が起きてきたのである。まちづくりに自主条例が果たした役割については後記Ⅳ・Ⅴで述べることにして、本項では委任条例の強化について取り上げる。なお、上記の都市計画法の平成12年改正は、1968年（昭和43年）に制定された都市計画法の限界が明確となってきたことを受けて行われたもので、「都市化社会から都市型社会への移行」と「分権型社会への移行」に対応した32年ぶりの大改正であった。そのような中、まちづくり法の分野における委任条例も時代の変遷とともに随時拡充される傾向にある。そのため、これらの委任条例について全てフォローすることはできないため、本項で取り上げるのは上記①ないし⑤を中心とする委任条例にとどめる。

2　委任条例の強化①──美観地区と風致地区

　委任条例の先駆的存在としては、都市計画法上の風致地区、美観地区がある。いずれも1919年（大正8年）制定の旧都市計画法から存在する制度である。

(1)　風致地区

　風致地区は、1968年（昭和43年）に都市計画法が大改正されるにあたって、地域地区の1つとして位置づけられ、「都市の風致を維持するための地区」とされた。1970年（昭和45年）には、建設省都市局長通知により「風致地区内における建築等の規制に関する条例」（標準条例）が提示されている。実績としては、旧都市計画法時代の1926年に明治神宮内外苑連絡道路が風致地

第4章　住民参加のまちづくりと景観法

区に指定されたのを皮切りに、1968年（昭和43年）の都市計画法大改正時点ですでに500件超の風致地区が指定されていた。2010年度末時点での風致地区の地区数が747件（国土交通省の統計による）であることを考えれば、風致地区はわが国まちづくり法上なじみの深い制度であることがわかる。

　これらの風致地区については、多くの自治体で「標準条例」が制定された1970年に条例が制定されている。風致地区は、①自然景観や緑地保全、②良好な住環境の維持・保全、③史跡や景勝地、などが指定されてきたが、多くの自治体が標準条例どおりの条例を策定するにとどまっていたため、オリジナリティが発揮される場面は少なかった。

(2)　美観地区

　風致地区と並んで古い歴史を有するのが美観地区である。美観地区は、市街地の美観を維持することを目的として指定される地域地区の1つである。美観地区内では、建築基準法に基づき、建築物の敷地、構造又は建築設備に関する制限で美観の保持に必要なものを委任条例に定めることができるのが特徴であった。美観地区は、1933年に東京都において皇居外郭一体が指定されたのが最初であるが、2000年までわずか6地区しか指定された実績がない。しかも、戦前に指定された皇居外苑、大阪市の御堂筋沿道等、そして伊勢市の主要街路・鉄道沿道の3件については条例が制定されていない。また、戦後、1953年という早い段階で美観地区に指定された沼津市本通り防火建築帯事業地区は、沼津市美観地区条例という条例を備えていたものの、戦災復興土地区画整理事業に関する公共歩廊の整備と防火建築帯による不燃共同建築の建替えに際し統一した景観が重視されたというかなり特殊な事例である。美観地区としては唯一アーケード商店街が指定されており、この方法が定着すれば、あるいは今日のまちづくりにも大きな影響を及ぼしたかもしれなかったが、活性化しないまま立ち消えになってしまっている。

　他方、美観地区を活かしたまちづくりを展開したのが倉敷市と京都市である。倉敷市は、1968年（昭和43年）に倉敷市伝統美観地区保存条例を制定し、翌年には「倉敷川畔特別美観地区」を指定するなど、まちなみの保存につい

て先進的な取組みを進めてきた。倉敷市は、その後も1979年（昭和54年）に文化財保護法に基づく伝統的建造物群保存地区（伝建地区）を指定する都市計画決定を行うなど、意欲的な取組みを続けており、後述のとおり、これは現在では景観法に基づく景観条例に移行している。

　京都市は、1972年（昭和47年）に市街地のうち約1804haという他の美観地区に比べて群を抜いて広大な面積を美観地区に指定する（これに次ぐ東京都皇居外苑一体の指定面積は約296.4ha。沼津市に至ってはわずか0.7ha）とともに、京都市市街地景観条例を制定した。これは、第1種から第5種まで実に5種類の美観地区を指定し、きめ細かい規制とまちなみづくりの誘導を図った点で極めて先進的な内容であった。景観法が制定された後、京都市は2007年（平成19年）にこの条例を改正して京都市市街地景観整備条例とし、さらに高度な景観の保全・創出を図っている。この点は第7章で詳述するが、いうまでもなく、京都はわが国でもトップクラスの歴史と伝統を誇るまちであり、これを維持・保全する意識が住民の間で高いことがこうした先進的な取組みを支えているということができる。

3　委任条例の強化②──地区計画制度と建築条例

　このように、独自の取組みとして風致地区・美観地区を活用する例は少なかった。それを一変させたのが、1980年（昭和55年）の都市計画法改正によって創設された「地区計画制度」である。地区計画制度は、都市計画中央審議会の第8次答申「長期的視点に立った都市整備の基本方向」（昭和54年）に基づいて創設された。当時の法制度では、都市計画法における開発許可制度によって一定規模以上の開発を抑制・コントロールし、あとは個別に建築基準法による建築規制を加えれば十分と考えられていた。ところが、それだけでは「開発許可の適用を受けない開発が増加している」、「無秩序な開発を計画的にコントロールできない」ため、「現状の下で抱えている問題に対応できなくなっている」という問題が生じていたのである。

　地区計画は、他の都市計画と異なり、①市町村による都市計画素案の発表、

②これに対する住民等の意見、③地区計画案の策定、④縦覧手続と住民の意見書の提出、⑤都市計画審議会による都市計画決定、という流れを経て決定される。①と②が地区計画の特徴であり、地方自治体が主導し住民が参加して地区計画を決定できる仕組みがわが国において初めてできたのである。そのためには、手続を定める条例が必要とされた。

そしてこの中に、指導要綱について問題となっていた「法律に基づく行政」への適合として、行政指導の法制化（市町村長に対する行為の届出・勧告の規定）と地区計画への適合性の担保（開発許可の特例、道路位置指定の特例によって許可・指定を行わない権限を明示）が盛り込まれた。また、建築条例による建築規制の規定が盛り込まれ、建築規制の権限を条例に委任して「上乗せ・横出し」規制を行うことができるようにされた。

この地区計画制度と建築条例により、自治体と住民参加のまちづくりは大きく進展した。しかし、この建築条例はあくまで建築基準法の枠の中で建築確認を行うかどうかの基準を定めるものであったため、建物の形態、色彩、広告などについての規制は難しかった。そこで、建築条例での規制が難しい部分を補うため、自主条例との組合せとして「景観条例」や「まちづくり条例」を制定するケースも生まれた。

4　委任条例の強化③──特別用途地区

(1) 特別用途地区とは

特別用途地区は都市計画法に基づく地域地区の1つで、「用途地域内の一定の地区における当該地区の特性にふさわしい土地利用の増進、環境の保護等の特別の目的の実現を図るため当該用途地域の指定を補完して定める地区」（都市計画法9条13項）である。この特別用途地区は、1950年（昭和25年）に建築基準法が制定されたことに伴って制度化された。特別用途地区の種別は、その創設以降撤廃と変化を重ね、1992年（平成4年）の都市計画法の改正によって11種類となった。しかし、地方分権が推進される中で1999年（平成11年）に都市計画法が改正されて、あらかじめ法令に基づいて特別用途地

区の種別を定める手法は廃止された。この改正によって、市町村が地域の実情に応じたまちづくりを進めるため、具体的な内容の特別用途地区を独自に定めることが可能となった。2010年3月31日現在、特別用途地区の指定都市数は394都市で、指定面積は合計10万1946.6haである。指定都市数の最も多いのは従来の11種類の種別の1つである特別工業地区で222都市、次に多いのは従来の11種類に含まれないその他の地区で149都市、3番目に多いのが特別業務地区で67都市である（国土交通省ホームページ平成22年度都市計画現況調査）。このような特別用途地区の指定実績をみれば、特別用途地区はそれなりに活用されていることがわかる。

(2) 49条条例と50条条例

特別用途地区内においては、建築基準法48条1項ないし12項が定める用途地区における用途の制限を除くほか、「その地区の指定の目的のためにする建築物の建築の制限又は禁止に関して必要な規定」は地方公共団体の条例で定めるとされている（建築基準法49条1項）。そして地方公共団体は、「その地区の指定の目的のために必要と認める場合」は、国土交通大臣の承認を得て、条例で、建築基準法48条1項ないし12項までの規定による制限を緩和することができる（同条2項）。これらの条例がいわゆる「49条条例」と呼ばれる委任条例である。また、特別用途地区内における建築物の敷地、構造又は建築設備に関する制限で当該地域又は地区の指定の目的のために必要なものは、地方公共団体の条例で定めるとされている（同法50条）。この条例がいわゆる「50条条例」と呼ばれる委任条例である。

前者の49条条例は都市計画法及び建築基準法に基づく用途制限を緩和するもので、これをどのように活用するかがポイントであり、自治体の知恵の絞りどころである。『小林・総合的まちづくり』によれば、実際の49条条例で用途種別をどのように定めているかについては、都市計画法及び建築基準法が定める「全国一律の用途種別から離れた表現」で定めている事例が多いとのことである（82頁）。同書がまとめた各地の活用例によると、用途種別については、「次の建築物の建築は可能」として製麺又は精米工場や総菜加工

工場、配送センター、土産品店、計算センター等というように建物の種別を具体的に定める手法や、「○○業を営む工場は建築可能」として陶磁器関連産業、仏壇関連産業、スリッパ製造業等というように業種を具体的に定める手法がある（同書81頁）。特別用途地区は、市町村が全体的な土地利用のあり方という観点や、産業の振興、文教政策、観光政策、その他さまざまな市町村特有の都市構造上の課題という観点から定めるべきものである。そのため、49条条例及び50条条例は、それぞれの自治体の実情に応じて、当該地区の特質を踏まえて定めることが重要であり、各地でさまざまな工夫がされている。

Ⅳ　まちづくりに自主条例が果たした役割①
——先進的な取組み

1　神戸市の事例——神戸市地区計画及びまちづくり協定等に関する条例

　神戸市は、地区計画制度が創設された翌年の1981年（昭和56年）に神戸市地区計画及びまちづくり協定等に関する条例を定めた。同条例は、大きく分けると、①まちづくり協議会の認定、②まちづくり協定の締結、③地区計画の決定という3部構成となっている。

　このうち、地区計画の決定については、市が地区計画等の案を作成しようとするときは素案を公告して縦覧の手続をとること、必要があれば広報誌に掲載したり説明会を開催したりするなどの措置を講じること、住民が素案に対して意見書を提出する手続などについて定めている。これは地区計画制度上の標準的な内容を定めたものであり、この部分は都市計画法の委任条例である。しかし、委任の範囲を超えた自主条例として「まちづくり協議会」と「まちづくり協定」という仕組みを取り入れたことは全国初の試みとなった。この点については、第2節で詳しく取り上げる。

　神戸でこうした条例が制定された背景には、たとえば、公害反対運動が約

10年間続いた真野地区においては、住民が公害工場の跡地を神戸市に買い上げてもらう運動を展開し、神戸市が買い上げた土地を利用して公共施設の整備を行うなど、「提案型」の住民運動を発達させてきたという経緯がある。その結果、真野地区では、条例制定後速やかにまちづくり協議会の認定を受け、第1号となるまちづくり協定の締結を経て、1982年11月に地区計画が策定されることになった。なお、神戸市は、このまちづくり条例制定の3年前である1978年（昭和53年）には都市景観条例を制定するなど、先進的な取組みが多い。その詳細は『小林・総合的まちづくり』182頁以降を参照されたい。

2 東京都世田谷区の事例──世田谷区街づくり条例

世田谷区は、1982年（昭和57年）「世田谷区街づくり条例」を制定した。この条例の特徴は、委任条例としての地区計画制度の手続だけではなく、まちづくりの方針を含む総合的な条例として制定したことにある。こうした総合的な条例が制定されたのはこれが最初である。その背景は、世田谷区が良好住宅地区を有する一方、戦前からの木造密集住宅地区を含む災害危険度の高い地域を抱え、「災害に強いまちづくり」を進める必要があったからであるとされている（『小林・まちづくり条例』176頁以下）。

この世田谷区街づくり条例でも、神戸市と同じように「推進地区街づくり事業」という仕組みの中で、「地区街づくり協議会」と「地区街づくり提案」という仕組みが盛り込まれている。そして、①街づくりの専門家の派遣、②建築物不燃化等の融資あっせん、利子補給、③街づくり用地の先行取得、④地区街づくり協議会への運営援助という街づくり事業の「促進及び助成」の仕組みを設けたことが「規制」法から「創造」法への萌芽と評価されている（『五十嵐・都市法』112頁）。この地区街づくり事業は、1995年（平成7年）の改正で、「地区街づくり計画」という、さらに総合的な仕組みに発展を遂げ、地区街づくり事業、街づくり誘導地区、街づくり推進地区などきめ細かな施策が講じられるに至った（『小林・まちづくり条例』179頁）。

なお、世田谷区のホームページによると、2010年4月1日現在で、地区街

づくり計画は88地区、約1660.32haで策定され、街づくり誘導地区は73地区、約898.57ha、街づくり推進地区は14地区、約423.2haで指定されている。

V　まちづくりに自主条例が果たした役割②
——まちづくり条例・景観条例へ

1　委任条例と自主条例の組合せによるまちづくり

　自治体主導・住民参加という視点から、地区計画制度と建築条例、そして自主条例との組合せによる「まちづくり条例」が果たした役割は大きかった。当初は建築条例をメインにしたものが多かったが、やがて多様な条例が制定されることになり、次第に自主条例の占めるウエイトが大きくなっていった。各地で制定が相次いだ「景観条例」がその典型である。なお、ここでいう景観条例は、景観法が成立する前にあくまで自主条例として制定されたものであるから、混同しないよう注意されたい。

2　景観法制定以前の景観条例

　地方自治体が定めるまちづくり条例においては、景観を守るルールづくりの整備が進められてきた。たとえば、一定高さ以上の建物に対して町家風の外観を義務づける京都市市街地景観整備条例（1972年（昭和47年）に「京都市市街地景観条例」という名称で制定。1995年（平成7年）に名称変更）、鎌倉市の都市景観条例（1995年（平成7年））、北九州市と下関市が共同して同一名称、同一条文で制定した関門景観条例（2001年（平成13年））等、景観の保全や形成に関する条例等が定められてきた。

　このような地方公共団体による景観条例の制定状況については、国土交通省の調査によると、景観法が制定された2004年（平成16年）6月直前の2003年9月末現在で合計524の景観条例が制定されていた。すなわち、都道府県については、全体の57％にあたる27都道府県で30の景観条例が制定され、市町村については、全体の14％にあたる450市町村で494の景観条例が制定され

ていたのである。なお、1988年の時点では、市町村の景観条例の数は96であったため、この15年間で約5倍に増加したことになる。

3 「条例によるまちづくり」についての小林教授の分析

このように、市町村レベルにおいてはいくつかの先進的な自治体を中心として、早くからそれぞれの地域固有の良好な景観の保全・形成のための取組みがなされていた。そして、これらの地方自治体の努力によってつくられた景観条例の意義は高く評価されていた。

「自主条例と委任条例の連携、一体的運用」というテーマを掲げたのは、2002年に発行された『小林・総合的まちづくり』が最初である。このことからわかるとおり、これは21世紀に入ってからの「地方分権時代のまちづくり」における重要かつホットなテーマであった。同書は、第5章で「委任条例と自主条例の連携、一体的運用事例」の章を設けている（158頁～174頁）。そしてその第2節では、美観地区や風致地区などの委任規定と、それらに関連する独自の自主規定を別々の条例として設けている事例を検討したうえ（159頁～163頁）、第3節では①札幌市緑の保全と創出に関する条例、②京都市市街地景観整備条例、③神戸市民の住環境等をまもりそだてる条例を委任規定と自主規定を単一条例に定め一体的に運用している事例として検討している（163頁～170頁）。

さらに同書は、地区計画制度に基づく委任条例は、建築基準法68条の2で委任されたいわゆる「建築条例」と都市計画法16条2項で委任された「手続条例」の2つあるところ、2000年（平成12年）の都市計画法の改正によって住民参加手続の委任規定による充実が図られたこと（都市計画法16条3項）を受けて、都市計画法により委任された「手続条例」、すなわち地区計画手続に関する委任規定と自主規定を複合的に定める条例に着目して検討している（170頁～172頁）。

このような自主条例と委任条例の連携、一体的運用という観点からの検討は、条例を活用したまちづくりの実践をするうえで大いに参考となる。これ

第4章　住民参加のまちづくりと景観法

に対し、自主条例のいわば「最高峰」ともいうべきケースが、次に述べる五十嵐敬喜弁護士が策定にかかわった、真鶴町「美の条例」である。

4　真鶴町における「美の条例」

(1)　「美の条例」とは

神奈川県真鶴町は人口1万人弱の小さな町であるが、1990年、マンション開発に対して「水を出さない条例」を制定したというニュースがあっという間に全国に広がったことによって、真鶴町の名は一躍有名になった。

「美の条例」とは、マンションの開発ラッシュに悩む町長と、都市計画法について平成4年改正法に対する「対抗案」作成を模索していた五十嵐弁護士ら3名の研究者が運命的に出会い、試行錯誤を続けた結果生まれた条例である。1993年（平成5年）に制定された「真鶴町まちづくり条例」、通称「美の条例」は31条からなる条例で、まちづくり計画とその実現手段、住民参加と開発認可の手続を体系的に整備したものである。その意義や内容については、五十嵐敬喜『美の条例──いきづく町をつくる』に詳しく解説されているから、それを参照されたい。

(2)　美しい都市をつくる権利

興味深いことは、真鶴町における「美の条例」制定の実践が、その後五十嵐弁護士がいう「美しい都市をつくる権利」という概念の構築に発展したことである（五十嵐敬喜『美しい都市をつくる権利』参照）。五十嵐弁護士らは、一方で「美とは何か」、「美しい都市とは何か」という検討と検証を続けるとともに、他方では、各国の憲法にみる都市論の検討の中で「美しい都市をつくる権利」が認められるべきであるとし、しかもそれが憲法上の権利であると主張したのである。

これは、筆者が弁護士登録した1974年当時に議論されていた「環境権」の議論や、2004年7月の参議院議員選挙によって加速した「二大政党制」への移行を受けて、急速に高まってきた憲法改正の議論の1つのテーマである、基本的人権としての環境権の認知とも共通する議論である。もちろん、「美

192

しい都市をつくる権利」はまだデッサン段階のもので、法律論として十分煮詰まったものではないが、人口1万人弱の真鶴町の自主条例としてのまちづくり条例の制定を契機とした約10年間の研究の中で、憲法上の権利としての「美しい都市をつくる権利」なるものが提唱されてきたことは、大いに注目される。もっとも現時点では、この「美の条例」はあくまでも自主条例にすぎず、また当然「美しい都市をつくる権利」が憲法上の権利として認められているわけではない。

(3) 「美の条例」と景観法

その後真鶴町は、2005年1月に日光市とともに全国第1号で景観行政団体となり、2006年（平成18年）5月に町全域を対象とする景観計画を策定するとともに「真鶴町景観法に基づく届出行為等に関する条例」（平成18年条例第4号）を制定した。この条例は、「美の条例」とは別の、景観法に基づく委任条例である。しかし、この条例はその名称どおり、景観法16条に基づく行為の届出及び同法17条に基づく特定届出対象行為に関してのみを定めたものであった。他方、前述の「美の条例」が景観法ないし景観計画との関係でどのように位置づけられるかは興味深い論点であるところ、真鶴町は、景観計画の良好な景観の形成に関する方針において、「美の条例」に基づいて定められた「真鶴町まちづくり計画」・「美の基準」・「土地利用規制基準」のうち景観形成に関する事項と、町民等によって守り育てるべき風景・景色として見出した景観形成に関する事項を、真鶴町景観計画として定めることにより真鶴町の豊かで美しい景観形成を図るものとした。そして、良好な景観の形成のための行為の制限に関する事項として、「建築物又は工作物の形態又は色彩その他意匠の制限」は、「美の条例」10条「美の原則」及び同条に基づき定められた「美の基準」に適合することとされ、「建築物又は工作物の高さの最高限度」は、「美の条例」9条「土地利用規制基準」に定める高さの最高限度に適合することと定めたのである。このようにして、全国的に大きな注目を浴びた「美の条例」は、その法的な位置づけとしては自主条例のままであるものの、景観計画が定める行為の制限の基準としての役割を与えら

れ、景観計画と一体となって運用されることになった。

5 自主条例の展開とその限界

　以上のように、まちづくりの分野における条例の活用は次第に拡大していった。その中では委任条例の拡大も重要なテーマであったが、それ以上に各自治体は自主条例を活用して独自のまちづくりに取り組んできた。自主条例としての景観条例には、周囲のまちなみを損なうような色彩やデザインの建築物に対して強制力を伴った規制をすることができないという限界、良好な景観の保全・形成に資する場合の「見返り」として建築基準法で定められている規制を緩和したり、相続税の軽減等の税制上の優遇措置を与える等の措置を採用することができないという限界もあった。しかし、1996年1月にスタートした「保守本格内閣」たる橋本龍太郎内閣による「地方分権路線」の中では、条例はますます重視されるはずであった。ところが、自主条例の活用というまちづくり手法は、次に述べる宝塚市パチンコ店条例事件で大きな打撃を被ることになったのである。

VI　自主条例は「無力」か——宝塚市パチンコ店条例事件の影響

1　宝塚市パチンコ店条例事件とは

(1)　事案の概要
　この事件は、宝塚市がいわゆる「パチンコ店建築規制条例」（本件条例）において商業地域以外でのパチンコ店の建築を禁止していたところ、同条例に従わなかった業者に対し、宝塚市がその建築工事の続行禁止を求める訴えを提起したものである。同事件の争点は、①行政主体が私人に対して行政上の義務の履行を求める訴訟を提起することが許されるか、②パチンコ店の建築を規制する本件条例は風俗営業等の規制及び業務の適正化等に関する法律（風営法）及び建築基準法に違反するか、③本件条例は職業の自由を保障す

る憲法22条1項及び財産権を保障する憲法29条2項に違反するか、という点であった。ちなみに、本件条例の正式名称は「宝塚市パチンコ店等、ゲームセンター及びラブホテルの建築等の規制に関する条例」（昭和58年条例第19号）といい、2003年（平成15年）に全面改正されて「宝塚市パチンコ店等及びラブホテルの建築の規制に関する条例」（平成15年条例第34号）となっている。

(2) 1審判決

1審判決である神戸地判平成9・4・28判時1613号36頁は、上記争点②について次のように判示して、宝塚市の請求を棄却した。すなわち第1に風営法については、「風営法は昭和59年の改正により、風俗営業の場所的規制について全国的に一律に施行されるべき最高限度の規制を定めたものであるから、当該地方の行政需要に応じてその善良な風俗を保持し、あるいは地域的生活環境を保護しようとすることが、本来的な市町村の地方自治事務に属するとしても、もはや右目的を持って、市町村が条例により更に強度の規制をすることは、風営法及び県条例により排斥される」と判示し、風営法及び県条例よりさらに強度の規制をする本件条例は「風俗営業の場所的規制に関し、市町村が条例により独自の規制をすることを排斥する風営法及び県条例に違反する」と結論づけた。また、「建築基準法は、用途地域内における建築物の制限について、地方公共団体の条例で独自の規制をなすことを予定してない」と判示し、建築基準法が認めていない用途地域内の建築制限を定める本件条例は、建築基準法にも違反すると結論づけた。このように上記争点①③について判断することなく宝塚市の請求を棄却した1審判決に対し、宝塚市は大阪高等裁判所に控訴した。

(3) 控訴審判決

控訴審判決である大阪高判平成10・6・2判時1668号37頁は、1審判決と同様上記争点①③について判断せず、上記争点②に関する1審判決の判示を維持して、宝塚市の控訴を棄却した。すなわち控訴審判決は、風営法について、「本件条例は、都市計画法上の商業地域以外の用途地域においては、パチンコ店の建築について一律にこれを不同意にするというものであり、風営

法に明らかに矛盾抵触するのみならず、その合理性も肯定されない」と判示し、風営法及び県条例よりさらに強度の規制をする本件条例は「風営法及び県条例に違反しており、その効力を有しない」と結論づけた。また、建築基準法についても同じく、本件条例が商業地域以外の用途地域においてパチンコ店の建築を一律に不同意にすることが「建築基準法に明らかに矛盾抵触するのみならず、その合理性も肯定されない」と判示し、建築基準法の用途地域内における建築物の制限を超える規制を行う本件条例は、「同法に違反しており、その効力を有しない」と結論づけた。このように1審判決を維持して宝塚市の控訴を棄却した控訴審判決に対し、宝塚市は最高裁判所に上告した。

(4) **上告審判決**

上告審判決である最判平成14・7・9民集56巻6号1134頁・判時1798号78頁は、1審判決及び控訴審判決が判断しなかった上記争点①について職権で判断し、次のように判示して宝塚市の訴えを却下した。つまり最高裁判所は、「国又は地方公共団体が専ら行政権の主体として国民に対して行政上の義務の履行を求める訴訟は、裁判所法3条1項にいう法律上の争訟に当たらず、これを認める特別の規定もないから、不適法というべきである」としたうえで、「本件訴えは、地方公共団体である上告人が本件条例8条に基づく行政上の義務の履行を求めて提起したものであり、原審が確定したところによると、当該義務が上告人の財産的権利に由来するものであるという事情も認められないから、法律上の争訟に当たらず、不適法というほかない」と判示し、1審判決と控訴審判決が審理した上記争点②について判断することなく控訴審判決を破棄し、1審判決を取り消して、宝塚市の訴えを却下したのである。

(5) **判決の意義**

以上のように、宝塚市パチンコ店条例事件の1審判決及び控訴審判決は、自主条例たる本件条例が風営法及び建築基準法に違反するか否か(上記争点②)について判断して宝塚市敗訴の判決を下した。それに対し、上告審である最高裁判所は、その前段階の論点である、行政上の義務の履行を求めて民

事訴訟を提起することができるか否か（上記争点①）について判断して、宝塚市の訴えを却下するいわば門前払いの判決を下した。つまり、1審判決及び控訴審判決と最高裁判決とでは、その法的な意味合いは大きく異なる。

2 宝塚市パチンコ店条例事件の波紋

2003年9月末現在、450の市町村が制定していた「まちづくり条例」（景観条例）はそのほとんどが自主条例で、委任条例とはその効力が異なるものであった。したがって、自主条例としてのまちづくり条例が都市計画法や建築基準法が定める基準より厳しい基準を定めたとしても、事業者としては都市計画法や建築基準法に従っていれば、市町村の自主条例には従わなくてもよいという理屈が通るのかどうかが問題となる。そのような中、宝塚市パチンコ店条例事件の1審判決及び控訴審判決では、法令より厳しい規制を定めた市町村の条例は違法と判断され、「条例は法的に無力」であることが露呈したのである。

このような事態を受けて2002年7月16日付け読売新聞は、「ハードではなくハートを　2002まちづくり」シリーズの第1回目として「独自条例なぜ無力」との見出しを掲げ、宝塚市パチンコ店条例事件の最高裁判決が兵庫県宝塚市の訴えを門前払いしたことを「パンドラの箱を開けた判決」と表現して、まちづくり条例の意義とその限界を特集した（なお、同記事は最高裁判所が「法に基づかない自治体の条例を強制的に押しつけることはできない」と判断したと述べ、宝塚市パチンコ店条例事件の最高裁判決が自主条例たるパチンコ店建築規制条例の違法性を判断したかのように紹介しているが、前述のとおり、最高裁判所はその争点については判断していない）。これは、同年7月19日付けの第4回目の「『美の原則』条例でうたう」と題した記事とともに大いに注目されるものであった。

宝塚市パチンコ店条例事件によって自主条例の「無力さ」が露呈したため、上記7月16日付けの新聞記事は、「絶句したのは宝塚市の正司泰一郎市長だけではなかった」、「全く市の指導に従わない、最悪の事態を考えると……」、

「立法者が動かないから住民が立った。そんないきさつから生まれた条例を、裁判所が踏みにじろうというのだろうか」と驚きの声を紹介している。このような形でまちづくり条例の限界が顕在化したことは、自主条例を定めている市町村や住民などのまちづくり関係者に対して大きなショックを与えた。事業者が自主条例に従わない場合に訴訟によって解決を図ろうとしても、自主条例による規制は訴訟になれば市町村側が敗訴することが赤裸々になったのであるから無理もない。今後このような事例が次々と続くことになれば、自主条例を活用してまちづくりを進めている自治体においては大きな痛手であり、自主条例としてのまちづくり条例を含むまちづくり政策の見直しを余儀なくされることになる。

Ⅶ 開発指導要綱の自主条例化

1 開発指導要綱の条例化の促進

　開発指導要綱が誕生した時代背景及び歴史的意義、そしてその限界については本節Ⅱで述べたとおりである。その結果、開発許可制度の補完的役割を担ってきた開発指導要綱は、近年の地方分権化や都市計画における住民参加の活発化の流れの中、要綱から条例へと「衣替え」することが求められている。その大きな方向性は、地方分権推進本部が2004年3月に発表した「地方分権時代の条例に関する調査研究」報告書が、実務的には要綱による行政指導のメリットや機動性が大きいことは否定できないが、条例を活用することにより政策の実効性の向上や公平性の確保が期待できるとして、開発指導要綱の一層の条例化を促進することが必要と考えられると結論づけられたとおりである。

　この開発指導要綱の（自主）条例化について『小林・総合的まちづくり』は、「地域の要請や課題に合理性と透明性をもって応えることが必要とされているとともに、新市街地の整備のみを目的とした開発許可制度の補完のみでは対応できない課題が顕在化してきている」としている（同書175頁）。また、

特に都市計画法の平成12年改正によって開発許可制度が改正されたことは、開発許可基準を補完する役割を担ってきた開発指導要綱が受ける影響は大きいものと考えられ、「現在全国の自治体で法改正を起因として指導要綱の条例化が検討されつつあるといえよう」としている（同書176頁）。さらに同書は、「指導要綱は、地域の課題に横断的かつ多様に機能してきた経緯もあり、積極的な対応を前提とした場合、開発許可基準との関係だけでは言及できない論点も多い」としたうえで、開発指導要綱の条例化の論点を、①制度の枠組み、②基準、③手続、④開発負担・同意条項の４項目にわたって整理し、大磯町と鎌倉市の事例を検討している。その詳細は同書を参照されたい。

　従来の開発指導要綱を条例化した事例はいくつかあるが、ひとくちに「条例化」といってもその形にはさまざまなパターンがある。すなわち、①単に指導要綱のみを条例化した事例がある一方で、②指導要綱を条例化することにあわせてプラスαのまちづくり制度を定めた事例や、③これを契機にまちづくり条例を定め、その中で指導要綱を条例化した事例がある。以下、指導要綱の条例化の事例を上記パターンに即していくつか紹介する。

2　指導要綱のみを条例化した事例──明石市、藤沢市

　指導要綱のみを条例化した事例が明石市と藤沢市である。明石市は、「明石市開発事業における手続及び基準等に関する条例」を2007年（平成19年）３月に制定し、同年10月１日に施行した。新条例は、従前の開発指導要綱を条例化したものである。従前は「明石市の環境の保全及び創造に関する基本条例」及び「明石市開発事業指導要綱」に基づいて、一定規模以上の開発事業を行う場合の近隣周知や公共施設等の整備に関する協議などを行っていたが、新条例の施行後はこれらの手続を新条例に基づいて行うことになった。新条例では、開発事業者が事業計画の同意を得ずに事業の工事に着手したときは、市長は当該工事の停止を勧告し、勧告に従わないときは勧告に従うよう命令することができ、命令に違反した場合の罰則を定めた。

　また藤沢市は、「藤沢市特定開発事業等に係る手続及び基準に関する条例」

を2008年（平成20年）12月に制定し、2009年7月1日に施行した。新条例の施行によって藤沢市の「開発行為及び中高層建築物の建築に関する指導要綱」や「建築物の建築に関する指導要綱」等の各指導要綱は廃止され、一定規模以上の開発事業について事前届出制度が創設され、開発事業者に事業予告板の設置と近隣住民に対する説明会の開催が義務づけられた。開発事業者が事業計画の同意を得ずに事業の工事に着手したときの市長による勧告・是正命令及び罰則については、明石市と同様である。

3 指導要綱の条例化にあわせてプラスαのまちづくり制度を定めた事例――宝塚市

宝塚市は、「開発事業における協働のまちづくりの推進に関する条例」を2005年（平成17年）3月に制定し、同年10月1日に施行した。この条例は、2001年12月に制定、2002年4月に施行された「まちづくり基本条例」の趣旨に基づき、市・市民・開発事業者の協働により地域の特性に応じた良好な住環境の保全及び都市環境の形成を図ることを目的として、3つの「話し合い」の仕組みを持った条例である。その「話し合い」の仕組みの1つが「開発事業の話し合い」で、この部分が指導要綱を条例化したものにあたる。残り2つの「話し合い」の仕組みが、「まちの将来像の話し合い」と「紛争解決のための話し合い」である。前者は市独自の制度で地区住民の総意によって策定された「地区まちづくりルール」を市が認定する制度で、後者は開発事業に伴って紛争が生じたときに市職員によるあっせん及び専門家による調停制度である。つまり宝塚市は、従前の指導要綱を条例化するのにあわせて、プラスαとして上記2つの制度を創設したのである。

4 指導要綱の条例化を契機としてまちづくり条例を制定した事例――武蔵野市、所沢市

前述のとおり、指導要綱による乱開発の規制が急速に力を失うきっかけとなった武蔵野市マンション事件の当事者である武蔵野市は、2008年（平成20

年）9月に「まちづくり条例」を制定し、2009年（平成21年）4月1日に施行した。同条例は、「①武蔵野市のまちづくりにあたっての基本的な考え方、②都市計画等の決定等における市民参加の手続、③開発事業等に係る手続及び基準」等を定めることにより、市民等、開発事業者及び市が協力し、かつ、計画的にまちづくりを行い、もって、快適で豊かな都市環境を形成することを目的として定められた。上記③の「開発事業等に係る手続及び基準」が、従前は「宅地開発等指導要綱」によって行われていた調整・指導につき、条例によって事前協議、意見調整の仕組みや手続を明確化したものである。

しかし同条例は、指導要綱を条例化しただけの条例ではない。同条例は、指導要綱を条例化した以外に、専門家と市民による第三者機関として「まちづくり委員会」を設置し、都市計画法に基づく住民参加の仕組みを活用するために都市計画等の決定等に関する手続を定め、市独自の制度として地区まちづくり計画制度を創設するなど、市民・行政・開発事業者の三者がそれぞれの役割を担っていくための仕組みや基準、手続などを定めている。つまり、武蔵野市は指導要綱の条例化を契機として、まちづくりに関する諸制度を定めるまちづくり条例を定めたのである。

この武蔵野市と同様の事例が所沢市である。所沢市は、武蔵野市が「まちづくり条例」を定める以前の2004年（平成16年）3月に「所沢市街づくり条例」を制定し、同年10月1日に施行した。同条例は、所沢市におけるまちづくりの基本原則を定め、市、市民及び事業者の責務を明らかにするとともに、協働によるまちづくりの推進に関する必要な事項並びに適正な土地利用を実現するために必要な手続及び基準を定めることを目的として定められ、開発事業の手続を義務化して指導要綱を条例化するとともに、市主体の「街づくり推進計画」制度や市民主体の「市民計画」、「街づくり協定」制度などを定めた。

5 さらなる拡大への期待

以上のような事例をみれば、いくつかの自治体において指導要綱の（自主）条例化が進められ、また、それを契機としてまちづくり条例をもたない自治

体がまちづくり条例を定めるなど、指導要綱の条例化がまちづくり法の分野における自主条例の拡大に寄与していることがわかる。実務的には要綱による行政指導のメリットや機動性が大きいかもしれないが、条例化することによって政策の実効性が向上し、公平性が確保できることのメリットは大きい。そのため筆者としては、条例化になじまない事項についてはまだしも、各自治体の実情に応じて条例化することが望ましいと考えている。

Ⅷ 景観法に基づく委任条例の活用

1 景観法制定の意義

宝塚市パチンコ店条例事件によって「自主条例は法的に無力」という形でまちづくり条例（景観条例）の限界が顕在化したことは、大変な事態であった。しかし他方は、2003年1月に小泉内閣によって観光立国宣言がなされ、同年7月に国土交通省から美しい国づくり政策大綱が発表され、それらを背景として2004年（平成16年）6月に景観法が制定された。この景観法の制定は、「下からの盛り上がり」というよりは「上から与えられた」ものであるが、そのような背景で制定された景観法が23の項目を市町村（景観行政団体）の条例に委任したことは、まちづくりにおける委任条例の拡充という点で画期的な意義を有する。

2 景観法が定める委任条例の活用

景観法の制定とそこで定められた委任条例の拡充が、宝塚市パチンコ店条例事件によって市町村や住民などのまちづくり関係者が受けたショックを和らげることに一役買ったことは間違いない。つまり、国が良好な景観の価値を明確に示した景観法に基づいて市町村（景観行政団体）が委任条例を制定することによって、もはや「自主条例は法的に無力」という不安はなくなるはずである。そればかりか、景観法による委任条例の拡充によって、まちづくり条例の勢いは加速している。その流れの1つが、景観法に基づく景観計

第1節　まちづくり条例・景観条例の到達点

画の策定とそれに伴う景観条例の制定（改正）である。これについては第5章第2節で詳しく取り上げる。

第2節　まちづくりにおける住民参加

I　住民参加の重要性とその拡大

1　住民参加の重要性

　第1節で述べたとおり、まちづくりをスムーズに進めるためには、住民自身が当事者意識をもち、積極的にまちづくりに参加していくことが必要である。また、いくら当事者意識といっても、住民が井戸端会議で「あれがいい、これはダメ」とやっているだけでは何も始まらないのは当たり前で、まちづくりへの住民参加のシステムが整備されていなければならないが、これまでのわが国のまちづくり法ではその点が不十分であった。そこで本節では、まちづくりに住民が参加するための仕組みを概観し、住民参加の意義が認められ拡大してきた流れを概観する。

2　条例制定と住民参加

　まちづくりに住民が参加する方法の1つは、選挙を通じて民意を地方議会に反映させ、条例を制定させることである。しかし、まちづくりの条例だけが選挙の争点となるとは限らないため、まちづくりに住民が関与できる度合いは少ない。地方自治法では住民が条例を制定するよう直接請求する権利も認められているが、住民の50分の1の署名を集めなければならない。しかも、これはあくまで条例制定を「請求」できるだけで、直ちに条例になるわけではないうえ、直接請求された条例の制定・改廃案が議会で可決されるケースは1割にも満たず、実効性は小さい。
　また、そもそも条例はあくまで一般的な規範であるため、個々のまちづくりについていちいち条例を制定して決めることができるわけではない。したがって、まちづくりについての条例制定は民主的な方法ではあるものの、住

民が「参加」できる仕組みとしては十分とはいえない。もっとも、条例の中に住民の意見を反映させるシステムを組み込むことは十分可能であり、そうした方法を活用した自治体も当然あった。この点は後に詳しく説明する。

3　住民参加の仕組みと拡大

わが国において初めてまちづくりへの住民参加のシステムとして制定されたのは、1980年（昭和55年）の都市計画法改正の中で創設された地区計画制度であった。そして、この頃から神戸市、東京都世田谷区などの自治体がまちづくりに関する条例を制定し、その中に住民参加のシステムを取り入れる先進的な取組みを進めてきた。

徐々に住民参加の意義が理解されていく中で、まちづくりへの住民参加における大きな出来事として、1995年1月17日に発生した阪神・淡路大震災の復興まちづくりにおける「まちづくり協議会」の活躍があげられる。この時期におけるまちづくり協議会の活躍は特筆されるべきものであった。その結果、1998年（平成10年）には特定非営利活動促進法が制定され、また、2000年（平成12年）・2002年（平成14年）の都市計画法改正によって本格的な都市計画への住民参加の仕組みができあがった。景観法の活用には住民参加が不可欠であるが、景観法が定める住民参加の仕組みもこうした流れの中に位置づけられるものである。そこでまず、まちづくりへの住民参加の仕組みと歴史を概観する。

II　地区計画における住民参加

1　住民参加の萌芽としての地区計画

1980年（昭和55年）に都市計画法が改正された際に新設された地区計画制度には、住民参加の仕組みが設けられた。地区計画素案について「住民等の意見」を聴くというのがそれである。都市計画法16条2項（当時）は、地区計画等の案となる内容の提示方法と意見の提出方法については条例で定める

ものとして、自治体の広い裁量を認めた。

　都市計画決定手続についても、都市計画案の縦覧、意見書の提出、都市計画審議会による議決という手続は設けられていたが、これらは、あくまで都市計画の「決定」過程での住民の参加であった。これに対し、地区計画制度では、「素案」段階から住民の意見が聴かれることになり、計画の「立案」過程でも住民参加が図られたという点で重要な意義を有する。しかもこの「意見を聴く」というのは、「できるだけ合意を得る」という意味を含んでいるとされており（昭和55年3月28日衆議院建設委員会における升本達夫都市局長発言）、画期的なものであった。

2　地区計画制度における条例

　この地区計画制度において、地方自治体は2つの条例を定めることができることとされていた。1つは、前述の住民の意見聴取のための手続を定める「手続条例」と呼ばれるものであり（都市計画法16条2項）、もう1つは地区計画を実現するための建築規制を定めるための「建築条例」である（建築基準法68条の2）。昭和55年改正都市計画法では、地区計画が定められた区域における建築・開発等について、市町村長に対する届出・勧告の仕組みを設けたが、これに加えて自治体が個別の建築条例を定めることによって、建築基準法では規制できなかった事項についても建築制限を課すことができるようになったのである。ミニ開発防止のための敷地の最低限規制、まちなみ保存のための建物の形態や意匠の制限、緑化のためのかき・さくの制限などがそれである。こうした事項を「建築条例」で定めておけば、それに抵触する建築物に対して建築確認を出さないことができるし、違反に対して是正命令を出すこともできる。

3　地区計画における住民参加の意義と限界

　地区計画における住民参加の制度は、都市計画法という「まちづくりの母なる法」に、住民が参加できる仕組みができたという点で大きな意義がある。

しかし、法制度的には住民がまちづくりに直接関与していく方法は乏しかった。特に地区計画はあくまで、都市計画法というマクロのまちづくりと、建築基準法というミクロのまちづくりの「隙間を埋める」ものであったうえ、都市計画法による規制を緩和することはできないし、地区計画を定めることができる区域も市街化区域などに限られていた。そのため、住民がマクロのまちづくりに関与することはできなかった。

また、せっかく建築条例という仕組みが導入され、意匠・形態の制限などの規制も理論的には可能になったのであるが、それは建築確認という手続に関するものであるため、「数値化できる事項など明確な基準しか条例で定められず、形態意匠・色彩、広告等の定性的内容は条例化しない傾向」にあった（『小林・総合まちづくり』67頁）など、必ずしも建築条例によって十分な規制が加えられたとはいえない状況であった。

Ⅲ 「まちづくり協議会」と住民参加

1 先進的な自治体における「まちづくり協議会」

しかし、そのような中でも、この地区計画制度を活かしてまちづくりへの住民参加を積極的に拡大しようとする先進的な自治体が生まれた。それが、第1節でも取り上げた神戸市や東京都世田谷区が自主条例で定めた「まちづくり協議会」方式による住民参加である。

(1) 神戸市のまちづくり協議会

神戸市が1981年（昭和56年）に制定した「神戸市地区計画及びまちづくり協定等に関する条例」（以下、本項で「神戸市条例」という）では、第1条「目的」において「住民等の参加による住み良いまちづくりを推進する」ことが掲げられていた。

神戸市条例の大きな特徴の1つは、「まちづくり協議会」という組織を条例で公認したことであった。すなわち、まちづくり協議会とは、①地区の住民等の大多数により設置されていると認められる、②その構成員が、住民等、

学識経験者、及びこれに準ずる者である、③その活動が、地区の住民等の大多数の支持を得ていると認められる、という要件を満たす、地区の住みよいまちづくりを推進することを目的として住民等が設置した協議会であって、市長の認定を受けたものを指す（神戸市条例4条）。

　このまちづくり協議会の特徴は、「地区のまちづくりの構想に係る提案」を、「まちづくり提案」として策定し、市長はこれに配慮しなければならない（神戸市条例7条・8条）として、いわば「提案権」を認められていること、そして、市長との間で「まちづくり協定」を結ぶことができる（神戸市条例9条）ということである。

　この「まちづくり協定」が締結されていると、住民等が地区計画区域内で建築などを行うにあたっては、まちづくり協定の内容に「配慮」しなければならず（神戸市条例10条）、また、市長及びまちづくり協議会は、区域内での建築などについてあらかじめ市長に届出をするよう「要請」することができる（神戸市条例11条）。さらに、市長は、まちづくり協定に適合しない建築などについては、必要な措置について協議をすることができる（神戸市条例12条）。

　このように、まちづくり協議会とまちづくり協定の効果はかなり大きい。さらに、市長はまちづくり協議会に対して技術的援助や経費の助成・融資を行うことができるとされており（神戸市条例17条・18条）、「住民代表」としてのまちづくり協議会の役割を大きく位置づけている。

　これが、後の阪神・淡路大震災からの復興まちづくりにおいて大きな役割を果たすことになる、神戸市のまちづくり協議会の出発点である。震災復興まちづくりの過程で、神戸市では数年の間に100件を超えるまちづくり協議会が認定された。それに伴って、まちづくり協定の事例も増加し、2011年9月現在、神戸市では16件のまちづくり協定が締結されている（神戸市ホームページによる）。

(2)　**東京都世田谷区の地区街づくり協議会**

　世田谷区では、1982年（昭和57年）に街づくり条例を制定した。この条例

の特徴は、街づくり推進地区の指定、地区街づくり協議会の設置などの規定のほか、「街づくりの専門家の派遣」や「街づくり事業推進のための融資斡旋等」といったきめ細かい条項を設けていることである。世田谷区の「地区街づくり協議会」も、神戸市のまちづくり協議会と同様の位置づけを与えられていた。

しかし、その後同条例は1995年（平成7年）に大きく改正された。その中で、「協議会の認定、区長との建築行為等の事前協議協定の締結」を規定した項目は削除されることになり、神戸市とは異なる行き方を示すものとなった（もちろん街づくり協議会自体が否定されたわけではなく、街づくり協議会への助成規定などはそのまま残されている）。この点について、『小林・まちづくり条例』178頁は、「まちづくりは、街づくり協議会に参加していない人も含めて幅広く行うものであり、協議会の認定をなくすことで、1人1人の住民参加の権利を保障した条例に改定されたものと見ることができよう」と評価している。

2　阪神・淡路大震災と「まちづくり協議会」

前述のように、条例が定める「まちづくり協議会」などの方法でまちづくりに住民の意見を反映させる仕組みは存在したが、全国的には必ずしもその動きは目立つものではなかった。まちづくりへの住民参加の大きなターニング・ポイントとなったのは、1995年1月17日に発生した阪神・淡路大震災における震災復興の過程で、多数のまちづくり協議会が立ち上げられ、活発に活動したことである。震災の被害が甚大であったことも手伝って、震災直後に立ち上げられた各地のまちづくり協議会がマスコミに大きく取り上げられ、社会的に認知されるきっかけとなった。

神戸市では震災発生前の時点で、上記の条例にあわせて11件のまちづくり協議会が設置されていた。これだけでも全国的にみれば相当進んでおり、まちづくり条例の制定とあわせて、神戸市がまちづくりに関する先進自治体であったことを示している。

第4章　住民参加のまちづくりと景観法

　阪神・淡路大震災が発生した後の対応にも目を見張るものがあった。まず、神戸市は、都市計画決定（3月17日決定）や国の被災市街地復興特別法の制定（2月26日制定・公布）に先立ち、いち早く2月15日に「神戸市震災復興緊急整備条例」を制定し、翌16日に施行した。条文数はわずか11条の簡単なものであり、内容も抽象的なものが多かったが、市長による「震災復興促進区」の指定、その中からさらに整備目標を定めた「重点復興地域」の指定、促進区域内での建築の届出義務、情報の提供・協議などの具体的な方向性が盛り込まれており、「災害に強い活力のある市街地の形成及び良好な住宅の供給を目指す」という意欲的な内容であった。

　そして、震災から2カ月が経過した3月17日、兵庫県知事によって、神戸市、西宮市、芦屋市、宝塚市、北淡町など合計254.8haについて都市計画決定が行われた。ところが、この計画決定にあたっては、震災直後の混乱期ということもあって、都市計画の縦覧、公聴会や説明会の開催など、都市計画の内容を周知させる手続としては不十分なものとならざるを得ず、建築制限という不利益を課されること、まちづくりに関する情報・知識・経験が不十分なことなどもあり、市・県の審議会は住民の怒号と罵声に包まれた。

　そこで、兵庫県と神戸市は、今回の都市計画決定は「大枠を決定するだけで、詳細な計画は後日決定していく」という「二段階方式」をとることを宣言した。そして、その中で「まちづくり協議会」を活用して住民の意見を集約し、自治体との協議を行い、自治体もこれに応じて柔軟に計画を修正していくという姿勢が示された。これが「まち協方式」と呼ばれる新しいやり方であり、その後まちづくり協議会という存在が一躍クローズアップされるに至ったのである。

　こうして、まちづくり協議会の数は一挙に100件以上へと飛躍的に増加した。そのため、「にわか集め」の結成によるまちづくり協議会と行政が協議しながら、事業計画の検討、修正案の提示、事業計画決定へと進むことになったが、その流れの中で各地とも「まち協」の能力・力量が試されることになった。

この「まち協方式」におけるまちづくり協議会の最大の意義は、復興まちづくりにおける「住民案」を行政に提示できる点にあった。そして、行政もこれを尊重すると確約していたのであるが、これは日本のまちづくりの法と政策上、例外中の例外である。

3 まちづくり協議会の限界と課題──芦屋中央地区における筆者の実践から

(1) まちづくり協議会の難しさ

筆者が実際に顧問弁護士として活動した、芦屋中央地区震災復興まちづくり協議会も、「震災後」の急造まちづくり協議会であった。筆者は、震災発生後直ちに「これは大変な事態だ！」という認識をもち、弁護士有志とともに1995年2月1日、「緊急アピール」を発表するとともに、その骨子を2月10日付け朝日新聞「論壇」欄に「被災地復興は多様なメニューで」と題して発表した。さらに震災から約半年後の8月1日には震災直後に露呈された多くの法律問題を震災復興まちづくりの視点からまとめ、『震災復興まちづくりへの模索──弁護士からの実践的提案』を共著で出版するなど、復興まちづくりのための取組みを行ってきた。

1995年9月の芦屋中央地区「まち協」顧問への就任はこうした「実績」を買ってもらったことによるものであるが、筆者はその中で、激しい「住民間の意見対立」に直面し、「まちづくり協議会の活動とはいかに困難なものであるか」を痛感せざるを得なかった。震災発生2年後の1997年1月17日付け読売新聞の特集記事「街づくりは住民主導」によれば、東灘区森南地区では、当初「森南町・本山中町まちづくり協議会」が行政案の白紙撤回を求めていたのに対し、行政の譲歩案受入れによる事業進展を求める住民が「森南町一丁目まちづくり協議会」を分離・独立させ、さらに3丁目も独立の方針を決めるなど、まちづくり協議会が分裂したことが報道された。また芦屋市西部地区、北淡町富島地区はこの時点でまだ住民合意ができていないなど、合意形成に苦労していた様子がはっきりとわかる。芦屋中央地区まち協でも、まち協の方向

性に反対する住民が「住民の会」を結成し、行政案とまち協の活動に対して痛烈な批判を浴びせ、分裂の様相を呈した。

(2) まちづくり協議会の実践的分類

筆者はこうした事態にかかわる中で、『岐路に立つ芦屋中央地区』を出版し、まち協の姿が次の4つに分類できると分析した（同書28頁以下）。

① 理想型（真の住民参加型）
② リーダー依存型
③ リーダー並立型（内部対立型）
④ 不満ぶつけ型（行政敵対型）

①は理念であって、規模が大きくなれば実現は難しい。実際には②から④のいずれかである。「あなた任せ」の傾向が強い日本では、②のパターンが多い。筆者が関与した芦屋中央まち協は③の典型例であった。もっとも、対立は無駄なものばかりとは限らないというのが筆者の実感である。すなわち、対立によってエネルギーは消耗するものの、対立の中でお互いが勉強し、切磋琢磨して実力をつけていくというメリットもある。一番不毛なのは④で、「人（行政）のやることにはケチをつけるが、自分では理想ばかり言って現実的な判断ができない」という日本人的欠陥を露呈したパターンである。まち協がきちんとしたプランを出せなければ、結局行政が示した案をそのまま受け入れるか、何も結果を残せないで終わるかどちらかになる。

未曾有の大震災という「極限状況」にあったからこそ、まちづくり協議会の意義と力量そして同時に残念ながらその限界がはっきり見えたわけである。もっとも、震災復興まちづくり全体としてみれば、都市計画決定から2年あまりで、8割以上の地区で事業計画についてまち協との合意が成立したのであるから、相当な成果があったことは間違いない。これは、震災被害の中心となった神戸市が元々まちづくりについて先進的な取組みを行っていたうえ、すでに11件のまちづくり協議会の存在と活動という「下地」があったからこそ成し遂げられたというべきである。

(3) 冠をとったまちづくり協議会実現への課題

　他方、こうしたエネルギーの結集は、「極限状況」であったからこそできたともいえる。筆者は、震災復興土地区画整理事業完成が見込まれたが2000年の段階で、芦屋中央地区震災復興まちづくり協議会を「自主解散」することを提案し、それが実行された。これは、震災復興まちづくりという緊急の課題を一応達成したことを受けて、後は、一般的・恒常的なまちづくり課題の実現のためのまちづくり協議会を新たに立ち上げてもらいたいと考えたからである。

　しかし、「震災復興」という冠をとった一般的な「まちづくり協議会」への「衣替え」は残念ながらいまだ実現していない。まちづくり協議会の力量を測るメルクマールは、①まちづくり協議会への結集の程度と運営方法の民主性、②まちづくり協議会活動への総体としてのエネルギー結集の程度・内容、③まちづくり協議会のまちづくりに関する知識・学習水準、④専門家の支援の程度・内容、⑤事業計画についての住民提案の内容・水準、等である。住民によるまちづくりを実現するためには、住民自身の不断の努力が必要不可欠である。

Ⅳ　NPO法人による都市計画決定への住民参加

　ところで、こうしたまちづくり協議会は、法的にはいわゆる「任意団体」にすぎず、法人格は与えられていなかった。法律上の行為主体には自然人と法人があるが、法人は法律の規定によって初めて認められるものである。任意団体の場合、団体の名義で財産をもつことができないため不便なことも多いが、当時の民法で認められていた社団法人や財団法人は主務官庁の許可によって設立されるものにすぎず、市民の自由な活動のための受け皿として適切なものとはいえなかった。そうしたこともあって、1998年（平成10年）3月、特定非営利活動促進法（いわゆるNPO法）が制定され、同年12月1日に施行された。

　このNPO法は、「ボランティア活動をはじめとする市民が行う自由な社会

貢献活動としての特定非営利活動の健全な発展を促進」すること（同法1条）を目的としており、同法によってボランティア活動をはじめとするさまざまな社会貢献活動を行うNPO（Non Profit Organization：民間非営利組織）に法人格を与えるものである。

　震災復興においては、まちづくり協議会だけでなく、復興を支援するさまざまなボランティア団体が大きな役割を果たした。その規模は延べ130万人ともいわれ、寄付金の額は1720億円を超えた。しかし、任意団体では寄付金の免税団体となることもできないなど、問題が噴出した。そのため、こうした団体に簡易・迅速な手続の下で広く法人格を与えるための法的支援の枠組みをつくろうとする動きの中で、議員立法によりNPO法が成立したのである（堀田力＝雨宮孝子編『NPO法コンメンタール──特定非営利活動促進法の逐条解説』3頁）。この法律の「特定非営利活動」の中に「まちづくりの推進を図る活動」が含まれている（NPO法2条1項別表の3）ことをみれば、NPO法の制定に阪神・淡路大震災をきっかけとしたまちづくり協議会の活動が影響を及ぼしたことがわかる。

　ちなみに、後に述べるとおり、景観法においてもNPO法人には景観計画の提案権が与えられ、景観整備機構として活動することができるなど幅広い活動が期待されている。ちなみに、2011年6月30日までに認証を受けたNPO法人は累計4万2944法人で、このうち定款に「まちづくりの推進を図る活動」と記載されているのは約41.8％の1万7954法人である（内閣府ホームページによる）。

V　都市計画決定への住民参加①
──平成12年改正都市計画法

1　住民参加の拡大と都市計画法の改正

　1995年1月の阪神・淡路大震災を契機としてまちづくり協議会の活動が広がった結果、まちづくりにおける住民参加の重要性が認識されてきた。他方、

第2節　まちづくりにおける住民参加

　この国のかたちをめぐる議論の重要な流れとして地方分権がある。橋本内閣による「五大改革」の1つとして断行された地方分権改革を受けて、小渕内閣に入った1999年（平成11年）には475本の法律を一括して改正する地方分権の推進を図るための関係法律の整備等に関する法律（地方分権一括法）が制定され、まちづくり法の分野に限らず、あるべき地方分権全般についての議論も深まっていった。この地方分権一括法に基づく地方分権改革は、明治維新による改革、1945年の終戦に伴う改革に続く「第3の改革」といわれる大改革である。その中で都市計画法については、平成11年改正によって、①都市計画の決定等の事務の自治事務化、②都市計画区域の指定・都市計画の決定等に対する国又は都道府県知事の関与の明確化、③市町村都市計画審議会の法定化、④政令指定都市の都市計画決定権限の拡充、⑤市町村の都市計画決定権限の拡充、⑥地区計画等の決定に対する知事の同意の廃止といった改正が行われた。
　こうした時代状況の流れを受けて、2000年（平成12年）には都市計画法が大改正され、都市計画決定に住民が参加できる道が大幅に拡大されることになった。そのメインは地区計画の提案制度である。以下、都市計画法の平成12年改正による住民参加の拡充について説明する。

2　平成12年改正法以前の都市計画法における住民参加

　平成12年改正以前は、前述の地区計画に対する住民の意見聴取手続を除くと、都道府県・市町村は、都市計画の案を作成する場合、「必要があると認めるとき」にだけ、「公聴会の開催等住民の意見を反映させるために必要な措置」を講じるという仕組みしかなかった。また、公聴会は必要的なものではなく、開かなくても法律上の問題はなかった。
　また、作成された都市計画案についても、都市計画案を公告するとともに、公告の日から2週間、公衆の縦覧に供しなければならないとされ、また、住民及び利害関係人は、この都市計画案について意見書を提出することができるとされていたが、都市計画案は専門的なものであり、案だけを示されても

知識がなければ十分な理解は不可能であるため、実質的には有意義な意見を述べることは難しかった。

しかし、平成12年改正によって、こうした住民参加の弱点が大幅に改善されることとなった。以下そのポイントを解説するが、詳しくは『坂和・都計法手引』を参照されたい。

3 平成12年改正法による住民参加の拡充

(1) 改正のポイント

平成12年改正のうち、住民参加に関する改正のポイントは次のとおりである。

① 国と地方公共団体に、住民に対する説明責任を果たす義務を負わせた。
② 地区計画等について、従前の意見を聴く手続に加えて、住民からの案の申出を可能にした。
③ 都市計画決定手続における、都市計画案の縦覧において理由書を添付することとした。
④ 条例により、都市計画法の規定以上に手続を付加・詳細化できることを明示した。

(2) 住民による提案

平成12年改正法は16条3項において、市町村は、手続条例の中に、住民又は利害関係人から、地区計画等に関する都市計画の決定、変更、地区計画等の案の内容となるべき事項について、「申し出る方法を定めることができる」とした。これにより、住民等から地区計画の内容について提案ができるようになったのである。住民によるまちづくりに関する提案は、すでに神戸市など先進的な自治体が条例によって「まちづくり提案」などの形で実現していたが、都市計画法という法律に基づくまちづくりにこの手法が取り入れられた点は画期的である。

ただし、都市計画法上当然に住民による提案が認められるわけではなく、あくまで市町村が条例において、住民等が「地区計画等に関する都市計画の

決定若しくは変更又は地区計画等の案の内容となるべき事項を申し出る方法を定める」必要があることに注意する必要がある。法律により一律に提案権を認めるべきだとの意見もあったが、こうした申出をどのような形で位置づけるかは市町村の考え方によるところが大きいとされ、結局条例に委任されることになったのである。こうした方向性は正しいが、自治体の力量が試される手法であるともいえる。また、地区計画等（地区計画、住宅地高度利用地区計画、再開発地区計画、防災街区整備地区計画、沿道地区計画、集落地区計画）以外の都市計画については、このような提案制度は設けられなかった。さらに、後述の平成14年改正における都市計画の提案制度のように、計画の提案に対してどのような応答をするか（決定しないときはその旨を提案権者に通知するなど）まで法律で定めず、ただ「申出」ができるとだけ定めているだけであるため、権利性としてはやや弱いといわざるを得ない。

(3) 理由書の添付制度

都市計画の案は専門的なものであるため、一般の住民がその内容を十分理解するのは困難である。そのこともあって、従前の都市計画の案の縦覧、意見書提出の手続は、都市計画に対する住民の理解と合意形成を促進するという役割を十分に果たしていなかった。また、この頃から、行政手続全般において、意思決定にあたって住民へのアカウンタビリティ（説明責任）を向上させることや、意思決定手続の過程を透明化させることの要請が強まってきた。

そこで、平成12年改正法は17条1項で、都道府県・市町村が都市計画を決定しようとするときに公衆の縦覧に供する都市計画の案には、その都市計画を決定しようとする理由を記載した書面（理由書）を添付しなければならないものとした。

従来は都市計画の案だけが縦覧に供されることになっていたため、一般住民がそれだけで決定されようとしている都市計画の内容を十分に理解することは困難であったから、理由書があわせて縦覧に供されることは住民の理解に役立つことになる。

(4) 説明責任の明記

　しかし、縦覧に供される都市計画の案にその理由書が添付されるだけで、住民に対する説明責任が十分果たされ、住民が理解できるわけではない。理由書の添付が真に住民の理解に役立つためには、その前提として、都市計画の案の作成段階から公聴会や説明会の開催等により、住民の理解を得るための説明や資料の提供等がなされていることが必要である。都市計画に対する住民の理解と合意形成を促進するためには、複雑・難解な都市計画制度について、国・地方公共団体から住民に対し、知識の普及や情報の提供という積極的活動が必要である。

　そこで、平成12年改正法は3条3項に「国及び地方公共団体は、都市の住民に対し、都市計画に関する知識の普及及び情報の提供に努めなければならない」という新たな責務を追加した。これは努力義務にすぎないが、立法担当者は、「都市計画制度に関する講習会、まちづくりに関するワークショップ、各種パンフレットの作成、インターネットの活用」などを具体的な情報提供として想定しており、実際にインターネットを通じた情報提供などはかなりの充実をみていると評価できる。

(5) 条例による手続の強化

　平成12年改正法は都市計画決定手続において、地方の実情に応じて手続を手厚くする必要がある場合に、条例によって公聴会の開催義務化、縦覧期間の延長を可能にすることを確認的に規定することになった。こうした確認規定が必要とされたのは、前述のように法律と条例の関係に不明確な点があると条例の効力が否定されるおそれがあるためである。ただし、法定の都市計画決定手続を緩和することはできないと明示されているため、たとえば、縦覧を行わないものとするような条例を制定することはできず、仮にこうした条例に基づいて都市計画決定をすれば、都市計画決定そのものの瑕疵につながるであろう。

(6) まとめ

　以上のとおり、平成12年改正法は都市計画決定そのものに住民が参加する

ことを前提とした内容になっており、不十分な点も指摘できるものの、住民参加という視点からは、まちづくり法における大きなターニング・ポイントになったものと位置づけることができる。

VI　都市計画決定への住民参加②
　　　──平成14年改正都市計画法

1　都市計画の提案制度の創設

　平成12年改正に引き続き、小泉都市再生の一環として2002年（平成14年）に都市計画法の改正が行われた。その目玉の１つが、都市計画の提案制度である。以下そのポイントを解説するが、詳細は『坂和・都計法手引』を参照されたい。

　平成12年改正では、前述のとおり、住民等による「申出」制度が設けられたが、その対象は、都市計画の中でも地区計画のみであり、それ以外の都市計画は対象外であった。また、提案制度を設けるかどうかの判断、設けた場合の手続の内容については市町村に委ねられており、全国一律の制度ではなかった。そのうえ、申出をどのように扱うかは不明確であった。

　そのような中、平成14年改正では、これらの点が一気に拡大されることとなった。すなわち、①土地所有者、まちづくりNPO、まちづくり協議会等が、一定の要件を満たせばほぼ全ての都市計画について提案できることとなり、②地方公共団体は、提案された都市計画について、決定する必要があるかどうかを判断し、必要がある場合には、都市計画の案を作成しなければならないこととされ、決定しない場合にも、その旨を理由とともに提案者に通知することとされたのである。

　この制度は、2002年（平成14年）に制定された都市再生特別措置法による都市再生緊急整備地域内における都市再生事業を行おうとする者による都市計画の提案制度（都市再生特別措置法37条以下）と同様の制度であるが、都市再生特別措置法は、時間と場所を限定して、民間の力を活用した都市の整備

を緊急に行うものであり、地域住民等のまちづくりに対する能動的な参加を促進するという都市計画法上の提案制度とは趣旨が異なっている。そのため、提案権者、提案の対象となる区域、都市計画の種類、決定までの期間等に違いがある。

2 都市計画の提案制度の概要

(1) 区域、対象

計画提案ができる区域は、「都市計画区域又は準都市計画区域のうち一体として整備し、開発し、又は保全すべき土地の区域」である。その規模は原則として0.5haであるが、「当該都市計画区域又は準都市計画区域において一体として行われる整備、開発又は保全に関する事業等の現況及び将来の見通し等を勘案して、特に必要があると認められるときは、都道府県又は市町村は、条例で、区域又は計画提案に係る都市計画の種類を限り、0.1ヘクタール以上0.5ヘクタール未満の範囲内で、それぞれ当該都道府県又は市町村に対する計画提案に係る規模を別に定めることができる」とされた（都市計画法施行令15条の2）。なお、都市計画区域の整備、開発及び保全の方針と都市再開発方針等に関する都市計画は、計画提案の対象から除外される。

(2) 提案権者

計画提案権者は、①所有権者又は対抗要件を備えた借地権者等、②まちづくりを目的とした特定非営利活動法人等である（都市計画法21条の2第1項・2項）。都市再生特別措置法上の提案制度では、「都市再生事業を行おうとする者」が提案することができ、この点が、大企業による開発に都合のよい都市計画決定につながると批判された。しかし、提案制度自体は無色透明なものであるから、住民による自主的な活用が望まれる。

(3) 手続

計画提案には、当該提案に係る都市計画の素案及び都市計画法21条の2第3項2号の同意を得たことを証する書面を添えなければならない（都市計画法21条の2第3項、都市計画法施行規則13条の4）。また、①素案の内容が都市

計画に関する基準に適合していること、②土地所有者等の頭数と面積の3分の2以上の同意があること、が必要である。

3　都市計画の提案制度の活用状況

　都市計画法（同法21条の2）上の提案制度の活用状況については、国土交通省の統計によれば、2009年3月末時点で全国累計122件の提案がある。このうち、都市計画決定等（変更を含む）を行わない旨の通知（都市計画法21条の5の通知）がなされたのは10件にすぎず（取下げや不採用が数件ある）、ほとんどのケースで都市計画決定に至っている。これに対し、都市再生特別措置法（同法37条）上の提案制度の提案状況については、同じく2009年3月末時点で全国累計45件となっている。こちらはその全件が都市計画決定に至っている。

　件数からみると、十分に活用されているとは言い難い現状ではあるが、それは、日本経済が低迷しており、まちづくりに十分な資金を投入できない社会状況であることが1つの理由であるとも考えられ、制度自体に欠陥があるというわけではない。これについても住民による積極的な活用が望まれる。

Ⅶ　景観法における住民参加

1　景観法が定める住民参加の制度と仕組み

　景観法が定めた各種の制度を十分活用し、その実効性を上げるためには住民参加が重要である。景観法は、第5章第2節で述べるように多数の事項を条例に委任したが、そればかりでなく、①景観計画策定における住民やNPO法人等による景観計画の提案制度（11条〜14条）、②景観協議会への参加（15条）、③景観整備機構としての活動（92条以下）など、住民やNPO法人がまちづくりに参加することのできる制度や仕組みを整えた。これらの住民参加の制度や仕組みを十分活用するためには、自治体による支援が不可欠であるが、住民やNPO法人がどれだけ主体的になりどれだけの勉強をして汗

をかくか、そのまちづくり活動の「力量」にかかっている。

　住民の責務を定める景観法 6 条は、「住民は、基本理念にのっとり、良好な景観の形成に関する理解を深め、良好な景観の形成に積極的な役割を果たすよう努めるとともに、国又は地方公共団体が実施する良好な景観の形成に関する施策に協力しなければならない」と定めている。各地の住民やNPO法人が住民参加の制度や仕組みを活用するについては、景観法が上記①②③のように定めた責務を自覚し、わがまちの景観について議論を深めることが肝要である。以下、景観法が定めた景観計画の提案制度の概要とその活用事例を紹介する。

2　景観計画の提案制度

　景観法は、景観計画の対象となる土地の区域のうち一定の要件を満たす土地の区域について、当該土地の所有権者等が景観行政団体に対して、景観計画の策定又は変更を提案できる制度を創設した。その概要は次のとおりである。

　まず、計画提案をすることができる土地の区域は、景観法 8 条 1 項に規定する土地の区域のうち、一体として良好な景観を形成すべき土地の区域としてふさわしい一団の土地の区域であって、政令で定める規模（0.5ha）以上のものである（景観法11条 1 項、景観法施行令 7 条）。次に計画提案をすることができるのは、第一義的には、①当該土地の所有権を有する者、②建物の所有を目的とする対抗要件を備えた地上権若しくは賃借権を有する者で、これらの者は 1 人で、又は数人が共同して、景観行政団体に対して景観計画の策定又は変更を提案できる（景観法11条 1 項）。また、③まちづくりの推進を図る活動を行うことを目的とするNPO法人、一般社団法人、一般財団法人、④これに準ずるものとして景観行政団体の条例で定める団体も同様に、景観行政団体に対して景観計画の策定又は変更を提案できる（同条 2 項）。計画提案する場合には、当該提案に係る景観計画の素案を添付しなければならず（同条 1 項・ 2 項）、素案の対象となる土地の区域内の土地所有者等の 3 分の

2以上の同意を得て、かつ、同意した者が所有するその区域内の土地の地積と同意した者が有する借地権の目的となっているその区域内の土地の地積との合計が、その区域内の土地の総地積と借地権の目的となっている土地の総地積との合計の3分の2以上となっていることが必要である（同条3項）。

そして景観行政団体は、計画提案が行われたときは、遅滞なく、当該計画提案を踏まえて景観計画の策定又は変更をする必要があるかどうかを判断し、必要があると認めるときは、その案を作成しなければならず（景観法12条）、素案の内容の一部を実現することになる場合には、当該景観計画の案について意見を聴く都道府県都市計画審議会又は市町村都市計画審議会に対して当該計画提案の素案を提出しなければならない（同法13条）。また、計画提案を踏まえた景観計画の策定等をする必要がないと決定したときは、遅滞なく、当該計画提案者に対し、その旨及び理由を通知しなければならず（同法14条1項）、その通知をしようとするときは、あらかじめ都道府県都市計画審議会又は市町村都市計画審議会に当該計画提案の素案を提出してその意見を聴かなければならないとされている（同条2項）。

以上のような景観計画の策定等の提案制度における手続の流れは、都市計画の提案制度と同様である。

3　景観計画策定の提案事例

(1)　景観計画の策定件数

国土交通省が、景観法関連制度の活用状況の把握を目的として、2009年8月1日時点で景観計画を策定（告示）した188の地方自治体に対して行った第4回景観法施行実績調査（景観計画に関する項目）によれば、景観計画の策定の提案件数は同日現在までで14件（景観計画の変更の提案は5件）である。この件数を多いとみるか少ないとみるか、その評価に際しては、上記件数が、景観法が全面施行された2005年（平成17年）6月から約4年2カ月後に行われた調査の結果であり、景観行政団体への「名乗り」や景観計画の策定といった景観法の活用状況がいまだ「途上」段階にあることや、調査当時景観行政

団体は400を超えていたものの、その半数以上が景観計画を策定していないことを考慮しなければならない。

しかし、2010年7月1日時点で、景観計画を策定（告示）した243の地方自治体に対して行った第5回景観法施行実績調査（景観計画に関する項目）によれば、景観計画の策定の提案件数についての回答はなく、景観計画の変更の提案件数が1件だけであった。このことをあわせて考えれば、せっかく制度化された景観計画策定の提案制度はいまだ十分定着せず、その活用は不十分といわざるを得ない。

(2) 愛媛県大洲市の景観計画

国土交通省の上記調査によれば、愛媛県大洲市の「大洲市景観計画」が景観法11条に基づく景観計画の策定の提案があった事例の1つとして紹介されている。しかし筆者が大洲市に確認したところによれば、大洲市景観計画は景観法11条に基づく住民等からの提案によって策定したものではないとのことであった。

2005年5月に知事の同意を得て景観行政団体となった大洲市は、2006年から景観計画の策定作業を本格的にスタートさせ、まずは計画策定への住民参加を促すためにワークショップ（町並み散策）の開催や広報誌「まちのかたち」の発行を開始した。大洲市は景観計画の策定をコンサルタントに委託するか、市民の手づくりによって進めるか悩んだ結果、景観計画の性格上その策定は市民の代表で構成された委員会方式によることが一番であるとの結論に達し、2006年12月に「大洲市景観検討委員会」を設置した。同検討委員会は大洲市の関係部課長14名からなる「景観検討協議会」の諮問機関にあたるもので、愛媛大学法文学部の本田博利教授を会長として、区長会長、公民館長、PTAや婦人会などの社会教育団体の代表、その他まちづくり団体の代表などで構成され、最終目標である景観計画の素案が作成された2008年3月までの1年3カ月余りの間に計7回開催された。その後同年7月から8月に素案に関する意見公募と説明会が行われ、同年12月から2009年1月に景観計画案に関する意見公募が実施され、同年3月に大洲市景観計画が策定された。また、

上記の計画策定の作業と並行して住民に対する説明会やワークショップが開催され、2007年3月には景観に関する市民意識のアンケート調査が実施された。大洲市の景観計画は、以上のような形の「住民参加」を経て策定されたものである。

つまり、「住民参加」のレベルは高いものの、景観法11条に基づく計画提案までには至らず、あくまでもその策定の主体は自治体である大洲市であった。

(3) 高知県四万十町の景観計画

また、国土交通省の上記調査で大洲市と同様に計画策定の提案があった事例とされている高知県四万十町の「四万十町景観計画」についても、筆者が四万十町に確認したところによれば、2008年8月に策定されたこの景観計画は景観法11条に基づく計画提案を受けて策定されたものではないとのことである。四万十町は景観計画の策定にあたって、同法15条に基づく「四万十町景観協議会」を設置し、同協議会において住民の意見を反映させた景観計画の素案を作成しており、その素案に基づいて策定されたのが上記景観計画である。つまり四万十町の景観計画の策定の主体は、大洲市と同様、自治体である四万十町であった。

(4) 住民参加の現実的方法

このように、大洲市や四万十町の景観計画の素案の作成作業は自治体が設置した景観検討委員会又は景観協議会によって行われてはいるが、両自治体における景観計画の策定は景観法11条に基づく提案を受けたものではないから、純粋に住民の発意からスタートしたものではない。しかし、住民の主導だけで景観計画の素案を作成することは一部の例外を除けばほとんど不可能であり、行政の力を借りることは不可欠である。

そのため筆者としては、自治体が設置した委員会や協議会が住民の意見をできる限り吸い上げてそれを景観計画に落とし込んでいくという大洲市や四万十町の取組みは、景観法における住民参加の方法としては現実的であると考えている。

第5章

景観法の制定とその活用

第5章　景観法の制定とその活用

第1節　景観法の制定とその概要

I　景観法制定の背景とその意義

1　景観法の制定

　2004年2月10日に景観法案が閣議決定され、同月12日に第159回国会に提出された。また、この景観法案とあわせて「景観法の施行に伴う関係法律の整備等に関する法律案」と「都市緑地保全法等の一部を改正する法律案」も提出され、これらの法案は「景観緑三法案」と称されて同時に審議された。景観法案は衆議院で4回、参議院で2回審議され、2004年（平成16年）6月11日に可決・成立し、同月18日に公布された（平成16年法律第110号）。そして、同年12月17日に景観地区について定める第3章を除く部分が施行され、翌2005年（平成17年）6月1日に第3章が施行されたことによって全面施行に至った。なお、景観法が一部施行される直前の2004年（平成16年）12月15日には、景観法施行令（平成16年政令第398号）と景観法施行規則（平成16年国土交通省令第100号）がそれぞれ公布されている。

2　景観法制定の背景

　2004年（平成16年）の景観法制定に至るまでのわが国における「まちづくりの法と政策」、「眺望・景観をめぐる法と政策」は、本書第1章で概観したとおりである。したがって、ひと言でいえば、わが国初の「景観に関する総合的な法律」である景観法は、景観に関する国民と政府の意識が向上し、地方公共団体が自主条例としての景観条例を制定する動きが強まるなど、美しいまちなみや良好な景観を形成するための取組みが強まる中で制定されたものであるといえる。

　その背景には、それまでの都市計画法や建築基準法を中心とする規制では、

良好な景観を形成するという観点から建物の高さ、形態・意匠、色彩を規制することができないため、周囲のまちなみにそぐわない建物であっても都市計画法や建築基準法等の法令に違反していなければ「自由に」建築することができるという、景観に関する法令の「不備」があった。そのような中、国土交通省が2003年7月に発表した「美しい国づくり政策大綱」において、「行政の方向を美しい国づくりに向けて大きく舵を切ることとした」と宣言したのは大きな意味をもっていた。また、本書第3章第1節で紹介した国立マンション事件の1審判決（東京地判平成14・12・18判時1829号36頁）や名古屋白壁地区マンション事件（名古屋地決平成15・3・31判タ1119号278頁）など、司法において「景観利益」を法的に保護される利益と認める判例が増えたことも、景観法制定に向けた推進力の1つとなった。

3　景観法制定の意義

「景観に関する基本法」というべき景観法が制定されたことの一般的な意義は、良好な景観が価値のあるものだということを明確に謳い、良好な景観の形成の促進を国策として明確に位置づけたことや、5つの基本理念を定めて事業者等の責務を定めたことにある。そしてその最大の意義は、良好な景観形成のための法的な規制手法や規制対象を具体的に定めたことである。

つまり景観法は、良好な景観を形成するためのツールとして、そのツールを活用する主体として景観行政団体という新しい概念をつくり出したうえで景観計画制度を創設し、都市計画法が定める新しい地域地区として従来の美観地区に代えて景観地区と都市計画たる景観地区ではカバーできない地域を対象とする準景観地区を創設し、さらに、景観重要建造物及び景観重要樹木、景観重要公共施設、景観協定、景観整備機構などの新しい概念を次々と創設したのである。これらのツールを定めたことが、景観法1条が定めるところの「我が国の都市、農山漁村等における良好な景観の形成を促進するため」の施策の中身であり、景観法が制定されたことの具体的な意義である。景観法は、前述のような背景で制定されたことからも明らかなように、わが国で

初めて良好な景観の形成の促進を国の重要課題と位置づけた画期的な法律である。

II 景観法の構成とその特徴

1 景観法の構成

　景観法の目的は、「我が国の都市、農山漁村等における良好な景観の形成を促進する」ことである（景観法1条）。景観法はこの目的を達成するため、景観計画の策定その他の施策を総合的に講じている。景観法が定める施策を概観するには、景観法の目次を見るのが最も手っとり早い。そのため、次に景観法の目次を掲げておく。このような目次で構成された景観法の規定は、大きく、①景観に関する基本法として基本理念や事業者等の責務を定める規定（第1章）、②良好な景観形成のための具体的な建築等の規制を定める規定（第2章・第3章）、③良好な景観形成のための各種支援を定める規定（第4章・第5章）の3つに分類することができる。

（景観法の目次）

第1章　総則（1条～7条）

第2章　景観計画及びこれに基づく措置

　第1節　景観計画の策定等（8条～15条）

　第2節　行為の規制等（16条～18条）

　第3節　景観重要建造物等

　　第1款　景観重要建造物の指定等（19条～27条）

　　第2款　景観重要樹木の指定等（28条～35条）

　　第3款　管理協定（36条～42条）

　　第4款　雑則（43条～46条）

第4節　景観重要公共施設の整備等（47条～54条）
　　第5節　景観農業振興地域整備計画等（55条～59条）
　　第6節　自然公園法の特例（60条）
　第3章　景観地区等
　　第1節　景観地区
　　　第1款　景観地区に関する都市計画（61条）
　　　第2款　建築物の形態意匠の制限（62条～71条）
　　　第3款　工作物等の制限（72条・73条）
　　第2節　準景観地区（74条・75条）
　　第3節　地区計画等の区域内における建築物等の形態意匠の制限（76条）
　　第4節　雑則（77条～80条）
　第4章　景観協定（81条～91条）
　第5章　景観整備機構（92条～96条）
　第6章　雑則（97条～100条）
　第7章　罰則（101条～108条）
　附則

2　景観法の特徴

　景観法の特徴の第1は、良好な景観の形成に関する基本理念を定め（2条）、国・地方公共団体、事業者、住民それぞれの責務を宣言したこと（3条～6条）である。景観法2条が定める基本理念は5項目からなっており、これはいわば「景観5原則」ともいうべきものである。景観法が定める各種の施策を解釈・運用する際には、これらの基本理念を尊重しなければならない。また、国・地方公共団体だけでなく事業者、住民に対しても基本理念に則った責務を定めたことが注目される。これは、景観を構成する要素が多種多様で

231

あることから、良好な景観を形成するためには国・地方公共団体という公的な主体だけでは足りず、事業者や住民という私的な主体も参加し、そのような「公」と「私」が連携することの必要性を前提としているためである。

　景観法の第2の特徴は、良好な景観を形成するために建築物等に対する具体的な規制を行い、各種の支援を行うための新しい概念・取組みを創設したことである。①景観行政団体、②景観計画・景観計画区域、③景観地区・準景観地区、④景観重要建造物・景観重要樹木、⑤景観重要公共施設、⑥景観協定、⑦景観整備機構等がそれである。前述したとおり、これらの新しい概念・取組みのうち、上記①の景観行政団体及び②の景観計画の制度と、上記③の景観地区・準景観地区の制度が、景観法において最も重要なツールである。

　景観法の第3の特徴は、直接建築物等を規制する枠組みを創設した一方で、多くの項目の規制を地方公共団体（市町村ないし景観行政団体）の条例に委ねたことである。これは、地方公共団体の自主性を尊重するという宣言であるほか、良好な景観がそれぞれの地域に応じて多種多様であり、良好な景観の形成についての具体的な取組みは、基本的には最も住民に近い市町村が中心になって進めるべきであることの宣言である。このように、地方自治の推進の流れに沿って多くの項目について委任条例の規定を定めたことが、景観法最大の特徴であり、その活用が注目される。この景観法に基づく委任条例については第2節で詳しく述べる。

III　景観法が定めた重要なツールとその意義

1　景観行政団体と景観計画

　景観法の各条文の解説については、国土交通省都市・地域整備局都市計画課監修の『逐条解説景観法』（ぎょうせい・2004年9月）や筆者の『Q&Aわかりやすい景観法の解説』（新日本法規出版・2004年11月）など多くの解説書が出版されているため、そちらに譲る。本項では、景観法が定めたツールひとつひとつの解説はせず、その中で重要なもののみの紹介にとどめる。それ

は、前記Ⅱ1で分類した②良好な景観形成のための具体的な建築等の規制を定める規定のうちの、景観行政団体及び景観計画の制度と景観地区・準景観地区の制度である。以下、これら2つの制度（ツール）の概要を説明する。

　景観法が定めた重要なツールの第1は、景観行政団体と景観計画の制度である。景観行政団体とは、①都道府県、②政令市、③中核市のほか（景観法7条1項）、④政令市・中核市以外の市町村で都道府県知事の同意を得た市町村である（同項ただし書）。この④の、知事同意の市町村を景観行政団体と定義した景観法7条1項ただし書の規定は非常に重要で、景観行政に意欲をもった政令市と中核市以外の市町村がどの程度登場するかが、景観法がどれだけ活用されるかを測る大きなメルクマールとなる（ただし、後記第2節Ⅴ3(2)記載のとおり、2011年（平成23年）に改正）。景観計画とは、「良好な景観の形成に関する計画」であり、景観行政団体は「都市、農山漁村その他市街地又は集落を形成している地域及びこれと一体となって景観を形成している地域」における一定の土地の区域について、景観計画を定めることができる（同法8条1項）。

　景観計画の対象となる土地の区域は、「現にある良好な景観を保全する必要があると認められる土地の区域」（景観法8条1項1号）や、「地域の土地利用の動向等からみて、不良な景観が形成されるおそれがあると認められる土地の区域」（同項5号）等であり、景観計画に定められた区域が景観計画区域である。景観計画区域内においては、①建築物の新築等、②工作物の新設等、③土地の区画形質の変更等の一定の行為について、景観行政団体の長に対する届出が義務づけられている（同法16条1項）。そして、それらの行為が景観計画において具体的に定める基準に適合しない場合には、景観行政団体の長は、設計の変更その他の勧告をすることができる（同条3項）。つまり、後述の景観地区がより積極的に良好な景観形成を図る場合に活用することを想定しているのに対し、景観計画区域は、届出・勧告による緩やかな規制誘導を行う場合に活用することを想定しているのである。

2　景観地区と準景観地区

(1)　景観地区

　景観法が定めた重要なツールの第2は、景観地区及び準景観地区である。景観地区とは、都市計画区域又は準都市計画区域内の土地の区域について、「市街地の良好な景観の形成」を図るため、市町村が都市計画に定めることができる地区で（景観法61条1項）、都市計画法が定める地域地区の1つである（都市計画法8条1項6号）。景観地区内においては、建築物の形態意匠は都市計画で定められた建築物の形態意匠によって制限され（景観法62条）、景観地区内において建築物の建築等をしようとする者は市町村長の認定を受けなければならず、市町村長は都市計画に定められた形態意匠に違反する建築物についての是正措置を命ずることができるなどの規制が定められている（同法63条・64条）。なお、景観地区が創設される以前は、「市街地の美観を維持」するための地区として、都市計画法において美観地区が規定されていたが（平成16年改正前の都市計画法8条1項6号）、景観地区の創設に伴って美観地区は廃止された。そして、それまでに定められた美観地区は景観地区に移行している。

　景観法と建築基準法・都市計画法が定める景観地区における規制の対象と手段をまとめると、<chart 3>のとおりである。

(3)　準景観地区

　次に準景観地区とは、都市計画区域及び準都市計画区域外の景観計画区域のうち、相当数の建築物の建築が行われ、現に良好な景観が形成されている一定の区域について、「その景観の保全」を図るため、市町村が指定することができる地区である（景観法74条1項）。この準景観地区は、景観地区のように都市計画法が定める地域地区ではない。その対象は、景観地区として定めようにも、その前提となる都市計画区域又は準都市計画区域が定められていないために景観地区を定められない地域であり、そのような地域であっても準景観地区に指定することで景観地区に準じた行為の規制が可能となる。

<chart 3> 景観地区における規制の対象と手段

規制の対象		規制の手段
建築物	形態意匠の制限	都市計画［必須］ （景観法61条2項1号）	計画認定 （景観法63条）
	高さの最高限度又は最低限度	都市計画［選択］ （景観法61条2項2号）	建築確認 （建築基準法6条・68条）
	壁面の位置の制限	都市計画［選択］ （景観法61条2項3号）	
	敷地面積の最低限度	都市計画［選択］ （景観法61条2項4号）	
工作物	形態意匠の制限	景観地区工作物制限条例 （景観法72条1項)	計画認定 （景観法72条2項）
	高さの最高限度又は最低限度		是正命令 （景観法72条4項）
	壁面後退区域における設置制限		
開発行為その他政令で定める行為		市町村の条例 （景観法73条1項）	許可 （景観法施行令22条2号）

つまり、市町村は、準景観地区内における建築物又は工作物について、景観地区内におけるこれらに対する規制に準じて政令で定める基準に従い、条例で、良好な景観を保全するため必要な規制をすることができる（同法75条1項）。

3 景観地区の画期性

景観地区の画期性は次の3点にまとめることができる。その第1は、建築物の形態意匠の制限を都市計画で定めるものとしたことである。都市計画とは、「制限を通じて都市全体の土地の利用を総合的・一体的観点から適正に配分することを確保するための計画であり、土地利用、都市施設の整備及び

市街地開発事業に関する計画を定めることを通じて都市のあり方を決定する性格をもつ」（都市計画運用指針Ⅲ1）ものである。ところが、わが国では一般的に「建築の自由」が原則と考えられ、「計画なければ開発なし」の考え方は十分に浸透していない。このようなわが国において、私権との衝突が予想される領域のうち、建築物の形態意匠という主観的な要素を含み、数値等による明確な規制の「基準」が定めづらい事項を、上記のような性格をもつ都市計画で定めるものとしたことは画期的である。

　第2は、建築物の建築等について「計画認定制度」を創設したことである。建築物の形態意匠については、周囲の建築物や背景等との関係が重要な意味をもち、本来、敷地単位で図面による判断を前提としている建築確認にはなじまない。したがって、仮に規制の基準を定める場合にも、具体的な数値による標準的な基準だけでなく、限界的なものについて個々の事例ごとに判断できるよう、「屋根及び軒については、その形態が周囲の建築物と統一的になっていること及び落ち着いた色彩となっていること」などの裁量的な基準をおかざるを得ない。そのため、建築物の形態意匠の制限については、建築確認とは別の仕組みとして、基準との適合を市町村長が裁量的に認定する計画認定制度を採用したことの意義は大きい。

　第3の画期性は、多くの領域について条例に委任したことである。景観法がこのように多くの委任条例の定めを用意したことによって、市町村は大きな「重荷」と「責任」を背負わされたことになる。すなわち、従来から批判が多かった「横並び意識」を払拭し、市町村間における「競争」によってより質の高いまちづくり・景観づくりが具体化されることが期待されるのである。

　景観地区の画期性は以上の3点であるが、いかに優れた「道具」を与えられてもそれを使いこなす側が十分に活用できなければ、景観法が創設した景観地区の制度は全て「宝の持ち腐れ」となり、景観法は「絵に描いた餅」となるであろう。

Ⅳ　景観法の活用状況

1　景観法の完全施行から7年余

　景観法は、2004年（平成16年）6月に制定された。その一部が施行された同年12月から約8年、完全施行の2005年（平成17年）6月から7年半が経過した。知事の同意を得て景観行政団体となった市町村の第1号は栃木県日光市と神奈川県真鶴町で（両市とも2005年1月16日に移行）、景観計画の第1号は滋賀県近江八幡市の「近江八幡市風景計画（水郷風景計画編）」である（2005年7月29日告示）。また、景観法施行後の景観地区の指定第1号は、東京都江戸川区の「一之江境川親水公園沿線景観地区」である（2006年12月26日指定）。2012年1月1日時点における景観行政団体は合計524団体、景観計画を策定した景観行政団体の数は323団体であり、景観地区は34地区で指定されている。
　このように景観法の活用は順次増えている。そのような状況下、現時点での景観法の活用状況を整理しておこう。

2　景観行政団体

　2004年（平成16年）12月17日に景観法の一部が施行され、景観行政団体の制度が発足した時点で自動的に景観行政団体となったのは47の都道府県、13の政令市、35の中核市の合計95であった。そして、その1カ月後の2005年1月17日に景観法7条1項ただし書の規定に基づいて都道府県知事の同意を得て景観行政団体となったトップバッターが、神奈川県真鶴町と栃木県日光市である。その後、知事の同意を得て景観行政団体となる市町村は次第に増えていき、景観法の一部施行から約1年が経過した2005年12月1日時点では89の市町村が知事の同意を得て景観行政団体となった。さらに、その数は3年が経過した2008年12月1日時点では269市町村と約3倍まで増加した。そして、2012年1月1日時点において、国土交通省のホームページ

第5章　景観法の制定とその活用

によれば（<http://www.mlit.go.jp/crd/townscape/database/Landscape_Administrative_Organization.htm>）、409の市町村が知事の同意を得て景観行政団体となっており、同日時点の景観行政団体は合計524まで増えている（都道府県47、政令市19、中核市41、知事同意の市町村417）。

　もっとも、景観法が施行された当初の2005年1月、国土交通省は「景観条例を制定している約500の自治体の多くが、数年以内に景観行政団体として名乗りを上げるのではないか」とコメントしていたことを考えれば、2004年（平成16年）12月17日に景観法が一部施行されてから本書執筆の2012年2月時点までの約7年半で知事の同意を得て景観行政団体となった市町村の数が417にとどまっているのは、やや目論見はずれの感がある。なお、2005年1月28日から2012年1月1日までの景観行政団体数の推移を棒グラフにまとめると、<chart 4>のとおりである（ただし、後記第2節Ⅴ3(2)記載のとおり、2011年（平成23年）に改正）。

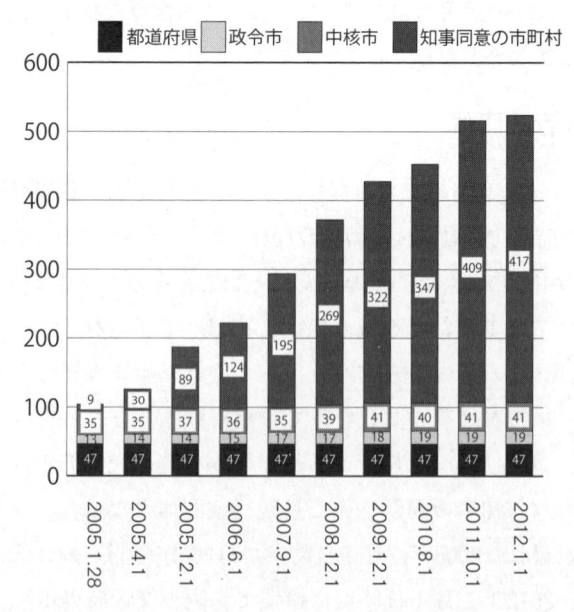

<chart 4>　景観行政団体数の推移

日付	都道府県	政令市	中核市	知事同意の市町村
2005.1.28	47	13	35	9
2005.4.1	47	14	35	30
2005.12.1	47	14	37	89
2006.6.1	47	15	36	124
2007.9.1	47	17	35	195
2008.12.1	47	17	39	269
2009.12.1	47	18	41	322
2010.8.1	47	19	40	347
2011.10.1	47	19	41	409
2012.1.1	47	19	41	417

3　景観計画の策定状況

　2004年（平成16年）12月の景観法一部施行以来、景観行政団体による景観計画の策定が進み、国土交通省のホームページによれば（<http://www.mlit.go.jp/crd/townscape/database/Landscape_Plan.htm>)、2012年1月1日時点で323団体において景観計画が策定されている。これは、同日時点における524の景観行政団体の約60％である。景観計画の策定第1号は、2005年7月29日に策定された「近江八幡市風景計画（水郷風景計画編）」である。2005年3月21日に景観法7条1項に基づく知事の同意を得て景観行政団体となった滋賀県近江八幡市は、湖と水辺、その周辺の里山を背景とした集落を中心とする景観を保全することをめざし、景観計画として「近江八幡市風景計画（水郷風景計画編）」を策定した。この水郷地帯周辺は、2005年（平成17年）4月の文化財保護法改正によって創設された重要文化的景観として選定されており、この選定も全国第1号の事例である。また、神奈川県小田原市は、2005年2月1日に知事の同意を得て景観行政団体となり、同年12月16日に市全域を景観計画区域とする「小田原市景観計画」を策定した。市全域を景観計画区域とする景観計画を策定したのは、小田原市が初めてである。

　その一方で、前述の国土交通省のホームページによれば、47都道府県のうち景観計画を策定している都道府県は20しかなく、いまだ景観計画を策定していない県が27もある。また、自動的に景観行政団体となった19の政令市のうち景観計画を策定しているのは17市で、広島市、福岡市の2市はいまだ景観計画を策定していない。さらに、政令市と同様、景観行政団体となった41の中核市でも、33市は景観計画を策定しているが、8市は未策定である。このように、景観法の施行から本書執筆の2012年2月時点まで約7年もの期間が経過したにもかかわらず、その施行によって最初から景観行政団体となった都道府県のうち6割がいまだに景観計画を策定していないのは、筆者としては実に残念かつ遺憾である。

　景観計画は、景観行政団体でなければ策定することができないため、景観

計画が未策定の県においては、政令市でも中核市でもなく知事同意の景観行政団体でもない市町村が自ら景観行政団体となり、県に先んじて景観計画を策定し、良好な景観の形成・保全に意欲をもって取り組んでもらいたいものである。

4　景観地区・準景観地区の策定状況

　国土交通省のホームページによれば<http://www.mlit.go.jp/crd/townscape/database/Landscape_District.htm>、2012年1月1日時点で34地区について景観地区が定められ、3地区について準景観地区が指定されている。このうち、「倉敷市美観地区」（岡山県倉敷市）と「沼津市アーケード街美観地区」（静岡県沼津市）の2地区は、景観法制定前の都市計画法に基づく旧美観地区から移行したものである。また、京都市で現在指定されている8地区の「美観地区」及び「美観形成地区」は、景観法制定前に指定されていた旧美観地区が景観法の全面施行によって景観地区に移行した後、2007年9月に施行された新景観政策によって見直されたものである。そのため、これら10地区の景観地区は景観法制定前の旧美観地区から移行したものである。

　これら10地区以外の景観地区は、2005年（平成17年）6月に景観法が全面施行された後に指定されたものである。国土交通省のホームページによれば、その第1号は、2006年12月26日に告示された東京都江戸川区の「一之江境川親水公園沿線景観地区」である。同景観地区は、全長約3.2kmの一之江境川親水公園とその沿線両側20mの地域約18haの区域を対象とし、既成住宅市街地において親水公園の水と緑の環境を活かした新たな景観形成を進めるもので、全国的にも珍しい取組みといわれている。この一之江境川親水公園沿線景観地区の指定後、2007年に7地区、2008年に5地区、2009年に5地区、2010年に2地区、2011年に4地区が景観地区に指定されている。

　前述したとおり、景観地区は市町村の都市計画で定めるものであるため、景観行政団体でない市町村であっても活用することができる。そのため筆者としては、たとえば景観行政団体とならないうちに全市域を景観地区に指定

した芦屋市の事例を参考に（第7章第3節を参照）、景観地区がより一層活用されることを期待したい。

第2節　景観法の到達点と課題

I　景観法の到達点

1　景観法への期待

　景観法の制定に際して新聞各紙はこぞって社説を掲載し、また特集を組み、景観法の意義やその論点を紹介した。たとえば、景観法が国会で成立した直後の2004年9月6日付け読売新聞は、「自治体の積極活用に期待」と題し、「景観法の制定は、従来の中央集権的な都市計画制度から脱し、全国画一で平板な都市ではなく、市町村を主体とする地域特性を生かした街づくりへと転換する好機となりえる」、「景観法の一層の周知を図るとともに、各自治体が景観法の理解を一層深めることが必要と考えられる」と報じた。これは、景観法という「武器」が与えられた自治体による活用が不可欠であることを指摘したものである。この指摘は、2004年9月22日付け朝日新聞「私の視点」で筆者が、景観法が多くの領域で条例に権限を委任したことを指摘したうえで、「問題は市町村がこの条例制定権をいかに使いこなすかだ。くれぐれも宝の持ち腐れにしてはいけない」と強調し、住民や市町村は早急に景観法の理解を深めて、その施行にあわせて地域の実情に応じた条例を制定すべきと主張したことと共通の問題意識である。

　筆者は、「景観法の論点・課題についての一考察」稲本洋之助先生古稀記念論文集『都市と土地利用』347頁（日本評論社・2006年4月）において、第1に従前景観条例を制定していなかった市町村が、景観法の施行に刺激を受けて条例制定にどのような意欲を示すかが注目されること、第2に自主条例としてのまちづくり条例をすでに制定している市町村が、今後どのように景観法・政令に根拠をもつ委任条例としてのまちづくり条例に「衣替え」していくかが注目されることを述べ、第3にこれらの条例制定を支えるため、良

好な景観形成という目的に向けて、国・地方公共団体のみならず事業者と住民がどのように英知を結集していくかが試されることを指摘した。上記論文は、景観法が施行された後の2006年1月に執筆したものであるが、ここでの筆者の問題意識も、要するに景観法という「武器」を使いこなせるかどうかという点にあった。

景観法が一部施行される直前の2004年11月17日付け朝日新聞の「首長の裁量幅に疑問も」とする記事では、九州大学大学院助教授（当時）の角松生史氏が、景観法の施行を「制度的には大きな前進」と評価し、「自治体と住民は、景観法も含めた法制度を積極的に使っていく責任がある」と述べ、「ただ、こうした制度の下で、すべて解決できるほど、景観の問題は割り切れるものではない」と指摘した。また、同時期の2004年11月22日付け日本経済新聞の「来月施行　建築差し止めも可能」と題する記事で、東京大学教授の西村幸夫氏は「『何が美しい景観か』の基準づくりは確かに難しい。しかし、『せめてこれだけはまずい』というものが合意できれば機能はするはずだ」と述べたうえ、「そのためには市民も意識を変える必要がある。規制がかかると地価が下がると考えず、生活者の視点を大切にしてほしい」と訴えた。両氏の基本的な問題意識も、自治体や住民による景観法の活用がメインとなっている。

2　景観法の到達点（定着状況）

景観法が一部施行された2004年（平成16年）12月から約3カ月後の2005年2月、伊藤滋氏が代表を務める美しい景観を創る会が主催する「美しい国づくりシンポジウム」が開催された（2005年3月26日付け日本経済新聞）。このシンポジウムでは、景観の保全・再生・創造に向けた「国民運動へ盛り上げを」と題し、良好な景観の保全や形成に向けて「私たちがなすべきことは何か」についてパネル討論が行われた。これは、景観法の制定・施行を契機として関心が高まっていた景観の保全・形成について、広く啓発するものであった。

新聞各紙は、景観法施行後の各地の取組状況を「定期的に」フォローしている。たとえば、景観法の一部施行から約1年半後の2006年6月19日付け日

本経済新聞は、「景観法　施行1年」、「自治体、独自規制に弾み」と題する記事で、真鶴町、小田原市、京都市、日光市の取組みを紹介しつつ、景観行政を展開する自治体にとって景観法は待望の施策といえるが、景観行政団体のうち実際に景観計画を策定した自治体がまだ7％にすぎないことを指摘して、「景観に関する規制は建設や不動産業界など、関連する業界への影響も大きいだけに、関係者間の意見調整も課題となっているようだ」と報じた。

　景観法の一部施行から約2年後の2007年1月10日付け朝日新聞は、「景観規制より愛着」と題する記事で景観計画を策定して景観計画区域を定めた自治体がまだ21しかないことを紹介し、「自治体がどう使うかわからない景観法より、全国に適用される建築基準法などの法律が今の街の景観を生んでいる」、「建物は何十年もかけて建て変わるのに、規制はころころ変わる。これじゃ街並みが整うわけがない」という都市計画家の土田旭氏の指摘を掲載している。さらに、全国第1号で景観計画を策定した近江八幡市の担当者の「街に愛着をどれくらいもってもらえるか。そこに尽きます」との談話を紹介して、結局のところ、まちづくりは住民との対話や合意を通じて「目指す街の姿を考える地道な作業」であることを指摘した。これらの新聞記事は、景観づくりには時間が必要であるとともに、その「地道な作業」こそ自治体と住民が共同して進めるべきことを指摘する大切な視点である。その指摘は、自治体や住民による使いこなしが不可欠であると前述した、景観法制定時点の問題意識の延長線上にある。そして、これは景観に限るものではなく、まちづくりとは本来そういうものである。

　そのような景観づくり、まちづくりを進めるに際しては、公害から環境へ、自主条例から委任条例へという歴史的な流れの中で景観法が制定されたことの意味を理解し、ひとつひとつその階段をのぼっていくほかないという認識を共有することが大切である。

　また、景観法の一部施行から約3年3カ月後の2008年3月10日付け日本経済新聞は、「景観法　規制頼みに限界」、「施行3年　絶えぬトラブル」と題する記事で、鎌倉市で景観計画策定後に葬儀場計画が表面化した問題を取り

上げ、景観法は建物のデザインや色彩、高さ等を規制することはできるが、用途までは規制できないことを指摘した。

さらに、景観法の一部施行から約4年半後の2009年6月29日付け読売新聞は、「広がる街並みブランド」と題し、地域の特性を活かした景観づくりの取組みが各地で加速しているとして和歌山県高野町、兵庫県芦屋市、北海道小樽市の事例を取り上げる一方で、新景観政策が2007年9月から施行されている京都市においては、広告業界や不動産業界において「しわ寄せ」が出ていることを紹介した。

その他、景観法の到達点（定着状況）を観察し、その問題点を指摘する新聞記事は多い。しかし、筆者の目にはまだまだ論点の整理が不十分であるとともに、景観法が期待しているような国民の関心の盛り上がりも不十分といわざるを得ない。今後のさらなる啓蒙活動と先進例の紹介、そして問題点の指摘と検討の繰り返しが不可欠である。

II　景観法が定める委任条例

1　景観法が定める委任条例の拡充

まちづくりに自主条例が果たした役割や委任条例の強化の流れについては第4章第1節で述べたとおりである。景観法は、市町村や景観行政団体に対して23の項目を条例に委任した。これはまちづくりにおける委任条例の拡充であり、景観法がこのように数多くの項目を条例に委任したことの意義は大きい。筆者の理解に基づいてその条文を整理すると<chart 5>のとおりである。

なお、これらの委任条例の定めは、①景観計画に関する条例（Aグループ）、②景観法第2章第2節が定める景観計画区域に関する条例（Bグループ）、③景観重要建造物・景観重要樹木に関する条例（Cグループ）、④景観法第3章が定める景観地区、準景観地区、地区計画等の区域に関する条例（Dグループ）の4つに分類することができる。なおその分析については、筆者の前掲「景

第5章　景観法の制定とその活用

<chart 5>　景観法の委任条例の定め

	No.	委任事項	景観法の根拠条文
A	1	景観行政団体が景観計画を定める手続に関する事項	9条7項
	2	特定非営利活動法人等により景観計画の提案を行うことができる団体を定める景観行政団体の条例	11条2項
B	3	景観計画区域内における行為の届出	16条1項4号
	4	景観計画区域内における行為の届出の例外	16条7項11号
	5	景観計画区域内において変更命令の対象となる特定届出対象行為	17条1項
C	6	景観重要建造物指定の標識の設置	21条2項
	7	景観重要建造物の管理の方法の基準	25条2項
	8	景観重要樹木指定の標識の設置	30条2項
	9	景観重要樹木の管理の方法の基準	33条2項
D	10	景観地区内における建築物の建築等の計画認定の審査手続	67条
	11	景観地区内の建築物の形態意匠の制限の適用除外	69条1項5号
	12	景観地区内における工作物の形態意匠、高さ、壁面後退区域における設置の制限（景観地区工作物制限条例）	72条1項
	13	工作物の形態意匠の制限を定めた景観地区工作物制限条例に、計画認定の制度、違反工作物に対する是正措置に関する規定を定めること	72条2項
	14	景観地区工作物制限条例で定める景観地区内における工作物の建設等の計画認定の審査手続	72条3項
	15	工作物の高さ、設置の制限を定めた景観地区工作物制限条例に、違反工作物に対する是正措置に関する規定を定めること	72条4項
	16	景観地区工作物制限条例に、違反工作物の工事の請負人に対する措置を定めること	72条5項
	17	景観地区内における開発行為等の規制	73条1項

18	準景観地区内における建築物又は工作物についての規制	75条1項
19	準景観地区内における開発行為等の規制	75条2項
20	地区計画等の区域内における建築物等の形態意匠の制限（地区計画等形態意匠条例）	76条1項
21	地区計画等形態意匠条例に定める計画の認定等に関する措置	76条3項
22	地区計画等形態意匠条例で定める建築物等の建築等の計画認定の審査手続	76条4項
23	地区計画等形態意匠条例に定める64条1項の処分に関する事項	76条5項

観法の論点・課題についての一考察」357頁を参照されたい。

2 景観地区指定の意義とその活用状況

(1) なぜ景観地区指定が少ないか

　景観法が条例に委任した23の項目のうち景観地区に関するものは8項目あり（<chart 5>No.10〜No.17）、委任条例の中で最も数が多い。しかしてその前提となる景観地区は、景観法が全面施行された2005年（平成17年）6月から約6年半が経過した2012年1月1日時点で、合計34地区が指定されている。そこで第1の問題は、この34地区の指定を多いとみるか少ないとみるかである。

　筆者としては、残念ながらその数は少ないといわざるを得ない。しかも、34地区のうち10地区は、京都市や岡山県倉敷市のように旧美観地区からの移行である（なお京都市については、2007年3月の新景観政策によって種別が変更され、指定し直されている）。このように景観地区の指定が進んでいないのは、景観計画区域内では届出・勧告による緩やかな規制が行われるのに対し、都市計画で定められる景観地区ではより厳しい規制が行われることになるため、景観地区の指定は景観計画（区域）の策定よりもハードルが高いためで

ある。

(2) 従来型の景観地区

　景観地区の概要は第1節で述べたとおりであるが、建築物に対する規制（形態意匠の制限、高さの最高限度又は最低限度、壁面の位置の制限、敷地面積の最低限度）は都市計画で定め、工作物に対する規制（形態意匠の制限、高さの最高限度又は最低限度、壁面後退区域における設置の制限）や開発行為の制限については条例で定めるものとされている。そのため景観地区に関しては、どこの市町村が、どのような地域で、どのような私権制限を内容とする景観地区を都市計画で定めるかが注目点となる。市町村が地域の実情に応じて都市計画で景観地区を指定し、建築物の形態意匠の制限を定めて計画認定制度によって規制することは大変な作業である。そのような視点で34地区の景観地区のうち、景観法の全面施行後に指定された24地区の景観地区をみれば、そこにはさまざまな特徴があることがわかる。

　その第1は、旧美観地区から移行した京都市や倉敷市の景観地区に代表されるように歴史的まちなみの「保全」をめざすもので、いわばすでにある良好な景観や観光資源を保全することを目的とするものである。このように、歴史的なまちなみや景観を保全する典型的な景観地区は、たとえば、中尊寺に代表される多くの歴史的資産を有する「平泉町景観地区」（岩手県平泉町）や国の重要文化財である松江城に隣接する武家屋敷が残る「塩見縄手地区」（島根県松江市）などである。一般的にはこの平泉町や松江市の事例のように限られた地域を指定することが多い。

　第2は、豊かな自然環境を中心とする景観を保全するために定められた景観地区である。「ヒラフ高原景観地区」（北海道倶知安町）や「ニセコアンヌプリ・モイワ山山麓地区景観地区」（北海道ニセコ町）がこのタイプの景観地区である。これら2つのタイプは歴史的なまちなみや豊かな自然環境を保全するための景観地区で、従来の美観地区型の景観地区である。

(3) 特徴的な景観地区

　他方、従来の美観地区型以外の景観地区として筆者が興味をもった特徴的

な景観地区の第1は「尾道市景観地区」（広島県尾道市）である。これは、尾道水道の両沿岸約200haもの広い区域を対象としたもので、尾道水道を中心とした坂の街という尾道特有の景観を保全しようとする意欲的な取組みである。

第2は「芦屋景観地区」（兵庫県芦屋市）である。この芦屋景観地区は、芦屋というブランドを高めるために市全域を景観地区に指定した思い切った政策であり、驚かされる。市全域を景観地区として指定した例は芦屋市のほかにはなく、芦屋市による全市域景観地区の指定は突出した事例である。また、芦屋景観地区では2010年2月に全国で初めて計画不認定となる事例が登場したことも注目される。

そして第3は、分譲住宅地を景観地区に指定した「グリーンランド柄山景観地区」（岐阜県各務原市）である。これは、すでにある良好な景観を「保全」するための景観地区とは異なり、めざす景観に「誘導」するための景観地区ということができる（以上、芦屋景観地区については第7章第3節を、グリーンランド柄山景観地区については第7章第4節を参照）。

(4) 景観法が期待する姿

景観地区は、良好な景観の保全・形成のために景観計画（区域）よりも積極的な規制が必要と判断された地域で指定するものである。市町村が都市計画で景観地区を定めて建築物の形態意匠の制限等を定めるということは、その後の委任条例の制定や私権との衝突による住民からの反発などを考えると大変な作業である。そう考えると、市町村が良好な景観の保全・形成のために景観地区を指定することの意義は極めて大きい。景観法の全面施行後に指定された景観地区には従来の美観地区型のものも多いが、尾道市、芦屋市、各務原市のような特徴的かつ先進的なものもある。筆者は、これこそが景観法が期待する真の地方分権と自治体間競争の姿であると考えている。

III 委任条例①
――景観計画に関する委任条例の到達点

1 国土交通省によるアンケート調査

　国土交通省は、景観法関連制度の活用状況の把握を目的として行った第4回景観法施行実績調査（景観計画等に関する項目）の結果をホームページ上で公表した（<http://www.mlit.go.jp/toshi/townscape/crd_townscape_tk_000009.html>）。この調査は、2009年8月1日時点で景観計画を策定（告示）した188の地方自治体に対するアンケート調査であり、その調査期間は2009年8月31日から10月7日である。

　このアンケート調査の結果によれば、景観法に基づく委任条例を制定している地方自治体は180である。つまり、2009年8月1日時点で景観計画を策定した188の地方自治体の大多数にあたる96％が、景観法に基づく委任条例を制定している。また、この委任条例を制定している180の自治体がその委任条例において実際に定めている委任事項は、前記Ⅱ1で整理した委任事項のうち景観計画区域に関するBグループ（No.3～5）のものが最も多い。具体的には、No.5の特定届出対象行為を定めた委任条例が154件で最多である。これは、No.5の委任条例が変更命令の対象を定めるもので、景観計画区域内の行為の規制の核となるためである。2番目に多いのがNo.3の届出対象行為の追加を定めた委任条例とNo.4の届出適用除外行為について定めた委任条例で、共に148件である。つまり、8割以上の委任条例が、Bグループの景観計画区域内における行為の届出に関する委任事項を定めている。

　また、Bグループの委任事項に次いで多いのは、景観計画の策定手続に関するAグループ（No.1・2）で、No.1の景観計画の策定手続について定めた委任条例が130件、景観計画の提案団体について定めたものが62件である。そして次に多いのが、景観重要建造物・景観重要樹木に関するCグループ（No.6～9）について定めた委任条例で、景観重要建造物と景観重要樹木の標識

について定めたものがそれぞれ108件（No. 6）と107件（No. 8）、景観重要建造物と景観重要樹木の管理の基準について定めたものがそれぞれ75件（No. 7）と74件（No. 9）である。

2　景観計画に関する委任条例の到達点

　以上のような調査結果をみれば、景観計画の策定と景観計画に関する委任条例、中でも景観計画区域内の行為の届出に関する委任事項を含む委任条例の制定がほぼセットとなっていることがわかる。そして、ここから景観法を活用するパターンの１つが浮かび上がる。それは、自動的に景観行政団体になる政令市及び中核市以外の市町村が、①知事の同意を得て景観行政団体となり、②景観計画を策定し、③景観法に基づく委任条例を制定する、というパターンである。

　景観法が多くの領域を条例に委任したのは、地域の実情に応じた規制（景観計画区域内における行為の届出やその例外等）を可能とするためであるが、そのように考えれば、上記パターンにおける③の委任条例の制定まで到達しなければ景観法の活用としては不十分である。したがって、知事の同意を受けて景観行政団体となる市町村が当面めざすべき「ゴール」は、上記③の委任条例の制定である（ただし、後記Ｖ３(2)記載のとおり、2011年（平成23年）に改正）。

Ⅳ　委任条例②
##　　──景観地区に関する委任条例の到達点

1　国土交通省によるアンケート調査

　Ｂグループの景観計画区域内の行為の届出に関する委任事項が、景観法に基づく委任条例の中で最も多く定められているのに対し、Ｄグループの景観地区・準景観地区・地区計画等の区域に関する委任事項（No.10〜23）を定めた委任条例の数はまだまだ少ない。具体的には<chart 6>のとおりである。

<chart 6> 景観法第３章が定める区域に関する条例の委任事項を定めた委任条例の件数

No.	委 任 事 項	件数
10	景観地区内における建築物の建築等の計画認定の審査手続	7
11	景観地区内の建築物の形態意匠の制限の適用除外	7
12	景観地区内における工作物の形態意匠、高さ、壁面後退区域における設置の制限（景観地区工作物制限条例）	9
13	工作物の形態意匠の制限を定めた景観地区工作物制限条例に、計画認定の制度、違反工作物に対する是正措置に関する規定を定めること	6
14	景観地区工作物制限条例で定める景観地区内における工作物の建設等の計画認定の審査手続	3
15	工作物の高さ、設置の制限を定めた景観地区工作物制限条例に、違反工作物に対する是正措置に関する規定を定めること	6
16	景観地区工作物制限条例に、違反工作物の工事の請負人に対する措置を定めること	6
17	景観地区内における開発行為等の規制	5
18	準景観地区内における建築物又は工作物についての規制	1
19	準景観地区内における開発行為等の規制	1
20	地区計画等の区域内における建築物等の形態意匠の制限（地区計画等形態意匠条例）	3
21	地区計画等形態意匠条例に定める計画の認定等に関する措置	3
22	地区計画等形態意匠条例で定める建築物等の建築等の計画認定の審査手続	2
23	地区計画等形態意匠条例に定める64条１項の処分に関する事項	3

景観地区や準景観地区に関する委任事項（No.10～19）を定めた委任条例が少ない原因の１つは、そもそも景観地区や準景観地区の指定が圧倒的に少ないためである。

また、国土交通省の上記アンケート調査と同様に、2009年８月１日時点で

景観地区を策定した17の地方自治体を対象に実施された第4回景観法施行実績調査（景観地区に関する項目）の結果によれば、同調査時点で指定された27地区の景観地区のうち17地区で景観地区工作物制限条例（No.12）が制定されている。さらに、国土交通省の上記アンケート調査の結果によれば、景観計画を策定した188の自治体のうち、地区計画等形態意匠条例を定めている自治体は6しかない。

2　景観地区等に関する委任条例の到達点

　景観地区制度のメインのターゲットは建築物の形態意匠である。また、準景観地区は景観地区を補完するための制度である。これは、景観地区内における工作物や開発行為に対する規制（No.12～17）や準景観地区内における建築物又は工作物、開発行為に対する規制（No.18・19）に関する委任条例の数が少ないことの要因の1つといえる。

　また、地区計画等の区域内における建築物等の形態意匠の制限については、景観法の施行に伴う都市計画法の改正によって政令事項から法定事項に「格上げ」され、計画認定制度の活用が可能となったことは画期的であるが、景観法の施行以前は政令事項とはいえ地区整備計画に建築物の形態意匠の制限を定めることが可能であった。そのことを考えれば、地区計画等形態意匠条例に関する委任条例(No.20～23)の数が少ないのは、それが1つの要因になっている。

　しかし、景観法が条例に委任した事項が実際の委任条例でどれだけ制定されるかは、景観法の活用度合いを測る1つの目安となるため、景観地区・準景観地区・地区計画等に関するDグループの委任事項（No.10～23）を定める委任条例が今後どれだけ登場するかについても、景観地区・準景観地区の指定実績の推移とあわせて注目しなければならない。

V　今後の課題

1　景観計画（区域）と景観地区のさらなる拡大

　第1節で述べたとおり、景観計画を策定した景観行政団体は2012年1月1日時点で524団体であり、すでに多くの事例が積み重ねられている。他方、いまだ景観計画を策定していない景観行政団体が200以上もあるが、景観法に関する意識の高まりの中で景観行政団体となる市町村が増える可能性があることを考えれば、景観計画の策定数はさらに加速するはずである。景観計画の活用状況をみれば、景観行政に意欲的な自治体とそれほど熱心でない自治体の差がよくわかるため、そのスピードが注目される。

　他方前述したとおり、景観地区の指定数は合計34地区にとどまっている。筆者の目からみれば、その数はまだまだ少なく不十分である。しかし、約200haもの広い区域を景観地区に指定した尾道市や市全域を景観地区に指定した芦屋市、分譲住宅地を景観地区に指定した各務原市のように、歴史的資産や自然環境を守ることを目的とした美観地区の延長としての従来型の活用とは異なった観点から景観地区を活用する取組みも登場している。今後、そのような自治体の創意工夫に満ちた景観地区の指定と条例の活用が広がることを期待したい。

2　景観価値の高まり

　2004年（平成16年）6月に景観法が制定されたことは確かに画期的であったが、景観地区の指定状況（の少なさ）に端的にみられるように、わが国においては私権を制限してまで良好な景観を保全・形成しようとする価値観はいまだ十分醸成されていない。ヨーロッパのようにそれが国民共通の価値観として認識されるとしてもそれはずっと先の将来であり、そこに至るまでには景観vs私権のせめぎ合い、場合によれば訴訟による激突を何度となく繰り返す過程が不可欠であろうと筆者は考えている。

他方、景観法の施行以降良好な景観の価値が徐々に高まっていること、そして良好な景観の保全・形成のためには私権を制限することもやむを得ないとする価値観は少しずつ深まっている。つまり、高度経済成長時代のときのような経済偏重の「イケイケドンドン」の価値観はもはや時代遅れとなり、まちづくりの法と政策の大きな流れとして良好な景観の保全・形成に重点がおかれてきているのである。このことは、2005年（平成17年）6月に国土総合開発法の抜本改正により成立した国土形成計画法（同年12月に施行）によって、わが国の国土政策が「全総（全国総合開発計画）」から「国土形成計画」へと大きく転換したことや、2006年（平成18年）6月に制定・施行された住生活基本法における住宅政策の「量より質」へのシフトチェンジをみても明らかである。

　今後、鞆の浦事件の控訴審判決（さらにはその最高裁判決）がどのようになるかは大きな焦点であるが、景観事件の東西「両横綱判決」たる国立マンション事件最高裁判決と鞆の浦事件1審判決が、景観利益を法的に保護すべきものと認めたことは、景観法の制定を受けて司法界も大きく変わりつつあることを示している。

　そのような近時の流れにおいては、大きな方向性として「良好な景観＞私権」という価値観がわが国全体の共通認識となることは明白である。筆者は、第2章第3節で近時の景観価値の高まりがどこまで本当か、またどこまで定着していくのかは定かではないことを指摘したうえで、マンションと景観紛争などの分析を行い、結局規制と開発の両立を訴えた。筆者がそこでいう「規制」とは、まさに景観法が定める景観価値を前提とした規制であり、東西「両横綱判決」がいう景観利益の法的保護性を前提とした規制である。そしてそれは、具体的には景観計画（区域）の策定はもとより、景観地区の指定とそれに基づく各種委任条例の活用ということになる。そのような規制の強化とともに、今後必然的に生じるであろう各地における景観と私権をめぐるせめぎ合いに着目しながら、今後どこまで景観の価値が高まっていくのか、その行方に注目したい。

3 地域主権戦略大綱の閣議決定（第2次見直し）と第2次一括法の制定に伴う景観法の一部改正

(1) 第1次一括法・第2次一括法の成立

　2009年8月30日の衆議院議員総選挙による自民党政権から民主党政権への政権交代によって発足した鳩山由紀夫内閣は、地域主権を政策の柱の1つに掲げた。そして、2009年12月15日に「地方分権改革推進計画」（第1次見直し）を閣議決定し、2010年6月22日に「地域主権戦略大綱」（第2次見直し）を閣議決定した。第2次見直しで、「別紙1　義務付け・枠付けの見直しと条例制定権の拡大具体的措置（第2次見直し）」を定め、それを、「1　施設・公設物設置管理の基準の見直し」、「2　協議、同意、許可・認可・承認の見直し」、「3　計画等の策定及びその手続」の3つに分類した。それを受けて、2011年（平成23年）4月28日に「地域の自主性及び自立性を高めるための改革の推進を図るための関係法律の整備に関する法律」（第1次一括法）が成立し、同年8月26日に「地域の自主性及び自立性を高めるための改革の推進を図るための関係法律の整備に関する法律」（第2次一括法）が成立した。そして、景観法については、第2次一括法では、3つの重要な改正がなされた。

(2) 第2次一括法による景観法の改正点

　その第1は、景観行政団体になるについて、市町村が景観行政団体になるには、従来は、都道府県知事と協議しその同意を得ることが必要だったが、それが同意を要しない協議とされ、同意が不要とされたことである（景観法7条1項・98条）。

　第2は、景観行政団体が景観計画を定めるについて、従来は、「定めるもの」とされていた「景観計画区域における良好な景観の形成に関する方針」が、「定めるよう努めるもの」とされたこと、さらに、従来は、「その他国土交通省令・農林水産省令・環境省令で定める事項」は「定めるもの」とされていたが、それが削除されたことである（景観法8条）。

　第3は、市の準景観地区の指定について、従来は、都道府県知事と協議し

その同意を得ること必要だったが、それが同意を要しない協議とされ、同意が不要とされたこと（景観法74条4項）、また、建築物の敷地、位置、規模、構造、用途又は建築設備に関する基準を定めた景観協定を建築主事を置かない市町村である景観行政団体の長が認可しようとする場合に、従来は、都道府県知事と協議し、その同意を得ることが必要だったが、それが同意を要しない協議とされ、同意が不要とされたこと（同法83条2項）である。

(3) **市町村の果たすべき役割の増大**

とりわけ地域主権の理念に沿って、市町村が景観行政団体になるについて、都道府県との協議だけで足り、同意を要しないと改正されたことの意義は大きく、この第2次一括法の制定に伴う景観法の改正を契機として、さらに景観行政団体の数が飛躍的に増大することが期待される。これは、準景観地区や景観協定についても同様である。これは、市町村の裁量の幅が広くなったことを意味する。

地域主権の理念に沿って、2011年（平成23年）8月30日になされたこの景観法の改正によって、景観行政において、市町村が果たすべき役割が増大したことは間違いないため、その自覚と責任の遂行が求められる。

第6章

屋外広告物と景観法

第1節　屋外広告物と眺望・景観紛争

I　屋外広告物と眺望・景観

1　溢れかえる屋外広告物は、全て悪玉か

　本書は、眺望・景観をめぐる法と政策を取り上げるものであるが、その中で、地味ながら美しい景観形成の欠かせない要素となるものが屋外広告物である。

　まちの中にはさまざまな広告が溢れかえっている。広告は、誰かに商品を購入してもらったり、サービスを利用してもらったりするために、なるべく人目につき、記憶に残るように作られている。すなわち、屋外広告物は人の視覚に訴えかけるものであるから必然的に眺望・景観への影響は大きい。そして、広告は競争によって過熱していく。誰かが大きな目立つ看板を出せば、それよりも大きく派手な看板を出したいと考える人が出てくる。色もなるべく派手なほうがよい。音が出たり、動きを付けたりすることができればさらに人目を引くことができる。有名なタレントの写真を使ったりするのも効果的である。会社名だけでも大きく印象づけることができれば有利なことは、選挙カーが候補者の名前だけをひたすら連呼するのと同じである。したがって、屋外広告物に何の歯止めもかけなければ、屋外広告物は（宣伝広告費の上限が許す限り）際限なく大きく派手で目立つものになっていくであろう。

　もちろん、大きな看板以外にも広告にはさまざまな方法が考えられる。一般的な店舗や企業は、多額の費用をかけて大きな看板を出すことはできないため、店の前に小型の看板を出したり、立て看板を置いたりすることを考える。のぼりや旗を置くのも1つの方法である。また、多数のチラシを店頭や街角で配ることもやってみたい。チラシの配布は比較的低コストで効果が見込める広告方法である一方、配布後、一読後はごみとなってまちの景観を損

ねる要素になってしまう。このように考えると、まちに溢れかえる屋外広告物は全て良好な眺望・景観を阻害する悪玉のように思われそうだが、はたしてそうであろうか。

2　観光名所となっている屋外広告物も

(1)　道頓堀のシンボルとなる屋外広告物

　他方、屋外広告物は必ずしも景観を「破壊」する悪玉ではなく、新たに「良好な」景観を「創る」役割を果たす場合があることにも注意しなければならない。たとえば、大阪ミナミの道頓堀にある「グリコ」の巨大ネオン看板を例にとってみよう。この看板は1935年に初代のネオン塔が建てられ、現在は1998年に完成した5代目である。この煌々と輝く「グリコ」の看板は今や道頓堀のシンボルの1つとされ、重要なランドマークであると同時に観光名所にもなっている。これはある意味「巨大でけばけばしい屋外広告物」の代表であるが、道頓堀の景観は「グリコ」の看板を抜きに語ることはできない。

　同じく道頓堀に本店がある「かに道楽」の「巨大な動くカニ」の看板も大阪名物の1つである。また、1985年10月16日、阪神タイガースが優勝を決めたとき、興奮したタイガースファンによって危うく道頓堀川に投げ込まれそうになったのが「くいだおれ人形」である。ちなみにこの時は、店員の阻止によって代わりにケンタッキーフライドチキン道頓堀店のカーネル・サンダース像が投げ込まれたが、優勝の可能性が高まった1992年には再びくいだおれ人形が狙われたため、「わて、泳げまへんねん」と書かれた吹き出し風の看板が添えられ、浮輪に水中眼鏡という特別コスチュームに変更された。これによって、「くいだおれ太郎」と名づけられたこの人形は一躍全国的に有名になった。

　そして、この「くいだおれ太郎」は新たに登場した「くいだおれ次郎」と共に、2009年7月に新たにオープンした「中座くいだおれビル」の前で、観光客との記念撮影になくてはならない大阪名物になっている。阪神タイガースファンである筆者は思わずその紹介に力がこもってしまったが、仮にこれらを全

261

て規制したら、道頓堀のまちの魅力は大きく失われてしまうであろう。東京の人には多少「下品」にみえるかもしれないとしても、これが大阪ミナミの「まち」の特性であり、「まち」に見合った景観の一部を担っているのである。こうした例は各地にたくさん存在するはずである。

(2) 松山市の屋外広告物

筆者の出身地である愛媛県松山市には、司馬遼太郎氏の小説『坂の上の雲』をテーマに、安藤忠雄氏が設計した「坂の上の雲ミュージアム」がある。2009年にNHKスペシャルドラマとしてその第1部が放映されたため、その主人公である秋山好古・真之兄弟と正岡子規は全国的に有名になったが、2010年9月21日付け産経新聞は「坂の上の雲ミュージアム　どこ？」、「天気晴朗なれどもビル多し・・・」、「観光客ら気付かず、松山市が看板設置へ」という見出しで、坂の上の雲ミュージアムがどこにあるのかわからないという観光客から苦情が相次いでいることを報じた。そして、「松山市は、NHKドラマの第2部が始まる今年12月までに、高さ3メートルを超える異例の大型案内板の設置を決めたが、果たして迷える観光客の"道しるべ"となれるのか」と問題提起している。

確かに、せっかく有名になった「坂の上の雲ミュージアム」への「道しるべ」は大切だが、そこで問題はこの大型案内板が景観を阻害するのか否かである。このケースでは、景観への影響よりも来館者のニーズに応えることに価値をおいているが、それはきっと松山市の行政と市民共通の認識であろう。

(3) 屋外広告物における眺望・景観価値の多様性

このように、屋外広告物とりわけ巨大な看板や電光を伴う派手な広告物は、いい意味でも悪い意味でも、眺望・景観と密接な関係を有している。しかし、そのような屋外広告を行政が思うように規制し、コントロールするのは困難である。それは、何が眺望・景観にとって好ましい広告で、何がそうでないかを明確な基準によって区別することが困難であると同時に、どこまで行政がその規制に関与すべきかのスタンスも難しいからである。明らかに景観によくない屋外広告物が野放しになるのを防ぐためには、ある程度一律で規制

するしかない。そして近年の眺望・景観価値の高まりという流れに沿って、その規制は強化される方向にある。

しかし、どこまで規制すべきかという視点と同時に、それがかえって独自の良好な眺望・景観を失わせてしまう、「角を矯めて牛を殺す」結果にならないかという視点も忘れてはならない。これも、「眺望・景観価値の多様性」という本書のキーワードに直結する問題である。このような問題意識をもちながら、屋外広告物をめぐる眺望・景観紛争と規制を概観したい。

3　本章で検討する屋外広告物とは

ひと口に屋外広告物といっても、それにはビルの壁面や屋上に設置された巨大な看板から道路沿いに設置された小型の立て看板やのぼり旗、電柱などに貼られたビラ、街頭で配布されるチラシまで実にさまざまなものがある。屋外広告物法によれば、屋外広告物とは「常時又は一定の期間継続して屋外で公衆に表示されるものであつて、看板、立看板、はり紙及びはり札並びに広告塔、広告板、建物その他の工作物等に掲出され、又は表示されたもの並びにこれらに類するもの」（同法2条1項）と定義されている。これは要するに、私たちが日常生活の中でいつも目にする看板やビラ、ポスターなどである。

このように多種多様な屋外広告物を、筆者の独断によって、その広告物自体の大きさや撤去の困難さという観点から眺望・景観に与える影響の度合いを考えてグループ分けすると、およそ次の3グループに分けることができる。

① 眺望・景観への影響が大きい屋外広告物
　比較的規模の大きい屋外広告物で、その撤去が困難であり、その存在自体が景観を大きく阻害するもの。たとえば、ビルの屋上や壁面に取り付けられた大きな看板や袖看板、独立した広告塔、電飾が派手な看板や電光掲示板など。

② 眺望・景観への影響が中程度の屋外広告物
　規模の小さい広告物で、その撤去が比較的容易であり、景観を阻害するもの。放置されることも多い。たとえば、立て看板、のぼり旗、電柱や壁に貼られたポスターやビラなど。

> ③ 眺望・景観への影響が小さい（屋外）広告物
> 　街頭で配布されるＡ４やＢ５サイズの紙でつくられたチラシ類で、ポイ捨てされてごみになると景観を阻害する。はがきや名刺サイズの小さいものやティッシュなど。

　上記①と②のグループに該当する屋外広告物は、両者とも眺望・景観を阻害する屋外広告物であることで異論はないと思われるが、上記③のグループに該当する（屋外）広告物、つまり街頭で配布されるチラシ類については、これは眺望・景観問題ではなく、むしろごみ問題の範疇に入ると筆者は考えている。前述の屋外広告物法の対象となる屋外広告物にもチラシは含まれていない。そこで本節では、眺望や景観との関係で、上記①のグループである比較的規模の大きな看板や派手な看板等、又は、上記②のグループである立て看板やポスター、ビラ等が問題となるケースについて、屋外広告物と眺望・景観紛争を概観する。

II　屋外広告物と表現の自由をめぐる紛争
　　　――ポスター、ビラ貼り

1　ポスター、ビラ貼りと表現の自由の衝突

　ポスターやビラ貼りについては、眺望・景観を阻害するという問題以前に、表現の自由との衝突という（古典的な）問題があった。屋外広告物法は比較的マイナーな法律のように思われているが、実は屋外広告物法に関する公刊判例は多数存在する。もっとも、そのほとんどは、思想的・政治的なビラを電柱や公共施設に貼り付ける行為を屋外広告物法によって規制することが、憲法21条に定める言論・表現の自由を過度に侵害しており、違憲ではないかという点に集中している。ビラ貼りは、個人でも容易に思想信条をアピールできる手軽な方法であるため、表現手段としての重要性が高い。これを安易に規制するのは憲法に反するのではないか、というのである。

このように、屋外広告物と表現の自由をめぐる紛争は多発しているが、これは法的問題というよりむしろ政治問題である。そのため、ここではこの議論に詳しく立ち入らないが、本来自分の所有地に看板を立てたり、自宅建物や塀にポスターを貼るのは自由なはずである。契約によって他人の土地や建物を使用する場合も同様である。また、公共の場であっても、たとえば公道は誰でも通行できるのと同様に、自由に使用してよいことを前提とすれば、そこにビラやポスターを貼り付けることも原則としては認められそうである。とりわけ、ポスターやビラを貼ることが政治的な意見表明のための簡便な手段として用いられてきたことから、屋外広告物に対する規制には批判の声も強かった。

しかし最高裁判所は、昭和43年12月18日大法廷判決で、電柱などのビラ貼りを全面的に禁止する大阪市屋外広告物条例について、「都市の美観風致を維持することは、公共の福祉を保持する所以であるから、この程度の規制は、公共の福祉のため、表現の自由に対し許された必要且つ合理的な制限と解することができる」と述べて合憲だとした（最高裁判所刑事判例集22巻13号1549頁）。そして、その後も屋外広告物法の規制は合憲であるという判決を繰り返し出している。

2　眺望・景観保護の観点からの問題意識

こうした判例の態度に対しては、憲法学者からの批判が根強い。またこの種の事件では、特定の政治思想傾向をもった団体のビラが「狙い撃ち」にされているきらいもある。しかし、無秩序かつ大量にポスターやビラが貼られるとまち全体が雑然としたものになり、眺望・景観を損なうことは否定できない。また現実には、多くの貼られたポスターやビラは政治的な意見の表明よりむしろ商業的なものであるから、その全てが「表現の自由」との衝突という論点でひとくくりに保護されるのは疑問である。眺望や景観も重要な保護法益であることを認めたうえ、商業用の貼られたポスターやビラに対して合理的な規制のあり方を検討すべきである。

第6章　屋外広告物と景観法

　また、同意がなければ、他人の所有又は管理する建物にポスターやビラを貼る行為は軽犯罪法1条33号に該当する可能性があるほか、その行為が著しい場合は刑法上の建造物損壊罪（刑法260条）や器物損壊罪（同法261条）に該当する可能性があるのも当然である。これについても、「まちの美観」それ自体は保護の対象にはならないという学説が有力であったが、眺望・景観の価値が高まった現在ではこうした議論が見直されるべきである。

Ⅲ　屋外広告物をめぐる判例の検討

1　判例の紹介

　都市部では一般的に多数の屋外広告物が氾濫しており、それが半ば「常識」となっているため、通常のビラやポスターが問題視されることは少ない。これに対し、大型の電光掲示板やビルの側面に大きく設置された看板広告などは強く人目を引き、高い広告効果が見込める一方で、眺望・景観を阻害する度合いも大きい。こうした比較的規模の大きい屋外広告物や派手な屋外広告物は、その広告効果が高い分だけ設置費用や広告料が高額になるため、広告効果が薄れる要因が発生すると深刻なトラブルになる可能性が高い。

　そのため、これまでの屋外広告物をめぐる眺望・景観紛争は、屋外広告物が眺望・景観を害するか否かというアプローチではなく、その広告効果が失われるか否かが争点となった紛争がほとんどであった。しかし過去の裁判例では、こうした屋外広告物の広告効果としての意味合いが強い「利益」が法的に保護されるべきものと認められた例は今のところみられない。以下、屋外広告物が「見えなくなったこと」が紛争となった判例をいくつか紹介する。

≪判例1──東京地判昭和38・12・14判時363号18頁≫
【事案の概要】
　原告は、7階建てビルの南側面を利用して電光掲示板を設置し、委託

を受けて広告を掲示していた。ところが、被告ら（注文者と請負人）が隣接地に9階建てのビル建設を開始したため、その足場や道路上に設置された建設事務所により電光広告の展望が妨げられ、その結果、原告は得意先から契約を解約され、営業収益が減少したと主張して損害賠償を求めた。

【判決の概要】

　結論は請求棄却。判決は、故意に不必要な足場や事務所を設置するなど「社会通念上許容される範囲をこえた行為」によって原告の営業を妨害したというような場合は「権利濫用として」損害賠償が認められる余地はあるが、本件ではそのような事実はなく、法令に従い危険を避けるために設置されたものであるとして、被告らの工事は「社会通念上許容された範囲を逸脱した違法なものと認めることができない」とした。

≪判例2──東京地判昭和44・6・17判タ239号245頁≫

【事案の概要】

　原告は、所有する建物から公道上に突き出した形で看板を設置していたところ、被告が隣接する建物から同様に公道上に突き出したほぼ同形の看板を設置した。これによって、原告の看板の片面は被告の看板に覆われ、外部から観望できなくなった。これにより看板としての効用が失われたとして、被告の看板の撤去と損害賠償を請求した。

【判決の概要】

　結論は請求棄却。判決は、相隣関係における受忍限度論を根拠として、主観的には加害目的、客観的には「著しく不相当な材料、規模、構造の看板でもって設置するなどして、権利行使の範囲を逸脱した場合」は、受忍限度を超える違法な妨害になると判示しつつ、原告の看板に対する妨害は受忍限度の範囲内であるとして、被告の看板が適法に設置された

ものであることを認めた。

≪判例3──東京地判昭和57・4・28判時1059号104頁≫
【事案の概要】
　原告は、高速道路脇のビル屋上に広告塔を設置していた。高速道路の反対側は芝公園で眺望を遮るものがなく、高速道路を進行する車から広告がよく見える絶好の位置にあった。ところが、被告が隣接地に14階建てのマンションを建築したため、高速道路の方向に対する展望が全く妨げられ、広告の機能を喪失し、広告主からの契約も打ち切りになってしまった。原告は、被告には原告の眺望利益を侵害することの故意・過失があったとして損害賠償を請求した。
【判決の概要】
　結論は請求棄却。判決は、眺望利益は「所有権の一属性」と位置づけつつ、「偶々、本件建物と高速道路との間に遮蔽物としての高い建物が存在していなかったという偶然の事情によって」、「事実上享受した利益すなわち一種の反射的利益」にすぎないとした。権利濫用になる場合としては判例1と類似の判示をしている。

≪判例4──東京地判昭和61・7・25判時1215号62頁≫
【事案の概要】
　原告は、古書街で有名な東京・神田神保町に所在する自社ビルで書籍の出版販売を営んでおり、被告は隣接地の社屋で文具販売を営んでいたものである。原告が自社ビルから道路上空部分にいわゆる袖看板を上下2枚設置していたところ、被告が隣接地に自社ビル建築を開始し、原告の下部袖看板に密着する形で袖看板を設置した。そこで、原告は、被告の袖看板を撤去することを求めて訴えを提起した。
【判決の概要】

結論は請求棄却。判決は、袖看板は、道路使用の許可を受けて設置されている限り、「その占める空間を利用し、効用を完うすることについて私法上保護されるべき利益」があり、その侵害に対しては「所有権に基づく妨害排除請求権が成立しうる」ことは認めたものの、原告が被告よりも先に看板を設置していたからといって、「先着手者に優先権又は既得権を認むべしとする法律上の根拠は見出し難い」と判示した。

　もっとも、判決は、「合理的な理由又は必要もなく、先着手者に損害を加える目的」でなされる場合には権利濫用の余地を認めたが、かなり詳細な理由付けにより、被告に権利濫用は認められないとした。その要旨は、①被告が袖看板を原告袖看板と密着する方向に設置したのは、ビルの美観上の理由があり、他の方向に設置したのでは美観が損なわれること、②被告は、事前に原告の了承を求めたが原告が拒否したこと、③原告は、自分がビルを建築して袖看板を設置する際には、被告の了承は求めていなかったこと、④原告は別の方向に袖看板を設置することもできたこと、などである。

≪判例5──大阪高判平成12・9・12判タ1074号214頁≫
【事案の概要】
　控訴人（1審原告。タクシー会社）は、被控訴人（1審被告）が所有する5階建てビル（大阪市内中心部にあり、高速道路のすぐそばに位置していた）の屋上に広告物を3年間にわたり設置するという契約を締結した。ところが、契約後1年2カ月のちに、ビルの10m手前に立体駐車場ができたために、高速道路を進行する自動車から広告が見えにくくなってしまった。そのため、控訴人は、事情変更を理由に契約を解除するとともに、前払いで支払済みの「広告掲出料」の返還を求めた。

【判決の概要】

判決は第1審請求棄却、控訴審も控訴棄却。継続的契約では、契約の対価により「将来得られるであろう利益は、過去・現在の状況から判断せざるを得ないから、その予測がはずれることもあり得る。しかしながら、契約は、そのようなことを当然に予定しているから、予測がはずれたとしても、それを理由に契約を解除することは、極めて特殊な場合以外には、認められるものではない」とした。なお、判決には、「控訴人としては、このような状況が生じたときは、契約を解約できる旨の条項を加えた契約をしておれば良かった」という部分があり、当事者間の取決めによっては当然解約も可能という前提に立っている。

≪判例6──東京地判平成17・12・21判タ1229号281頁≫
【事案の概要】
　原告は、第三者所有の建物（高さ30m）の屋上に広告物を掲出する契約を締結し、縦6.5m、横12.5mの大きさの看板を設置して年間250万円の広告掲出料を支払ってきた。ところが、被告が隣接地に高さ34m余の地上9階建て建物を建築し、その屋上に自社の広告看板を設置した。これにより、六本木方面からの原告看板の観望が制約されるようになった。そのため、原告は被告建物の屋上に原告看板と同様の看板を設置することを求めた。
【判決の概要】
　結論は請求棄却。判決は、原告が人格権として法的保護を受けるとして主張した広告表示権なるものは、「たまたま特定の場所を所有ないし占有していることから事実上享受している権利ないし利益にとどまるものであるから、周辺の客観的状況が変化することにより、おのずから変容・制約を受けることが避けられない」として、「常に法的保護の対象となるものではなく、特定の場所が、広告の観望という観点から一定の価値を有するものと評価され、これを表示者において享受することが社会通念上独立した権利ないし利益として承認されるだけの実質的な意義を有す

> るものと認められる場合においてのみ、法的保護の対象となる」としたうえで、さらに、法的保護を求めることができるのは「侵害行為の態様及び侵害の程度、被侵害利益の性質及び内容、その他一切の事情を総合的に考慮して、当該行為が、社会通念上一般に是認し得る程度を超えて侵害していると判断される場合に限られる」と判示し、被告の行為はその程度に至っていないとして請求を認めなかった。
> 　なお、この事件では、原告と建物所有者との契約書には「当事者が、隣接建物の新築等による広告効果の消滅又は著しい減殺があると認めたときは、本件契約は当然に終了する」旨の条項があることが認定されている。したがって、判例5のような紛争は防ぐことができたということになろう。

2　6つの判例の検討

　以上6つの判例を検討すると、都市部における屋外広告物をめぐる紛争の形態は次のように分類することができる。なお、第2章第1節で取り上げた眺望判例の中にも、この分類に含めることができるものがいくつかある。

(1)　相隣・相互妨害型——判例2・4

　隣接地で相互に広告物が効用を減殺し合う態様であるが、先に広告物を設置していたからといって法的保護を受けるわけではないことが判例4で明示されている。この類型では、広告物が見えなくなったとしても、原則として権利侵害にならない。例外的に、①妨害の意図ないし悪意（主観的要件）、②受忍限度を超えた侵害（客観的要件）があれば、権利濫用として設置禁止が認められる可能性が認められている。ただし、実際にそれが認められた例はない。

(2)　相隣・一方妨害型——判例3・6

　商業地や高速道路など、設置された広告物に対し、広告を「見てほしい」特定の地点からの観望が遮られる態様の事件である。これも前記(1)と同じ枠

組みで判断されることになるが、(1)の相隣・相互妨害型では「所有権の一態様として法的利益は認められる」というのが原則であるのに対し、この相隣・一方妨害型では、そもそも広告を表示する権利ないし利益が法的保護に値するかどうかが前提として問題となる点が異なる。

(3) 喪失・契約解除型——判例1・5

前記(1)の相隣・相互妨害型と(2)の相隣・一方妨害型は、広告主とその表示を妨害する者との間の紛争であるのに対し、この喪失・契約解除型は、広告の表示が第三者によって妨害された場合に、広告主とその広告の設置場所提供者との間に生ずる紛争である（判例1は原被告間の紛争ではないが、原告は契約解除されたことの損害を被告に請求している）。この類型では、広告主と設置場所提供者との間には元々契約関係があるため、その契約がどのように定められているかが重要である。現在では、状況が変化した場合には契約を解除できる旨の条項が加えられていることが多いであろう（判例6を参照）。

3 借地借家に付随する屋外広告物をめぐる紛争

以上まとめた6つの判例のほかにも、契約当事者間で屋外広告物が問題となる例として借地借家に付随する紛争がある。主に、賃借人が賃貸人の承諾を得ずに広告物を設置してその撤去を求められたり、その行為が著しい信頼関係破壊行為にあたるとして契約解除・明渡しを請求されたりする事案である。この種の判例としては、①東京地判昭和60・10・9判タ610号105頁（信頼関係破壊を認め、明渡請求を認容）、②東京地判昭和60・11・20判例集未登載（看板の一部撤去を認容）、③東京地判平成4・4・21判タ804号143頁（信頼関係破壊を認め、明渡請求を認容）、④東京地判平成18・6・9判時1953号146頁（袖看板、置き看板、メニュー板の撤去を認容）、⑤仙台地判平成20・8・21判例集未登載（内照式看板の撤去を認容）などがある。

いずれも原告の請求が全部又は一部認容されているが、それは、元々店舗としての使用を目的とする賃貸借契約には、広告物の設置に関する取決めがあるのが通常であるから、それに違反する行為は比較的悪質だと評価されて

いるためである。

4 まとめ

屋外広告物が問題となった事件のうち、政治的ビラ・ポスターに関連する事件を除いた事件は、おおむね以上のようなものである。

以上の判例を概観してわかることは、屋外広告物をめぐる紛争のうち、裁判にまでなるのは、比較的規模の大きい屋外広告物で高い広告効果が見込めるものに関する紛争だけだということである。おそらく、より小さな広告に関する紛争は、訴訟にかかる費用・手間と、広告によって得られる利益を考慮して、話合いによって適当なところで折り合いをつけるか、特にクレームもつかないままになっているのであろう。

また、仮に訴訟を起こしたとしても、以上の判例から明らかなように、あらかじめ何らかの契約が結ばれていてそれに違反するということでない限り、屋外広告物を撤去させたり、損害賠償を求めたりすることは極めて難しいという現状がある。

こうした問題があったため、屋外広告物については基本的には「設置したもの勝ち」という構造になっていたのが実情であり、「司法の事後規制」はほとんど無力であったということができる。

IV 眺望・景観保護の観点からの屋外広告物規制

1 眺望・景観保護の観点からの、規模の大きな屋外広告物規制

ビルの屋上や壁面に設置された大きな看板や電光掲示板、独立した広告塔などの規模の大きな屋外広告物の中には、どうみても周囲の景観にそぐわないものがある。そのような屋外広告物をめぐっては、眺望・景観保護の観点から周辺住民や自治体と当該屋外広告物の設置者との間で紛争が生じることが考えられる。その場合、当該屋外広告物が屋外広告物法又は同法に基づく

委任条例としての屋外広告物条例に違反するものであれば、自治体が屋外広告物法ないし同条例に則って対応することができる。しかしその場合でも、自治体が定める屋外広告物条例が自主条例であった場合には、同条例に違反することを理由に撤去の手続を進めたとしても、訴訟になれば宝塚市パチンコ店条例事件のように自治体側が敗訴する可能性がある。

　また、仮に周辺住民が眺望・景観利益の侵害を理由として屋外広告物の撤去を求める訴訟を提起した場合には、国立マンション事件最高裁判決の判示に従って、住民の景観利益が認められて第1関門をクリアできたとしても、当該屋外広告物を撤去させるには、その態様や程度の面において「社会的に容認された行為としての相当性を欠くこと」が必要となる。そのため、当該屋外広告物が眺望・景観を阻害するものであるとしても、それが屋外広告物法等の法令に違反せず適法なものであれば、現時点では、訴訟によってこれを撤去させることは困難かもしれない。

　したがって、規模の大きな屋外広告物を規制するには、法による規制強化と、法の用意する制度を行政が十分に活用することが不可欠であり、これを住民レベルで何とかすることは基本的に難しい。

2　眺望・景観保護からの、規模の小さい屋外広告物規制
　　　　──ポスター、ビラ貼り等

　普段まちを歩いていると、明らかに眺望・景観を阻害しているポスターやビラ、立て看板、のぼり旗を見ることがある。このようなポスターやビラ等の屋外広告物をどのようにして規制ないし排除するかは、眺望の問題というよりはまち全体の景観の問題である。しかし、周辺の住民が景観利益の侵害を理由としてこれらの屋外広告物の撤去を求める訴訟を提起した場合、前述の規模が大きな屋外広告物に対する訴訟と同様、当該屋外広告物が景観を阻害するものであるとしても、それが屋外広告物法等の法令に違反せず適法なものであれば、訴訟によってこれを撤去させることは困難であろう。

　また、撤去の対象がポスターやビラ、立て看板、のぼり旗といった規模の

小さい広告物であればその撤去が実現できそうだとしても、費用対効果の面で訴訟に踏み切れない可能性が高い。つまり、ポスターや立て看板を撤去させるために、数十万円場合によっては100万円単位の費用を身銭を切って負担するという「酔狂」な住民がいるかどうかが疑問である。

さらに、景観を阻害するポスターやビラ、立て看板、のぼり旗といえども憲法がその財産権を保障しているため、周辺住民が法に基づかないでこれらの屋外広告物を勝手に撤去すると、場合によっては窃盗罪等に問われる可能性がある。法令に基づいて違法な立て看板やポスター、ビラ等の撤去を実際に行う場合、その作業を行うべき主体は自治体であるが、その作業自体に大変な労力が必要である。

本来、景観を阻害する規模の小さい屋外広告物への対応策は、①法による規制強化のほか、②住民の協力が不可欠である。上記①については、屋外広告物法の昭和38年改正によって違反はり紙に対する簡易除却制度が創設され、その後ターゲットが拡大され、2004年（平成16年）の景観法制定に伴う改正によって即時撤去が可能となった。上記②については、違反広告物の撤去を市民ボランティアによって行っている取組みがある。これらについては第2節で述べる。

3　景観法の活用による屋外広告物規制

景観を阻害する屋外広告物に対しては、自治体による事前規制とその実効性の確保が重要である。これまでは、眺望・景観が阻害されることを理由として、派手な看板や巨大な看板に対して、派手さを抑えておとなしくするように求めたり、大きさを抑えて小さくするように求めるという紛争はなかった。しかし、2004年（平成16年）6月に景観法が制定され、同法が創設した景観計画の制度において、良好な景観を形成・保全するという観点から景観を阻害する屋外広告物を規制することが可能になった。さらに、景観法制定に伴って屋外広告物法が改正され、それまでの簡易除却制度が拡充されて違法な立て看板、はり紙、はり札、のぼり旗を即時撤去することが可能になっ

たほか、屋外広告物条例の制定が景観行政団体に委任された。
　このような法による屋外広告物規制の強化は、各地の自治体(景観行政団体)による使いこなしがあってはじめて効果を発揮する。また、屋外広告物法に基づく簡易除却制度の対象となるのは法に違反している広告物である。その意味では、自治体がこれらの景観計画と屋外広告物条例を駆使し、良好な景観の形成・保全のために屋外広告物をどこまで規制するのかが重要である。

4　広告業界による自主的な屋外広告物規制

　ちなみに、広告業界においても屋外広告物を適正に活用するべくさまざまな取組みが行われている。たとえば、屋外広告業者が都道府県ごとに組織した協同組合や社団法人などを会員として1958年に発足し、1965年に公益法人として認可を受けた「社団法人全日本屋外広告業団体連合会」は、その定款で「屋外広告業の健全な発達と屋外広告物制度に関する知識の普及を図り、もって国土の良好な景観形成並びにわが国産業経済の発展」に寄与することを目的として定め、屋外広告業の社会的地位の向上をめざすさまざまな活動を通じて良好な景観形成に尽力している（同会のホームページ参照）。

　同会は、2004年（平成16年）の景観法制定に伴って屋外広告物法が改正されたことに基づく全国各地の屋外広告物条例の改正状況等をホームページ、機関紙等を通じて紹介し、屋外広告行政に関する情報の普及伝達に努め、屋外広告物の製作・施工に関する総合令的な知識及び技術を有することを認定する屋外広告士の資格試験を行っている。また、「国土特に都市の美観の維持又は増進及び安全な広告物の設置の推進を図るための自主規制措置の普及」として、毎年９月10日を「屋外広告物の日」として啓発キャンペーンを展開し、次の①から⑥に掲げる各行事の主催者団体の一員となってその実施に協力し、都市景観の向上に寄与している。

　①　景観法を記念して制定された６月１日「景観の日」を推進する「日本の景観を良くする国民運動推進会議」
　②　2006年の古都保存法施行40周年を契機として設けられた「美しい日本

の歴史的風土・環境フォーラム」
③　国土交通省が主催する10月4日「都市景観の日」
④　まちづくり月間
⑤　都市緑化推進運動
⑥　「緑の愛護のつどい」

　これらの取組みは全て広告業界の自主的な取組みであり、広告業界でも良好な景観の形成・保全についての意識が高まっていることがわかる。しかし、業界側の自主規制に任せるだけで景観を阻害する屋外広告物がなくなるとは考えられず、法による規制は不可欠である。

5　屋外広告物と眺望・景観の共存とは

　以上述べたとおり、屋外広告物をどの程度いかなる方法で規制すべきかは難しい問題である。そしてこれは、最終的には「どのような景観を創るべきか」、「屋外広告物と眺望・景観との共存とは」という問題につながってくる。つまり、できるだけ屋外広告物を排除し、「綺麗さ」を重視した眺望・景観を創るのか、それとも雑然としていてもよいから活気の感じられる眺望・景観を創るのか、それは、その地域に住み生活する住民や企業が伝統や地域性を考慮して自ら決定すべき問題であり、民主主義の問題なのである。

　景観法の制定や屋外広告物法の改正によって多様な規制のツールが揃い、武器ができたことは間違いない。したがって、今問われているのは、それをどのように使いこなすかである。そこで本章では、景観計画を活用した屋外広告物に対する規制と簡易除却制度の拡充について第2節で説明し、各地の先進的な自治体による屋外広告物規制の取組みについて第3節から第5節で紹介する。

第2節　景観法の制定に伴う屋外広告物法の改正

I　旧屋外広告物法による規制
　　　──簡易除却制度の創設と拡充

1　屋外広告物法の制定

(1)　屋外広告物法における「屋外広告物」の要件

　第1節で述べたとおり、私たちが日常生活で目にする屋外広告物には多種多様なものがある。屋外広告物法がカバーしているのは、ビルの屋上や壁面に取り付けられた大きな看板や袖看板、独立した広告塔などの眺望・景観への影響が大きい屋外広告物と、立看板、のぼり旗、ポスターやビラなどのはり紙、はり札などの眺望・景観への影響が中程度の屋外広告物である。つまり、同法2条1項が定める、

① 　常時又は一定の期間継続して表示されるもの
② 　屋外で表示されるもの
③ 　公衆に表示されるもの
④ 　看板、立看板、はり紙及びはり札並びに広告塔、広告板、建物その他の工作物等に掲出され、又は表示されたもの並びにこれらに類するもの

という4つの要件にあてはまる広告物である。そのため、たとえば街頭で配布されるチラシは上記①の「定着性」の要件を満たさないため屋外広告物法の対象とならない。しかし、チラシが電柱や塀等に貼付された場合には、その段階で「定着した」と判断されて屋外広告物として取り扱われることになる。

(2)　屋外広告物法による規制誘導

　現在、上記4つの要件を満たす屋外広告物については、屋外広告物法（昭

和24年法律第189号）によってその規制誘導が行われている。同法は1949年（昭和24年）に前身の「広告物取締法」（明治44年法律第70号）が全面的に改定されて制定されたもので、都道府県の条例によって、①屋外広告物の表示及び広告物を掲出する物件の設置を制限又は禁止する区域や、②広告物及びこれを掲出する物件の形状、面積、色彩、意匠その他表示の方法についての基準、③違反広告物に対する措置を定めることができるものとされた。制定当初の目的は、美観風致の維持と公衆に対する危害の防止であり、2004年（平成16年）の景観法制定に伴う改正によって「良好な景観の形成」が追加されるまでは、上記2つの観点から規制誘導が行われてきた。以下、平成16年改正前の屋外広告物法の主な改正とその限界について述べる。

2　屋外広告物法の主な改正とその限界

(1)　屋外広告物法の改正点

屋外広告物法は、景観法制定に伴って2004年（平成16年）に改正されるまでの間に大きく3回改正され、違反広告物に対する措置が拡充されてきた。それが、1952年（昭和27年）、1963年（昭和38年）、1973年（昭和48年）の各改正である（以下、便宜上平成16年改正以前の屋外広告物法を「旧法」ないし「旧屋外広告物法」という）。

1952年（昭和27年）の改正では、違反広告物に対し、公告を前提とする略式代執行に関する規定が追加された。しかしこの略式代執行の制度は、行政代執行の手続を踏んで違反広告物の除却等をするもので、その手続の手間が大きく、効果を上げることができなかった。

1963年（昭和38年）の改正では、違反はり紙を対象として行政代執行の手続を踏むことなく除却することを可能とする簡易除却制度が創設された。これが、違反広告物の簡易除却制度のスタートである。しかし、この改正によって簡易除却の対象とされたのははり紙のみであり、はり紙以外の違反広告物はその対象とされていなかった。そのため、ベニヤ板等に紙を貼って工作物等に取り付けられたはり札や、木枠に紙や布を貼って工作物等に立てかけら

れた立看板を除却することができず不十分であった。

　その後、1973年（昭和48年）の改正によって簡易除却の対象が拡大され、はり札と立看板が追加された。つまり、この改正によって都道府県知事は、屋外広告物法に基づく条例に違反したはり紙、はり札、立看板については、それらを自ら除却し、又は命じた者や委任者に除却させることが可能となったのである（旧法7条3項・4項）。

(2) 簡易除却制度の問題点

　1973年（昭和48年）の改正によって簡易除却の対象が拡大されたが、その違反広告物がはり札又は立看板であるときは、表示されてから相当の期間を経過することが要件とされた（旧法7条4項ただし書）。そのため、2004年（平成16年）改正前の旧屋外広告物法に基づく簡易除却制度では、景観を阻害する屋外広告物があっても、これを見つけ次第すぐさま撤去することはできないという限界があった。また、板や布に直接塗装又は印刷された立看板や比較的最近になって急増しているのぼり旗は、旧法に基づく簡易除却制度の対象となっていなかった。そのため、時代状況の変化に伴って印刷技術や素材加工技術が進展したことによって広告物の種類が増えてきていることに対応できないという限界があった。

　簡易除却制度を含む、旧法が定める違反広告物の除却に関する制度をまとめると、<chart 7>のとおりである。

II 特区の活用による即時撤去とボランティアによる簡易除却

1 特区の活用

　電柱やガードレールに立てかけられた立看板、電柱に貼られたチラシなどのはり紙やはり札は最も身近な屋外広告物である。良好な景観を形成・保全するためには、景観を害するような建築物を規制することも重要であるが、まちの景観を損なうこれらの屋外広告物の規制も重要である。そのような中、

<chart 7> 旧屋外広告物法における違反広告物の除却に関する制度

	行政代執行	略式代執行	簡易除却
要件	違反広告物について ① 他の手段によって履行を確保することが困難 ② 不履行を放置することが著しく公益に反する	違反広告物の表示者等が不明	はり紙、はり札、立看板 ① 条例に明らかに違反 ② 管理されずに放置 ③ 表示されてから相当の期間経過
手続	要件に該当する場合、弁明の機会の付与、除却命令等の手続を経て、知事は広告物等を自ら除却できる。	知事は要件に該当する広告物を自ら除却できる（広告塔のような掲出物件には公告が必要）	知事は要件に該当する広告物を自ら除却できる（命令等の特段の手続不要）

　小泉内閣のもとで推進された構造改革特区の制度を活用してこれらの屋外広告物の即時撤去を可能にした事例がある。それがいわゆる「景観特区」である。

　2003年11月、歴史的都市である奈良県奈良市や、都市計画法に基づく美観地区を指定し観光を主産業とする岡山県倉敷市は、条例違反の屋外広告物除却の迅速化及び対象拡大を内容とする特区の認定を受けた。それが「奈良市屋外広告景観維持特区」と「くらしき広告景観特区」である。この特区の認定を受けるまでは、旧屋外広告物法に基づく簡易除却制度によって違反広告物を撤去するにしても、その手続のためには発見から撤去まで約1週間待たなければならなかった。そのうえ、ベニヤ板やプラスチック板を素材とするもの以外のはり札や立看板、そして近時増加傾向にあるのぼり旗についてはそもそも簡易除却制度の対象外であったため、これらの広告物については設置者に自主撤去を求めるしかなかった。しかし、景観特区の認定を受けてからは、これらの違法な屋外広告物をほぼ無条件に即時撤去することが可能となったのである。

　このような違法な屋外広告物の即時撤去を可能とする景観特区は、市町村

第6章　屋外広告物と景観法

では奈良市と倉敷市のほか岐阜県岐阜市が認定を受け、都道府県では秋田県、茨城県、福井県、岐阜県、静岡県、奈良県の6県が認定を受けて、違反広告物の即時撤去の取組みが行われてきた。たとえば奈良市では、後述する市民ボランティアも活用して即時撤去を推進したところ、2005年度の撤去数は前年度の倍近くとなったと報じられている。

違反広告物を完全に排除することは不可能であり、イタチごっこが続くことはある程度やむを得ないものの、違反広告物を見つけ次第すぐに撤去できることの意味は大きい。また、これらの取組みが浸透することによって住民の間に「まちをきれいにしたい」という意識が高まったことも、景観特区の認定を受けて即時撤去の取組みを推進した効果である。

他方、このような即時撤去を全国に可能にしたのが、景観法の制定に伴う屋外広告物法の平成16年改正による簡易除却制度の拡充である。この改正の概要については項を改めて述べるが、これによって景観特区以外の区域であっても違反広告物の即時撤去が可能となったため、2005年7月19日に上記8件の景観特区の認定は取り消された。

2　違反広告物の撤去における市民ボランティアの活用例

立看板（ステ看板）やはり紙、はり札は、住民の生活において日常的に目に触れるという意味において最も身近な景観問題であると同時に、違反の「ハードル」が低い分、屋外広告物法による規制や行政が行う簡易除却だけではその根絶が難しく、イタチごっこになりやすい景観問題である。これらの屋外広告物に対する対抗手段としては、住民に身近な景観問題であることから、住民によるいわば「草の根運動」的な方法によって解決を図る取組みがある。それが、東京都三鷹市の「違反広告物撤去活動員制度」や、神奈川県綾瀬市の「屋外広告物除却協力員」、愛媛県松山市の「違反屋外広告物追放登録員」などの制度である。三鷹市の制度は、2003年9月からスタートしたもので、「三鷹市違反広告物撤去活動員制度実施要綱」に基づいて市長から違反広告物撤去活動員として委嘱を受けた市民が、はり紙、はり札、立看

282

板の撤去をボランティアで行うものである。綾瀬市も松山市も三鷹市と同様の制度である。

このような市民のボランティアを活用して簡易除却を推進している事例は、全国の多くの地方自治体においてみられる。たとえば、①都道府県では、岩手県、山形県、茨城県、栃木県、石川県、兵庫県、奈良県、香川県、福岡県、佐賀県、長崎県、熊本県、②政令市では、札幌市、仙台市、千葉市、川崎市、相模原市、名古屋市、京都市、大阪市、堺市、神戸市、広島市、北九州市、福岡市、③中核市では、盛岡市、宇都宮市、高崎市、川越市、柏市、横須賀市、豊田市、岡崎市、大津市、奈良市、姫路市、高松市、松山市、大分市、熊本市、鹿児島市において、同様の市民ボランティアによる制度がある。さらに、④政令市や中核市以外の市区町村では、品川区、中野区、市原市、佐倉市、つくば市、藤沢市、一宮市、稲沢市、刈谷市、小牧市、知立市、半田市、四日市市、大和市、宝塚市、伊丹市などにおいても同様の制度がある。

Ⅲ 景観法制定に伴う屋外広告物法の改正
——即時撤去

1 景観法制定に伴う屋外広告物法の平成16年改正

無秩序に乱立する看板、けばけばしいポスターがまちの景観の阻害要因であることは誰しも異論がないはずである。2003年の「美しい国づくり政策大綱」でも、「屋外広告物制度の充実等」として「屋外広告物について、良質で地域の景観に調和した屋外広告物の表示を図るため、良好な自然景観・田園景観の保全、屋外広告物制度の実効性の確保、特に良好な景観を保全すべき地区に係る市町村の役割の強化、屋外広告業の適正な運営の確保などの観点から、制度の充実を図る」こととされていた。

そのような流れの中、2004年（平成16年）6月に制定された景観法とあわせて屋外広告物法が改正された。旧法の目的であった「美観風致の維持」は「良好な景観を形成し、若しくは風致を維持」と改正されるとともに、多くの実

質的改正が行われた。その主な項目を示せば次のとおりである。

> ① 知事の同意を得て景観行政団体となった市町村への委任条例の権限移譲（屋外広告業の登録等に関する条例を除く）
> ② 屋外広告物法の許可対象区域を全国に拡大
> ③ 規制の実効性の確保（違反広告物等に対する措置の拡大）
> ④ 屋外広告業の登録制度の導入

　上記改正の中で良好な景観の保全・形成との関係で重要なのは、上記③で違反広告物に対する簡易除却制度を拡充して即時撤去を可能にしたことと、上記①で景観行政団体へ委任条例の権限を移譲し、景観計画に即した屋外広告物条例の制定を定めたことである。後者は後記Ⅳにおいて述べるものとし、ここでは前者の簡易除却制度について述べる。なお、上記②の許可対象区域の拡大は、旧法では「市及び人口5000人以上の市街的町村の区域」が要件となっていたものを撤廃するものである。また、上記④の屋外広告業の登録制度は、1973年の改正で導入された届出制度をさらに強化するもので、違反を繰り返して行政指導に従わない悪質な業者に対して登録の取消しや営業停止を命じることを可能とするものである。

　こうした規制を強めることによって、これまで見逃されてきた違反広告物が減少することが期待される。また他方で、無秩序な広告物は景観を阻害するものであると法律が認めているという意識が高まることによって、直接には屋外広告物法の規制の対象とならない場面でも、これまで以上にさまざまな衝突が発生することが考えられる。そして、屋外広告物法の観点からは適法であっても、周辺住民の目からみて景観を害する広告物だと評価された場合、その紛争は民事訴訟の場で解決されることになる。

2　平成16年改正による規制強化——簡易除却制度の拡充

　平成16年改正によって簡易除却制度が拡充されたポイントは、①即時撤去を可能としたこと、②対象としてのぼり旗を追加したこと、③はり札や立看

板の素材に関する規定を廃止したことの3点である。つまり第1に、前述のとおり旧法に基づく簡易除却制度では、条例に違反する立看板やはり札を撤去するには「表示されてから相当の期間を経過」していることが必要であった（旧法7条4項）ところ、平成16年改正によってこの表示期間の要件が廃止された。そのため、簡易除却制度の対象となる違法な屋外広告物については即時撤去が可能となった。

　第2に、改正前の簡易除却制度の対象ははり紙、はり札、立看板であったが、その対象に「広告旗」が追加された。広告旗とはいわゆるのぼり旗で、容易に移動させることができる状態で立てられ、又は容易に取りはずすことができる状態で工作物等に取り付けられている広告の用に供する旗（これらを支える台を含む）である。この改正によって、近時急増しているのぼり旗も即時撤去することができるようになった。

　第3に、改正前は、はり札については「ベニヤ板、プラスチック板その他これに類するものに紙をはり、容易に取りはずすことができる状態で工作物等に取り付けられているものに限る」と、立看板については「木わくに紙張り若しくは布張りをし、又はベニヤ板、プラスチック板その他これらに類するものに紙をはり、容易に取りはずすことができる状態で立てられ、又は工作物等に立て掛けられているものに限る」というように素材に関する規定が定められていた。しかし、平成16年改正によってこれらの規定は廃止され、はり紙、はり札等は「容易に取り外すことができる状態で工作物等に取り付けられているはり札その他これに類する広告物」と、立看板等は「容易に移動させることができる状態で立てられ、又は工作物等に立て掛けられている立看板その他これに類する広告物又は掲出物件（これらを支える台を含む。）」とされた。よって、改正前は対象外であった直接広告が印刷された布製やプラスチック板製、鉄板製のはり札や立看板についても即時撤去が可能となったのである。

　以上のように平成16年改正によって簡易除却制度が拡充され、違法なはり紙、はり札、広告旗、立看板については即時撤去することが可能となった。

そのため、仮に私有地内に設置された広告物であっても、上記改正後の屋外広告物法に基づく簡易除却制度の対象となる違反広告物であれば、即時撤去することは可能である。もっとも、私有地内に設置された屋外広告物を強制的に撤去することについては、たとえ当該広告物が屋外広告物法に違反するものであるとしても、財産権を保障する憲法などとの兼ね合いから行政が「及び腰」になるのが現実である。

IV 景観計画を活用した屋外広告物の規制と屋外広告物条例

1 景観計画を活用した屋外広告物の規制

第5章第1節で概観したように、景観法が定めた良好な景観を形成するための各種の規制ツールは、建築物に対する規制がメインである。しかし、景観を害するのは建築物だけではなく、屋外広告物vs景観の紛争があることは第1節で述べたとおりであり、屋外広告物は景観を構成する重要な要素の1つである。この点について平成16年改正前の旧屋外広告物法は、その目的で「美観風致を維持し、及び公衆に対する危害を防止する」ことを定めていたように、景観を害する屋外広告物も一応その射程においていた。しかし、前述のとおり平成16年改正によって、その目的は「良好な景観を形成し、若しくは風致を維持し、又は公衆に対する危害を防止する」ことと改正され、景観を害する屋外広告物を対象とすることがより明確にされた。

そして、景観法が創設した景観計画においては、景観行政団体は、必要があると認める場合は、景観計画に「屋外広告物の表示及び屋外広告物を掲出する物件の設置に関する行為の制限に関する事項」のうち、「良好な景観の形成に必要なもの」を定めるものとされた（景観法8条2項4号イ）。そこで、平成16年改正後の屋外広告物法6条は、景観に関する景観法に基づく措置と屋外広告物法に基づく措置を総合的、計画的に推進するため、景観計画に、この「屋外広告物の表示及び屋外広告物を掲出する物件の設置に関する行為

の制限に関する事項」が定められた場合は、当該景観計画を策定した景観行政団体が定める屋外広告物の表示及び屋外広告物を掲出する物件の設置に関する条例は、その景観計画に即して定めるものとしたのである。

2　屋外広告物条例に関する権限移譲

　平成16年改正後の屋外広告物法28条は、知事の同意を得て景観法に基づく景観行政団体となった市町村に対し、違反広告物に対する措置（同法7条・8条）や広告物の表示等の禁止物件の指定（同法3条）、広告物の表示等の制限（同法4条）などの委任条例を定めることを可能にする特例を定めた。つまり都道府県が、屋外広告物法3条から5条まで、7条又は8条の規定に基づく条例の制定又は改廃に関する事務の全部又は一部を、条例で定めることにより、景観行政団体である市町村に対して移管できるようになったのである。このように一部の委任条例に関する権限が都道府県から景観行政団体へ移管されたのは、政令市や中核市のように自動的に景観行政団体となったのではなく、自ら望んで景観行政団体となった市町村は、景観行政に意欲をもった市町村であるためである。

3　2つの武器

　景観法制定に伴う屋外広告物法の平成16年改正によって、政令市及び中核市以外の市町村は2つの武器を新たに手に入れることになった。その第1は景観計画で屋外広告物の表示等に関する行為の制限を定めることであり、第2は屋外広告物条例を定めて即時撤去を含む簡易除却制度や禁止地域・許可地域の制度等を活用することである。もっとも、景観計画の策定と屋外広告物条例の制定はいずれも景観行政団体であることが前提となる。そのため、政令市及び中核市以外の市町村がこれら2つの武器を実際に活用するには、知事の同意を得て景観行政団体となることが不可欠である。しかして、良好な景観の形成・保全という観点からの屋外広告物行政に先進的な自治体は、上記2つの武器を活用してその取組みを進めている。

第6章　屋外広告物と景観法

　そこで以下、第3節から第5節においてその先進的な取組みを紹介する。とりわけ突出しているのは第5節で紹介する京都市の取組みであり、第7章第1節で紹介する新景観政策の1つとして屋外広告物条例の改正が行われている。京都市のこのような屋外広告物に対する施策は、新景観政策とともに大いに注目される。

第3節　景観法を活用した先進的な取組み

I　景観法を活用した先進的な取組み①——金沢市

1　はじめに

　景観計画において、「屋外広告物の表示及び屋外広告物を掲出する物件の設置に関する行為の制限に関する事項」（景観法8条2項4号イ）を定めて屋外広告物の規制を行うとともに、他方で景観計画と関係なく屋外広告物条例の制定という独自の取組みによって屋外広告物の規制を行っている先進的な自治体がいくつかある。わが国の景観政策をフロントランナーとして引っ張る京都市の例は第5節で詳述するが、たとえば加賀百万石の城下町や日本庭園兼六園で有名な石川県金沢市がそれである。そこで以下、金沢市の取組みを紹介する。

2　金沢市の取組み

(1)　景観計画を活用した取組み

　金沢市は、市域全域を景観計画区域とする景観計画を2009年7月31日に策定し、同計画において「屋外広告物の表示及び屋外広告物を掲出する物件の設置に関する行為の制限に関する事項」（景観法8条2項4号イ）を定め、屋外広告物の禁止地域の種別を定めた。このように景観計画で屋外広告物の禁止地域の種別を定めたのは、京都市が「屋外広告物規制区域」の種別を景観計画で定めたのと同様である。

　金沢市はさらに、景観計画において、風致地区や緑地保全地域、専用住居系の用途地域（第一種・第二種低層住居専用地域、第一種・第二種中高層住居専用地域）及び景観地区で屋上広告物を設置することを禁止するなど、禁止地

289

域の種別に応じた屋外広告物等の規格（高さや表示面積など）を定めた。このように、景観計画で屋外広告物の規格まで定めたことは、景観計画を活用した屋外広告物の規制の取組みとして特徴的である。

(2) 屋外広告物条例を活用した取組み

　金沢市は、1996年に中核市へ移行したことによって、屋外広告物に関する権限が石川県より移管された。そこで金沢市は、1995年（平成7年）12月に高さ規制を含む「金沢市屋外広告物等に関する条例」を制定し、1996年（平成8年）4月1日から同条例を施行して屋外広告物に対する規制誘導を開始した。その後、前述のとおり景観法の制定を受けて2009年（平成21年）に景観計画を策定したことに伴い、屋外広告物条例及び同条例施行規則について、景観計画の内容に即した改正を行った。

　この改正後の金沢市の屋外広告物条例は、前述の景観計画に基づき屋外広告物等を表示・設置してはならない禁止地域の指定制度を創設し、第1種から第6種までの禁止地域を定めている。これらの禁止地域以外の市域内において屋外広告物を表示又は設置しようとする場合には市長の許可が義務づけられ、市長がこの許可をする際には金沢市屋外広告物審査会の意見を聴くことができるものとされている。

　金沢市における屋外広告物に対する規制は、審査会による指導が徹底されていることが特徴である。この審査会は毎週1回の頻度で開かれ、屋外広告物条例に基づく許可基準への適合に関する審査を行い、許可に必要なデザイン等の修正意見を付すことで屋外広告物に対する規制誘導を行っている。その審査委員は、行政担当者、学識経験者、建築関係者、屋外広告物業者、デザイナー等から構成されている。特に、規制される側である屋外広告物業界から石川県屋外広告物組合の会長がそのメンバーとなり、広告業者の立場を超えた厳しい指摘を行うなど広告物の質の向上や業界の意識の向上に効果を上げている。

　ちなみに、第6章第5節で紹介する京都市におけるコカ・コーラ社の看板の色彩変更と同様、金沢市においてはボーダフォン社が赤地に白のシンボル

カラーを反転させ、白地に赤に変更した屋上広告を設置している事例がある。この色彩変更は、ボーダフォン社から自主的に提案があって行われたもので、金沢市まちなみ広告景観賞を受賞している。

(3) **市独自の自主条例を活用した取組み——沿道景観形成条例**

金沢市は、以上のように、景観計画や屋外広告物条例を活用した屋外広告物規制を行っているほか、2005年（平成17年）3月に「金沢市における美しい沿道景観の形成に関する条例」（沿道景観形成条例）を制定し、同条例に基づいて美しい沿道景観の形成のために市長が指定する沿道景観形成区域の制度を創設している。同条例は法令の委任を受けないいわゆる自主条例であるが、この沿道景観形成区域（都市計画道路線端より40mのエリア）においては、景観形成基準として建築物の形態・意匠等の基準を定めるとともに、屋外広告物についてもその形状や面積、色彩、意匠等の基準を定めることができる。

本書執筆の2012年2月時点で、同条例によって沿道景観形成区域に指定されているのは西インター大通り区域と諸江通り区域の2つであり、両区域においては屋上広告物の設置が禁止され、蛍光塗料、赤・黄色等原色のみの面的使用、点滅照明、電光表示板等の使用が禁止されている。なお、市独自の自主条例に基づいて指定されたこの沿道景観形成区域は、景観計画区域（市全域）に上乗せする形で指定されている。

このように重層的な区域設定が行われているのは、景観計画で「良好な景観形成のための行為の制限に関する事項」として定められた「景観誘導の基本的な考え方」において、きめ細かな景観誘導を行うためとされ、これによって良好な景観形成を推進するとされている。

3 その評価

このような金沢市の取組みは、良好な景観の形成という観点から屋外広告物を規制する取組みとして先進的であり、知事の同意を得て景観行政団体となった意欲のある市町村はもちろん、各地の自治体が屋外広告物の規制を行う際には、大いに参考となるはずである。良好な景観の形成をめざす各地の

自治体においては、金沢市を1つの「手本」に、それぞれの地域の実情に応じた屋外広告物に対する規制の取組みが行われることを期待したい。

II 景観法を活用した先進的な取組み②
——小田原市、尾道市

1 はじめに

　金沢市と同様、景観計画を活用して屋外広告物の規制を行い、その景観計画に即した屋外広告物条例の制定又は改正を行った先進的な自治体がいくつかある。たとえば、小田原城を中心とする景観形成に熱心な神奈川県小田原市、坂の街、映画の街として有名な広島県尾道市である。小田原市と尾道市は、景観計画を定めて屋外広告物の規制を行ったことに加え、屋外広告物法に基づく一部の委任条例が景観行政団体へと権限移譲されたことを活用して屋外広告物条例まで定めたケースであり、知事の同意を得て景観行政団体となった市町村（第2次一括法制定以降は知事の同意不要）にとって大いに参考となるものである。

　なお、わが国の首都・東京都も景観計画を活用して屋外広告物の規制を行い、景観計画に即した屋外広告物条例の改正を行っている。この東京都の取組みについては第4節で紹介する。以下、小田原市と尾道市の取組みを紹介する。

2 小田原市の取組み

(1) 景観計画を活用した取組み

　知事の同意を得て2005年2月1日に景観行政団体となった小田原市は、市全域を景観計画区域とする景観計画を2005年12月16日に策定し、同計画において「屋外広告物の表示及び屋外広告物を掲出する物件の設置に関する行為の制限に関する事項」（景観法8条2項4号イ）を定め、市域全域における屋外広告物の表示及び掲出物件の設置を制限する地域の種別を定めた。このよ

うに、屋外広告物の規制地域の種別を景観計画で定めたのは、後述の京都市や前述の金沢市と同様である。

その一方で、小田原市の景観計画は京都市や金沢市の景観計画とは異なり、規制地域の種別に応じた規制の基準や広告物の具体的な規格までは定めていない。しかし、その規制の考え方として、たとえば住居専用地域や市街化調整区域を主な用途地域とする第1種地域においては「広告物の表示を抑制する」、商業地域を主な用途地域とする第5種地域においては「高い広告需要を踏まえ、景観への影響が大きい広告物を中心に、形状、面積などについて適切な規制・誘導を行う」と定めている。そして、屋外広告物の表示及び掲出物件の設置に関する行為の制限についての具体的な基準等は、景観計画に即して小田原市屋外広告物条例に規定するものとしている。

(2) **屋外広告物条例を活用した取組み**

さらに小田原市は、2006年（平成18年）3月に神奈川県屋外広告物条例が改正されて小田原市景観計画において良好な景観の形成が特に必要とされる景観計画重点区域について条例制定の権限が移譲されたことに伴って、小田原市屋外広告物条例（平成18年条例第42号）を制定し、同年10月に同条例を施行した。この屋外広告物条例の施行によって、景観計画重点区域(その当時、小田原城周辺地区と小田原駅周辺地区の2地区）内における屋外広告物については神奈川県屋外広告物条例に基づく規制ではなく、小田原市の実情にあった規制が可能となり、施行後2年半余りでその景観が改善された。

さらに、その後、2009年（平成21年）3月に神奈川県屋外広告物条例が改正されて小田原市全域について条例制定の権限が移譲されたため、小田原市は同年6月に適用区域を市全域に拡大した新たな小田原市屋外広告物条例（平成21年条例第22号）を制定し、2010年（平成22年）5月に施行した（2006年（平成18年）の旧条例は廃止）。この新条例では、景観計画で定められた規制地域の種別に応じた広告物の位置や大きさの基準が定められたほか、景観計画重点区域及び一定の区域においては色彩の基準も定められた。さらに、市全域において屋上広告物の点滅表示を禁止し、LEDディスプレイを利用した

293

広告物につき、そのLEDディスプレイ部分の大きさや高い位置への表示等を抑える基準が定められた。

(3) その評価

このように、小田原市が景観計画で屋外広告物の表示等に関する行為の制限を定め、景観法の制定に伴って屋外広告物法に基づく一部の委任条例の制定権限が景観行政団体に移譲されたことを活用して屋外広告物条例を定めたことは、先進的であり、知事の同意を得て景観行政団体となった他の市町村（第2次一括法制定以降は知事の同意不要）にとって大いに参考となるものである。

3 尾道市の取組み

(1) 景観計画を活用した取組み

知事の同意を得て2005年8月1日に景観行政団体となった尾道市は、旧尾道市及び向島町の全域を景観計画区域とする景観計画を2006年11月17日に策定し、同計画において、「屋外広告物の表示及び屋外広告物を掲出する物件の設置に関する行為の制限に関する事項」（景観法8条2項4号イ）を定めた（なお、2010年4月1日より景観計画区域を市全域に拡大）。つまり、景観計画区域内の屋外広告物等については、周囲の景観との調和や建築物との一体性が確保されるよう、蛍光色はできるだけ避ける、広告看板の文字は不必要に大きなものは使用しない、ネオンサインを設置する場合は昼間の景観にも配慮した形態意匠とする等の制限を定めたのである。

また、景観計画区域のうち「心に残る尾道の景観」の形成を主導する重点地区として景観計画に定められた尾道・向島地区においては、屋上広告物の設置を禁止し、建築物に取り付ける広告物は建築物との調和を図り、基調色（地色）は原則として彩度の高い色の使用を禁止した。

(2) 屋外広告物条例を活用した取組み

さらに尾道市は、広島県から権限移譲を受けて屋外広告物条例を制定し、2007年（平成19年）4月に施行した。この尾道市屋外広告物条例によって、

景観地区内の建築物については屋上広告物の設置が禁止され、尾道市内で屋外広告物を設置・掲出する場合は尾道市に届出・許可申請をすることが義務づけられたうえで、10戸以上の家屋が連たんする区域や山陽新幹線の線路用地から展望できる接続区域等につき、地面に設置する平看板や広告塔等の表示面積、設置位置等についての基準が定められた。

(3) その評価

このように、尾道市が景観計画で屋外広告物の表示等に関する行為の制限を定め、知事の同意を得た景観行政団体として屋外広告物条例を制定したことは、前述の小田原市と同様、先進的であり、景観法が準備したツールを十分活用しようとする意欲の表れである。

Ⅲ 景観法を活用した取組み③
——倉敷市、伊丹市、鎌倉市、松山市

1 はじめに

前述した金沢市、小田原市、尾道市、さらには第4節で紹介する東京都は、景観計画において「屋外広告物の表示及屋外広告物を掲出する物件の設置に関する行為の制限に関する事項」（景観法8条2項4号イ）を定めるとともに、さらにその景観計画に即した屋外広告物条例の制定・改正を行った先進的な取組みである。これに対し、景観計画を活用した屋外広告物の規制を行っているものの、屋外広告物条例の制定・改正まで至っていない自治体もいくつかある。たとえば、岡山県倉敷市、兵庫県伊丹市、神奈川県鎌倉市、愛媛県松山市である。以下、これらの取組みを紹介する。

2 倉敷市の取組み

(1) 景観計画を活用した取組み

倉敷市は、市域全域を景観計画区域とした景観計画を2009年9月30日に策定し、同計画において「屋外広告物の表示及屋外広告物を掲出する物件の

設置に関する行為の制限に関する事項」(景観法8条2項4号イ)を定め、屋外広告物に関する行為の制限等に関する方針として、景観計画区域内共通の制限と景観の類型に応じた制限を定めた。

前者の景観計画区域内共通の制限では、倉敷市内の広告物は不必要に大きなものは使用せず、基調色は彩度6以下に抑えるものとされたほか、夜間の照明については周辺の土地利用に配慮するとともに、ネオンサインについては昼間の景観にも配慮した形態意匠とする等の制限が定められた。後者の景観の類型に応じた制限では、①自然的景観に係る地区、②歴史・文化的景観に係る地区、③市街地景観に係る地区の3つの類型に応じた制限が定められ、①の自然的景観に係る地区と②の歴史・文化的景観に係る地区においては光源の強い照明や点滅照明は避ける等の制限が定められた。そして、屋外広告物の表示、掲出の基準については、景観計画で上記のように定められた方針に基づき倉敷市屋外広告物条例に定めるものとされている。

(2) 屋外広告物条例の活用状況

しかし、筆者が確認した2011年12月現在、上記景観計画に沿った屋外広告物条例の改正は行われてない。倉敷市によると、現在景観計画に即した内容への改正作業を進めているところで、2012年度からの運用開始をめざしているとのことである。倉敷市が景観計画を策定したのが景観法が一部施行された2004年12月の約5年後であることとあわせて考えれば、景観地区が創設される以前から美観地区を運用し、景観行政に先駆的であった倉敷市にしては「出遅れ感」が否めない。

3　伊丹市の取組み

(1) 景観計画を活用した取組み

知事の同意を得て2005年9月5日に景観行政団体となった伊丹市は、2006年3月に市全域を景観計画区域とする景観計画を策定した。伊丹市は、同計画において、「屋外広告物の表示及び屋外広告物を掲出する物件の設置に関する行為の制限に関する事項」(景観法8条2項4号イ)として、①市域全域

については、特に主要幹線道路沿道における屋外広告物の掲出に際し、極端に突出した形態・色彩の使用を避けることを定め、②重点的に景観形成を図る区域については、屋外広告物を通りに面して設置する場合は、設置方法、材料、形態、色彩に留意し、周辺のまちなみと調和したものにすることを定めた。

(2) 屋外広告物条例の活用状況

　他方、伊丹市は2005年９月５日に景観行政団体となったため、屋外広告物法に基づく一部の委任条例を定めることができるようになった。にもかかわらず、筆者が確認した2011年12月時点において、いまだ屋外広告物条例を定めていない。そのため現時点においては、伊丹市における屋外広告物は兵庫県屋外広告物条例に基づいて規制されている。伊丹市によれば、将来的には景観行政団体として屋外広告物条例を定める意向はあるものの、現時点においては屋外広告物条例制定のための具体的な作業を行っておらず、今後２、３年の間に同条例を制定する予定はないとのことである。

(3) その評価

　もっとも伊丹市については、景観計画において重点的に景観形成を図る地域として指定された「伊丹郷町地区」について、独自の基準として「伊丹郷町地区における屋外広告物掲出に関する要綱」を制定し、屋上広告物や壁面広告物、壁面突出広告物、敷地内建植広告物について、ネオンサイン、点滅、LEDサインを使用することを禁止し、屋上広告物の高さについては建物の高さの３分の１までとしたことが注目される。さらに伊丹市は、同地区について景観計画で定められた建築物の色彩制限の基準が高明度・低彩度とされていることから、その色彩基準に合致するよう、上記要綱において建築物に設置する屋外広告物の地色についての色彩基準を定めた。

　これらの基準は、兵庫県屋外広告物条例が定める基準より厳しいものであるが、指導・助言しかできないという限界がある。つまり、伊丹市が定めた上記要綱の基準をクリアしていなくとも県条例が定める基準をクリアしている屋外広告物に対しては、その設置を強制的に制限することはできない。こ

のように、要綱という形で屋外広告物を規制するために独自の基準を定めたことは評価できるものの、上記のような限界があることが弱点である。

4 鎌倉市の取組み

(1) 景観計画を活用した取組み

知事の同意を得て2005年5月1日に景観行政団体となった鎌倉市は、2007年1月に市全域を景観計画区域とする景観計画を策定し、同計画で「屋外広告物の表示及び屋外広告物を掲出する物件の設置に関する行為の制限に関する事項」(景観法8条2項4号イ)を定めた。その制限事項は、①全市共通事項、②土地利用類型別制限事項、③特定地区別事項の3項目に分かれている。

①の全市共通事項は、建築物の規模や周辺のまちなみと不調和な規模とならないよう配慮すること、建築物のデザイン、色彩、素材等との調和を図り、統一的なデザインとすること等の制限を定めている。②の土地利用類型別制限事項は、市域を土地利用に応じて21の類型に分類し、その21の類型を9つのグループに分けたうえで、そのグループごとに制限事項を定めている。たとえば、古都としての風格ある都市景観が形成されている「鎌倉地域まち並み型商業地区域・観光型住商複合地区域」や海や斜面緑地などの自然環境と低層のまちなみが調和した住宅地景観が形成されている「海浜住宅地区域・海浜住商複合地区域」、新しい鎌倉の拠点づくりをめざす「新都市機能導入地区域」等の区域においては、屋上広告物の設置が禁止され、ネオン管など光源が露出した素材の使用が禁止された。また、③の特定地区別事項は、特に地域の特性を活かした景観形成が必要な地域として定められた3つの特定地区(由比ガ浜通り地区、由比ガ浜中央地区、鎌倉芸術館周辺地区)についての制限事項を定めるもので、たとえば、自己用以外の広告物の設置は禁止され、複数の袖看板(広告物)は美しく集約化すること等の制限が定められた。

(2) 屋外広告物条例の活用状況

さらに鎌倉市は、上記景観計画において、景観計画の実現に向けた具体的な施策(推進施策)と推進体制やスケジュールを定めており、その中で、屋

外広告物の規制誘導については、上記の景観計画に定めた制限事項及び神奈川県屋外広告物条例に基づき適正な規制・誘導を行うとしたうえで、「市独自の屋外広告物条例の制定により、歴史・文化・活力など、都市の風格や賑わいを演出する美しさを持った広告物の誘導」をめざすと定めた。ところが、本書執筆の2012年2月時点において、鎌倉市は「市独自の屋外広告物条例」をいまだ制定していない。鎌倉市によれば、大きな方向としては屋外広告物条例を制定する方向であるものの、今は地元合意を得るための住民説明等を行っている段階であり、同じ神奈川県内で知事同意の景観行政団体として屋外広告物条例を制定・施行している小田原市における運用状況もみながら、条例制定に向けた作業を進めるとのことである。よって現時点においては、鎌倉市の屋外広告物条例制定の具体的なスケジュールは白紙状態である。

(3) その評価

景観計画を活用して屋外広告物に対する制限事項を定め、これを実現するための具体的な施策として屋外広告物条例の制定を景観計画に明記したことは、鎌倉市の景観政策に対する意欲の表れとして評価できる。しかし、その条例制定の作業が停滞しているのは、鎌倉市が条例制定の現場で強いリーダーシップを発揮できていないためと考えられ、その意味で不十分である。

5 松山市の取組み

(1) 景観計画を活用した取組み

景観法の施行により自動的に景観行政団体（中核市）となった松山市は、歴史的・文化的に重要な景観要素を含む市役所前榎町通りと道後温泉本館周辺の2地区を景観計画区域とする景観計画を2010年3月30日に策定し、同計画において、屋外広告物の表示及び掲出に関する事項として、上記2地区の景観計画区域それぞれにつき屋外広告物の種類ごとの「配慮事項」を定めた。

ここで注意が必要なのは、松山市が景観計画で定めたこの屋外広告物の表示及び掲出に関する事項は、景観法8条2項4号イに基づく「屋外広告物の表示及び屋外広告物を掲出する物件の設置に関する行為の制限に関する事

項」ではないことである。つまり、松山市が景観計画で定めた上記事項は、文字どおり「配慮事項」であって「制限事項」ではない。そのため、松山市の上記2地区の景観計画区域内においては、屋上広告物は設置しないよう努める、やむを得ず設置する場合は周辺のスカイラインを乱さないよう配置や形状等に配慮する、突出し広告物も設置しないよう努める、やむを得ず設置する場合は沿道景観に配慮し、建築物壁面からの出幅及び枠のサイズを最小限とする等の配慮が求められるが、これはいわば「努力目標」であり、その遵守は設置者の任意である。

(2) 屋外広告物条例の活用状況

このように、松山市の景観計画においては屋外広告物の表示等につき景観法8条2項4号イに基づく行為の制限まで踏み込んで定めることができず、いわば「努力目標」にすぎない配慮事項を定めるにとどまったのは、松山市によれば、景観計画を定めるにあたって地元から合意を得る際に行為の制限までは定めないことで合意したためとのことである。なお、松山市は、中核市に移行した2000年（平成12年）4月1日から松山市屋外広告物条例を施行しているが、上記のとおり景観計画において景観法8条2項4号イに規定する行為の制限は定めていないため、景観計画の内容に即した改正は行っていない。しかし今後、上記の配慮事項を景観法8条2項4号イに規定する行為の制限に格上げすることになった場合には、景観計画を変更したうえで屋外広告物条例の改正を行うとのことである。

(3) その評価

ちなみに、松山市の出身である筆者は、2008年に創設された「ふるさと納税」の制度を利用した松山市へのふるさと納税第1号となった。筆者が積極的に松山市にふるさと納税をしたのは、「坂の上の雲」のまちづくりを進める故郷・松山市に期待したためであったが、景観計画の策定が景観法一部施行の2004年（平成16年）12月から約5年4カ月も経過していることや、景観計画区域が市全域でなく2地区に限定されていることについては、筆者としては若干「期待はずれ」と感じている。

第4節　東京都の景観法を活用した先進的な取組み

I　屋外広告物条例に基づく独自の取組み

1　東京都屋外広告物条例

東京都は、1949年（昭和24年）6月に屋外広告物法が制定されたことに伴い、屋外広告物条例を制定した（昭和24年8月条例第100号）。以降東京都は、屋外広告物法とこの条例に基づいて屋外広告物の規制を行ってきた。同条例は時代状況や法改正に応じた改正が行われ、現行条例による規制は、禁止区域・禁止物件の規定による規制と、広告物の種類ごとに定められた規格による規制の2本柱を中心に行われている。これらの規制は、主として都市計画法上の用途地域に基づいて定められている。

2　東京都独自の取組み——地域ルール

面積が広い首都・東京都の都市景観は地域によってさまざまであるため、都市計画法上の用途地域に基づく基準だけではそれぞれの地域の特性に応じたきめ細かな対応を行うには十分ではない。そこで、地域の景観特性に応じた広告物規制を進め、個性豊かなまちなみ形成を誘導するための制度として東京都屋外広告物条例が定めているのが、通称「地域ルール」と呼ばれる制度である。これは、地域の景観特性に応じた広告物に関するルールを、屋外広告物条例の許可基準に反映させることができる制度で、後述する景観計画を活用した屋外広告物の規制とは別の制度である。

具体的には、①1986年に創設された、地域の実情に詳しい地元住民等による自主的な規制を内容とする広告協定地区の制度（東京都屋外広告物条例12条）、②2005年に創設された、知事が屋外広告物条例に基づいて指定する広

告誘導地区との連携（同条例11条）、③同じく2005年から開始された、「東京のしゃれた街並みづくり推進条例」に基づく街並み景観重点地区との連携(同条3項。街並み景観重点地区は2003年に創設)、④2003年から開始された、都市計画法に基づく地区計画等との連携（同条例9条）である。

　上記①の広告協定地区とは、一定の区域内の土地、建築物、工作物又は広告物等の所有者又はこれらを使用する権利を有する者が、良好な地域環境を形成するために当該区域内の広告物等の形状、面積、色彩、意匠その他表示の方法の基準に関する協定を締結したときに、知事に対して広告協定地区として指定するよう求めることができる制度である。また、上記②の広告誘導地区、上記③の街並み景観重点地区、上記④の地区計画等との連携とは、それぞれの地区ないし区域について定められた広告物等の形状、面積、色彩、意匠その他表示の方法に関する事項を、屋外広告物条例の規定による当該区域に係る広告物等の基準として同条例施行規則として定めることができる制度である。

　ちなみに、本書執筆の2012年2月時点の活用状況は、上記①の広告協定地区が1件、上記④の地区計画等との連携が2件、上記②の広告誘導地区と上記③の街並み景観重点地区との連携はゼロである。

II　景観計画に基づく屋外広告物の規制

1　屋外広告物の表示等の制限

　東京都は、景観法が一部施行された2005年（平成17年）12月から約1年4カ月後の2007年3月に東京都景観計画を策定した。その内容については第7章第2節で紹介するが、東京都はこの景観計画において、「屋外広告物の表示及び屋外広告物を掲出する物件の設置に関する行為の制限に関する事項」（景観法8条2項4号イ）として「屋外広告物の表示等の制限」を定めた。具体的には、①景観計画区域内での屋外広告物の表示に関する共通事項と、②景観形成特別地区における基準である。

第4節　東京都の景観法を活用した先進的な取組み

　さらに、2009年4月には景観計画が変更され、上記①②に加えて、③小笠原における基準が追加された。「景観形成特別地区」とは、東京における良好な景観の形成を推進するうえで特に重点的に取り組む必要がある地区で、江戸時代に築造された大名庭園やその跡地を活用して近代に造営された文化財庭園等を対象とする「文化財庭園等景観形成特別地区」と、観光資源として水辺再生に向けた取組みが始められている臨海部を対象とする「水辺景観形成特別地区」の2つがある。

2　屋外広告物の表示に関する共通事項

　東京都の景観計画は、景観計画区域内での屋外広告物の表示に関する共通事項として、屋外広告物は、地域特性を踏まえた良好な景観の形成に寄与するような表示・掲出とすることや、歴史的な景観資源の周辺では歴史的・文化的な面影や雰囲気を残すまちなみなどに配慮すること等を定めた。具体的には、次のとおりである。

【景観計画区域内での屋外広告物の表示に関する共通事項】
① 屋外広告物は、屋外広告物条例に基づく許可が必要なものはもとより、自家用及び公共広告物などを含め、規模、位置、色彩等のデザインなどが、地域特性を踏まえた良好な景観の形成に寄与するような表示・掲出とする。
② 景観基本軸や大規模な公園・緑地等の周辺では、緑や地形など地域の景観をつくる背景、建築物や並木など景観を構成する要素との調和に十分配慮し、屋外広告物を表示・掲出する。
③ 都選定歴史的建造物など、歴史的な景観資源の周辺では、歴史的・文化的な面影や雰囲気を残す街並みなどに配慮して、屋外広告物を表示・掲出する。
④ 大規模な建築物や高層の建築物における屋外広告物は、景観に対す

る影響が広範囲に及ぶ場合があることなどから、表示の位置や規模等について、十分配慮する。
⑤　主要な幹線道路においては、道路修景や地域のまちづくりの機会などを捉えて、屋外広告物の表示に関する地域ルールを定めるなど、風格のある沿道の景観形成を進めていく。
⑥　自然環境保全・活用ゾーンなど、豊かな自然が観光資源となっている地域では、街道沿いやレクリエーションエリア周辺に、景観を阻害する野立て看板等が点在することのないよう、案内広告の集約化を図るとともに、色彩等のデザインを自然環境と調和させる。
⑦　地域の活性化は、大規模で過剰な広告物の掲出ではなく、美しく落ち着きのある景観の形成を始めとする地域の魅力向上が重要であるという視点に立って、地域振興やまちづくりを進めていく。
⑧　地域特性を踏まえた、統一感のある広告物は、街並みの個性や魅力を高め、観光振興にも効果があることから、広告物の地域ルールを活用した景観形成を積極的に進めていく。

3　景観形成特別地区における基準

(1)　文化財庭園等景観形成特別地区

　2007年4月に文化財庭園等景観形成特別地区として指定されたのは、①浜離宮恩賜庭園・旧芝離宮恩賜庭園景観形成特別地区、②新宿御苑景観形成特別地区、③清澄庭園景観形成特別地区の3地区である。その後、2008年4月に上記①②③に加えて、④小石川後楽園景観形成特別地区、⑤六義園景観形成特別地区、⑥旧岩崎邸庭園景観形成特別地区、⑦旧古河庭園景観形成特別地区の4地区が追加して指定された。これらの文化財庭園等景観形成特別地区において屋外広告物の表示等を制限する規制範囲は、当該景観形成特別地区の区域内で、かつ、地盤面から20m以上の部分とされた。上記の規制範囲内では、①自家用広告物（自社名、ビル名、店名、商標の表示など）、②公共公

第4節　東京都の景観法を活用した先進的な取組み

益目的の広告物、③非営利目的の広告物に限り表示できるとされ、その表示等の制限についての基準が定められた。

　たとえば、地盤面から20m以上の部分では建物の屋上に広告物を表示又は設置することが禁止され、壁面の広告物に光源を使用することが禁止された。その一方で、建物の背後にある広告物などの庭園内から見えない広告物については、表示等の制限について定められた基準にかかわらず表示することが可能とされた。これは、文化財庭園等景観形成特別地区で屋外広告物の表示等を制限する趣旨が庭園からの眺望・景観を守ることにあるためである。

　文化財庭園等景観形成特別地区における屋外広告物の表示等の制限に関する具体的な基準は、<chart 8>のとおりである。

(2)　水辺景観形成特別地区

　2007年4月、①観光スポットや運河ルネッサンス推進地区を結ぶ水上バスの主要ルート、②都市再生緊急整備地域の指定を受け土地利用転換が進められている東京臨海地域、③五輪メインスタジアムなどの施設候補地などを含み、水辺の魅力を世界に発信していくうえで、特に重要な区域が水辺景観形成特別地区に指定された。同地区において屋外広告物の表示等を制限する規制範囲（規制区域）は、景観形成特別地区の区域内とされ、同区域内では、建物の屋上に広告物を表示又は設置することが禁止され、壁面の広告物の光源に赤色又は黄色を使用することや点滅させることが禁止され、広告物の色彩の基準等が定められた。なお、これらの基準に適合しない広告物であっても、特にデザインが優れ、水辺景観の形成に寄与するものについては、基準への適合が除外される。

　水辺景観形成特別地区における屋外広告物の表示等の制限に関する具体的な基準は、<chart 9>のとおりである。

4　小笠原における基準

　小笠原において屋外広告物の表示等を制限する規制範囲（規制区域）は、小笠原諸島の父島、母島において、自然公園法により指定された国立公園の

<chart 8> 文化財庭園等景観形成特別地区における屋外広告物の表示等の制限に関する事項

屋上設置の広告物	地盤面から20m以上の部分では、建物の屋上に広告物を表示し、又は設置しない。
建物壁面の広告物	地盤面から20m以上の部分では、広告物に光源を使用しない。
広告物の色彩	建物の壁面のうち、高さ20m以上の部分を利用する自家用広告物の色彩は、庭園景観と調和した低彩度を基本とし、1つの広告物の中で、その表示面積の3分の1を超えて使用できる色彩の彩度は次のとおり定める。 | 色相 | | 彩度 | |---|---|---| | 0.1R〜10R | → | 5以下 | | 0.1YR〜5Y | → | 6以下 | | 5.1Y〜10G | → | 4以下 | | 0.1BG〜10B | → | 3以下 | | 0.1PB〜10RP | → | 4以下 |
表示等の制限の例外	建物の背後にある広告物など、庭園内から見えない広告物は、本表に定める表示等の制限にかかわらず、表示できる。

特別地域以外の区域内とされた。上記の規制区域内において表示できる広告物は、①自家用広告物（自社名、ビル名、店名、商標の表示など）、②公共公益目的の広告物、③非営利目的の広告物、④知事が島の振興に資すると認める広告物である。ただし、上記①の自家用広告物については、光源を点滅又は可動させることが禁止され、表示面積が5㎡以上のものについては建築物の屋上に表示又は設置することが禁止される等の制限が定められた。

　この自家用広告物の表示等の制限に関する具体的な基準は、次のとおりである。

第4節 東京都の景観法を活用した先進的な取組み

<chart 9> 水辺景観形成特別地区における屋外広告物の表示等の制限に関する事項

屋上設置の広告物	建物の屋上に、広告物を表示し、又は設置しない。
建物壁面の広告物	・広告物の光源に、赤色又は黄色を使用しない。 ・光源は点滅させない。
広告物の色彩	建物の壁面のうち、高さ10m以上の部分を利用する自家用広告物の色彩は、水辺景観と調和した低彩度を基本とし、1つの広告物の中で、その表示面積の3分の1を超えて使用できる色彩の彩度は次のとおり定める。 | 色 相 | | 彩 度 | |---|---|---| | 0.1R〜10R | → | 5以下 | | 0.1YR〜5Y | → | 6以下 | | 5.1Y〜10G | → | 4以下 | | 0.1BG〜10B | → | 3以下 | | 0.1PB〜10RP | → | 4以下 |
表示等の制限の例外	・許可を受けずに表示できる広告物には、本表に定める表示等の制限は適用しない。 ・この基準に適合しない広告物であっても、特にデザインが優れ、水辺景観の形成に寄与するものについては、この基準によらないことができる。

【自家用広告物の表示等の制限に関する事項】
① 道路の上空に突出しない。
② 光源が点滅、可動しない。
③ 表示面積が5㎡以上の自家用広告物は以下に掲げる基準に適合するものとする。
 ・広告物等の表示面積が10㎡以下であること。
 ・建築物の屋上へ広告物等を表示し、又は設置しない。

> ・建築物の壁面を利用する広告物等については、2階以上の部分に表示又は設置しない。ただし、知事が景観上特に支障がないと認める場合は、この限りではない。

III　屋外広告物条例の改正

　東京都は、景観計画で定めた屋外広告物の表示等の制限の内容に即して、それまでの屋外広告物条例を改正した。この改正によって文化財庭園等景観形成特別地区は、同条例6条で広告物を表示し、又は掲出物件を設置してはならない禁止区域の1つとして位置づけられ（同条例6条4号）、水辺景観形成特別地区と小笠原の規制区域は、同条例8条で広告物を表示し、又は広告物を掲出する物件を設置するにつき知事の許可を受けなければならない許可区域の1つとして位置づけられた（同条例8条4号）。

　このようにして、わが国の首都たる東京都においても、京都市や金沢市と同様、「景観計画に屋外広告物の表示及び屋外広告物を掲出する物件の設置に関する行為の制限に関する事項」（景観法8条2項4号イ）を定めるとともに、その景観計画に即した屋外広告物条例の改正が行われた。東京都が景観計画を活用して屋外広告物の規制を行うとともに、その景観計画に即した屋外広告物条例の改正を行ったことは、美しく風格のある東京の再生を目標とする施策の1つであり、都市再生を推進する中で良好な景観の形成をめざすものとして参考になるものである。

第5節　京都市の屋外広告物条例改正にみる新たな展開──攻めの条例へ

I　新景観政策と屋外広告物条例の改正

1　新景観政策による屋外広告物規制の見直し

　屋外広告物は、都市の良好な景観形成に大きな影響を与える重要な要素であり、無秩序に設置された看板やネオンサイン、電柱等に貼り付けられたはり紙などは、景観を悪化させているものとして市民が身近に感じられる要素である。京都市では、屋外広告物を都市の景観を形成する重要な要素と位置づけて、1956年（昭和31年）には屋外広告物法に基づく「京都市屋外広告物条例」を制定し、以降比較的厳しい広告物規制を行ってきた（同条例は1996年（平成8年）の改正でその名称を「京都市屋外広告物等に関する条例」に変更）。しかしそれでも、市中心部等では屋外広告物が無秩序に氾濫し、歴史都市としての良好な景観が保全されているとはいいがたい状況にあった。
　そこで京都市は、2007年3月に策定した新景観政策によって屋外広告物規制について抜本的な見直しを行い、眺望景観創生条例の制定や景観地区等の変更による「デザイン規制の見直し」、高度地区による「高さ規制の見直し」と連動させて、三位一体となって品格のある歴史都市である京都らしい景観を創出することをめざした。デザイン規制の見直しと高さ規制の見直しに関する新景観政策の内容については第7章第1節で詳しく説明することとし、ここでは新景観政策によって見直された屋外広告物規制の内容を紹介する。

2　その概要

　新景観政策による屋外広告物規制の見直しの基本的な方針は、①地域ごとの景観特性等を踏まえた規制、②優良な屋外広告物の誘導、③違反広告物対

策の強化とされた。京都市は、これらの方針を踏まえ、景観計画を変更して屋外広告物規制区域の種別を再編し、「京都市屋外広告物等に関する条例」（平成8年8月14日条例第13号。以下、「屋外広告物条例」という）の一部を改正した。屋外広告物条例の主な改正点は、①景観計画に即した改正（屋外広告物規制区域の種別の再編）、②各種別における許可基準の策定、③屋上広告物及び点滅照明の禁止、④優良意匠屋外広告物の指定制度の創設である。

　これらの改正の内容については、以下項を改めて説明するが、京都市の新景観政策における取組みは、良好な景観の形成という観点から屋外広告物を規制する取組みとして先進的であり、知事の同意を得て景観行政団体となった意欲のある市町村はもちろん、各地の自治体が屋外広告物の規制を行う際には、大いに参考となるものである。良好な景観の形成をめざす各地の自治体においては、京都市を1つの「手本」に、それぞれの地域の実情に応じた屋外広告物に対する規制の取組みが行われることを期待したい。

II　屋外広告物規制のための景観計画の活用

1　景観計画を活用した取組み

　京都市は、景観法の全面施行から約半年を経た2005年12月に景観計画を策定したが、この景観計画は京都市のそれまでの景観施策を景観法の枠組みに移行させるものにすぎず、従来の規制内容の変更や規制区域の拡大等は行われなかった。屋外広告物規制についても、上記景観計画によって景観法8条2項4号イに基づく「屋外広告物の表示及び屋外広告物を掲出する物件の設置に関する行為の制限に関する事項」は定められたが、京都市屋外広告物等に関する条例に基づいて必要な制限を行うとされ、従来の規制の変更や拡大は行われなかった。

　その後京都市は、2007年3月の新景観政策によって景観計画を変更し、「屋外広告物の表示及び屋外広告物を掲出する物件の設置に関する行為の制限に関する事項」で、都市の景観に著しい悪影響を及ぼす屋外広告物等の表示等

第5節　京都市の屋外広告物条例改正にみる新たな展開——攻めの条例へ

を禁止し、屋外広告物の表示等を禁止する物件、地域又は場所を定めたほか、後述するとおり、屋外広告物規制区域を従来の9種類から21種類に再編したうえで、種別に応じた屋外広告物等の表示位置、規模、形態又は意匠の基準を条例に定めるとした。つまり、京都市景観計画は、「歴史都市・京都に相応しい品格のある美しい都市景観の形成を図る」ため、屋外広告物条例に基づき屋外広告物の表示等について必要な制限を行うとしたうえで、屋外広告物規制区域内における制限として21種類の屋外広告物規制区域を具体的に定めたのである。

　このように屋外広告物を規制する区域の種別を景観計画で定めたことが、京都市における景観計画を活用した屋外広告物規制の特徴である。そして京都市は、屋外広告物条例について、景観計画で定めた上記制限に即した改正を行った。屋外広告物条例の改正内容については後記IIIで述べるが、この景観計画の活用と屋外広告物条例の改正によって、京都市の全域で、屋外広告物を屋上に設置することや屋外広告物に点滅式照明を使用することが全面禁止されることになった。

2　屋外広告物規制区域の再編

　屋外広告物規制区域の種別は、新景観政策が2007年9月に施行される以前は9種類であったが、新景観政策によって景観計画が変更され、21種類に再編された。なお、屋外広告物条例においては、京都市長は、京都市美観風致審議会の意見を聴いて、「都市の景観の維持及び向上並びに公衆に対する危害の防止を図るため屋外広告物及び掲出物件の位置、規模、形態又は意匠を制限する必要がある区域を屋外広告物規制区域として指定する」ものとされ（屋外広告物条例7条1項）、同条例8条1項において景観計画で再編された21種類の屋外広告物規制区域が規定されている。新景観政策施行後の屋外広告物規制区域の種別を整理すると、<chart 10>のとおりである。

<chart 10>　屋外広告物規制区域の種別

1．一般地域			
(1)	第1種地域	後記2(1)から(12)及び後記3(1)(2)に掲げる地域以外の地域（一般地域）のうち、山林、樹林地又は田園等が重要な要素となって、優れた自然的景観を形成している地域	8条1項1号
(2)	第2種地域	一般地域のうち、歴史的建造物、閑静な住宅等が重要な要素となって、自然的景観又は町並みの景観を形成している地域	8条1項2号
(3)	第3種地域	一般地域のうち、背景となる山並みのりょう線と調和する良好な市街地の景観を形成している地域又は京都の町の生活の中から生み出された特徴のある形態又は意匠を有する建築物が存し、良好な町並みの景観を形成している地域	8条1項3号
(4)	第4種地域	一般地域のうち、店舗、事務所その他これらに類する施設と京都の町の生活の中から生み出された特徴のある形態又は意匠を有する建築物とが調和し、良好な町並みの景観を形成している地域	8条1項4号
(5)	第5種地域	一般地域のうち、店舗、事務所その他これらに類する施設が多数存する地域で、京都の町の生活の中から生み出された特徴のある形態又は意匠を有する建築物と調和した町並みの景観を形成していく必要があるもの	8条1項5号
(6)	第6種地域	一般地域のうち、店舗、工場、事務所又は倉庫が多数存する地域で、良好な町並みの景観を形成していく必要があるもの	8条1項6号
(7)	第7種地域	一般地域のうち、繁華な市街地の地域及び	8条1項7号

第5節　京都市の屋外広告物条例改正にみる新たな展開——攻めの条例へ

		上記1(1)から(6)に該当しない地域で、良好な町並みの景観を形成していく必要があるもの	
2．沿道型			
	(1) 沿道型第1種地域	山並みと調和する閑静な住宅等が重要な要素となって町並みの景観を形成している地域に接する幹線道路及びこれに接する地域で、良好な通りの景観を形成している地域	8条1項8号
	(2) 沿道型第1種地域特定地区	山並みと調和する閑静な住宅等が重要な要素となって町並みの景観を形成している地域に接する幹線道路及びこれに接する地域で、優れた眺望に配慮した良好な通りの景観を形成していく必要がある地域	8条1項9号
	(3) 沿道型第2種地域	山並みと調和する閑静な住宅等が重要な要素となって町並みの景観を形成している地域に接する幹線道路及びこれに接する地域で、店舗、事務所その他これらに類する施設が町並みの景観に調和した良好な通りの景観を形成していく必要がある地域	8条1項10号
	(4) 沿道型第2種地域特定地区	山並みと調和する閑静な住宅等が重要な要素となって町並みの景観を形成している地域に接する幹線道路及びこれに接する地域で、店舗、事務所その他これらに類する施設が町並みの景観に調和し、優れた眺望に配慮した良好な通りの景観を形成していく必要がある地域	8条1項11号
	(5) 沿道型第3種地域	店舗、事務所その他これらに類する施設と京都の町の生活の中から生み出された特徴のある形態又は意匠を有する建築物が調和し、良好な町並みの景観を形成している地域等に接する幹線道路及びこれに接する地域で、	8条1項12号

313

		良好な通りの景観を形成していく必要がある地域	
(6)	沿道型第3種地域特定地区	店舗、事務所その他これらに類する施設と京都の町の生活の中から生み出された特徴のある形態又は意匠を有する建築物が調和し、良好な町並みの景観を形成している地域等に接する幹線道路及びこれに接する地域で、京都にふさわしい中高層の建築物群が連続する良好な通りの景観を形成していく必要がある地域	8条1項13号
(7)	沿道型第4種地域	店舗、工場、事務所又は倉庫が多数存する幹線道路及びこれに接する地域で、良好な通りの景観を形成していく必要がある地域	8条1項14号
(8)	沿道型第4種地域特定地区	店舗、工場、事務所又は倉庫が多数存する幹線道路及びこれに接する地域で、京都にふさわしい中高層の建築物群が連続する良好な通りの景観を形成していく必要がある地域	8条1項15号
(9)	沿道型第5種地域	店舗、事務所その他これらに類する施設が特に多数存する幹線道路及びこれに接する地域で、良好な通りの景観を形成していく必要がある地域	8条1項16号
(10)	沿道第5種地域特定第1地区	店舗、事務所その他これらに類する施設が特に多数存する幹線道路及びこれに接する地域で、京都にふさわしい中高層の建築物群が連続する特に良好な通りの景観を形成していく必要がある地域	8条1項17号
(11)	沿道第5種地域特定第2地区	店舗、事務所その他これらに類する施設が特に多数存する幹線道路及びこれに接する地域で、京都にふさわしい中高層の建築物群が連続する良好な通りの景観を形成して	8条1項18号

第5節　京都市の屋外広告物条例改正にみる新たな展開——攻めの条例へ

		いく必要がある地域	
	(12) 沿道型第6種地域	良好な通りの景観を形成していく必要がある地域のうち、上記2(2)から(11)までに該当しないもの	8条1項19号
3．歴史遺産型			
	(1) 歴史遺産型第1種地域	世界の文化遺産及び自然遺産の保護に関する条約11条2項に規定する一覧表に記載されている文化遺産の区域の周辺の区域又は特に歴史的環境を保全する必要がある区域(世界遺産周辺区域等)のうち、山林、樹林地又は歴史的建造物等が重要な要素となって優れた自然的景観を形成している地域	8条1項20号
	(2) 歴史遺産型第2種地域	世界遺産周辺区域等のうち、上記3(1)に該当しない地域	8条1項21号

III　新景観政策による屋外広告物条例の改正

1　許可の基準

　改正後の屋外広告物条例は、屋外広告物規制区域内において屋外広告物を表示し、又は掲出物件を設置しようとする者は、京都市長の許可を受けなければならないと定め（同条例9条1項）、この許可の有効期間は、屋外広告物及び掲出物件の種類に応じ、3年を超えない範囲で定めている（同条4項）。そして、この許可の基準は、屋外広告物条例及び同条例施行規則において、屋外広告物規制区域の種別に応じてきめ細かく定められ（同条例11条、同条例施行規則15条〜23条等）、京都市長は、これらの許可基準に適合していると認めるときは許可をしなければならない、とされている（同条例11条1項）。

　新景観政策による屋外広告物条例の改正において定められた許可基準の主な項目は、①建築物等定着型屋外広告物等及び一定の独立型屋外広告物等の

315

面積（表示・設置合計面積）の総量の上限、②建築物等の一定の立面の面積に対する表示・設置合計面積の割合（表示率）の上限、③一定の屋外広告物規制区域における道路突出の禁止、④建築物等定着型屋外広告物等の最上部の高さの上限、⑤独立型屋外広告物等の面積の合計の上限である。また、同改正によって、京都市長は、意匠が優れた屋外広告物で、良好な景観の形成に寄与すると認められるもの若しくはその表示が公益、慣例その他の理由によりやむを得ないもので、景観上支障がないと認められる屋外広告物又は掲出物件については、許可基準に適合しない場合においても、京都市美観風致審議会の意見を聴いて、その表示又は設置を許可することができるものとされた（同条例11条3項）。

　屋外広告物規制区域における許可基準の一例として、上記④の建築物等定着型屋外広告物等（たとえば袖看板や壁面平付け看板など）の最上部の高さ規制の内容を紹介すると、<chart 11>のとおりである。

2　屋上に設置する屋外広告物及び点滅照明の禁止

　京都市は、新景観政策における屋外広告物条例の改正によって、屋上に設置する屋外広告物を市域の全域で禁止した。これは、良好なスカイラインを形成し、美しい都市景観を創出するためである。また京都市は、同改正によって、点滅式照明や可動式照明（回転灯、照射する光が動くもの）を屋外広告物に使用することを市域の全域で禁止した。これは、点滅式照明や可動式照明は刺激的で強い光を放つなど都市の景観に支障をきたすためである。

　前者の屋外広告物の屋上への設置を全面禁止することに対しては、市民のパブリックコメントを募集した結果、市域の全域でこれを禁止するのは厳しすぎるのではないか、商店街の活力がなくなるのではないか、という反対意見があった。これに対し京都市は、屋外広告物の屋上への設置を全面禁止することは、良好な屋上景観を創出し、優良な屋外広告物による美しい品格のある都市景観を形成していくことは京都の魅力の向上と付加価値を高めるうえでどうしても必要であるとの認識を示し、ひいてはこのように屋外広告物

第5節　京都市の屋外広告物条例改正にみる新たな展開──攻めの条例へ

<chart 11>　建築物等定着型屋外広告物の最上部の高さの上限

次のA、Bのどちらか低いほう A　屋外広告物規制区域の種別に応じて定められた高さの基準（下表） B　当該屋外広告物を定着させる建築物等の高さの3分の2の高さ（当該高さが10mより低い場合にあっては、10m）	
第1種地域 歴史遺産型第1種地域	4 m
第2種地域 歴史遺産型第2種地域	6 m
第3種地域 第4種地域 沿道型第1種地域 沿道型第1種地域特定地区 沿道型第2種地域 沿道型第2種地域特定地区	10 m
第5種地域 第6種地域 沿道型第3種地域 沿道型第3種地域特定地区 沿道型第4種地域 沿道型第4種地域特定地区	15 m
第7種地域 沿道型第5種地域 沿道型第5種地域特定第1地区 沿道型第5種地域特定第2地区 沿道型第6種地域	20 m

の屋上への設置を全面禁止することは都市の活力の増大につながるとの考え方を示して、屋外広告物を屋上に設置することを全面禁止した。また、後者の点滅式照明を屋外広告物に使用することを全面禁止することに対しても、市民のパブリックコメントにおいて、厳しすぎるのではないか、町が暗く寂

第6章　屋外広告物と景観法

しくなるのではないか、との反対意見が出された。これに対し京都市は、点滅式照明や回転灯などの可動式照明は刺激的で強い印象を与え、景観に対して悪影響を及ぼすこと、また、警告や注意を促すための点滅式照明や可動式照明と混同するおそれがあることを指摘して、点滅式照明の屋外広告物への使用を全面禁止した。

　なお、新景観政策においては、点滅しない照明を使用した一般の屋外広告物が禁止されず、点滅しないネオンサインや電光ニュース板等の可変表示式屋外広告物は禁止されていない。また、建物の装飾のための照明やイルミネーションは屋外広告物ではないため、屋外広告物条例による規制の対象外である。

3　優良意匠屋外広告物の指定制度

　新景観政策における屋外広告物条例の改正により、優良意匠屋外広告物の指定制度が新たに創設された。すなわち京都市長は、特に優良な意匠を有しており、かつ、位置、規模及び形態が都市の景観の維持及び向上に寄与していると認められる屋外広告物を、その所有者の申請に基づき、京都市美観風致審議会の意見を聴いて、優良意匠屋外広告物として指定することができる（屋外広告物条例32条2項）。優良意匠屋外広告物として指定されると、屋外広告物の表示等が禁止された地域（たとえば、重要文化財又は重要有形民俗文化財に指定された建築物等の敷地や御所、離宮又は陵墓が存する地域等）においても表示することが可能となり（同条例6条2項）、原則として3年以内とされている許可の有効期間が3年を超えて定められることも可能となる（同条例9条7項）。この優良意匠屋外広告物の指定制度は、優良な意匠の屋外広告物を誘導するための制度であり、この指定制度以外にも、優良屋外広告物表彰制度や優良屋外広告物補助金交付制度が定められている。

　ちなみに、2008年12月優良屋外広告物賞が発表され、その最優秀賞にローソン八坂神社前店が選ばれた。その講評によれば、他店舗でイメージ統一しているシンボルカラーの青色を使わずに大胆なデザインを実現していること

や、シンプルな黒色のロゴマークが設置された和紙調の照明が行灯をイメージし、アーケード下を柔らかく照らしていることなどが評価されている。また、ローソンと同じく全国展開しているコンビニエンスストアであるセブン－イレブンの京都福王子店は、2008年7月に開店する際、世界文化遺産に登録されている仁和寺から約50m西に位置することから、屋外看板をイメージカラーである緑、オレンジ、赤ではなく白黒のモノトーン仕様とし、屋根も瓦葺きにしたところ、観光客の記念撮影スポットになっている。

4　従前からの条例を活用した取組み

　前述のとおり、京都市は2007年3月に策定された新景観政策によって景観計画に沿った屋外広告物条例の改正を済ませたが、ここで少し、景観計画の策定とは関係なく、新景観政策による屋外広告物条例の改正前から行われていた京都市独自の取組みを紹介しておこう。その1つは広告物の色彩誘導である。

　京都市では、昭和40年代に赤地に白のコカ・コーラ社の看板の色彩を協議によって反転させたことを皮切りに、市域における広告物の色彩は白地をベースとするよう屋外広告物条例に基づいて誘導してきた。その結果、近年では、企業側から自身のシンボルカラーと異なる看板を提案してくるケースもあるとのことである。これは、京都市は景観に対する規制が厳しいという企業側の認識が形成されていることの現れである。

　また京都市においては、屋外広告物モデル地域が設定され、同モデル地域における違反広告物に対する指導が徹底されてきた。その対象地域は、河原町通及び木屋町通沿道、四条通である。これらの地域は違反広告物の多い繁華街であり、現地調査に基づく指導が重点的に行われてきた。2007年3月に新景観政策が策定された際、違反対策を強化することが決議されたことに伴い、2007年度から屋外広告物の違反対策の担当職員を大幅に増員し、これらのモデル地域以外の市内の幹線道路沿いの大型で派手な違反広告物を中心として、違反解消に向けた行政指導が進められてきた。これらの行政指導と看

板設置者の協力の結果、新景観政策の施行と相まって、幹線道路沿いからは派手な大型広告物が減少してきている。

5 規制強化に対する「緩和」措置

以上のとおり、新景観政策における屋外広告物条例の改正は大幅な規制強化を内容としたものである。このような規制強化は近時の景観価値の高まりに即したものであり、京都市がここまでの規制に踏み込んだことは大いに評価できる。しかしその一方で、規制強化に対する反発も大きい。そこで京都市は、改正に際して2つの経過措置を定めた。これは、屋外広告物業者等の反発に対する「緩和」措置である。

「緩和」措置の第1は、改正前に許可を受けている屋外広告物で改正後の条例の基準に適合しない、いわば既存不適格となる屋外広告物については、2007年9月の新景観政策の施行後1回に限り、改正前の条例の基準により引き続き許可を受けることができるとされたことである。これによって、屋上に設置された屋外広告物を含め、従来の基準に適合する屋外広告物は、新景観政策による新しい基準が施行される前直近の許可の時期によって、新景観政策の施行後3年から6年までの範囲で、従来の基準に基づく存続が可能となった。

「緩和」措置の第2は、新景観政策が施行された後1回目の更新期間内に、改修等の時期等を明確にした改善計画書が提出され、それが相当と認められた場合に限り、新景観政策の施行日（2007年9月1日）から最長7年間を限度として、その表示が認められたことである。これは、既存不適格となった屋外広告物の改善の履行を見守る、いわば猶予期間を設けたものである。

新景観政策の施行後新たに設置される屋外広告物が改正後の基準に適合していることは当然として、これら2つの「緩和」措置によって存続できるものとされた既存不適格の屋外広告物については、遅くとも2014年8月31日までに新基準に適合したものに変わるか撤去されるため、2014年9月1日以降はその全てが新基準に適合しているはずである。はたして実際に京都市内の

第5節　京都市の屋外広告物条例改正にみる新たな展開——攻めの条例へ

屋外広告物の全てが新基準に適合したものとなるかどうかは景観vs広告のせめぎ合いの結果であるから、そこでは屋外広告業者をはじめとする多くの企業に、良好な景観についての良識が求められることになる。

第6節　屋外広告物規制の到達点

I　屋外広告物規制の新たな武器とは

　良好な景観を害する広告物は実にさまざまである。ビルの屋上や壁面に設置された看板や独立した広告塔、立看板、のぼり旗、電柱や壁に貼られたポスターやビラなどのほか、街頭で配布されるチラシやティッシュ、放置自転車、たばこのポイ捨てまで考えればとてつもなく広い。美しい景観を創る会が発表した「みにくい景観25選」の6類型のうち「①過剰な看板広告」は看板が中心であったが、電柱やガードレール、フェンス等にのべつくまなく貼られているポスターやビラもひどい。また、大阪で特に目立つ駅前の歩道などの放置自転車も、邪魔になるだけでなく、まちの景観を破壊している。その他、ごみやたばこの吸い殻のポイ捨て、手入れの行き届かない街路樹など、市民生活に身近な景観問題はたくさんある。

　たとえば放置自転車については、いわゆる自転車法（正式名称は「自転車の安全利用の促進及び自転車等の駐車対策の総合的推進に関する法律」）に基づいて撤去・処分を行うことができる。また、たばこのポイ捨てについては、2002年（平成14年）に東京都千代田区が路上での喫煙を禁止する罰金付きの条例である「安全で快適な千代田区の生活環境の整備に関する条例」を制定したことを皮切りに、規制が強まっている。しかし、こうした問題は市民生活に身近であるだけに法的規制では手が回りきらず、逆に全てを規制しようとするとコストがかかりすぎて行政の肥大化を招きかねない。そのため、市民自身が互いの意識を高めることで実効性のある解決を図っていく方向性も求められている。

　他方、規模の大きな看板や、立看板、はり紙、はり札、のぼり旗といった屋外広告物法の対象となる広告物については、2004年（平成16年）の景観法制定とそれに伴う屋外広告物法の改正によって、良好な景観を形成・保全す

るという観点からこれを規制することができるようになった。その第1は景観計画を活用して規制すること、第2は屋外広告物条例を活用して規制することである。つまり、景観計画に「屋外広告物の表示及び屋外広告物を掲出する物件の設置に関する行為の制限に関する事項」（景観法8条2項4号イ）を定めることによって屋外広告物の表示等を制限することができるようになったのである。また、景観法制定に伴う屋外広告物法の改正によって、知事の同意を得て景観行政団体となった市町村（第2次一括法制定以降は知事の同意不要）が屋外広告物条例を定めることが可能となった。

　これらの「武器」については第2節で述べたとおりであり、各自治体における実際の取組みについては第3節から第5節で紹介したとおりである。そこで、第6章のラストとなる本節では、先進的なこれらの「武器」をいかに活用して屋外広告物規制をしているか、その到達点を明らかにしたい。

Ⅱ　突出した到達点――京都市

　第1節で整理したように、これまでの屋外広告物をめぐる紛争（判例）は、広告効果が薄れるという「私」vs「私」の紛争がほとんどであった。これに対し、第5節で紹介した京都市の新景観政策が定めた屋外広告物規制は、建築物規制とともにその厳しさが全国的にみて突出しているため、今後良好な景観の形成・保全を目的とする「公」の規制を「私」がどこまで受け入れるかという問題については、それが紛争（訴訟）という形で顕在化する可能性がある。これは、高さ規制の強化に対する反発と同様である。もちろん、私人が行政の規制を受け入れれば屋外広告物をめぐる景観紛争が発生することはなく、紛争なしに良好な景観が形成・保全されるのであるから、本来そのように推移することが望ましい。しかし、万一訴訟となった場合、宝塚市パチンコ店条例事件のような「失敗」を2度と繰り返さないためにも、行政は十分な理論武装を整えることが不可欠である。

　他方、京都市には、全国展開しているコンビニエンスストアであるローソンが2008年12月に最優秀賞として表彰された優良屋外広告物表彰制度や、東

山高台寺の麓にある旅館「元奈古」、京あられを製造販売する「京西陣菓匠宗禅」の看板等優良なデザインである看板の設置・改修工事等の費用を補助する優良屋外広告物補助金交付制度がある。これらの制度も新景観政策で定められたもので、これらの制度によって屋外広告物が良好な景観の形成・保全に役立っていると評価されている。

　行政は厳しい規制という「ムチ」だけではなく、このような「アメ」もうまく活用しながら、良好な景観を形成・保全するために市民や企業の理解と協力を得る必要がある。

　第5節で紹介した京都市の新景観政策による見直し後の屋外広告物規制が、第3節で紹介した金沢市や小田原市よりも突出していることは明らかである。そこで、まずはその厳しさと規制内容を確認し、その意義を理解することが大切である。そのうえで、京都市の屋外広告物規制に関して筆者としては、今後屋外広告物をめぐる紛争（訴訟）が発生するのかどうか、紛争（訴訟）が発生した場合に行政はどのような理論闘争を展開し、結果的にどのような形で収束するか、逆に、紛争（訴訟）は発生せず市民や企業の知恵と良識によって屋外広告物の規制（自制）が進み、良好な景観が形成・保全されていくかどうか、といった点に注目したい。

Ⅲ　首都らしい到達点——東京都

　わが国の首都・東京を訪れた外国人旅行者は、2008年は約534万人、2009年は約476万人、2010年は約594万人であり、毎年数百万人の外国人旅行者が東京都内を観光している。このように数多くの外国人旅行者が東京都を訪れるのは、江戸城跡を継承した皇居や内濠、外濠や大名屋敷を引き継ぐ赤坂御用地、新宿御苑、神宮外苑など文化財庭園や緑が多く残っているほか、国会議事堂や東京駅、迎賓館など明治以降の近代西洋的な建築物も数多く残っており、これらの歴史的・文化的な景観資源を活用して形成される、首都として「風格」のある景観が形成されていることが1つの理由である。そのような首都東京の景観を守るため、第4節で紹介したような屋外広告物に対する

規制が行われている。それが、景観計画を活用した景観形成特別地区における規制と、それに伴う屋外広告物条例の改正である。これらは、都民、事業者、区市町村等と連携・協力しながら、美しく風格のある首都東京を実現するための取組みであり、首都・東京らしい到達点である。

IV 高水準の到達点──金沢市、小田原市、尾道市

　景観法制定とそれに伴う屋外広告物法の2004年（平成16年）改正によって、良好な景観の形成・保全という観点から屋外広告物を規制するためのツールは格段に整備、拡充されている。そのため、各地の自治体、とりわけ景観行政団体となった市町村においては、第3節から第5節で紹介した先進的な取組みを参考にして、良好な景観を害する屋外広告物を規制する武器であるこれらのツールを十分に活用することが期待される。とりわけ第3節で紹介した小田原市や尾道市のように、知事の同意を得て景観行政団体となった市町村が、景観計画を定めたうえで都道府県から権限移譲を受けて屋外広告物条例を定め、地域の実情に即した独自の基準を定めて良好な景観形成のための取組みを行っているのは、景観計画と屋外広告物条例の両方を活用した屋外広告物に対する規制の取組みとして先進的である。

　これは、景観法が用意した良好な景観の形成・保全のためのツールを十分に活用した結果であり、筆者としては、知事の同意を得て景観行政団体となった市町村（第2次一括法制定以降は知事の同意不要）においては、小田原市や尾道市の取組みを参考に、景観計画と屋外広告物条例の両方を十分に活用して屋外広告物の規制が行われることを期待したい。

V 標準程度の到達点
　　──伊丹市、鎌倉市、倉敷市、松山市

　小田原市や尾道市のように景観計画を活用するとともに屋外広告物条例まで定めているケースがある一方で、伊丹市では景観計画で屋外広告物の表示等に関する行為の制限を定めたものの、重点的に景観形成を図る地域である

伊丹郷町地区内の屋外広告物に対する基準を条例ではなく要綱で定めたことや、鎌倉市や倉敷市において屋外広告物条例の制定（改正）に向けた具体的な作業が停滞していることをみればわかるとおり、景観法制定とそれに伴う屋外広告物法の改正によって拡充されたツールを十分に活用できていないケースもある。また、松山市では、景観計画で景観法8条2項4号イに規定する行為の制限でなく、屋外広告物に対する「配慮事項」が定められたことも、上記のツールを十分に活用できていない結果である。しかし、伊丹市、鎌倉市、倉敷市のように、屋外広告物条例の制定（改正）までは到達せずとも景観計画で景観法8条2項4号イの屋外広告物の表示等に関する行為の制限を定めたことは、十分ではないにせよ標準程度の到達点と評価できる。

　景観法が準備したツールは、良好な景観を形成・保全するという公の観点から私権を制限するものであるため、それに対する一定の反発があることは景観法制定当時からわかっていたことである。そのため、これらのツールを実際に運用する場面においてせめぎ合いが生じることはやむを得ない。そのようなせめぎ合いの場面においては、行政がどこまでリーダーシップを発揮することができるかが、その自治体における景観政策の「方向」を決める大きな要素となる。筆者としては、行政が強いリーダーシップを発揮し、せめて景観計画に「屋外広告物の表示及び屋外広告物を掲出する物件の設置に関する行為の制限に関する事項」（景観法8条2項4号イ）を定めるところまで到達しなければ、景観法が準備したツールは所詮「絵に描いた餅」になってしまう可能性が高いと考えている。

VI　各自治体への今後の期待

　景観法のメインターゲットは建築物や工作物である。良好な景観の形成・保全を考えた場合、どうしても景観に及ぼす影響が大きい建築物や工作物の規制を優先しがちである。しかし、良好な景観の形成・保全を阻害するのは建築物や工作物ばかりではない。屋外広告物も景観を阻害するものであることは間違いなく、良好な景観の形成・保全において重要な要素になっている。

屋外広告物規制は、建築物に対する規制よりも「手軽」にできるはずである。にもかかわらず、これらのツールを十分に活用できている自治体は一部にすぎない。

　大阪市のように、景観計画は定めたものの、屋外広告物に対する制限については「良好な景観の形成に関する方針」(景観法 8 条 3 項)の中で「景観形成の基本方針」として「屋外広告物などは建築物や景観との調和に配慮する必要があります」と定めるだけで、具体的な制限を何も定めないケースもある。そのような実態からすれば、伊丹市のように要綱であっても屋外広告物に対する制限として市独自の基準を定めたことや、鎌倉市のように少なくとも景観計画を活用した屋外広告物規制を行っていることは、大きな意義がある。

　また、良好な景観はそれぞれの地方によって多種多様であり地域差があるため、良好な景観を形成・保全するために屋外広告物の規制を行うには各地の実情に応じた独自性が不可欠である。従来「地方分権」の重要性が認識・強調され、そのための各種施策が推進・拡充されてきたが、2009年 8 月の政権交代によって自・公連立政権から民主党を中心とする政権になってからは、「地方分権」は「地域主権」という言葉に置き換えられた。その定義や意味は現時点ではかなり不明確であるが、そのような視点をもって各地の自治体が景観法が準備したツールをどこまで活用しているかをみれば、屋外広告物規制における地方自治体の「優劣」が明らかとなる。つまり、地方自治体の景観政策に対する本気度と政策遂行能力がモロに問われているのである。

　景観法制定とそれに伴う屋外広告物法の改正によって拡充されたツールを活用し景観の観点から屋外広告物の規制を行うさまざまな取組みはすでに各地でスタートしている。筆者としては、引き続き今後の運用に注目するとともに、第 3 節から第 5 節で紹介したような先進的な自治体が次々と登場することを期待したい。

第7章

景観政策の新たな展開
──攻めの景観条例へ──

第7章　景観政策の新たな展開——攻めの景観条例へ

第1節　京都市の新景観政策
——眺望景観創生条例

I　京都市の新景観政策

1　新景観政策への足取り

(1)　従来の攻防

　京都は1200年を超える悠久の歴史を刻む都市である。京都盆地を取り囲む三方の山々や鴨川などの豊かな自然と、世界遺産をはじめとする数多くの歴史的資産や風情あるまちなみが融合し、京都らしい美しい景観を育んできた。また、五山の送り火という眺望景観を活用した伝統行事も定着している。しかしその一方で、わが国の高度経済成長期以降、京都市においても急速な都市化が進展し、それに伴う開発によって伝統的な町家が減少し、高層のマンションやビルが建築され、「開発」（京都駅南）と「保全」を分けようとする動きが顕著になってきていた。

　また、1964年に完成した京都タワー（高さ131m）、1994年に総合設計制度を利用して改築された京都ホテル（高さ60m）、1997年に特定街区制度を利用して建築されたJR京都駅ビル（高さ60m）をめぐっては、京都の景観を破壊するという反対意見が強く、景観論争が巻き起こった。とりわけ京都ホテルの改築をめぐっては、これに反対する京都仏教会側がホテル宿泊客の参拝を拒否するなどの行動をとったため大きなニュースとなった。眺望と景観をめぐるこれらの論争は、「都市の活性化」をめざして規制緩和を行おうとする京都市に対し、京都の歴史的な眺望・景観を守ろうとする市民が反発するという構図であった。

(2)　新景観政策の発表

　そのような中、京都市は2006年11月、都市計画の変更や条例の新設・改正

によって建築物の高さやデザイン、屋外広告物に関する規制を抜本的に見直す新たな景観政策の素案を発表した。このように、京都市が「規制強化」へと大きく方針を転換したのは、京都市内において町家が減少し、新たに建てられたビルと町家が混在するなど「京都らしい景観」が変容してきており、その保全が十分でないという危機感からである。京都仏教会も、京都市のこれらの新たな景観政策には賛成している。

なお、このように京都市が方針転換をしたのは、わが国初めての景観に関する総合的な法律である景観法が2004年（平成16年）6月に制定され、2005年（平成17年）6月から全面施行されたことがその背景の1つである。

(3) 新景観政策施行の経過

京都市の新景観政策施行に関する経過を示すと、<chart 12>のとおりである。

2　京都市の新景観政策の概要

(1) 制度上の枠組み

京都市の新景観政策は、①建物の高さ、②建物等のデザイン、③眺望景観や借景、④屋外広告物、⑤歴史的なまちなみが5つの柱とされている。そして、それぞれの規制は、都市計画・景観計画の変更と条例の新設・改正によって実現するものとされている。その制度上の枠組みについて、京都市都市計画局がホームページで公表している「新景観政策に関する都市計画変更の概要」を参考に整理すれば、<chart 13>のとおりである。

(2) そのポイント

以上のような京都市の新景観政策のうち、特に<chart 13>⑤の「眺望景観創生条例」が画期的な内容となっているため、これについては後記Ⅱで説明する。また、<chart 13>⑧の「市街地景観整備条例」は景観法に基づく委任条例である。つまり、京都市は景観法が用意した「武器」を今回の改正に最大限活用しようとしているのであり、景観政策に関して先鞭をつける京都市の「自負」が垣間見える内容となっている。そのため、これについては、

<chart 12>　新景観政策施行に関する経過

2004年6月11日	景観法制定（平成16年）
2005年6月1日	景観法全面施行（平成17年）
2005年7月25日	京都市長は、「時を超え光り輝く京都の景観づくり審議会」に対し、「時を超え光り輝く京都の景観づくり〜歴史都市・京都にふさわしい京都の景観のあり方〜」について諮問
2006年3月27日	景観づくり審議会は、緊急に取り組むべき施策を示した「中間とりまとめ」を報告
2006年4月19日	京都市長は、「中間とりまとめ」を受けて、全国では前例のない市街化区域全域にわたる高さ規制の見直しや建築物のデザインの規制強化を含む「新たな景観施策の展開について」の方針を発表
2006年11月14日	景観づくり審議会は、最終答申を発表
2006年11月24日	京都市は、新景観政策の素案を発表し、パブリックコメントを募集
2007年1月30日	京都市は、パブリックコメントを踏まえて修正案を発表
2007年3月13日	新景観政策の関連条例6本が可決・成立（3月23日公布） ＜新設＞ ①　京都市眺望景観創生条例 ②　京都都市計画（京都国際文化観光都市建設計画）高度地区の計画書の規定による特例許可の手続に関する条例 ＜改正＞ ③　京都市市街地景観整備条例 ④　京都市風致地区条例 ⑤　京都市自然風景保全条例 ⑥　京都市屋外広告物等に関する条例
2007年3月19日	京都市都市計画審議会は、新景観政策に関連する高度地区の見直し等を承認
2007年9月1日	新景観政策の施行（関連条例の施行、景観計画の変更の告示、景観地区・高度地区・風致地区等の都市計画決定（変更）の告示）

第1節　京都市の新景観政策——眺望景観創生条例

<chart 13>　新景観政策の制度上の枠組み

	規制等	都市計画・条例等の主な変更内容等
高さ	高度地区	①　都市計画（高度地区）の変更 ・高度地区の種別の変更（5段階→6段階） ・高さの最高限度の見直しと指定区域の拡大 ・高度地区の制限の特例許可制度（景観誘導型許可制度）の創設
		②　特例許可の手続に関する条例の制定 ・高さに関する許可制度の公平性・透明性を確保するための計画案の周知の手続、市民意見を反映させる手続、審査の手続等を規定
高さ・デザイン	風致地区	③　都市計画（風致地区）の変更 ・風致地区の指定区域を拡大
		④　風致地区条例の一部改正 ・風致地区の許可対象物の拡大と許可基準の変更 ・建築物等の形態意匠等の特別な基準を適用する「特別修景地域」を創設 ・風致保全緑地の登録制度等の規定を整備 ・デザイン基準（共通許可基準及び地域別基準）を規定
	眺望景観の保全のための規制	⑤　眺望景観創生条例の制定 ・眺望空間における建築物等の高さ、形態意匠について必要な事項を規定 ・眺望景観保全地域の指定 ・建築物の高さ及びデザイン基準を規定 ・眺望景観保全地域についての市民からの提案制度を創設
デザイン	景観地区	⑥　都市計画（景観地区）の変更 ・景観地区の種別の変更（5種類→8つの類型） ・指定区域の拡大 ・建築物の形態意匠の制限事項の変更

333

第7章　景観政策の新たな展開──攻めの景観条例へ

	建造物修景地区	⑦　景観計画の変更 ・建造物修景地区の区域の拡大 ・建築物、工作物の形態意匠の制限事項等の変更（2種類→4種類） ・景観地区及び建造物修景地区等に関する景観の整備方針の追加
		⑧　市街地景観整備条例の一部改正 ・景観地区における工作物に関する制限、植栽の基準及び完了届の義務づけに関する規定の整備 ・建造物修景地区における行為の届出等に関する規定の整備
緑地	自然風景保全地区	⑨　自然風景保全条例の一部改正 ・許可対象範囲の拡大 ・確保すべき自然風景保全緑地の面積の算定方法の変更
屋外広告物	屋外広告物等の規制	⑩　屋外広告物条例の一部改正 ・規制区域の種別の再編（9種類→21種類） ・各種別の許可基準の策定 ・屋上広告物、点滅照明の禁止 ・優良意匠屋外広告物の指定制度、特例許可制度の導入 ・完了届の義務づけ ・規制区域の種別の指定

<chart 13>⑥の景観地区を定める都市計画の変更と<chart 13>⑦の景観計画の変更とあわせて、後記Ⅲで説明する。さらに、<chart 13>①及び②の高度地区による高さ規制の見直しについては後記Ⅳで、<chart 13>③の風致地区を定める都市計画の変更と<chart 13>④の風致地区条例の改正、<chart 13>⑨の自然風景保全条例の改正については後記Ⅴで、<chart 13>⑩の屋外広告物条例の改正については後記Ⅵで、それぞれ説明する。

II　眺望景観創生条例の内容

1　目的、基本理念、責務

　京都市眺望景観創生条例（平成19年３月23日条例第30号。以下、「眺望景観条例」という）は、「京都の優れた眺望景観を創生するとともに、これらを将来の世代に継承すること」を目的とし、その目的を達成するため、「特定の視点場から特定の視対象を眺めるときに視界に入る建築物等の高さ、形態及び意匠について必要な事項」を定めている（眺望景観条例１条）。

　また、眺望景観条例が定める基本理念（眺望景観条例２条）をみれば、京都市が考える「京都の優れた眺望景観」がどのようなものかが理解できる。すなわち眺望景観条例は、京都の優れた眺望景観とは、

① 「先人から受け継いだ京都市民にとってかけがえのない財産であるのみならず、国民にとって貴重な公共の財産」（眺望景観条例２条１項）であり、

② 「京都の町を取り囲む低くなだらかな山並みと京都の町を流れる川が一体となって山紫水明と形容される優れた自然風景の中で、世界遺産を含む数多くの歴史的資産や趣ある町並みが形成され、地域ごとに特色ある多様な形で生み出されてきたこと及びその基層となった優れた伝統や文化とともに市民生活の中に溶け込み、先人がその豊かな感性の下に、日々の暮らしの中で愛で、今日に継承されてきたもの」（同条２項）

としたうえで、そのような優れた眺望景観につき、「現在及び将来の市民及び国民がその恵沢を享受できるよう、市民の総意の下に、その創生が図られなければならない」（同条１項）と定め、「その創生は、自然、歴史的資産、町並み、伝統、文化等との調和を踏まえ、地域ごとの特性に応じた適切な制限の下に行われなければならない」（同条２項）と定めている。

　そして眺望景観条例は、京都市は、「基本理念にのっとり、京都の優れた眺望景観の創生を図るために必要な施策を実施するとともに、市民及び事業

者の意識の啓発に努めなければならない」(同条例3条)責務を定め、市民及び事業者は、「自らが京都の優れた眺望景観を創生する主体であることを理解するとともに、それぞれの立場から、その創生に努めなければならない」(同条例4条)責務を定めている。

2 定 義

　眺望景観条例が定める眺望景観に関する定義は、ともすれば曖昧で抽象的かつ多義的になりがちな「眺望」や「景観」という言葉を明確に定義づけるもので、画期的である。この定義は、今後各地の景観条例づくりにおいて大いに参考になるはずである。眺望景観条例が定める「眺望景観」の定義を整理すると、<chart 14>のとおりである。

3 眺望景観保全地域の指定等

(1) 眺望景観保全地域とは

　京都市長は、「眺望景観を保全し、及び創出するため建築物等の建築等を制限する必要がある区域」を、眺望景観保全地域として指定することができる(眺望景観条例6条1項)。この眺望景観保全地域には、建築物等に係る行為の制限の内容に応じて、①眺望空間保全区域、②近景デザイン保全区域、③遠景デザイン保全区域という3つの区域が用意されている。

　①の眺望空間保全区域は、視対象への眺望を遮らないように建物等の高さを規制するもので、その基準となる高さに「標高」を採用している点が特徴である。②の近景デザイン保全区域は、視点場から視認することができる建築物等の形態意匠を規制し、③の遠景デザイン保全区域は、視点場から視認することができる建築物等の外壁、屋根等の色彩を規制するものである。これら3つの区域の規制内容を整理すると、<chart 15><chart 16>のとおりである。

第1節　京都市の新景観政策——眺望景観創生条例

<chart 14>　眺望景観の定義

眺望景観 （眺望景観条例 5条4号）	特定の・視・点・場から眺めることができる特定の・視・対・象及び・眺・望・空・間から構成される景観で、次のいずれかに該当するもの		
^	① 境内の眺め	神社、寺院等の境内地及びその背景にある空間によって一体的に構成される景観（同条4号ア）	
^	② 通りの眺め	通りの先にある山並み又は歴史的な建造物及び沿道の建築物等によって一体的に構成される景観（同条4号イ）	
^	③ 水辺の眺め	河川、水路等及びその周辺の樹木、建築物等によって一体的に構成される景観（同条4号ウ）	
^	④ 庭園からの眺め	神社、寺院等の庭園において、その背景にある自然を当該庭園の一部として一体的に取り込んだ景観（同条4号エ）	
^	⑤ 山並みへの眺め	河川及び河川から山並みを見通す空間によって一体的に構成される景観（同条4号オ）	
^	⑥「しるし」への眺め	日常の市民生活の中で目印となる歴史的な建造物又は自然と一体となった伝統文化を象徴する目印及びこれらを見通す空間によって一体的に構成される景観（同条4号カ）	
^	⑦ 見晴らしの眺め	山並み、河川その他の自然が一体となって一定の広がりをもって構成される景観（同条4号キ）	
^	⑧ 見下ろしの眺め	山頂、山ろく又は展望所から見下ろす一定の広がりをもった市街地の景観（同条4号ク）	
視点場 （同条1号）	神社、寺院、城、御所その他の歴史的な建造物又は公園、河川、橋りょう、道路その他の公共性の高い場所で、優れた眺望景観を享受することができる場所		
視対象 （同条2号）	視点場から眺めることができる対象物で、山並み、河川その他の自然、歴史的な建造物、趣のある町並み、自然と一体となった伝統文化を象徴する目印その他優れた眺望景観の要素となるもの		
眺望空間 （同条3号）	特定の視点場から特定の視対象を眺めるときに視界に入る空間		

337

第7章　景観政策の新たな展開――攻めの景観条例へ

<chart 15>　眺望景観保全地域

	区域の内容	規制の内容
眺望空間保全区域	視点場から視対象を眺めるとき、視対象への眺望を遮る建築物等の建築等を禁止する区域（眺望景観条例6条1項1号）	建築物等（※2）の各部分の標高（※3）は、視点場から視対象への眺望を遮らないものとして別に定める標高を超えないこと（眺望景観条例8条1項1号）
近景デザイン保全区域	視点場から視対象を眺めるとき、眺望空間にある建築物等の形態及び意匠を制限する区域（眺望景観条例6条1項2号）	視点場から視認することができる建築物等の形態及び意匠は、優れた眺望景観を阻害しないものとして別に定める基準に適合すること（眺望景観条例8条1項2号）
遠景デザイン保全区域	視点場から視対象を眺めるとき、眺望空間にある建築物等の外壁、屋根等の色彩を制限する区域（※1）（眺望景観条例6条1項3号）	視点場から視認することができる建築物等の外壁、屋根等の色彩は、優れた眺望景観を阻害しないものとして別に定める基準に適合すること（眺望景観条例8条1項3号）

（※1）近景デザイン保全区域を除く。
（※2）塔屋その他これに類する物件が屋上に設けられる場合にあっては、当該物件。
（※3）東京湾の平均海面からの高さをいう。

(2)　眺望景観保全地域の指定

　京都市長は、新景観政策の施行日である2007年9月1日に「京都市眺望景観創生条例に基づく眺望空間保全区域等の指定」と題する告示で、38カ所の対象地につき、9の眺望空間保全区域、43の近景デザイン保全区域、12の遠景デザイン保全区域を指定した（平成19年9月1日告示第207号）。これらの眺望景観保全地域の対象地を眺望景観条例が眺望景観として定義する8つの

338

第1節　京都市の新景観政策——眺望景観創生条例

<chart 16>　眺望景観の規制概念図

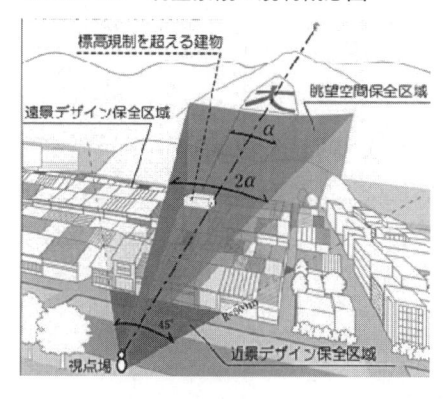

（出典）
京都市都市計画局発行のリーフレット
「新景観政策　時を超え光り輝く京都の景観づくり」

「眺め」の種類に応じて分類し、それぞれの対象地ごとに指定された眺望空間保全区域、近景デザイン保全区域、遠景デザイン保全区域を整理すると、<chart 17>のとおりである。

<chart 17>　眺望景観保全地域の対象地と指定

	眺望景観保全地域の対象地	眺望空間保全区域	近景デザイン保全区域	遠景デザイン保全区域
①境内の眺め	1　賀茂別雷神社（上賀茂神社）	—	○	—
	2　賀茂御祖神社（下鴨神社）	—	○	—
	3　教王護国寺（東寺）	—	○	—
	4-1　清水寺	—	○	—
	4-2　清水寺「奥の院」からの市街地	—	○	○
	5　醍醐寺	—	○	—
	6　仁和寺	—	○	—
	7　高山寺	—	○	—
	8　西芳寺	—	○	—

339

	9 天龍寺	—	○	—
	10 鹿苑寺（金閣寺）	—	○	—
	11-1 慈照寺（銀閣寺）	—	○	—
	11-2 慈照寺「展望所」からの市街地	—	○	○
	12 龍安寺	—	○	—
	13 本願寺	—	○	—
	14 二条城	—	○	—
	15 京都御苑	—	○	—
	16-1 修学院離宮の敷地	—	○	—
	16-2 修学院離宮「隣雲亭」からの岩倉方面	—	○	○
	17 桂離宮	—	○	—
②通りの眺め	18 御池通	—	○	—
	19 四条通	—	○	—
	20 五条通	—	○	—
	21 産寧坂伝統的建造物群保存地区内の通り	—	○	—
③水辺の眺め	22 濠川・宇治川派流	—	○	—
	23-1 疏水	—	○	—
	23-2 琵琶湖疎水からの東山	—	○	—
④庭園からの眺め	24 円通寺	○	○	○
	25 渉成園	—	○	—
⑤山並みへの眺め	26 賀茂川右岸からの東山	—	○	—
	27 賀茂川両岸からの北山	—	○	—
	28 桂川左岸からの西山	—	○	—
⑥「しるし」への眺め	29 賀茂川右岸からの「大文字」	○	○	○

第1節　京都市の新景観政策——眺望景観創生条例

	30 高野川左岸からの「法」	○	○	○
	31 北山通からの「妙」	○	○	○
	32 賀茂川左岸からの「船」	○	○	○
	33 桂川左岸からの「鳥居」	○	○	○
	34 西大路通からの「左大文字」	○	○	—
	35 船岡山公園からの「大文字」「妙」「法」「船」「左大文字」	点A○	○	○
		点B○	○	○
⑦見晴らしの眺め	36 鴨川に架かる橋からの鴨川	—	○	—
	37 渡月橋下流からの嵐山一帯	—	○	—
⑧見下ろしの眺め	38 大文字山からの市街地	—	○	○
		9	43	12

　このような眺望景観保全地域の指定状況をみれば、近景デザイン保全区域が38カ所全ての対象地において指定されている一方で、眺望空間保全区域は主として五山の送り火に対する眺望景観（「しるし」への眺め）を保全するために指定され、遠景デザイン保全区域は眺望空間区域と同様五山の送り火に対する眺望景観を保全するために指定されているほか、優れた借景を有し、その借景を大きな「売り」としている箇所（修学院離宮「隣雲亭」、円通寺）でも指定されていることがわかる。

(3) **眺望景観保全地域の提案**

　眺望景観条例は、新たに保全すべき京都の眺望景観や借景に関し、眺望景観保全地域の提案制度を創設した。すなわち、何人も、京都の優れた眺望景観の創生にふさわしいと思慮する一団の土地の区域について、視対象、視点場、提案の理由を記載した提案書等を提出して、京都市長に対し、眺望景観

341

保全地域として指定することを提案することができる（眺望景観条例7条1項、眺望景観条例施行規則2条）。そして、提案を受けた市長は、「その提案の内容が京都の優れた眺望景観の創生にふさわしいものと認めたとき」は、「その提案にかかる区域を眺望景観保全地域として指定することができる」（眺望景観条例7条2項）とされたのである。

　この眺望景観保全地域の提案制度は、都市計画法の平成14年改正によって創設された都市計画の提案制度（都市計画法21条の2）や2004年（平成16年）に制定された景観法が定める景観計画の提案制度（景観法11条）といった、まちづくりや良好な景観の形成等への「住民参加」の制度が取り入れられたものである。都市計画の提案制度も景観計画の提案制度も、近時住民やまちづくりNPO法人などが主体となったまちづくりに対する取組みが各地でみられるようになり、まちづくり運動が高まっている状況を受けて創設されたものであるが、両制度においては、提案権者は提案の対象となる土地所有者等に限られるうえ（都市計画法21条の2第1項、景観法11条1項）、その土地の区域の土地所有者等の3分の2以上の同意といった要件を満たす必要がある（都市計画法21条の2第3項、景観法11条3項）。これに対し、眺望景観条例が定める眺望景観保全地域の提案制度は、前述のとおり「何人も」提案することができ、提案の対象となる土地の区域の土地所有者等の同意を得る必要もないことが大きな特徴であり、注目される。

4　眺望景観保全地域における建築物等に関する制限

(1)　眺望空間保全区域、近景デザイン保全区域、遠景デザイン保全区域における制限

　私権に対する制限という観点からみて最も制限が厳しいのが「眺望空間保全区域」であり、次に制限が厳しいのが「近景デザイン保全区域」、最も制限が緩やかなのが「遠景デザイン保全区域」である。したがって、建築物の高さが規制される眺望空間保全区域においては容積率を十分に消化することができず、土地の高度利用が大きく阻害される可能性があることは明らかで

ある。そのような眺望空間保全区域と比べれば、建築物の形態意匠（屋根の形状、外壁・屋根等の色彩など）が制限される近景デザイン保全区域や、外壁・屋根等の色彩のみが制限される遠景デザイン保全区域は、土地の高度利用が直接的に妨げられるわけではないため、私権に対する影響はそれほど大きくない。

　そして、眺望空間保全区域における高さ規制の基準（標高）、近景デザイン保全区域における形態意匠規制の基準、遠景デザイン保全区域における色彩規制の基準は、眺望景観条例とは別に定めるとされており（眺望景観条例8条1項）、これらの基準は、前掲の告示「京都市眺望景観創生条例に基づく眺望空間保全区域等の指定」（平成19年9月1日告示第207号）において定められている。以下、同告示において眺望景観地域の対象地として選ばれ、眺望空間保全区域、近景デザイン保全区域、遠景デザイン保全区域が全て指定されている賀茂川右岸からの「大文字」を具体例として例示し、それぞれの区域における制限について説明する。

(2)　眺望空間保全区域における制限

　眺望空間保全区域にあっては、建築物等の最高部の標高は、視点場から視対象への眺望を遮らないものとして、京都市長が定める標高を超えないこととされている（眺望景観条例8条1項1号）。このように、建築物の高さ制限の基準として「標高」が用いられたのは、国内に例のない取組みといわれている。眺望空間保全区域における制限の具体的な内容として、賀茂川右岸からの「大文字」について定められた眺望空間保全区域の例を示すと、<chart 18>のとおりである。

(3)　近景デザイン保全区域における制限

　近景デザイン保全区域では、視点場から視認することができる建築物等の形態及び意匠は、優れた眺望景観を阻害しないものとして市長が定める基準に適合することが求められる（眺望景観条例8条1項2号）。近景デザイン保全区域における制限の具体的な内容として、賀茂川右岸からの「大文字」について定められた近景デザイン保全区域の例を示すと、<chart 19>のとおり

第7章　景観政策の新たな展開——攻めの景観条例へ

<chart 18>　賀茂川右岸からの「大文字」の眺望空間保全区域における制限

視点場の範囲	「北大路橋」付近の点A（北緯35度2分41秒、東経135度45分42秒）から「賀茂大橋」付近の点B（北緯35度1分46秒、東経135度46分16秒）までの賀茂川右岸の河川敷
区域の範囲	視対象となる「大」の字の底辺において、その中心から左右に「大」の字の最大幅と同等の距離にそれぞれ点a（北緯35度1分27秒、東経135度48分14秒）及び点b（北緯35度1分19秒、東経135度48分10秒）を置き、当該2つの点（標高290.986m）と、視場の点A（標高67.683m）から点B（標高49.487m）までの任意の点の標高に1.5mを加えた高さの点とを結んで作られる面（標高面）を地盤に水平投影した区域
基　　準	建築物等の各部分は、区域の範囲に規定する「標高面」を超えてはならない。

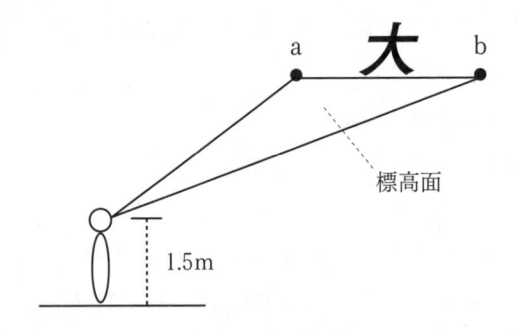

である。

(4)　**遠景デザイン保全区域における制限**

　遠景デザイン保全区域では、視点場から視認することができる建築物等の外壁、屋根等の色彩は、優れた眺望景観を阻害しないものとして市長が定める基準に適合することが求められる（眺望景観条例8条1項3号）。遠景デザイン保全区域における制限の具体的な内容として、賀茂川右岸からの「大文字」について定められた遠景デザイン保全区域の例を示すと、<chart 20>のとおりである。

第1節　京都市の新景観政策——眺望景観創生条例

<chart 19>　賀茂川右岸からの「大文字」の近景デザイン保全区域における制限

視点場の範囲	前掲の眺望空間保全区域と同一
区域の範囲	視点場の点Aから「大」の中心への視線を中心に右方向へ22.5度で引いた線と、視点場の点Bから「大」の中心への視線を中心に左方向へ22.5度で引いた線に挟まれた範囲で、視点場から500mの区域
基　準	賀茂川右岸から眺める「大文字」と一体となって視界に入る市街地の良好な景観を形成するため、視点場から視認される建築物等は、次の各号に掲げる基準に適合するものでなければならない。 ①　建築物の屋根は、こう配屋根であること。 ②　河川沿いにある建築物の屋根は、日本瓦又は銅板で葺かれていること。 ③　塔屋を設けないこと。 ④　建築物等は、賀茂川右岸からの眺めに配慮し、特に視点場から視認される各部については、良好な自然の眺めと調和した景観を形成するものであること。 ⑤　建築物等の色彩は、禁止色を用いないこととし、「大文字」への良好な眺めを阻害しないよう、自然の緑等との調和にも配慮したものとすること。 ⑥　「大文字」を核とした、自然の眺めの形成に支障となる建築設備、工作物等を設けないこと。

(5)　計画認定制度（眺望空間保全区域）と届出・勧告制度（近景・遠景デザイン保全区域）

　眺望空間保全区域で建築物等の建築等をしようとする者は、あらかじめ、その計画が、眺望景観条例8条1項1号に掲げる基準に適合するものであることについて、市長の認定を受けなければならず（眺望景観条例9条1項）、その建築等の工事は、市長の認定を受けた後でなければ、これを施工してはならないとされている（同条3項）。また、市長の認定を受けた者は、その認定に係る行為が完了したとき、速やかにその旨を市長に届け出ることが義

345

第7章　景観政策の新たな展開——攻めの景観条例へ

<chart 20>　賀茂川右岸からの「大文字」の遠景デザイン保全区域における制限

視点場の範囲	前掲の眺望空間保全区域、近景デザイン保全区域と同一
区域の範囲	視点場の点Aから「大」の中心への視線を中心に右方向へ22.5度で引いた線と、視点場の点Bから「大」の中心への視線を中心に左方向へ22.5度で引いた線と都市計画区域界で囲まれた区域（近景デザイン保全区域を除く）
基　準	建築物等の色彩は、禁止色を用いないこととし、「大文字」を核として、広く視界に入る山並みの自然の緑等との調和にも配慮したものとすること。

務づけられている（同条例10条1項）。

　これに対し、近景デザイン保全区域又は遠景デザイン保全区域については、建築物等の建築等をしようとする者に、あらかじめ、その旨を市長に届け出ることを義務づけ（眺望景観条例11条1項）、市長は、その届出に係る行為が眺望景観条例8条1項2号又は3号に掲げる基準に適合しないと認めるときは、その届出をした者に対し、その届出に係る行為に関し設計の変更その他の必要な措置をとることを勧告することができるとされている（同条2項）。

　このような、眺望空間保全区域における計画認定制度と近景デザイン保全区域・遠景デザイン保全区域における届出・勧告制度は、景観法が定める景観地区における計画認定制度と景観計画区域における届出・勧告制度と同様の制度設計となっている。

(6)　制限の緩和

　眺望景観保全地域（すなわち、眺望空間保全区域・近景デザイン保全区域・遠景デザイン保全区域）内の建築物等の建築等に関する計画について、市長が、視対象への眺望景観の保全上支障がないと認めて許可したものについては、その許可の範囲内において、眺望景観保全地域について定められた建築物の高さや形態意匠の基準は適用されない（眺望景観条例13条1項前段）。この場合、市長は、あらかじめ審議会の意見を聴くものとされている（同項後段）。

　また、非常災害のため必要な応急の仮設の建築物等についても、その建築

346

物等の位置、規模、形態及び意匠について、市長が、視対象への眺望景観の保全上支障がないと認めて許可したものについても、その許可の範囲内において、上記基準が適用されない（眺望景観条例14条1項）。この場合は審議会の意見を聴くものとはされていないため、市長の判断のみで許可することとなる。

III 景観地区（都市計画）・景観計画の見直しと市街地景観整備条例の改正

1 景観地区（都市計画）の見直し

(1) 美観地区から景観地区への移行

2004年（平成16年）4月に制定された景観法によって景観地区が創設される以前は、「市街地の美観を維持」するための地区として、都市計画法において美観地区が規定されていた（平成16年改正前の都市計画法8条1項6号）。この美観地区は、景観地区の創設に伴って廃止され、それまでに定められた美観地区は景観地区に移行している。このような経過措置は京都市においても同じであるところ、京都市における景観地区については、京都市市街地景観整備条例（昭和47年4月20日条例第9号。以下、「市街地景観条例」という）の景観法全面施行にあわせた改正（平成17年3月25日条例第100号）によって、景観法61条1項の規定による景観地区を美観地区と定義し、引き続き「美観地区」という名称を使用している。

(2) 新景観政策による景観地区の見直しと市街地景観条例の改正

京都市は、新景観政策に伴い、従来第1種から第5種の5種類であった美観地区を8つの類型に変更したうえで、景観地区（都市計画）として指定されていた都市計画西陣美穂美観地区ほか9地区を廃止して、変更後の類型に沿った新たな景観地区（都市計画）として、山ろく型美観地区ほか7地区・約3431haを指定し直した。すなわち、町家が多く残る地区など良好な景観が保全されている地区を、それぞれの地区の特性にあわせて6つの美観地区に

第7章　景観政策の新たな展開——攻めの景観条例へ

指定し、歴史的な景観や風情あるまちなみなどの保全を図るための基準を定める一方で、旧市街地の周辺や郊外部の幹線道路沿道などを、それぞれの地区の特性にあわせて2つの美観形成地区に指定し、良好な市街地景観の創出を図るための基準を定めたのである。

　具体的には、市街地景観条例を改正して、景観法61条1項の規定による景観地区のうち、主に良好な市街地の景観の保全を目的とする地区を「美観地区」とし（市街地景観条例2条2号）、主に良好な市街地の景観の創出を目的とする地区として「美観形成地区」を新設した（同条3号）。そして、前者の美観地区につき、①山ろく型、②山並み背景型、③岸辺型、④旧市街地型、⑤歴史遺産型、⑥沿道型という6つの類型を、後者の美観形成地区につき、①市街地型、②沿道型という2つの類型をそれぞれ定めた。これらの地区の内容及び指定状況をまとめると、<chart 21>のとおりである。

<chart 21>　新景観政策による景観地区見直しの内容

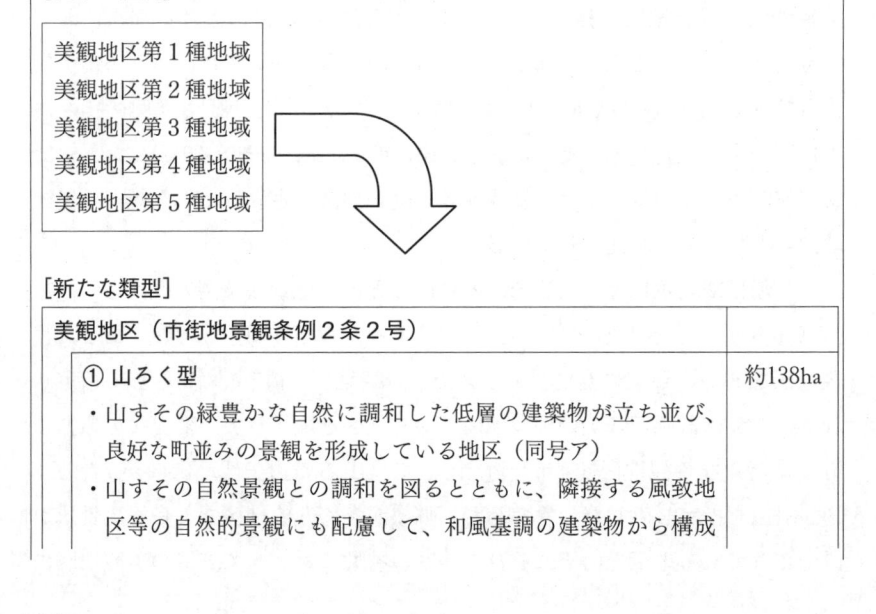

［従来の種別］
美観地区第1種地域
美観地区第2種地域
美観地区第3種地域
美観地区第4種地域
美観地区第5種地域

［新たな類型］

美観地区（市街地景観条例2条2号）	
① 山ろく型 ・山すその緑豊かな自然に調和した低層の建築物が立ち並び、良好な町並みの景観を形成している地区（同号ア） ・山すその自然景観との調和を図るとともに、隣接する風致地区等の自然的景観にも配慮して、和風基調の建築物から構成	約138ha

される景観の継承を基本方針とする。	
②　山並み背景型 ・背景となる山並みの緑と調和する屋根の形状等に配慮された建築物が立ち並び、良好な町並みの景観を形成している地区（同号イ） ・吉田山、糺の森の市街地における貴重な緑地空間の保全を図るとともに、これらの緑地景観に配慮した都市景観の継承を基本方針とする。	約303ha
③　岸辺型 ・良好な水辺の空間と調和した建築物等が立ち並び、趣のある岸辺の景観を形成している地区（同号ウ） ・河川等の岸辺空間の緑豊かな潤いある地域の景観特性の継承を基本方針とする。	約92ha
④　旧市街地型 ・おおむね昭和初期に市街地が形成されていた北大路通、東大路通、九条通及び西大路通に囲まれた地域又は伏見の旧市街地の地域内において、生活の中から生み出された特徴のある形態意匠を有する建築物が存し、趣のある町並みの景観を形成している地区（同号エ） ・京町家を中心とする和風を基調とした町並みを尊重しつつ、現代建築物が共存する景観を形成することを基本方針とする。	約1143ha
⑤　歴史遺産型 ・世界遺産や伝統的な建築物等によって趣のある町並みの景観を形成している地区（同号オ） ・世界遺産等の歴史的資産や伝統的な町並み景観との調和に重点をおき、建築物の高さを抑えた中低層の建築物からなる町並み景観を形成することを基本方針とする。 ・下鴨神社周辺や二条城等の一般地区と、祇園町南や伏見南浜等のように、以前に歴史的景観保全修景地区や界わい景観整備地区に指定を受けていた地区に細分化される。	約543ha

⑥ 沿道型 ・趣のある沿道の景観を形成している地区及び主として中高層建築物が群として構成美を示し、沿道の景観を形成している地区（同号カ） ・歴史的市街地における通りごとの特性を活かして、良好な景観の景観を形成することを基本方針とする。	約135ha
美観形成地区（市街地景観条例2条3号）	
① 市街地型 ・既に市街地が形成されている地区で、良好な町並みの景観の創出を目的とするもの（同号ア） ・歴史的市街地内にあり、昭和初期に既に市街地が形成されていた地域で、京都らしい繊細で洗練された意匠を継承した建築を誘導していく。	約827ha
② 沿道型 ・沿道の良好な景観の創出を目的とする地区（同号イ） ・歴史的市街地内にあるが、都市機能上、中高層建築物が多く、京都にふさわしい新たなデザイン建築物を誘導することにより、良好な沿道の町並み景観を形成していく。	約250ha

(3) 建築物の認定手続

　景観法によれば、「景観地区内の建築物の形態意匠は、都市計画に定められた建築物の形態意匠の制限に適合するものでなければなら」（景観法62条）ず、「景観地区内において建築物の建築等をしようとする者は、あらかじめ」、その計画が上記制限に適合するものであることについて、「申請書を提出して市町村長の認定を受けなければならない」（同法63条1項）。さらに景観法は、「良好な景観の形成に支障を及ぼすおそれが少ない建築物として市町村の条例で定める」建築物については、上記のような建築物の形態意匠の制限の規定の適用を除外し、市町村長による計画認定手続を不要としている（同法69条1項5号）。

第1節　京都市の新景観政策——眺望景観創生条例

　そして京都市は、新景観政策によって、前述のとおり景観地区たる美観地区の類型を根本から組み立て直したうえで景観地区（都市計画）を指定し直すとともに、景観法に基づく建築物の建築等の計画認定を不要とする対象も見直した。すなわち、原則として全ての建築物を計画認定の対象としたうえで、都市計画に「認定の特例」を定め、一定の場合には形態意匠の制限を適用しないことができるとしたのである。具体的には、次のいずれかに該当する建築物で、京都市長が、当該建築物が存する地域の良好な景観の形成に支障がないと認めたものは、その認定の範囲内において、形態意匠の制限に係る共通の基準及び形態意匠の制限を適用しないことができる。形態意匠の制限が適用除外される建築物は<chart 22>のとおりである。なお、市長がこの認定を行うにあたっては、良好な景観の保全、形成又は市街地環境の整備改善を図る観点から、必要な範囲において条件を付すことができるものとされている。

<chart 22>　形態意匠の制限が適用除外される建築物

①　景観地区に関する都市計画が定められ、又は変更された際、現に建築物の敷地として使用されている土地で、その全部を一の建築物の敷地として使用する建築物の新築、増築、又は改築を行う場合において、当該敷地の規模、形状等により、本計画書に規定する形態意匠の制限に適合させることが困難と認められるもの（※1）
②　優れた形態意匠を有し、土地利用、建築物の位置及び規模等について総合的な配慮がなされていることにより、地域の景観の向上に資すると認められるもの（※2）
③　学校、病院その他の公益上必要な施設で、当該地域の景観に配慮し、かつ、その機能の確保を図るうえで必要と認められるもの（※2）
④　災害対策その他これに類する理由により緊急に行う必要があるもの
（※1）　歴史遺産型美観地区のうち、祇園縄手・新門前歴史的景観保全修景地区、祇園町南歴史的景観保全修景地区又は上京小川歴史的景観保全修景地区については、この規定は適用しない。
（※2）　あらかじめ、京都市美観風致審議会の意見を聴かなければならない。

351

2 新景観政策による景観計画の見直しと市街地景観条例の改正

　京都市は、景観法が施行された2004年12月17日の時点で政令指定都市（政令で指定する人口50万以上の都市）であったため、景観法7条1項に基づき、同日から自動的に景観行政団体となった。そして京都市は、新景観政策によって、2005年12月に策定した景観計画を見直すとともに市街地景観条例を改正し、景観計画区域を拡大して、形態意匠の基準を変更して規制内容をより明確にした。具体的には次のとおりである。

　すなわち、新景観政策以前の京都市では、景観計画区域のうち景観地区（すなわち美観地区・美観形成地区）と風致地区以外の市街地の区域を「建造物修景地区」と定義し、同地区を第1種と第2種に区分して、種別ごとに形態意匠の基準が定められていたのを、新景観政策によって、建造物修景地区の類型を見直して新たに4つの類型（①山ろく型、②山並み背景型、③岸辺型、④町並み型）を設け、それぞれの類型ごとに必要な基準を定める形としたのである。その内容をまとめると<chart 23>のとおりである。

<chart 23>　新景観政策による建造物修景地区見直しの内容

[従来の種別]

第1種建造物修景地区
第2種建造物修景地区

[新たな類型]

建造物修景地区（市街地景観条例2条4号）	
① 山ろく型 ・山すその緑豊かな自然に調和した良好な町並みの景観の形成を必要とする区域（同号ア） ・その多くが風致地区と接しているため、自然風景との調和を図りながら、景観上は風致地区との整合性を図るため、3階	約3230ha

以上の壁面を1、2階の壁面より十分に後退させることにより、周囲への圧迫感を低減させる。 ・道路等の公共用空地に面しては、周囲の景観に配慮した塀や植栽等を設置するように誘導する。	
② 山並み背景型 ・背景となる山並みの緑と調和した良好な市街地の景観の形成を必要とする区域（同号イ） ・建築物は、背景となる山並みと調和するように、勾配屋根を設けるなど、屋上景観に配慮するとともに、3階以上の壁面を後退させ、周囲のまちなみ景観に対して圧迫感を低減するよう誘導する。 ・道路等の公共用空地に面しては、周囲の景観に配慮した塀や植栽等を設置することにより、連続した町並み景観を形成する。	約1347ha
③ 岸辺型 ・良好な水辺の空間と調和した趣のある岸辺の景観の形成を必要とする区域（同号ウ） ・建築物は、河川敷からの眺望を阻害することがないよう、勾配屋根等を設ける等により、屋上景観を整えるとともに、壁面に自然との調和を旨とする暖色系の自然素材色等を使用し、桂川などの自然景観との調和を図る。 ・外壁面等の分節化を図り、河川や道路に面して、植栽等を誘導することにより、良好な岸辺景観を形成する。	約313ha
④ 町並み型 ・地域の景観の特性を活かしながら、当該地域の町並みの景観を向上させる必要がある区域（同号エ） ・地域の既存の景観資源を活かしながら地域ごとの景観の向上を目指す。 ・道路や河川等に面した側については、緑豊かな潤いのある町並み景観を形成するため植栽等を誘導する。	約3691ha

IV 高度地区（都市計画）による高さ規制の見直し

1 高度地区（都市計画）の見直し

(1) 高度地区とは

　高度地区とは、都市計画の１つである地域地区のうち、「用途地域内において市街地の環境を維持し、又は土地利用の増進を図るため、建築物の高さの最高限度又は最低限度を定める地区」である（都市計画法９条17項・８条１項３号）。このように、高度地区は地区内の建築物の高さの最高限度や最低限度を定めるもので、具体的には、建築物の高さの最低限度を定める「最低限度高度地区」と最高限度を定める「最高限度高度地区」の２種類がある。

　前者の最低限度高度地区は、市街地中央部の商業地、業務地、駅前周辺、周辺住宅地等の区域で、「特に土地の高度利用を図る必要がある」ものについて指定し、後者の最高限度高度地区は、「建築密度が過大となるおそれがある市街地の区域で、商業系の地域内の交通その他の都市機能が低下するおそれがある区域」、住居系の地域内の「適正な人口密度及び良好な居住環境を保全する必要のある区域」等について指定することとされている（都市計画運用指針Ⅳ－２－１－Ｄ－６）。なお、区域の性格により必要がある場合には、建築物の高さの最高限度と最低限度を同時に定める高度地区を指定することもできる。

(2) 新景観政策による高度地区の見直し

　京都市は、新景観政策において、京都における都市全体の高さ構成の基本として、原則、京都の商業・業務の中心地区である都心部の建築物については一定の高さを認め、この都心部から三方の山裾に行くに従って次第に高さの最高限度を低減させることとした。京都市の新景観政策における建築物の高さの最高限度の見直しのポイントは、次の４点である。

　第１に、建築物の高さを規制する高度地区については、従来10m・15m・20m・31m・45mの５段階の高度地区を定めていたが、これを見直して、45

mの高度地区を廃止し、12mと25mの高度地区を新たに定めた。その結果、高度地区による高さの最高限度は、10m・12m・15m・20m・25m・31mの6段階となった。この高度地区の見直しによって、いわゆる「田の字地区」といわれる京都市中心部の幹線道路沿道地区（南北に走る河原町通・烏丸通・堀川通と、東西に走る御池通・四条通・五条通の6本の幹線道路沿道地区）における高さの最高限度は、従来の45mから31mに引き下げられ、これらの幹線道路に囲まれた職住共存地区における高さの最高限度は31mから15mに引き下げられた。

　第2に、三方の山々の山麓部や内縁部の住宅地、幹線道路沿道などの高さの最高限度を引き下げた。これは、三方の山々の山麓部やその内縁部は、緑豊かな三方の山並みや賀茂川、桂川など潤いのある水辺空間に近接し、世界遺産などの歴史遺産が点在するとともに、良好な低層の住宅地が広がっているためである。

　第3に、歴史的市街地のほぼ全域で高さの最高限度を見直した。これは、京町家等の歴史的建造物が多く存在し、鴨川をはじめとする豊かな水辺空間や緑地区間を有する特長的な景観が形成されている京都の旧市街地（伏見旧市街地を含む）は、歴史都市京都において景観上重要な地域と位置づけられているためである。

　第4に、市街地西部及び南部の工業地域では、建物用途に応じた高さの最高限度を見直した。具体的には、工場等の工業系の用途については高さの最高限度を31mとし、その他の用途については高さの最高限度を20mとした。

2　特例許可制度の創設

(1)　特例許可の対象

　京都市は、前述のとおり、新景観政策によって高度地区を見直して建築物の高さ規制を強化した一方で、一定の要件を満たす建築物につき、市長が、その建築物が存する地域の良好な景観の形成及び周囲の市街地の環境に支障がないと認めて許可したものは、その許可の範囲内において、高度地区に関

する都市計画が定める建築物の高さの最高限度を超えることができる特例許可制度を創設した。この特例許可の対象となる建築物は<chart 24>のとおりである。

<chart 24> 特例許可の対象

① 優れた形態及び意匠を有し、土地利用、建築物の位置、規模及び各部分の高さ等について総合的に配慮がなされていることにより、当該地域又は都市全体の景観の向上に資するもの
② 学校、病院その他の公共、公益上必要な施設で、当該地域の景観に配慮し、かつ、その機能の確保を図るうえで必要なもの
③ 良好な沿道景観の形成に資するもの(北側斜線制限以外は高度地区に関する都市計画が定める高さの最高限度を超えない場合に限る)
④ 不適格部分を有する建築物又は変更前の高度地区に関する都市計画に定められた特例許可を受けた建築物の増築(新たに不適格部分を生じさせず、用途上又は構造上やむを得ないもの)
⑤ 災害対策その他これに類する理由により緊急に建替えを行う必要があるもの

(2) 特例許可の手続

特例許可の手続は、「京都市都市計画(京都国際文化観光都市建設計画)高度地区の計画書の規定による特例許可の手続に関する条例」(平成19年3月23日条例第27号。以下、「特例許可条例」という)が定めている。これは、制度の公平性、透明性を確保することを目的とするものである。特例許可の申請をしようとする建築主(特定建築主)が市長の特例許可を受けようとする場合は、計画案の周知や京都市景観審査会への意見聴取等の手続が必要となる。同条例が定める手続の概要は<chart 25>のとおりである。

ちなみに、この特例許可制度の適用第1号は、京都大学が建設する医学部付属病院の新病棟の建築計画である。同計画は20mの高さ規制がある高度地区内で地下1階・地上8階、高さ31mの病棟を建築するもので、2008年3月8日付け日本経済新聞によると、同月7日に京都市景観審査会が特例を認める答申をまとめることで合意し、京都市長も特例を許可する方針を明らかに

第1節　京都市の新景観政策——眺望景観創生条例

<chart 25>　特例許可の手続の概要

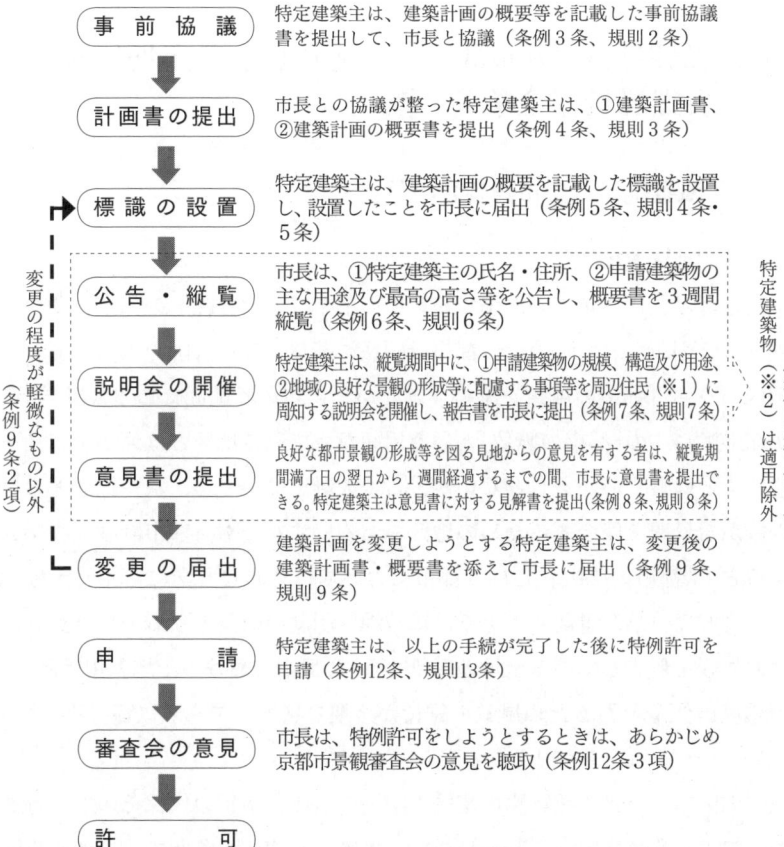

```
┌─────────────┐  特定建築主は、建築計画の概要等を記載した事前協議
│  事 前 協 議  │  書を提出して、市長と協議（条例3条、規則2条）
└──────┬──────┘
       ↓
┌─────────────┐  市長との協議が整った特定建築主は、①建築計画書、
│  計画書の提出 │  ②建築計画の概要書を提出（条例4条、規則3条）
└──────┬──────┘
       ↓
┌─────────────┐  特定建築主は、建築計画の概要を記載した標識を設置
│  標 識 の 設 置  │  し、設置したことを市長に届出（条例5条、規則4条・
└──────┬──────┘  5条）
       ↓
┌─────────────┐  市長は、①特定建築主の氏名・住所、②申請建築物の
│  公 告 ・ 縦 覧  │  主な用途及び最高の高さ等を公告し、概要書を3週間
└──────┬──────┘  縦覧（条例6条、規則6条）
       ↓
┌─────────────┐  特定建築主は、縦覧期間中に、①申請建築物の規模、
│  説明会の開催 │  構造及び用途、②地域の良好な景観の形成等に配慮する事項等を周辺住民（※1）に
└──────┬──────┘  周知する説明会を開催し、報告書を市長に提出（条例7条、規則7条）
       ↓
┌─────────────┐  良好な都市景観の形成等を図る見地からの意見を有する者は、縦覧期
│  意見書の提出 │  間満了日の翌日から1週間経過するまでの間、市長に意見書を提出で
└──────┬──────┘  きる。特定建築主は意見書に対する見解書を提出（条例8条、規則8条）
       ↓
┌─────────────┐  建築計画を変更しようとする特定建築主は、変更後の
│  変 更 の 届 出  │  建築計画書・概要書を添えて市長に届出（条例9条、
└──────┬──────┘  規則9条）
       ↓
┌─────────────┐  特定建築主は、以上の手続が完了した後に特例許可を
│  申        請  │  申請（条例12条、規則13条）
└──────┬──────┘
       ↓
┌─────────────┐  市長は、特例許可をしようとするときは、あらかじめ
│  審査会の意見 │  京都市景観審査会の意見を聴取（条例12条3項）
└──────┬──────┘
       ↓
┌─────────────┐
│  許        可  │
└─────────────┘
```

（変更の程度が軽微なもの以外（条例9条2項））

（特定建築物（※2）（条例11条）（※3）は適用除外）

┌──┐
│（※1）「周辺住民」とは、次に掲げる範囲にある土地の所有者並びに建築物の所有者及び占有者 │
│　　をいう（規則7条2項）。   │
│　　①　申請建築物の敷地境界線からの水平距離が60mの範囲   │
│　　②　申請建築物の外壁又はこれに代わる柱の面からの水平距離が当該申請建築物の高さの2倍 │
│　　　に相当する距離の範囲   │
│（※2）「特定建築物」は規則12条に定められている。たとえば、学校、病院その他の公益上必要 │
│　　な建築物で、当該建築物が周辺の町並みの景観に配慮したものであって、かつ、その機能の確 │
│　　保を図るうえで必要なものである（同条1号）。   │
│（※3）特定建築物であっても、周辺住民から説明会の開催を求められたときは、これを開催し   │
│　　なければならない（条例11条2項）。   │
└──┘

357

していた。そして同年5月、同審査会の意見（了承）を受けた京都市は、京都大学に対して特例許可を出した。

V　風致地区（都市計画）の見直しと風致地区条例・自然風景保全条例の改正

1　風致地区（都市計画）の見直し

(1)　風致地区とは

　風致地区は、1919年にわが国で初めての都市における緑地の保全に関する制度として創設されたもので、都市計画法に基づく都市計画の1つである地域地区のうち「都市の風致を維持するため」に定める地区である（都市計画法9条21項）。この「都市の風致」という用語だけで風致地区とは何かをイメージすることは難しいかもしれないが、ごく大雑把にいうと、水や緑などの自然が豊かな景観を保全するための地区である。すなわち、都市計画運用指針によると、「都市の風致」とは「都市において自然的な要素に富んだ土地における良好な自然的景観」であり、風致地区制度の対象となるのは「良好な自然的景観を形成している土地の区域のうち、都市における土地利用計画上、都市環境の保全を図るため風致の維持が必要な区域」である（都市計画運用指針IV－2－1－D－14－1）。

　風致地区内における建築物の建築、宅地の造成、木竹の伐採その他の行為については、政令で定める基準に従い、地方公共団体の条例で、必要な規制をすることができる（都市計画法58条1項）。その地方公共団体の条例は、一般的に「風致条例」と呼ばれている。他方、風致条例の基準を定める政令が「風致地区内における建築等の規制に係る条例の制定に関する基準を定める政令」（昭和44年政令第317号）で、この政令は一般的に「風致政令」と呼ばれている。そして風致政令は、風致地区内において一定の行為をする場合には、あらかじめ、都道府県知事又は市町村の長の許可を受けなければならないものとしている（風致政令3条1項）。

(2) 新景観政策による風致地区の見直し

　京都市は、1919年に創設された風致地区を1930年から活用し、東山、北山、西山の三山周辺の山麓部や鴨川沿い、世界遺産を含む神社仏閣の周辺など自然の景観に富んだ地域を風致地区として指定して積極的にその自然的景観及び歴史的景観の保全を図ってきた。2007年9月に新景観政策が施行される以前に京都市によって指定された風致地区は合計17地区で、その指定面積の合計は市域の約3分の1に相当する約1万7831haであった（ちなみに、2006年3月31日時点の風致地区の指定状況は全国で757地区・約16万9460haであるから、指定面積の約10.5％が京都市内）。

　京都市は、新景観政策により17地区あった風致地区のうち7地区について都市計画を変更し、山麓部の世界遺産等に隣接する既成市街地等において風致地区を拡大した。その結果、京都市の風致地区の指定面積は107ha増えて合計約1万7938haとなった。新景観政策によって変更された後の風致地区とその面積を整理すると<chart 26>のとおりである。

　なお、京都市の風致地区は、京都市風致地区条例（昭和45年4月9日条例第7号。以下、「風致条例」という）において第1種地域から第5種地域の5つの種別が定められており、これは新景観政策が成立する前から変わっていない。京都市長は、審議会の意見を聴いて、風致地区をこれら5つの種別のいずれかに指定するものとされ（風致条例4条）、その種別ごとに、①建築物の高さ、②建ぺい率、③後退距離、④緑地の規模が定められている（風致条例別表）。これらを整理すると<chart 27>のとおりである。

2　風致条例の改正

(1) 主な改正点

　京都市は、新景観政策によって風致条例の一部を改正した。その主な改正点は、①特別修景地域の指定制度の創設、②風致保全緑地の登録制度の創設、③風致地区内において京都市長の許可を必要とする行為の拡大、④許可の基準の見直しである。

第7章 景観政策の新たな展開——攻めの景観条例へ

<chart 26> 新景観政策が施行された後の風致地区

	名称	面積（ha）	種別面積（ha）第1種	第2種	第3種	第4種	第5種
1	相国寺風致地区	約12	—	—	—	—	約12
2	鴨川風致地区	約217	—	—	約88	約129	—
3	上賀茂風致地区	約2110	約1345	約219	約434	約6	約106
4	比叡山風致地区	約1394	約1303	約45	約45	—	約1
5	東山風致地区	約2577	約1966	約272	約201	約14	約124
6	醍醐風致地区	約1072	約949	約45	約25	約4	約49
7	伏見桃山風致地区	約165	約107	約24	約13	—	約21
8	西国風致地区(京都市域)	約2.5	—	—	—	—	約2.5
9	嵯峨嵐山風致地区	約3989	約3528	約351	約68	約10	約32
10	西山風致地区	約1717	約1516	約46	約118	—	約37
11	北野風致地区	約12	—	—	—	—	約12
12	紫野風致地区	約49	—	約8	約36	—	約5
13	船山風致地区	約547	約510	約21	約16	—	—
14	鞍馬山風致地区	約856	約738	約61	約35	—	約22
15	大原風致地区	約1624	約1393	約182	約34	—	約15
16	大枝大原野風致地区	約1591	約1591	—	—	—	—
17	本願寺風致地区	約3.6	—	—	—	—	約3.6
	合計	約17,938					

　これらの改正点のうち、上記②の風致保全緑地の登録制度は、森林である土地の区域における宅地の造成等を行う場合に当該土地の区域の面積が100㎡以上であるときに設けることが義務づけられた一定規模の風致保全緑地（自然の木竹等が集団して生育している区域）を一般の縦覧に供するための制度であり、上記③の許可を必要とする行為の拡大と上記④の許可の基準の見直しは、新景観政策による規制強化を具体的に定めたものである。そして上記

第1節　京都市の新景観政策——眺望景観創生条例

<chart 27>　京都市の風致地区の種別

	定　義	高　さ	建ぺい率	建築部の後退距離 道路に接する部分	建築部の後退距離 その他の部分	緑地の規模
第1種地域	山林又は渓谷が重要な要素となって、特に優れた自然的景観を有する地域	8m	10分の2	3m	2m	10分の4
第2種地域	樹林地、池沼又は田園が重要な要素となって、優れた自然的景観を有する地域	10m	10分の3	2m	1.5m	10分の3
第3種地域	趣のある建築物等が重要な要素となって、優れた自然的景観を有する地域	10m	10分の4	2m	1.5m	10分の2
第4種地域	趣のある建築物等が重要な要素となって、良好な自然的景観を有する地域	12m	10分の4	2m	1.5m	10分の2
第5種地域	趣のある建築物等が重要な要素となって、自然的景観を有する地域	15m	10分の4	2m	1.5m	10分の2

①の特別修景地域の指定制度は、景観行政のトップランナーである京都市独自の工夫による制度である。この特別修景地域の指定制度については項を改めて説明する。

(2) 特別修景地域の指定制度

特別修景地域の指定制度は、前記1で説明したように、5つの種別ごとに高さや建ぺい率を規制している風致地区内において、地域特性に応じた建築物の形態意匠（屋根の勾配や素材、植栽等）の基準を定めることができる制度である。すなわち、京都市長は、京都市美観風致審議会の意見を聴いて、風致保全計画に基づき、風致地区内において、建築物等の高さ、建ぺい率、後退距離、位置、規模、形態及び意匠並びに緑地の位置、形態及び規模について特に配慮が必要な地域で、当該地域の特性に応じた特別の制限を行う必要があるものを、特別修景地域として指定することができる（風致条例6条1項）。新景観政策が施行された2007年9月に指定された特別修景地域は合計61地域・約2497.6haであったが、その後、2012年2月に岡崎公園地区が追加されたため具体的には<chart 28>のとおりである

<chart 28> 特別修景地域の指定

	名称	面積(ha)		名称	面積(ha)
1	鴨川特別修景地域	約62.3	12	比叡山山頂特別修景地域	約160.9
2	高野川特別修景地域	約32.6	13	八瀬駅周辺特別修景地域	約8.7
3	下鴨神社周辺特別修景地域	約25.9	14	檜峠特別修景地域	約14.6
4	松ヶ崎特別修景地域	約6.8	15	修学院特別修景地域	約136.9
5	岩倉実相院周辺特別修景地域	約26.2	16	北白川周辺特別修景地域	約29.9
6	上高野・三宅八幡宮特別修景地域	約10.8	17	詩仙堂周辺特別修景地域	約2.5
7	岩倉幡枝・円通寺特別修景地域	約42.1	18	吉田山特別修景地域	約24.1
8	二軒茶屋特別修景地域	約2.8	19	岡崎・南禅寺特別修景地域	約39.1
9	木野特別修景地域	約7.7	20	青蓮院・知恩院特別修景地域	約12.3
10	上賀茂神社周辺特別修景地域	約63.6	21	深草・稲荷特別修景地域	約87.9
11	神山山裾特別修景地域	約50.1	22	大石神社周辺特別修景地域	約16.5

第1節　京都市の新景観政策——眺望景観創生条例

23	御陵・日ノ岡の山裾特別修景地域	約9.4	43	渡月橋北東及び南側特別修景地域	約5.9
24	山科疏水沿い特別修景地域	約41.9	44	天龍寺周辺特別修景地域	約41.4
25	毘沙門堂参道特別修景地域	約2.5	45	嵐山南側特別修景地域	約3.0
26	円山特別修景地域	約2.5	46	鳴滝音戸山特別修景地域	約19.1
27	清水寺周辺特別修景地域	約87.4	47	周山街道沿道特別修景地域	約11.1
28	東山七条特別修景地域	約7.2	48	梅ヶ畑特別修景地域	約16.9
29	泉涌寺周辺特別修景地域	約5.9	49	桂離宮周辺特別修景地域	約41.5
30	東福寺周辺特別修景地域	約7.4	50	西芳寺周辺特別修景地域	約60.7
31	本多山特別修景地域	約3.4	51	金閣寺周辺特別修景地域	約116.8
32	銀閣寺周辺特別修景地域	約90.2	52	仁和寺・龍安寺周辺特別修景地域	約123.3
33	醍醐寺周辺特別修景地域	約260.1	53	双ヶ岡周辺特別修景地域	約21.7
34	大塚・大宅の山裾特別修景地域	約27.9	54	左大文字山の東側山裾特別修景地域	約4.9
35	桃山御陵周辺特別修景地域	約21.5	55	大徳寺周辺特別修景地域	約38.7
36	愛宕街道沿道特別修景地域	約8.4	56	船岡山周辺特別修景地域	約10.6
37	北嵯峨・嵯峨野特別修景地域	約121.7	57	鞍馬特別修景地域	約18.4
38	大覚寺参道特別修景地域	約4.6	58	貴船特別修景地域	約4.3
39	清滝特別修景地域	約11.7	59	二ノ瀬特別修景地域	約7.6
40	高山寺・高雄特別修景地域	約140.0	60	大原特別修景地域	約201.1
41	渡月橋北西特別修景地域	約10.6	61	八瀬特別修景地域	約15.4
42	中ノ島特別修景地域	約6.6	62	岡崎公園地区特別修景地域	約31.0

(3) 特別修景地域における許可基準

　京都市長は、前記(2)の特別修景地域の指定をするときは、建築物等の新築、改築、増築又は移転、及び、建築物等の色彩その他の意匠の変更について、風致条例5条1項が定める許可基準を強化し、若しくは緩和し、又は必要な基準を付加することができる（風致条例6条2項）。この特別修景地域の指定制度によって、風致地区内においては、5つの種別ごとの段階的な一律規制に加えて地域ごとの特性に合致する調和のとれたデザイン誘導をめざすことができるのである。京都市が定めた特別修景地域内において適用する許可基

準（平成19年９月３日京都市告示第216号）は当初次のとおりわずか４カ条で構成され、うち３つが風致条例の許可基準を緩和する規定で、残り１つが同条例の許可基準を強化する規定になっていた。

＜特別修景地域内に適用する許可基準の構成＞

第１条（建ぺい率の緩和）

第２条（外壁等から敷地境界線までの距離の緩和）

第３条（緑地の規模の緩和）

第４条（形態意匠等の基準の強化）

　この許可基準は2012年２月１日京都市告示第396号によって、岡崎公園地区特別修景地域に関する３カ条の規定が追加され、岡崎公園地区特別修景地域については、「高さ基準の適用除外」（１条）、「建ぺい率の適用除外」（３条）、「緑地の規模等の強化」（６条）が規定された。これに伴い、旧１条は２条に、旧２条は４条に、旧３条は５条に、旧４条は７条に変更された。

　しかし、同許可基準において定められている内容は第７条の強化規定が大半を占めており、同許可基準の狙いは間違いなく「規制緩和」ではなく「規制強化」にある。すなわち同条１項は、特別修景地域における建築物その他の工作物の位置、規模、形態及び意匠並びに緑地の位置及び形態は、風致条例５条１項各号に定める基準のほか、同項１号から80号に掲げる特別修景地域に応じた基準に適合するものであることとしている。つまり同許可基準は、62の特別修景地域ごとに、それぞれの地域の特性に応じた建築物等の形態意匠等の基準を詳細に定めているのである。このような許可基準の一端を紹介すると<chart 29>のとおりである。

３　自然風景保全条例の改正

(1) 自然風景保全条例とは

　京都市は、市街地からその背景として眺望される緑豊かな山並みの風景（自

第1節　京都市の新景観政策——眺望景観創生条例

<chart 29>　特別修景地域における形態意匠等の基準（抜粋）

鴨川特別修景地域 （7条1項(1)号）	下鴨神社周辺特別修景地域 （7条1項(3)号）
鴨川及び賀茂川では、河岸の樹木と川の清流が一体となって、他の大都市では見られない都心の水と緑の空間を構成している。この河川区域内に設ける工作物等については、この河川の風趣と調和したものとすること。 　西賀茂大橋から賀茂大橋までの区域においては、水辺空間と堤防上の樹木、住宅の生垣等からなる緑豊かな河川空間を保全するため、既存樹木を保全するとともに河川に面する住宅地等との境界に植栽帯等を設けること。建築物は、原則として河川に面する側に勾配を有する下屋を設けた和風外観であること。 　賀茂大橋からJR東海道線までの区域では、水辺空間と堤防上の樹木からなる、河川空間を保全すること。また、河川区域内に設ける工作物は、自然素材を使用することを基本とし、色彩や質感に配慮して、鴨川の風趣及び沿岸の伝統的建造物又は隣接する市街地との街並みと調和したものであること。	世界遺産下鴨神社周辺では、歴史的な趣のある景観の保全を図るため、建築物は、日本瓦ぶきの和風外観であり、既存樹木の保全を図り、道路側に植栽、和風門・塀等、河川側は、植栽帯を設け生垣の連続性を保持すること。 　下鴨神社参道では、葵祭の経路でもある参道景観を保全するため、参道側には、原則として和風様式の門、塀、生垣等を設けることとし、建築物は、日本瓦ぶき和風外観であること。

然風景）を保全することを目的とした京都市自然風景保全条例（平成7年3月24日条例第54号）を1995年（平成7年）に制定し、自然風景保全地区の指定制度を運用している。この自然風景保全地区とは、前記2(2)の特別修景地域と同様、京都市長が京都市美観風致審議会の意見を聴いて指定することができる地区で、第1種と第2種の2つの種別がある（自然風景保全条例7条1項）。

第7章 景観政策の新たな展開——攻めの景観条例へ

　第1種自然風景保全地区は、自然風景の保全を図るうえで特に重要な土地の区域で、第2種自然風景保全地区は、自然風景の保全を図るうえで重要な土地の区域とされている（同項）。
　この自然風景保全地区の指定制度は、京都市独自の制度である。そのため、①古都保存法（正式名称は「古都における歴史的風土の保存に関する特別措置法」）6条1項に規定する歴史的風土特別保存地区、及び、②都市緑地法12条1項に規定する特別緑地保全地区内の土地については、自然風景保全地区として指定することができないものとされ（自然風景保全条例7条2項）、逆に自然風景保全地区内の土地について上記①の歴史的風土特別保存地区又は上記②の特別緑地保全地区が定められたときは、当該土地についての自然風景保全地区の指定はその効力を失うものとされている（同条5項）。
　本書執筆の2012年2月時点における自然風景保全地区の指定面積は合計約2万5780haで、第1種自然風景保全地区が約1万4250ha、第2種自然風景保全地区が約1万1530haである（平成8年5月24日京都市告示第118号）。なお、この指定面積は、新景観政策の前後で変わっていない。

(2) 自然風景保全条例の改正

　自然風景保全地区内で現状変更行為又は新築等を行う場合には、一定の行為を除き、京都市長の許可を受けなければならないとされ（自然風景保全条例9条1項）、京都市長は、一定の要件に該当していると認めるときは許可をしなければならないとして、許可の基準が定められている（同条例12条）。
　しかるところ、新景観政策の1つとして2007年（平成19年）3月に成立した自然風景保全条例の改正によって、①許可を受けなければならない現状変更行為の範囲が拡大され、②現状変更行為に係る許可の基準の見直しが行われた。新景観政策による改正後の許可が不要となる行為と許可の基準を整理すると、<chart 30><chart 31>のとおりである。なお、「現状変更行為」とは「宅地の造成、土地の開墾その他の土地の形質の変更、鉱物の掘採、土石の採取、木竹の伐採又は物件の堆積」をいい、「新築等」とは「建築物等の新築、増築、改築、移転又は色彩の変更」をいう（自然風景保全条例2条1号・3号）。

366

第1節　京都市の新景観政策──眺望景観創生条例

<chart 30>　許可が不要となる行為（自然風景保全条例9条1項ただし書）

(1)　現状変更行為で、これを行う土地の面積が次に掲げる自然風景保全地区の種別に応じそれぞれに掲げる面積以下であるもの（※1） 　　ア　第1種自然風景保全地区　　50㎡（改正前は300㎡） 　　イ　第2種自然風景保全地区　300㎡（　〃　1000㎡） (2)　新築等で、これに係る建築物等の高さ（※2）が10m以下であるもの (3)　法令又はこれに基づく処分による義務の履行として行う行為 (4)　森林法7条の2に規定する森林計画に従って行う現状変更行為、同法10条の8第1項各号（2号を除く）に該当する場合において行う現状変更行為又は同法15条の規定による届出を要する現状変更行為 (5)　自然風景保全地区が指定された際既に着手していた行為 (6)　非常災害のために必要な応急処置として行う行為 (7)　通常の管理行為又は軽易な行為で、別に定めるもの
※1　自然風景保全条例17条2項の規定により自然風景保全緑地登録簿に登録されている自然風景保全緑地内における現状変更行為を含まないものに限る。 ※2　増築又は改築にあっては、増築又は改築後の高さ。

<chart 31>　許可の基準（自然風景保全条例12条）

(1)　現状変更行為
ア　第1種自然風景保全地区内において、木竹の伐採又は木竹の伐採を伴う現状変更行為に係る計画区域の面積が50㎡を超えるときは、自然風景保全緑地の面積及び残存緑地の面積がそれぞれ次に掲げる面積以上であること（※1） 　(ｱ)　自然風景保全緑地の面積　　計画区域の面積（※2）から50㎡を差し引いた面積（基準面積）に10分の7（※3）を乗じて得た面積（※4） 　(ｲ)　残存緑地の面積　　基準面積に10分の5（※5）を乗じて得た面積 イ　第2種自然風景保全地区内において計画区域の面積が300㎡を超えるときは、自然風景保全緑地の面積及び残存緑地の面積がそれぞれ次に掲げる面積以上であること（※1） 　(ｱ)　自然風景保全緑地の面積　　計画区域の面積（※2）から300㎡を差し引いた面積（基準面積）に10分の5を乗じて得た面積（※4） 　(ｲ)　残存緑地の面積　　基準面積に10分の3.5（※6）を乗じて得た面積

ウ　自然風景保全緑地となる土地があるときは、当該土地が登録自然風景保全緑地を含まないこと（※7）
エ　自然風景保全緑地となる土地がある場合において、当該土地の所有者等が申請者以外の者であるときは、当該土地が自然風景保全緑地となることにつきその者の同意を得ていること
オ　造成緑地があるときは、植栽計画が別に定める基準に適合していること
カ　自然風景に悪影響を及ぼさないこと

(2) 新築等

ア　建築物等の高さが15m以下であること（※8）
イ　建築物等の位置、規模、形態及び意匠が自然風景に悪影響を及ぼさないこと

※1　ただし、市長が自然風景の保全上支障がないと認めたもの及び農業又は林業を営むために行う木竹の伐採（伐採後の成林が確実であると認められるものに限る）については、この限りでない。
※2　計画区域内に、当該計画区域が自然風景保全地区に指定されたときに緑地でなかった土地が含まれる場合にあっては、当該土地の面積を差し引いた面積。
※3　公益上必要があると認められる施設で別に定めるものの設置を目的とする現状変更行為にあっては、10分の5。
※4　登録自然風景保全緑地内において現状変更行為を行う場合にあっては、当該行為を行う土地の面積を加算した面積。
※5　公益上必要があると認められる施設で別に定めるものの設置を目的とする現状変更行為にあっては10分の3.5、計画区域内の残存緑地の面積の当該計画区域に対する割合が10分の5未満である現状変更行為にあっては当該割合。
※6　計画区域内の残存緑地の面積の当該計画区域に対する割合が10分の3.5未満である現状変更行為にあっては、当該割合。
※7　ただし、計画区域が、当該登録自然風景保全緑地の登録の原因となった現状変更行為に係る計画区域と同一の場合は、この限りでない。
※8　ただし、自然風景保全条例2条2号アからエまでに掲げる工作物で、公益上必要と認められるものについては、この限りでない。

VI　京都市の新景観政策の画期性

1　眺望景観創生条例制定と市街地景観条例改正の画期性

　1960年代末の4大公害訴訟（富山のイタイイタイ病、新潟・熊本の水俣病、四日市の大気汚染公害）の時代は、各自治体が定める公害防止条例において、法律や政令が定める基準以上の厳しい数値を定める「上乗せ」や、法律や政令で定める物質以外の物質を指定する「横出し」が行われた。この時代においては、このような「上乗せ」「横出し」が大きな意味を有していた。

　京都市の新景観政策の1つである市街地景観条例の改正は、景観法に基づく委任条例への「衣替え」だが、その内容はかつての公害防止条例を彷彿させるものとなっている。たとえば、市街地景観条例の改正によって、景観法が定める景観地区について「美観地区」と「美観形成地区」という、良好な景観を「保全」するための地区と良好な景観を「創出」するための地区の2種類を設定したことは京都市のオリジナルである。建造物修景地区（景観計画区域）内における行為の届出に関し、山麓型の建造物修景地区では全ての建築物等を対象として、その他の地区においても10m以下の建築物等を除き届出の対象としているのは、景観法16条1項に基づく条例への委任事項の1つであるが、届出の対象を「限定的」にするのではなく「拡大的」にしていることが特徴である。

　また、新景観政策によって創設された眺望景観創生条例が眺望景観を定義したことは、ともすればあいまいで抽象的になりがちな「眺望」や「景観」を明確に定義づけするもので大きな意義がある。視点場・視対象・眺望空間という新しい概念を定義して、建築物の高さをその標高を基準として規制する眺望空間保全区域や、視点場から視認することができる建築物の形態意匠や外壁等の色彩を規制する近景・遠景デザイン保全区域の制度を創設したことは、画期的である。

　このように、新景観政策による市街地景観条例の改正内容からは、景観法

の創設によって与えられた「武器」をフル活用しようという意欲がほとばしり出ており、また、眺望景観創生条例の内容は景観政策の先鋭的自治体としての自負に満ちた画期的な内容となっている。これらの条例の制定・改正を含む京都市の新景観政策は、今後各地の景観政策において大いに参考になると思われる。

2　その突出性

しかしその一方で、かつての公害防止に向けた取組みが革新自治体を中心とした全国共通の課題として展開されたのと比較すると、新景観政策による眺望景観創生条例の創設と市街地景観条例の改正は全国的にみて突出したもので、他の先進自治体との連携は不十分である。したがってこれは、景観政策において最先端を走るという意味では画期的な内容であるが、その画期性のために、たとえば「マンションが既存不適格となり資産価値が下がる」と主張する住民等から反発されることが容易に予想される。そのため、京都市内でこれらの条例の価値を定着させる作業が不可欠であるが、条例の意義とこれによって保全ないし創出される景観の価値の大きさを周知させ、良好な景観そのものが京都市民の「財産」であるという共通の理解が醸成されるまでには、かなりの苦労が伴うことになるであろう。

　また、景観政策に意欲のある自治体が京都市に続いて出てこなければ、京都市の条例だけが「孤立」する存在となってしまい、前述の公害防止の取組みのように全国的な展開をみせることなく局地的なものになってしまうおそれもある。景観という価値観そのものが多種多様であり、地域によって「良好な景観」、「残すべき景観」は千差万別である。そのため、景観法に基づく委任条例をどのような内容で定めるかについては、各自治体がそれぞれ独自に工夫することが期待され、景観法もそのように想定している。そのため、景観法を十分活用しようとする意欲のある自治体がどのくらい出てくるかが期待される反面、そもそも景観法を十分活用しようとしない（すなわち景観法に基づく委任条例を定めようとしない）自治体がどの程度存在するのかについ

いても注目する必要がある。

3　高さ規制の強化に対する反発

　高度地区による高さ規制の見直しが行われた結果、従来の高さの最高限度が引き下げられた区域（特に45mの高度地区から31m以下の高度地区に見直しされた「田の字地区」）については、土地所有者や建物所有者等からの反発が容易に想定された。実際に、新景観政策の施行後は既存不適格となるマンションの住民からは「財産権の侵害だ」という批判の声があがっていた。これは、そのような既存不適格のマンションを将来建て替える際には既存の住戸より少ない住戸しか確保できないケースが発生することが考えられ、そのようなケースにおいては建替え後にそのマンションから転出せざるを得ない住民も出てくることが予想されるためである。

　なお、このような問題は、高度地区による高さ規制の見直しだけでなく、新景観政策によって新たに創設された眺望景観創生条例に基づく高さ規制（眺望空間保全区域における標高による高さ規制）でも同様である。しかし、いわゆる「田の字地区」などの市中心部において大きな影響を及ぼしたのが高度地区による高さ規制の見直しであり、そこでの反発が強いため、眺望景観創生条例による高さ規制に対する反発はクローズアップされていない。

　新景観政策の施行によって既存不適格となった建物の建替えが現実的な問題として浮上するにはまだ時間がかかると思われるが、建替えが行われるまでは建築基準法上適法な建築物として維持修繕を行いながら住み続けることができるため、たとえば京都市に対して、新景観政策を施行したことによる損害賠償請求訴訟を提起したとしても、現時点において何らかの損害が発生していると認められることは考えにくく、実際にそのような訴訟が提起されたことはなかった。また、京都市は、そのような住民に対するフォローとして、維持修繕を行うためのアドバイザー派遣制度や耐震改修工事の助成制度など適切な維持修繕の支援制度を設けている。なお、高度地区の高さ規制の見直しによって既存不適格となった建物の増築のうち、新たに不適格部分を生じ

させず、用途上又は構造上やむを得ないものについては、前記Ⅳ2の特例許可制度の対象となっている（前記Ⅳ2⑴を参照）。そのため、今後この特例許可制度においてどこまでの規模の増改築を認めるかについては議論の余地がある。そのような中、2008年3月8日付け日本経済新聞によれば、新景観政策施行後の2008年2月に京都市長となった門川大作市長は、特例は公共的な建物にしか認めないとの原則を掲げる方針を明らかにしたとのことである。

　また、2008年7月1日に国税庁が発表した路線価によれば、新景観政策が2007年9月に施行されたことによって高さ規制が45mから31mへと強化された京都市中心部については、上昇率の鈍化が際立った。これは新景観政策の影響によるものと考えられ、2008年7月1日付け朝日新聞夕刊は、実際の土地取引も、新景観政策によって規制が強化される前は「駆け込み需要」でミニバブルの様相を呈していたが、新景観政策が施行された後は一転して少なくなったと報じている。新景観政策における高度地区による高さ規制の見直しは規制強化にほかならないため、短期的にみればこのような不動産市場の反応はやむを得ないものであるが、中長期的な視点でみれば、高さ規制を見直して高さの最高限度を引き下げて景観価値を高めることをめざすという方向性は、時代の流れに沿ったものである。

　なお、京都市中心部の路線価は、その後2009年、2010年、2011年と続いて下落しているが、これは、新景観政策の影響というより、むしろ2008年9月のリーマン・ショックが引き金となった世界的な金融危機による不況の影響によるところが大きいと考えられる。また、京都市全体の2011年の下落率は、住宅地では前年の△3.9％から△1.7％に、商業地では前年の△3.7％から△1.5％に縮小していることを考えると、少なくとも新景観政策が地価にマイナス要因を与えているとは評価できないというべきであろう。

4　「施行4年」における定着性とその評価

　京都市の新景観政策が2007年9月に施行されて約4年が経過した。新景観政策は、高度地区による高さ制限の見直しだけでなく、眺望景観創生条例の

第1節　京都市の新景観政策——眺望景観創生条例

制定や市街地景観条例の改正も、いずれも規制強化の意味合いが強く私権に対する制限が厳しい内容を含んでいる。しかもその制限は、歴史的な景観が形成されている地域だけでなく、いわゆる「田の字地区」を含む市中心部にも及んでいる。そのため、新景観政策に対する反発が強いのはある意味当然である。

　市中心部では一定の高さの規制を容認すべきではないかといった批判的な意見が出されたり、近い将来建替えが予想される築年数の古いマンションが売れなくなった等、中古マンション市況の冷え込みが生じているのもやむを得ない。2009年12月16日掲載の京都新聞のインターネット記事によれば、京都市内の2008年の新設住宅着工戸数は前年比22.5％減となり、3.1％増であった全国平均と比べて落ち込みが目立っているとのことである。

　しかしその一方で、新景観政策の施行後に建築され、勾配屋根や庇の設置といった形態意匠の基準に適合したマンションは徐々に増えつつあり、その町家風の外観が人気を得ていることも事実である。景観保全を優先することで財産価値が下がるとの懸念があったが、逆に財産価値が上がっている面も確かにある。そう考えれば、良好な景観によって価値が高まれば人材や資本が集まって経済活性化につながるという京都市の主張も間違いではない。また、前述のローソンやセブン－イレブンの屋外看板が新景観政策の趣旨に沿った京風のデザインとされた事例や、2010年4月にオープンした京都市立京都堀川音楽高校の新校舎が、眺望景観創生条例に基づく近景デザイン保全区域にあるため、視点場である二条城からの眺めを強く意識して周囲の町家とほぼ同じ角度の勾配屋根とされた事例をみれば、新景観政策が施行4年を経て着実に定着してきていることは確かである。少なくとも筆者が聞く限り、新景観政策に反対する訴訟が起きていないことは、京都市民の多くは消極的にでも新景観政策を承認しているのではないかと思われる。

　いずれにしても、新景観政策の成果は数年で表れるものではなく、50年後、100年後に京都市が一体どのようなまちなみを形成しているのかをみなければわからない。筆者としては、新景観政策に対して賛否両論があるのはやむ

第7章　景観政策の新たな展開——攻めの景観条例へ

を得ないもので、それでもとにかく画期的なこの政策が施行されたことの意義は大きく、他の自治体の「手本」となるものと考えている。

第2節　東京都の新景観政策

I　東京都の景観政策の歩み

1　景観法の制定前

(1)　東京都都市景観マスタープランの策定

　東京都は、1994年3月に「東京都都市景観マスタープラン」を策定した。これは、東京の景観形成を総合的、計画的に推進することをめざし、景観に配慮したまちづくりを進めていくための指針として策定されたものである。この景観マスタープランは市街地だけでなく、山地、丘陵地、田園地帯、島しょ等も含めた東京都全域の景観を施策の対象とし、①自然を取り戻す、②歴史と文化を伝える、③多様な魅力を発展させる、という3つの目標を掲げている。さらに、東京の景観構造の骨格となっている河川、崖線や幹線道路等を中心とした帯状の地域を「景観基本軸」と定義したうえで、都心東西軸や隅田川軸、玉川上水・神田川軸、多摩川・国分寺崖線軸、臨海軸など11の景観基本軸を定め、それぞれに景観形成基本方針を定めている。

(2)　東京都景観条例の制定

　その後東京都は、1997年（平成9年）12月に「東京都景観条例」（平成9年条例第89号）を制定した。同条例に基づく主な取組みは、①届出制度による景観づくり、②公共事業による景観づくり、③歴史的建造物の選定と歴史的景観の保全であった。これら3つの取組みは、東京の景観づくりについて先導的な役割を担うものであった。たとえば①の届出制度は、前記(1)で述べた11の景観基本軸のうち6カ所について具体的な区域と景観づくり基準を定め、これらの区域において一定規模以上の建築行為等について計画段階で届出を義務づけて、その地域にふさわしい景観誘導を図っていた。

(3) 東京のしゃれた街並みづくり推進条例の制定

さらに東京都は、2003年（平成15年）3月に「東京のしゃれた街並みづくり推進条例」（平成15年条例第30号）を制定（同年10月施行）し、街並み景観づくり制度による運用を開始した。この制度は、歴史的・文化的な特色を継承している地区、道路整備にあわせて沿道の建替えが進む地区、特定街区・再開発等促進区を定める地区計画など地域の景観に大きな影響を及ぼす大規模プロジェクトが行われる地区といった景観形成上重要な地区を「街並み景観重点地区」として指定し、地域の主体性に基づき、一体的な街並み景観づくりを進めることを目的とするものである。

この制度によれば、重点地区の住民、土地所有者等その他重点地区において街並み景観づくりを推進しようとする者は、建物の配置や色彩、意匠、広告物の大きさや形などを定める「街並み景観ガイドライン」を作成するため、「街並み景観準備協議会」を共同して結成することができる。街並み景観準備協議会は、知事に選任された景観づくりの専門家である「街並みデザイナー」の支援を受けて街並み景観ガイドラインの案を作成する。そして、その作成した街並み景観ガイドラインの案について知事の承認を受けるには、街並み景観準備協議会が、あらかじめ街並み景観まちづくりを行うまちづくり団体として上記推進条例に基づく登録を受けて「街並み景観協議会」となる必要がある。街並み景観準備協議会が街並み景観協議会となって街並み景観ガイドラインにつき知事の承認を受けた場合には、街並み景観協議会がそのガイドラインに基づき、当該地区の街並み景観づくりのコントロールを自主的に行うことができることになる。

2　景観法の制定後——景観審議会の答申

2004年（平成16年）6月に景観法が制定され、同年12月に一部施行、翌2005年（平成17年）6月に全面施行された。そのような中、知事から東京における今後の景観施策のあり方について諮問を受けた東京都景観審議会は、2006年1月、諮問に対する答申を発表した。この答申は、「経済社会の成熟

化が進む中で、景観に対する都民の意識の高まりや、都心の機能更新に伴う街並みの変容など、東京の景観を取り巻く状況が大きく変わってきて」いるとして、「これまでの施策が都市づくりの動向等にそぐわない面も現れており、このような変化に適切に対応し、都市計画、建築行政はもとより、公共事業や観光施策等とも連携し、新たな景観施策のあり方を検討することが求められて」いるとの認識を示している。そのうえで、新たに対応が必要な課題として、①都市再生と景観づくり、②観光まちづくりとの連携、③屋外広告物規制との連携、④景観法の活用の4点をあげている。

　上記①の都市再生と景観づくりについては、都市再生の進展に伴い、都心部や臨海部において大規模な開発が進み、市街地の景観が大きく変わりつつあることを指摘し、「国際競争力を備えた、魅力ある東京を実現するためには、都市再生を推進する中で、良好な景観を形成していくことが不可欠」として、都心部の機能更新の機会をとらえて、美しい都市景観をつくり出していくことが重要としている。また、上記④の景観法の活用については、景観法制定以前に自主条例として定めた景観条例は景観の規制・誘導策に法的強制力がないという課題を指摘し、景観法が1つの行政区域において都道府県か区市町村のどちらか一方のみが景観行政団体となって景観法に基づく施策を実施する仕組みとなっていることから、「都と区市町村は、ともに施策を効果的に行えるよう、景観法の活用について協議・調整する必要」があるとしている。

　上記答申は、今後の施策の方向性として、具体的に取り組むべき4つの施策分野を提言している。すなわち、①美しさと風格を備えた都市空間の形成、②歴史・文化の継承と観光資源としての活用、③景観の骨格となる緑や水辺の保全・再生、④公共事業等と連携した地域の景観づくりの4つである。

　上記①の美しさと風格を備えた都市空間の形成については、「首都東京を代表する建造物の眺望の保全」として、国会議事堂や神宮外苑絵画館など首都東京の象徴性を意図してつくられた建造物を中心とした眺望が、超高層建築物などにより妨げられることがないよう、建築活動の自由とのバランスを考慮しつつ、建造物の周辺で計画される建築物を適切に誘導することが必要

としている。また、上記②の歴史・文化の継承と観光資源としての活用については、「文化財庭園等の周辺の景観誘導」として、皇居周辺の大規模な緑地や江戸時代を中心につくられた庭園等の周辺における建築行為等に対し、庭園を鑑賞するうえで重要な眺望地点からの見え方について配慮を求めることが必要で、景観条例や屋外広告物条例を活用して、庭園内から見て、その周辺を含めた景観を将来にわたって保全していくことが望まれるとしている。

東京都は、景観審議会の上記答申を受けて、2006年（平成18年）10月に東京都景観条例を全面的に改正し、2007年3月に東京都景観計画を策定した。改正後の景観条例と景観計画は、同年4月1日から施行されている。この景観条例の改正と景観計画の策定については、項を改めて説明する。なお、景観計画はその施行後、2008年4月、同年7月、2009年4月に改定され、後述する景観形成特別地区の追加が行われている。

II 景観条例の改正

1 景観法に関する改正——委任条例への「衣替え」

2006年（平成18年）10月に全面改正された東京都景観条例では、知事は、景観計画区域内において、「景観基本軸」と「景観形成特別地区」を定めることができるとされた（景観条例8条1項）。前者の景観基本軸とは、「次に掲げる特徴的な景観が連続する地域のうち、東京における良好な景観の形成を推進する上で、特に重点的に取り組む必要がある二以上の区市町村にまたがる地区」である（同条2項）。

> ① 河川、上水、運河又は海に沿った地域
> ② 山地、丘陵地又は崖線に沿った地域
> ③ 道路、鉄道等の交通施設に沿った地域

後者の景観形成特別地区とは、「次に掲げる景観資源を含む地域のうち、

東京における良好な景観の形成を推進する上で、特に重点的に取り組む必要がある地区」である（同条例8条3項）。

①　文化財庭園など歴史的価値の高い施設及びその周辺地域
②　水辺の周辺など観光振興を図る上で特に重要な地域
③　上記①②に掲げるもののほか、別に知事の定める地域

そして、景観基本軸と景観形成特別地区における良好な景観の形成のための行為の制限に関する事項（景観法8条2項3号）は、景観基本軸又は景観形成特別地区ごとに定めることができるものとされた（景観条例8条4項）。景観基本軸と景観形成特別地区は景観計画で具体的に定められているため、その詳細は後記Ⅲで紹介する。

また、東京都景観条例は、その第3章第1節において、景観法16条1項に基づく届出を要する行為や同法17条1項に基づく変更命令の対象となる特定届出対象行為等を定めて、景観法に基づく委任事項を定めた。この改正によって、1997年（平成9年）に制定された東京都景観条例は景観法に基づく委任条例へと「衣替え」されたのである。

2　東京都独自の制度の創設——事前協議制度

東京都は、2006年（平成18年）に東京都景観条例を全面的に改正して景観法に基づく委任事項を定めたほか、景観法とは別の都独自の制度として、大規模建築物等の建築等に関する事前協議の制度を創設した。平成18年改正前の景観条例においても大規模建築物等に関する届出制度が定められていたが、改正前の届出制度は「事業着手の30日前」に計画を届け出ることになっており、その時点では建築物の高さや壁面の位置、公開空地の形状等がすでに定められていて、届出時点の協議で建築物の形態やデザインの変更を行うことが事実上困難という問題点があった。

そのため、事業の企画・提案など計画の早い段階から景観形成の方針等を示し、事業者との間で景観を含む協議を行うことでまちなみと調和した質の

高い計画による円滑な事業化を図ることをめざして、2006年（平成18年）の改正によって事前協議の制度が創設された。つまり、特定街区や総合設計などの都市開発制度を適用する大規模な建築物については、周辺の景観に与える影響が大きいことから、その事業化にあわせて良好な景観形成に資するよう計画を適切に誘導するための事前協議を行うことにしたのである。事前協議の対象と協議の時期を整理すると、<chart 32><chart 33>のとおりである。

<chart 32>　事前協議の対象（東京都景観条例20条・2条5号、施行規則4条2項）

① 都市計画法8条1項3号の高度利用地区
② 都市計画法8条1項4号の特定街区
③ 都市計画法8条1項4号の2の都市再生特別地区
④ 都市計画法12条1項4号の市街地再開発事業
⑤ 都市計画法12条の5第3項の再開発等促進区を定める地区計画
⑥ 建築基準法59条の2第1項に規定する敷地内に広い空地を有する建築物の容積率等の特例、同法86条3項若しくは4項に規定する一の敷地とみなすこと等による制限の緩和又は同法86条の2第2項若しくは3項の規定に基づく一敷地内認定建築物若しくは一敷地内許可建築物以外の建築物の建築に関する特例
⑦ 上記①～⑥に掲げるもののほか、知事が良好な景観の形成に必要と認める事業で規則に定める次のもの
　ⓐ 都市計画法8条1項2号の3の特例容積率適用地区において、建築基準法57条の2の規定による建築物の容積率の特例を適用して行われる事業
　ⓑ 民間資金等の活用による公共施設等の整備等の促進に関する法律（PFI法）6条の規定により都が選定した特定事業のうち、景観基本軸及び景観形成特別地区内で行われるもの
　ⓒ 民間資金等の活用による公共施設等の整備等の促進に関する法律（PFI法）に類する手法により都が実施する事業のうち、景観基本軸及び景観形成特別地区内で行われるもの
　ⓓ 大規模建築物等景観形成指針で知事が必要と認める事業（たとえば鉄道駅構内等開発計画など）

<chart 33> 事前協議の時期

市街地再開発事業及び高度利用地区	民間開発課連絡調整会議の30日前まで
特定街区	東京都特定街区運用基準に基づく申出書提出の30日前まで
都市再生特別地区	都市再生特別措置法37条に基づく都市計画提案の30日前まで
再開発等促進区	東京都再開発等促進区を定める地区計画運用基準に基づく企画提案書提出の30日前まで
総合設計	許可申請の30日前まで
特例容積率適用地区	特例容積率の限度の指定の申請の30日前まで
PFI法に基づく事業 PFI法的手法に基づく事業（景観基本軸及び景観形成特別地区内に限る）	業務要求水準書（案）を策定する前まで
鉄道駅構内等開発計画	鉄道駅構内等開発計画に関する指導基準に基づく検討委員会の30日前まで

Ⅲ 景観計画の策定

1 東京都景観計画における景観計画区域

　東京都は2007年3月に、都全域を景観計画区域とする景観計画を策定した。東京都が都全域を対象としたのは、東京ではまちなみが連担していることに加えて、丘陵地の緑の保全や河川沿いの景観形成、眺望の保全など、区市町村の行政界を越えて調和のとれた規制誘導を行っていく必要があるためである。

　しかし、都全域という広大な面積を景観計画区域として一括して規制する

第7章　景観政策の新たな展開——攻めの景観条例へ

ことは現実的でないうえ、東京都の中には、特に景観構造の主要な骨格となっている地域や、共通の景観特性を有し、一定の広がりをもった地域がある。そのため、都全域を対象とする景観計画区域を区分し、その区分した地区ごとに個別の方針や基準が定められた。具体的には、1997年（平成9年）に制定された景観条例に基づいて区域を指定して景観誘導が行われてきた「景観基本軸」を景観計画でも継承し、また、文化財庭園等や水辺の周辺などの良好な景観形成を推進するうえで特に重点的に取り組む必要がある地区を「景観形成特別地区」として新たに創設した（なお、平成18年改正後の景観条例における景観基本軸と景観形成特別地区の定義については前記Ⅱ1で述べたとおり）。東京都景観計画の景観計画区域の区分を整理すると、<chart 34>のとおりである。

2　景観基本軸

　東京都は、すでに2004年の都市景観マスタープランで11の地域を景観基本軸として設定していた。また、うち6軸については1997年（平成9年）の景観条例で具体的な区域を指定したうえで、それぞれの区域における「景観づくりの方針」と「景観づくり基準」を定め、一定規模以上の建築物の建築等に対する届出制度によって景観誘導を行ってきた。そして、新たな景観計画においては、これらの基本景観軸の設定や具体的な区域の指定、各区域について定められた方針や基準等が原則として承継され、具体的な区域が指定さ

<chart 34>　景観計画区域の区分

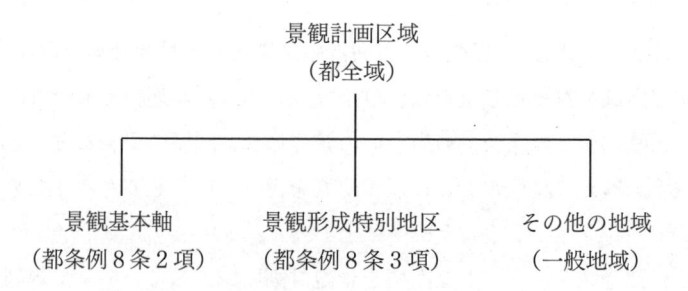

```
                景観計画区域
                 （都全域）
    ┌───────────────┼───────────────┐
 景観基本軸      景観形成特別地区    その他の地域
（都条例8条2項） （都条例8条3項）   （一般地域）
```

れた6軸の景観基本軸ごとに、①基本軸区域（対象範囲）、②景観特性、③景観形成の目標、④景観形成の方針、⑤良好な景観形成のための行為の制限に関する事項が定められた。

このうち上記⑤の行為の制限に関する事項が重要で、それぞれの景観基本軸の区域に応じ、建築物の建築や工作物の建設、開発行為等に関する景観法に基づく届出の対象となる行為の種類や規模、景観形成基準が定められた。

また、具体的な区域指定等が行われていない景観基本軸については、それらの景観基本軸が「東京を特徴付ける景観が連続している地域」を対象としているため、景観形成の要素として役割を強めていくことが重要とされ、「今後とも、都及び区市町村が行う景観施策の中にその理念が引き継がれ、具体的な施策に反映されていくように、関係する区市町村と連携・協力していく」とされた。これによって今後、すでに区域指定された6軸以外の景観基本軸についても、具体的な区域の指定等が進められる可能性がある。東京都が景観計画で承継した11の景観基本軸を整理すると、<chart 35>のとおりである。

3 景観形成特別地区

(1) 景観形成特別地区とは

前述した景観基本軸は、東京全体の景観の中で景観構造の主要な骨格となる「軸」状の空間である。これに対し、都内において国や都が文化財保護法等によって特別名勝や重要文化財に指定した文化財庭園や歴史的な施設といった「点」としての景観要素を有する地域や、他とは性格の異なる景観や観光資源を有する一定の広がりのある地域がある。これらの地域の景観特性を際立たせ、その周辺を含むまとまりのある景観形成を推進することは都市空間の質や魅力の向上につながり、東京都の「都市のアイデンティティ」を高めるうえでも重要である。

そこで東京都は、景観計画においてこのような地域及びその周辺を景観形成特別地区として指定し、景観形成の方針や基準を定めて、一定規模以上の建築物等に対する景観誘導や屋外広告物の表示についての基準を定めた。

第7章 景観政策の新たな展開——攻めの景観条例へ

<chart 35> 景観基本軸

		区　域　指　定
下町水網軸	東京都東部地域を網目状に走る掘割や運河、水路などから成り立つ軸	—
隅田川軸	東京を代表する河川である隅田川を中心とした軸	隅田川景観基本軸 (平成11年4月22日告示)
南北崖線軸	城北から都心を通り城南に至る武蔵野台地東端の崖線に沿った緑の多い軸	—
都心東西軸	新宿・渋谷から皇居を通り隅田川に至る首都を象徴する施設や公園が集積する軸	—
臨海軸	葛西から羽田を弧状につなぐ、東京湾奥部・東京港の水際線となっている軸	臨海景観基本軸 (平成12年7月3日告示)
玉川上水・神田川軸	多摩川から東西方向に武蔵野を抜け、隅田川に至る東京の背骨のような軸	玉川上水景観基本軸 (平成11年12月1日告示)
		神田川景観基本軸 (平成12年7月3日告示)
多摩川・国分寺崖線軸	多摩川沿いの多摩川崖線、国分寺崖線及び立川（府中）崖線を中心とする東京の東西方向の骨格となる軸	国分寺崖線景観基本軸 (平成13年5月1日告示)
武蔵野軸	区部と多摩部の境界に沿って雑木林や農地、湧水池の多い地帯を通る南北の軸	—
丘陵地軸	東京の西側の山地から台地に突き出した緑豊かな丘陵地の軸	丘陵地景観基本軸 (平成11年12月1日告示)
山岳軸	ほぼ全域が秩父多摩甲斐国立公園に含まれ、豊かな自然と稜線が美しい軸	—
島しょ軸	多様な地質・地形の変化に富む伊豆諸島、小笠原諸島の島々から成り立つ軸	—

2009年4月改定後の景観計画で定めた景観形成特別地区は文化財庭園等景観形成特別地区、水辺景観形成特別地区、小笠原（父島二見港周辺）景観形成特別地区であり、それぞれの景観形成特別地区について、①対象区域、②対象とする地域の特徴、③景観形成の目標、④景観形成の方針、⑤良好な景観の形成のための行為の制限に関する事項が定められている。

(2) 文化財庭園等景観形成特別地区の対象とされた庭園

このような景観形成特別地区のうち、文化財庭園等の周辺を「文化財庭園等景観形成特別地区」として指定し、建築物の建築等を規制したことが東京都景観計画の特徴である。景観計画で文化財庭園等景観形成特別地区の対象とされた庭園等を整理すると、<chart 36>のとおりである。

(3) 文化財庭園等景観形成特別地区における建築物の建築等に関する景観形成基準

文化財庭園等景観形成特別地区の対象区域は、各庭園の外周線から概ね100mから300mの範囲とされた。これは要するに、建築物等のスカイラインや色彩、屋上広告物等が、庭園からの眺望の一部として認識されうる範囲である。同地区の景観形成の目標は、国際的な観光資源としてふさわしい庭園からの眺望景観を保全し、歴史的・文化的景観を次世代に継承することとされ、景観形成の方針は、①庭園内からの眺望を阻害しない周辺景観の誘導、②屋外広告物の規制による景観保全とされた。そして、文化財庭園等景観形成特別地区において建築物の建築等又は工作物の建設等の行為をしようとする者は、あらかじめ景観法及び東京都景観条例に基づく知事に対する届出が義務づけられた。

建築物の建築等について届出の対象となる行為は、建築物の新築、増築、改築若しくは移転、外観を変更することとなる修繕若しくは模様替又は色彩の変更とされ、届出の規模は高さ20m以上とされた。そして、景観形成基準として、建築物の高さ・規模は、庭園の内部の主要な眺望点からの見え方をシミュレーションし、庭園からの眺望を阻害する高さや規模とならないように配慮することが定められ、庭園外周部と隣接している敷地においては、庭

385

第 7 章　景観政策の新たな展開——攻めの景観条例へ

園外周部の樹木の高さを著しく超えることのないよう計画することが定められた。文化財庭園等景観形成特別地区における建築物の建築等に関する景観形成基準は、<chart 37>のとおりである。

(4) 文化財庭園等景観形成特別地区における屋外広告物の表示等の制限

また東京都は、景観計画で屋外広告の表示等の制限（景観法 8 条 2 項 4 号イ）

<chart 36>　文化財庭園等景観形成特別地区

		景観形成特別地区の指定
浜離宮恩賜庭園（中央区）	国指定　特別名勝、特別史跡	浜離宮・旧芝離宮庭園景観形成特別地区（2007年4月の制定当初に指定）
旧芝離宮恩賜庭園（港区）	国指定　名勝	
新宿御苑（新宿区・渋谷区）	国民公園	新宿御苑景観形成特別地区（2007年4月の制定当初に指定）
小石川後楽園（文京区）	国指定　特別史跡、特別名勝	小石川後楽園景観形成特別地区（2008年4月の改定で追加）
六義園（文京区）	国指定　特別名勝	六義園景観形成特別地区（2008年4月の改定で追加）
旧岩崎邸庭園（台東区）	重要文化財	旧岩崎邸庭園景観形成特別地区（2008年4月の改定で追加）
向島百花園（墨田区）	国指定　名勝、史跡	—
旧安田庭園（墨田区）	都指定　名勝	—
清澄庭園（江東区）	都指定　名勝	清澄庭園景観形成特別地区（2007年4月の制定当初に指定）
旧古河庭園（北区）	国指定　名勝	旧古河庭園景観形成特別地区（2008年4月の改定で追加）
殿ヶ谷戸庭園（国分寺市）	都指定　名勝	—

<chart 37> 建築物の建築等の景観形成基準

配置	・隣地間隔や隣棟間隔を十分確保し、庭園からの眺望の開放感を阻害しないようにする。また、周辺の街並みに配慮した配置とする。 ・敷地内に庭園の築造と関係のある歴史的に重要な遺構や残すべき自然などがある場合は、これらを活かした建築物の配置とする。
高さ・規模	・庭園内部の主要な眺望点からの見え方をシミュレーションし、庭園からの眺望を阻害する高さや規模とならないように配慮する。 ・庭園外周部と隣接している敷地においては、庭園外周部の樹木の高さを著しく超えることのないよう計画する。
形態・意匠・色彩	・色彩は、別表2（※）の色彩基準に適合するとともに、周辺景観と調和を図る。 ・建築物全体及び隣接する建築物等との形態のバランスを検討し、特に庭園景観の背景としてふさわしい落ち着いた意匠とする。 ・長大な壁面を生じさせないようにし、壁面を分割するなど、庭園からの眺望に対して、圧迫感を感じさせないようにする。 ・建築物に附帯する構造物や設備等は、建築物本体と調和を図り、庭園からの眺望を阻害しないものとする。 ・建築物の外装材は、反射素材などの庭園からの眺望を阻害する素材の使用は避ける。屋根、屋上に設備がある場合、庭園側に露出させないようにする。 ・バルコニーや設備などは、建築物本体との調和を図る。 ・窓面の内側から広告物等を庭園に向けて表示しない。

（※）別表2（抜粋）
・外壁基本色（外壁各面の4/5はこの範囲から選択）

色相	明度	彩度
0R～4.9YR	4以上8.5未満の場合	4以下
	8.5以上の場合	1.5以下
5.0YR～5.0Y	4以上8.5未満の場合	6以下
	8.5以上の場合	2以下
その他	4以上8.5未満の場合	2以下
	8.5以上の場合	1以下

- 強調色（外壁各面の1/5以下で使用可能）

色　相	明　度	彩　度
0R ～ 4.9YR	—	4以下
5.0YR ～ 5.0Y	—	6以下
その他	—	2以下

- 屋根色（勾配屋根）

色　相	明　度	彩　度
5.0YR ～ 5.0Y	6以下	4以下
その他		2以下

- 考え方：外壁の大部分については、各庭園の豊かな緑を生かした景観の形成を図るため、庭園の緑の彩度程度を上限とする（夏季の一般的な樹木の緑の彩度が6程度である）。屋根を設ける場合は、庭園の緑から突出しないよう明度や彩度を抑えた色彩を用いることとする。

を定めた。その詳細は第6編第4章で述べたとおりであるが、文化財庭園等景観形成特別地区の区域内で、かつ地盤面から20m以上の部分については、建物の屋上に広告物を設置することが禁止され、建物壁面の広告物につき光源を使用することを禁止したほか、広告物の色彩についても制限が設けられた。

Ⅳ　景観計画にみる東京都の「意気込み」

　わが国の首都である東京都は、戦後の復興期はもちろん、その後の高度経済成長期においても常に日本を牽引してきた。また、いつの時代においてもヒトとカネとモノが集まり、政治、経済、社会の各方面における機能が集積する大都市として発展してきた。ところが、経済的には大きく発展してきた一方で、自然や歴史を感じさせるまちなみの減少を招くなど、江戸開府以来築かれてきた貴重な都市の蓄積を次々と失った。そして、多くの商業地では、建築物の形態や色彩にまちなみとしての統一感がなく、原色の屋外広告物が氾濫し雑然としており、住宅地では縦横に張りめぐらされた電線類が景観を

阻害しているというのが、首都・東京都の今の姿である。

　そのような現状認識の上に東京都は、景観計画の序章において、現在の東京が「拡大・成長のステージを経て、都市としての成熟期を迎えている」と位置づけたうえで、「これからの東京の都市づくりでは、かつて、国外からの来訪者が賞賛したような美しい景観を取り戻すとともに、成熟した都市にふさわしい落ち着きや風格、新しい魅力を創出していかなければならない」との決意を述べ、前述のような内容の景観計画を定めた。これを見れば、東京都が良好な景観の形成・保全という政策課題と真剣に向き合い、首都として風格のある景観をつくり出そうとする意気込みの強さがよくわかる。

　このような東京都の取組みは、都市再生を推進するとともに良好な景観の形成を進めるもので、京都市のように歴史的な建造物や遺産を中心とする古都の景観を保全するための（新）景観政策とはまた別のベクトルをもった新景観政策として、大いに注目される。

第7章 景観政策の新たな展開——攻めの景観条例へ

第3節　芦屋市の新景観政策

I　市全域を景観地区に指定

1　芦屋市とは

　谷崎潤一郎の小説『細雪』の舞台として知られる兵庫県芦屋市は、兵庫県南東部に位置し、緑ゆたかな六甲山から瀬戸内海に向けて南へ緩やかに傾斜した地形を有している。大阪市と神戸市のほぼ中間に位置し、山の手には阪神間の著名人や事業家によって多くの豪邸が建築されていることから高級住宅地として有名で、瀬戸内海や芦屋川、六甲山等の恵まれた自然を背景とする優れた景観に恵まれた住宅地として発展してきた。住友不動産や大京、東急不動産などのマンション分譲業者の大手8社が共同で運営するマンション情報サイト「メジャーセブン」が2011年9月に実施した「住んでみたい街アンケート」においても、関西圏で7年連続1位となっている。

　また、2007年（平成19年）にはたばこの吸殻や空き缶のポイ捨て、犬のふんの放置禁止などを規制する「市民マナー条例」（正式名称は「芦屋市清潔で安全・快適な生活環境の確保に関する条例」）を制定・施行するなど、芦屋市ではまちの美観や景観の向上に対する行政の意識が高い。

　ちなみに、この市民マナー条例については、2010年9月に芦屋川全域の河川敷でバーベキューを禁止する方針が決定されたとのことである（2010年9月9日付け読売新聞）。庶民の安上がりなレジャーとして人気があるバーベキューに対する規制の取組みは、他にも川崎市が多摩川河川敷でバーベキュー有料化の社会実験を行っているが、その観点は主に迷惑行為の禁止やマナーの向上にある。しかし芦屋市による規制は、きちんと後始末をするなどのマナーを守ればよいというものではなく、河川敷に人が集まって肉を焼く行為そのものや目に見えないバーベキューのにおいと煙がまちの美観を損

第3節　芦屋市の新景観政策

ねることを理由として、バーベキューそのものを禁止するものである。

　このように、まちの美観や景観の保全を目的としてバーベキューを全面的に禁止する取組みは全国的にも珍しい。テレビのニュースでも取り上げられるなど世間の注目を集めているが、その取組みには当然賛否両論がほぼ均衡している。芦屋市における上記条例改正の動向を見守るとともに、同様の規制が今後他の自治体でも広がるか、その展開に注目したい。

2　芦屋市による景観地区の指定

　芦屋市は、1996年（平成8年）に自主条例としての芦屋市都市景観条例（平成8年芦屋市条例第21号）を制定し、同条例に基づき大規模建築物等の届出制度を創設して、計画に対し助言や指導を行い、景観に大きく影響を与える建築物等については、景観アドバイザー会議で個別に事業者や設計者と協議を行う等により都市景観の向上を図ってきた。しかし、上記制度に基づく助言・指導・協議は法的拘束力のない行政指導にすぎないため、景観アドバイザー会議における協議の内容が遵守されないケースも生じていた。また、土地の細分化やマンション開発により、周辺環境に合致しない建築物の建築によって既存の良好な景観が失われつつあるというのが実態であった。

　そこで芦屋市は、従来の景観誘導施策の実効性を高め、市民・事業者・行政の協力により芦屋らしい個性と風格のある美しい景観を守り、優れた景観の創出を実現するため、2009年7月1日、市全域を景観法61条に基づく景観地区に指定する「芦屋景観地区」の都市計画決定をした。景観地区における建築規制については本書第5編第1章において解説したとおりであり、芦屋景観地区の内容とその画期性については後記Ⅱにおいて述べるが、この芦屋景観地区の都市計画決定によって、2009年7月1日以降芦屋市内において戸建て住宅を含む全ての建築物の建築等を行う場合には、建築基準法に基づく建築確認や都市計画法に基づく開発許可等の手続とは別に、新たに景観法に基づく計画認定の手続が必要となった。

391

II 芦屋景観地区の内容

1 建築物の形態意匠の制限

　芦屋景観地区は芦屋市の全域を対象としているため、芦屋市内で建築物の新築、増築、改築若しくは移転、外観を変更することとなる修繕若しくは模様替又は色彩の変更をしようとする者は、あらかじめその計画が「都市計画に定められた建築物の形態意匠の制限に適合するものでなければなら」ず（景観法62条）、その適合することについて市長の認定を受けなければならない（同法63条1項。なお芦屋市は、建築物だけでなく、条例で「認定を要する工作物」として定められた一定の工作物についても、同様の認定手続を義務づけている。この点については後記2で説明する）。

　そして、芦屋景観地区が定める建築物の形態意匠の制限は、「一般基準」と「項目別基準」の二段構えとなっている。前者の一般基準は全ての建築物に適用される抽象的な基準であり、後者の項目別基準は建築物の規模に応じて適用される個別具体的な基準である。すなわち項目別基準は、一定規模以上の大規模建築物につき、①位置・規模、②屋根・壁面、③外壁や屋根の色彩、④壁面設備・屋上設備、⑤建築物に付属する施設、⑥通り外観の形態意匠の制限を定め、その他の建築物（戸建て住宅や小規模住宅等）については外壁や屋根の色彩基準のみを定めている。芦屋景観地区における建築物の形態意匠の制限の内容を整理すると、<chart 38><chart 39>のとおりである。

2 工作物の形態意匠の制限

　景観法は、景観地区に関する都市計画には「建築物の形態意匠の制限」を必ず定めるものとしている（景観法61条2項1号）。これに対し、工作物の形態意匠の制限については、市町村が、政令で定める基準に従い、条例で定めることにより、必要な規制を定めることができる（同法72条1項）。そして芦屋市は、市全域に景観地区に関する都市計画を定めるのにあわせて、2009年

第3節 芦屋市の新景観政策

<chart 38> 建築物の形態意匠の制限の内容

一般基準	全ての建築物	① 緑ゆたかな美しい芦屋の景観を目指し、建築物の外観や形態意匠は、芦屋らしい景観の基本となっている自然環境や歴史的資産との一体性や地域ごとの景観特性を考慮し、周辺の街並みや界隈とのかかわり状況、敷地内の位置、建築物の規模、意匠、材料及び色彩について、隣接する相互間で調整され、地域全体として調和し、景観の向上に資するものとする。 ② 緑ゆたかな美しいまちづくりには、樹木草花の存在が欠かすことができない。そのため、潤いのある生活環境の創造に寄与するように、壁面緑化や屋上緑化を含め、建築物及び駐車場など建築物に附属する施設と緑化デザインが一体となった緑ゆたかな美しい景観の形成を図るものとする。
項目別基準	大規模建築物	位置・規模	① 芦屋の景観を特徴づける山・海などへの眺めを損ねない配置、規模及び形態とすること。 ② 現存する景観資源を可能な限り活かした配置、規模及び形態とすること。 ③ 周辺の景観と調和した建築スケールとし、通りや周辺との連続性を維持し、形成するような配置、規模及び形態とすること。
		屋根・壁面	① 主要な材料は、周辺の景観との調和に配慮し、見苦しくならないものを用いること。 ② 壁面の意匠は、周辺の景観と調和するように、見えがかり上のボリューム感を軽減すること。 ③ 通りや周辺で共通の要素を有しているところでは、連続性が維持される意匠とすること。 ④ 側面や背面の意匠についても、周辺の景観と調和したものとすること。
		色彩 外壁	① 芦屋の景観色を念頭に、高明度及び低彩度を基本とし、周辺の景観との調和に配慮したけばけばしくない配色とすること。特に、建物の大部分を占める外壁

		の基調色の彩度については、地域に多く用いられている色彩との調和を図り、明度5以上の明るめの色調とし、かつ、マンセル値で次の数値を満たすこと。 ⓐ　R（赤）、YR（橙）系の色相を使用する場合は、彩度4以下 ⓑ　Y（黄）系の色相を使用する場合は、彩度3以下 ⓒ　その他の色相を使用する場合は、彩度2以下 ②　上記にかかわらず、アクセントとなるポイントや商業・業務地区の低層部分などでは、色彩の演出に工夫する。また、高層建築の中高層部分は、特に低彩度とすること。
	屋根	①　基調となる色は、けばけばしくならない配色とすること。 ②　明度及び彩度については、外壁色と調和したものとすること。
壁面設備・屋上設備		塔屋並びに外壁、屋根及び屋上に設置する設備は、周囲から見えないよう工夫し、露出する場合は、建築物と調和した意匠とすること。
建築物に附属する施設		建築物に附属する駐車場、駐輪場、屋外階段、ベランダ、ゴミ置場等は、建築物及び周辺の景観と調和した意匠とすること。特に駐車場は、自動車が周囲から見えないようにし、緑化等の工夫をすること。
通り外観		①　前面空地、エントランス周り、駐車場アプローチなどの接道部は、建築物と一体的に配置し、及びしつらえるとともに、材料の工夫を行い、落ち着きのある外観意匠とすること。 ②　十分な修景植栽を施すことにより、緑ゆたかな外観意匠とすること。 ③　建築物に附属する塀、柵等の囲障は、植栽計画と一体となった意匠とすること。 ④　建築物に附属する擁壁等は、自然素材の仕様や植栽

			との組合せ等周辺の景観と調和した意匠とすること。 ⑤　建築物が街角に立つ場合には、街角を意識した意匠とすること。
その他の建築物	色彩	外壁	芦屋の景観色を念頭に、高明度及び低彩度を基本とし、周辺の景観との調和に配慮したけばけばしくない配色とすること。特に建物の大部分を占める外壁の基調色の彩度については、地域に多く用いられている色彩との調和を図り、マンセル値で次の数値を満たすこと。 　ⓐ　R（赤）、YR（橙）系の色相を使用する場合は、彩度6以下 　ⓑ　Y（黄）系の色相を使用する場合は、彩度4以下 　ⓒ　その他の色相を使用する場合は、彩度2以下
		屋根	①　基調となる色は、けばけばしくならない配色に努める。 ②　明度及び彩度については、外壁色と調和したものとすること。

<chart 39>　大規模建築物

大規模建築物	①　第一種低層住居専用地域及び第二種低層住居専用地域にあっては、高さ8mを超え、かつ、延べ面積が500㎡を超えるもの ②　第一種低層住居専用地域及び第二種低層住居専用地域を除くその他の地域にあっては、高さ10mを超え、かつ、延べ面積が500㎡を超えるもの
その他の建築物	上記以外の建築物

　3月に芦屋市都市景観条例の全部を改正し、一定の工作物に対する形態意匠の制限を定めて建築物の形態意匠の制限に関する市長の認定制度と同様の認定手続を定めた（この条例改正については後記Ⅲにおいて説明する）。つまり、芦屋景観地区内における認定を要する工作物（認定工作物）の形態意匠は、同条例が定める基準に適合するものでなければならず（芦屋市都市景観条例

395

14条)、芦屋市内で認定工作物の建設等をしようとする者は、その適合することについて市長の認定を受けなければならない(同条例15条)。

　そして、芦屋景観地区内における認定工作物の形態意匠の制限は、前記1の建築物と同様、全ての認定工作物に適用される抽象的な「一般基準」と認定工作物の種類に応じて適用される個別具体的な「項目別基準」の二段構えとなっている。認定工作物の形態意匠の一般基準は前記1の建築物の一般基準と同内容であるため、結果としてこの一般基準は、芦屋市内の全ての建築物及び認定工作物について適用されることになる。芦屋市都市景観条例に基づく認定工作物とその形態意匠の制限の項目別基準を整理すると、<chart 40><chart 41>のとおりである。

<chart 40>　認定工作物(芦屋市都市景観条例2条2項5号、別表第1)

①	幅員10mを超える道路
②	面積2500㎡を超える公園
③	高架道路、高架鉄道、横断歩道橋、こ線橋その他これらに類するもの
④	橋りょうその他これに類するもので幅員10mを超え、又はその延長が30mを超えるもの
⑤	立体駐車場で築造面積500㎡を超えるもの
⑥	鉄筋コンクリート造の柱、鉄柱、木柱その他これらに類するもの(※1)で高さ15mを超えるもの
⑦	高架水槽で高さ10mを超えるもの
⑧	煙突で高さ10mを超えるもの
⑨	装飾塔、記念塔、物見塔、電波塔その他これらに類するもので高さ10mを超えるもの
⑩	大規模建築物に附属する垣、さく、塀、門その他これらに類するもの
⑪	大規模建築物に附属する擁壁
⑫	大規模建築物に附属する擁壁以外の擁壁で高さ2mを超えるもの
⑬	大規模建築物に附属する日よけその他これに類するもの
⑭	アンテナで高さ10mを超えるもの(※2)
⑮	乗用エレベーター又はエスカレーターで観光のためのもので高さ10mを超えるもの

⑯	メリーゴーランド、観覧車、飛行塔、コースター、ウォーターシュートその他これらに類する遊技施設で高さ10mを超えるもの
⑰	石油、ガス、LPG、穀物、飼料、肥料、セメントその他これらに類するものを貯蔵する施設で高さ10mを超えるもの
※1　旗ざお並びに架空電線路用並びに電気事業法2条1項10号の電気事業者及び同項12号の卸供給事業者の保安通信設備用のものを除く。	
※2　建築物と一体となって設置される場合は、高さ4mを超え、かつ、建築物等の高さとの合計が10mを超えるもの	

<chart 41>　認定工作物の形態意匠の制限の項目別基準（芦屋市都市景観条例14条、別表第2）

① 立体駐車場 ② 高架水槽 ③ 装飾塔、記念塔、物見塔、電波塔その他これらに類するもの ④ 乗用エレベーター又はエスカレーターで観光のためのもの ⑤ メリーゴーランド、観覧車、飛行塔、コースター、ウォーターシュートその他これらに類する遊技施設 ⑥ 石油、ガス、LPG、穀物、飼料、肥料、セメントその他これらに類するものを貯蔵する施設	
位置・規模	① 芦屋の景観を特徴づける山・海などへの眺めを損ねない配置、規模及び形態とすること。 ② 現存する景観資源を可能な限り活かした配置、規模及び形態とすること。 ③ 周辺の景観と調和したスケールとし、通りや周辺との連続性を維持し、形成するような配置、規模及び形態とすること。
外観意匠	① 主要な材料は周辺の景観との調和に配慮し、見苦しくならないものを用いること。 ② 周辺の景観と調和するよう、見えがかり上のボリューム感を軽減すること。 ③ 通りや周辺で共通の要素を有しているところでは、連続性が維持される意匠とすること。

	④　側面や背面についても、意匠は周辺の景観と調和したものとすること。
屋外設備	屋外に設置する設備は、周囲から見えないよう工夫し、露出する場合は工作物と調和した意匠とすること。
通り外観	①　前面空地、駐車場アプローチなど接道部は、工作物と一体的に配置やしつらえ、材料の工夫を行い、落ち着きのある外観意匠とすること。 ②　十分な修景植栽を施すことにより、緑豊かな外観とすること。 ③　街角に立つ場合には、街角を意識した意匠とすること。
色　彩	芦屋の景観色を念頭に、低彩度を基本とし、周辺の景観との調和に配慮したけばけばしくない配色とすること。特に工作物の大部分を占める基調色の彩度については、地域に多く用いられている色彩との調和を図り、マンセル値で次を満たすこと。 ①　R（赤）、YR（橙）系の色相を使用する場合は、彩度4以下 ②　Y（黄）系の色相を使用する場合は、彩度3以下 ③　その他の色相を使用する場合は、彩度2以下
⑦　鉄筋コンクリート造の柱、鉄柱、木柱その他これらに類するもの ⑧　煙突	
位置・規模	①　芦屋の景観を特徴づける山・海などへの眺めを損ねない配置、規模及び形態とすること。 ②　現存する景観資源を可能な限り活かした配置、規模及び形態とすること。 ③　周辺の景観と調和したスケールとし、通りや周辺との連続性を維持し、形成するような配置、規模及び形態とすること。
外観意匠	主要な材料は周辺の景観との調和に配慮し、見苦しくならないものを用いること。
屋外設備	屋外に設置する設備は、周囲から見えないよう工夫し、露出する場合は工作物と調和した意匠とすること。
色　彩	芦屋の景観色を念頭に、低彩度を基本とし、周辺の景観との調和に配慮したけばけばしくない配色とすること。特に工作物の大部分を占める基調色の彩度については、地域に多く用いられている

	色彩との調和を図り、マンセル値で次を満たすこと。 ① R（赤）、YR（橙）系の色相を使用する場合は、彩度4以下 ② Y（黄）系の色相を使用する場合は、彩度3以下 ③ その他の色相を使用する場合は、彩度2以下
⑨ 大規模建築物に附属する垣、さく、塀、門その他これらに類するもの	
位置・規模	① 現存する景観資源を可能な限り活かした配置、規模及び形態とすること。 ② 周辺の景観と調和したスケールとし、通りや周辺との連続性を維持し、形成するような配置、規模及び形態とすること。
外観意匠	① 主要な材料は周辺の景観との調和に配慮し、見苦しくならないものを用いること。 ② 通りや周辺で共通の要素を有しているところでは、連続性が維持される意匠とすること。
通り外観	塀・柵等の囲障は、植栽計画と一体となった意匠とすること。
色　彩	芦屋の景観色を念頭に低彩度を基本とし、周辺の景観との調和に配慮したけばけばしくない配色とすること。特に、工作物の大部分を占める基調色の彩度については、地域に多く用いられている色彩との調和を図りマンセル値で次を満たすこと。 ① R（赤）、YR（橙）系の色相を使用する場合は、彩度4以下 ② Y（黄）系の色相を使用する場合は、彩度3以下 ③ その他の色相を使用する場合は、彩度2以下
⑩ 大規模建築物に附属する擁壁 ⑪ 大規模建築物に附属する擁壁以外の擁壁	
位置・規模	① 現存する景観資源を可能な限り活かした配置、規模及び形態とすること。 ② 周辺の景観と調和したスケールとし、通りや周辺との連続性を維持し、形成するような配置、規模及び形態とすること。
外観意匠	① 主要な材料は周辺の景観との調和に配慮し、見苦しくならないものを用いること。 ② 周辺の景観と調和するよう、見えがかり上のボリューム感を

	軽減すること。 ③ 通りや周辺で共通の要素を有しているところでは、連続性が維持される意匠とすること。
通り外観	自然素材の仕様や植栽との組み合わせ等周辺景観と調和した意匠とすること。
色　彩	芦屋の景観色を念頭に、低彩度を基本とし、周辺の景観との調和に配慮したけばけばしくない配色とすること。特に工作物の大部分を占める基調色の彩度については、地域に多く用いられている色彩との調和を図り、マンセル値で次を満たすこと。 ①　R（赤）、YR（橙）系の色相を使用する場合は、彩度4以下 ②　Y（黄）系の色相を使用する場合は、彩度3以下 ③　その他の色相を使用する場合は、彩度2以下

⑫ 大規模建築物に附属する日よけ	
位置・規模	①　現存する景観資源を可能な限り活かした配置、規模及び形態とすること。 ②　周辺の景観と調和したスケールとし、通りや周辺との連続性を維持し、形成するような配置、規模及び形態とすること。
外観意匠	①　主要な材料は周辺の景観との調和に配慮し、見苦しくならないものを用いること。 ②　建築物と調和した意匠とすること。
色　彩	①　芦屋の景観色を念頭に、低彩度を基本とし、周辺の景観との調和に配慮したけばけばしくない配色とすること。特に、工作物の大部分を占める基調色の彩度については、地域に多く用いられている色彩との調和を図り、マンセル値で次を満たすこと。 　ⓐ　R（赤）、YR（橙）系の色相を使用する場合は、彩度4以下 　ⓑ　Y（黄）系の色相を使用する場合は、彩度3以下 　ⓒ　その他の色相を使用する場合は、彩度2以下 ②　建築物の色彩と調和したものであること。

⑬	アンテナ	
位置・規模	① 芦屋の景観を特徴づける山・海などへの眺めを損ねない配置、規模及び形態とすること。 ② 現存する景観資源を可能な限り活かした配置、規模及び形態とすること。 ③ 周辺の景観と調和したスケールとし、通りや周辺との連続性を維持し、形成するような配置、規模及び形態とすること。	
外観意匠	主要な材料は周辺の景観との調和に配慮し、見苦しくならないものを用いること。	
屋外設備	屋外に設置する設備は、周囲から見えないよう工夫し、露出する場合は工作物と調和した意匠とすること。	
色　彩	① 芦屋の景観色を念頭に、低彩度を基本とし、周辺の景観との調和に配慮したけばけばしくない配色とすること。特に、工作物の大部分を占める基調色の彩度については、地域に多く用いられている色彩との調和を図り、マンセル値で次を満たすこと。 　ⓐ　R（赤）、YR（橙）系の色相を使用する場合は、彩度4以下 　ⓑ　Y（黄）系の色相を使用する場合は、彩度3以下 　ⓒ　その他の色相を使用する場合は、彩度2以下 ② 建築物と一体となって設置される場合は、当該建築物の色彩と調和したものであること。	

⑭	道路
⑮	公園

① 周辺の景観に調和した意匠、色彩等とすること。
② 屋外に設置する設備は、できるだけ目立たないように工夫したものとすること。

⑯	高架道路・高架鉄道・横断歩道橋・こ線橋その他これらに類するもの
⑰	橋りょうその他これに類するもの

① 周辺の景観に調和した意匠、色彩等とすること。
② 屋外に設置する設備は、できるだけ目立たないように工夫したものとする

こと。
③ 親柱、高欄等の意匠やポイントとなる彫刻、緑化等による演出を工夫したものとすること。

3　芦屋景観地区の画期性

　景観法に基づき景観行政団体となった市町村がその全域を景観計画区域として指定した事例は、これまでにもいくつかあった。しかし、全域を景観地区に指定した例は芦屋市が全国初である。景観計画区域では届出・勧告による緩やかな規制（誘導）が行われるのに対し、景観地区では建築物の形態意匠の制限を都市計画に定める等より厳しい規制が行われる。そのため、景観地区はより良好な景観の保全・創出が求められる場所に限定して指定するのが景観法制定以来今日までのオーソドックスな活用方法であった。芦屋市がそのような従来の手法と大胆に決別し、市全域を景観地区として指定したことは画期的である。

　また、景観計画区域は景観法に基づく景観行政団体でなければ指定することができないため、芦屋景観地区の都市計画決定がされた2009年7月時点では、そもそも景観行政団体となっていなかった芦屋市が景観計画区域の制度を活用することはできなかった。しかし、景観地区は市町村が指定する都市計画の1つであるため、芦屋市が景観地区の都市計画を定めることが可能であった。そこで芦屋市は、前述のとおり、全域を景観地区に指定し、全ての建築物の建築等について計画認定手続を経由することとし、大規模建築物については位置・規模・屋根・壁面・色彩・設備等に関する形態意匠の制限を定める一方、戸建て住宅や小規模店舗等については屋根・外壁に関する色彩基準のみを制限するという形をとった。そして芦屋市は、今後特徴ある景観の保全・育成が求められている地区については、個別に景観地区として都市計画を決定し、地域固有の景観の保全・向上を強化する方針とのことである。このような形も、2004年（平成16年）に制定された景観法が定めるツールの

活用方法として有効と思われ、画期的である。

Ⅲ　芦屋市都市景観条例の改正

　前述のとおり、市全域を景観地区に指定した芦屋市は、2009年（平成21年）3月、1996年（平成8年）に自主条例として定めた芦屋市都市景観条例（平成8年芦屋市条例第21号。以下、「旧条例」という）を全面的に改正して景観法に基づく委任条例へと衣替えさせた（平成21年3月27日芦屋市条例第25号。以下、「新条例」という）。この新条例は、芦屋景観地区の都市計画決定の告示日である2009年（平成21年）7月1日に施行された。改正後の新条例は、景観地区における計画認定の手続として芦屋市景観認定審査会の意見聴取を付加し（新条例9条、景観法67条）、工作物の形態意匠の制限の基準を定めたうえで（新条例14条・別表第2、景観法72条1項）、工作物についても計画認定制度を採用した（新条例15条、景観法72条2項）。旧条例に基づいて行われていた大規模建築物等の届出制度では、指導・助言という法的拘束力のない「行政指導」しかできなかったが、景観地区の指定及び新条例の制定（改正）によって採用された景観法に基づく計画認定制度では、事前に市長の認定を受けることが義務づけられ（景観法63条1項）、違反建築物に対しては施工停止命令や是正措置命令等の措置をとることが可能となった（同法64条）。

　また、旧条例に基づく上記届出制度においては、芦屋市都市景観審議会の部会として位置づけられた芦屋市景観アドバイザー会議が事業者及び設計者との協議を行い、同会議において実質的な指導・助言が行われてきた。この景観アドバイザー会議による景観協議の仕組みは新条例においても維持され、一定規模以上の建築物の建築等及び認定工作物の建設等を行おうとする者は、景観法に基づく計画認定制度とは別に、事前に「当該敷地の立地条件及び周辺環境の特徴に基づく景観への配慮の方針」に関して市長と協議することが義務づけられている（新条例23条1項）。そして市長は、この協議が行われた場合において、「必要があると認めるときは芦屋市都市景観審議会の意見を聴くことができる」ものとされ（同条3項）、この協議に関する事項

403

第7章 景観政策の新たな展開——攻めの景観条例へ

のうち「景観に著しく支障を及ぼすおそれのある行為に関する事項」の調査審議は、同審議会の部会として設置された景観アドバイザー会議において行われる（芦屋市都市景観審議会規則7条1項）。つまり新条例によって、一定規模以上の建築物及び認定工作物は、景観法に基づく計画認定を申請する前に、自主条例に基づく事前協議を行うことが義務づけられたのである。

さらに、自主条例である旧条例が定めていた「景観地区」は、景観法に基づく景観地区と同じ名称であったため、新条例においてはその名称を「景観形成地区」に変更している。旧条例と新条例の目次を比較すると、<chart 42>のとおりである。

<chart 42>　芦屋市都市景観条例の新旧比較

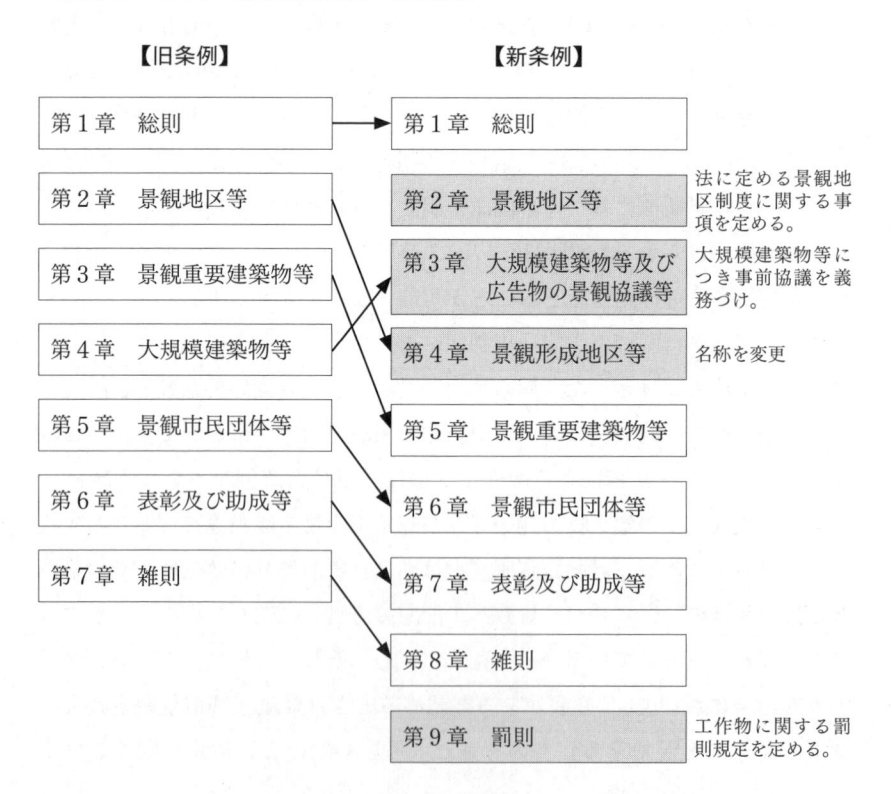

【旧条例】	【新条例】	
第1章　総則	第1章　総則	
第2章　景観地区等	第2章　景観地区等	法に定める景観地区制度に関する事項を定める。
第3章　景観重要建築物等	第3章　大規模建築物等及び広告物の景観協議等	大規模建築物等につき事前協議を義務づけ。
第4章　大規模建築物等	第4章　景観形成地区等	名称を変更
第5章　景観市民団体等	第5章　景観重要建築物等	
第6章　表彰及び助成等	第6章　景観市民団体等	
第7章　雑則	第7章　表彰及び助成等	
	第8章　雑則	
	第9章　罰則	工作物に関する罰則規定を定める。

404

Ⅳ 景観地区で全国初の計画不認定

1 全国初の計画不認定事例の登場

2009年7月に全域を景観地区に指定した芦屋市は、2010年2月、景観法に基づく計画認定制度を活用して、市内住宅街の5階建てマンションの建設計画を「不認定」とした。国土交通省によれば、これは全国初の事例で注目されるため、以下本件マンションの「計画不認定」について紹介する。

景観法に基づいて不認定とされた本件マンション計画は、当然ながら容積率や建ぺい率、高さ等の建築基準法に基づく規制はクリアしていた。そのため、芦屋市が景観地区を指定する前であれば、仮に、前記Ⅲで述べた旧条例に基づく景観協議において指導・助言が行われたとしても、それは法的拘束力のない「行政指導」にすぎないため、施工主側がそれに従わなければ計画されたとおりの建物が建築されていた可能性があった。このように考えると、本件マンション計画の不認定は、ある意味で、芦屋市が市全域を景観地区に指定する背景にあった自主条例に基づく「行政指導」の限界を打破した瞬間といえるものである。

さらに、景観法が完全施行されて景観地区の制度がスタートした2005年（平成17年）6月から本件マンション計画の不認定までの約4年8カ月の間、全国の景観地区において不認定とされた事例が1件もなく、芦屋市による今回の不認定が全国初の事例となったことは、景観法が用意した景観地区と計画認定の制度を、「絵に描いた餅」ではなく有効な規制手法として現実に運用した自治体が初めて登場したという点で画期的な意義がある。

2 計画不認定となったマンション計画の概要

まず、本件マンションの計画地はJR神戸線芦屋駅の北側に位置する芦屋市大原町17番1であり、その敷地面積は1173.16㎡である。東西に細長い長方形の敷地で、その西側は一方通行の道路に面し、北側には狭い路地がある。

その用途地域は第一種中高層住居専用地域であり、前述の芦屋景観地区と第二種高度地区に指定されていた。次に本件マンション計画は、鉄筋コンクリート造地上5階地下1階建て、23戸の共同住宅を建築するもので、その建築面積は701.79㎡、延べ床面積は3667.44㎡、高さ14.45mとされていた。

3　計画不認定の判定の根拠

　芦屋市景観認定審査会は、2010年2月5日、本件マンション計画は不認定とすべきと判断した。同審査会は、その不認定の理由として、まず、本件マンション計画の計画地とその周辺地域の現在の土地利用の状況は、①戦前の耕地整理により街区が形成されてきた住宅地であり、②計画地の南側敷地には3階建て及び2階建ての集合住宅があるほか、道路・里道等を隔てた東、西、北側敷地はいずれも比較的敷地が広い2階建ての戸建て住宅を中心とする良好な住宅地であり、③計画地は、幹線道路から遠く離れ、このような良好な住宅地を形成する大規模街区の中央部に位置していると認定した。そのうえで、計画地とその周辺地域の土地利用の状況が上記のとおりであるため、「建築物の配置・ボリューム構成・形態などにおいて、戸建て住宅を中心とする落ち着きのある周辺環境に配慮し、周辺の暮らしと調和するよう工夫することが強く要請される」と述べた。さらに、本件マンションが5階建て、最高の高さ15.45mで敷地の長辺にほぼ並行して長さ41.3mであり、周辺の建築物に比べて著しく大きなスケールとボリュームを有するため、「周辺の建築物や空間の形成するまちなみ景観とは著しく調和を欠く規模、形態であり、配置上も問題があるといわざるを得ない」と述べた。そして、本件マンション計画は、建築物の配置、規模及び形態に関し、芦屋景観地区に定められた形態意匠の制限のうち、大規模建築物に関する項目別基準の位置・規模の3にいう「周辺の景観と調和した建築スケールとし、通りや周辺との連続性を維持し、形成するような配置、規模及び形態とすること」に明らかに反するものと結論づけ、本件マンション計画を不認定とすべきと判断した。

　芦屋市は、このような芦屋市景観認定審査会の答申を受けて、2010年2月

10日、申請者に対し、景観法63条3項に基づき建築物の形態意匠の制限に適合しない旨の通知をしたのである。

4　その後の行方

　できる限り土地を有効利用したいと考える不動産業者の立場に立てば、本件マンション計画地のような広い敷地にマンション建築を計画するのは自然なことである。他方、計画地のある大原町とその西側に隣接する船戸町及び松之内町は、南北をJR神戸線と阪急神戸線に、東西を宮川と芦屋川に挟まれた住宅街で、東京でいえば田園調布にあたるような高級住宅地である。したがって、芦屋市景観認定審査会は、そのような閑静な高級住宅地としての良好なまちなみを守るべきと判断したため本件マンション計画を不認定としたのである。

　なお、2010年8月19日付け読売新聞は、不認定の通知を受けた本件マンション計画の開発業者は当初計画規模を縮小して再申請する意向であったが、結局のところ採算があわないと判断して計画を断念し、計画地を売却したと報道した。その場合予想されるのは、計画地を買い受けた次の業者がこの細長い土地を数個に分割して2階建ての戸建て住宅として分譲するいわゆるミニ開発の施行である。ところが、筆者が個人的なネットワークで得た情報によれば、購入者は個人でこの土地に居宅を建築する予定とのことである。そのため、この土地でミニ開発が行われ、敷地が細分化する心配はなくなった。つまり、景観法と計画不認定制度によって敷地の細分化が回避され、「大原町は広い敷地に大きな家を建てる土地柄である」という「神話」が維持され、大原町の高級住宅地としての良好なまちなみが守られたのである。もっとも、近隣住民の中には、前述のような理由で本件マンション計画が不認定となったことに、一種の「住民エゴ」が感じられるという意見もある。

　経済不況の今の時代、約350坪の土地を個人が購入し、そこに居宅を建てるのは大変なことである。これはまだまだ、芦屋というブランド力が失われていないことの証であろう。この事例は、芦屋の良好な景観を守るという観

点からすれば、結果として望ましい形で決着した一例と評価することができる。

V 芦屋川南特別景観地区の指定

1 芦屋川南特別景観地区を指定

(1) 芦屋川南特別景観地区指定の経緯

　前述のように芦屋市は、2009年7月に市全域を景観法で定める景観地区に指定するなど、他の市町村に先駆けて緑豊かなまちづくりをめざす施策を推進してきた。芦屋川沿岸は市民の日々の生活において身近で親しみのある場所であるとともに、個性と風格のある美しい景観を有する、市を代表する重要な地域であると強く認識した芦屋市は、この芦屋川沿岸地域における、より良好な景観の創造をめざすべく、2010年11月1日「JR以南の芦屋川沿岸の街区（道路で囲まれた区域）22.5ha」を、市全域の景観地区とは別に、「芦屋川南特別景観地区」に指定した。

　ここでいう特別景観地区とは景観法に基づく法律用語ではなく、景観法上はあくまで景観地区であるが、他の景観地区とは景観形成の方針や建築物、認定工作物の制限が異なるものである。

(2) 景観形成の考え方

　芦屋川南景観特別地区については、まず景観形成の方針として、①緑の構造を活かした景観の形成、②緑と一体となった風景の形成、③広がりのある眺望景観を活かした景観の形成を定めている。

　次に、認定にあたっては、一般基準と項目別基準からなる形態意匠及び高さ・壁面位置、敷地規模への適合が必要であるとして、景観形成基準を<chart 43>のとおり定めた。

(3) 建築物の制限の内容

　建築物の制限の内容として、①形態意匠の制限について一般基準と項目別基準を定め、続いて②緑化の審査基準、③建築物の高さ、壁面位置、敷地面

第3節　芦屋市の新景観政策

<chart 43>　景観形成基準の内容

区　分		対　象	形態意匠の制限		高さ、壁面位置、敷地規模の制限
^	^	^	一般基準	項目別基準	^
建築物区分	低層建築物	階数が2以下、かつ、建築高さ10m以下の建築物	全ての建築物に適用する基準である	位置・規模・屋根・壁面・色彩・通り外観等に関する形態意匠の制限を定めている	敷地の位置する地区に応じて、制限を定めている
^	中高層建築物	階数が3以上、又は、建築高さ10mを超える建築物	^	^	^
工作物	^	認定工作物	全ての認定工作物に適用する基準である	工作物の種類に応じて、位置や外観意匠等について定めている	敷地の位置する地区に応じて、制限を定めている
^	^	上記以外の工作物	―	―	^

■景観形成基準　断面図イメージ

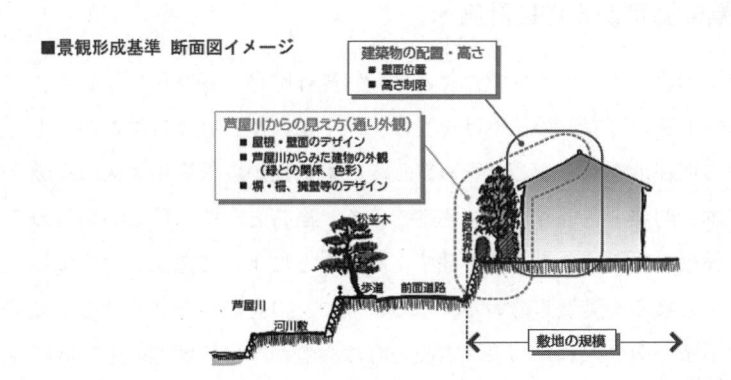

（出典）
芦屋市発行のリーフレット
「芦屋川南特別景観地区【概要】緑ゆたかな美しい芦屋の景観をめざして」

409

積の制限を、それぞれ数値や図表を使いながら定めた。

(4) **認定工作物の制限の内容**

まず、幅員10mを超える道路や面積2500㎡を超える公園など17のものを「認定工作物」と規定したうえ、その認定工作物の制限の内容として、①形態意匠の制限について、続いて②工作物の高さの制限を、それぞれ数値や図表を使いながら定めた。

2　芦屋川沿岸の北部地域についても景観特別地区に指定の手続中

さらに芦屋市は、「芦屋川南特別景観地区」に芦屋川沿岸の北部地域を編入し、芦屋川沿岸の全地域を連続性のある一体の景観地区とすることにより、魅力ある芦屋川の個性と風格のある美しい景観を守り、優れた景観の創出を表現するべく、「芦屋川南特別景観地区」を「芦屋川特別景観地区」に都市計画の変更をする手続を進めている。

VI　六麓荘町の「豪邸条例」

1　建築協定から地区計画へ

六麓荘町町内会のホームページによれば、六麓荘町は、1928年に設立された株式会社六麓荘が国有林の払下げを受け、六甲山の麓という自然豊かな土地に東洋一の別荘地をつくることをめざして、香港島の白人専用地区の高級住宅地を手本に開発・造成された住宅地である。当時としては珍しい幅員の広い道路を設置し、電線や電話線を地中化したことによって電柱のないすっきりとしたまちなみを実現している。このように、当時のまちづくりとしては画期的な手法を取り入れた結果、六麓荘町は、豊かな自然環境の中で低層住宅を中心とした良好なまちなみが形成された。そして、この良好なまちなみを守る基本となっているのが、町内会が定めた建築協定であった。

しかし、この六麓荘町の建築協定は建築基準法に基づく建築協定ではなく

自主的な建築協定であったため、法的拘束力を有していなかった。そのため、昨今相続税が負担できずに手放された土地を買い取った業者が敷地を細分化して開発するケースが増加し、この建築協定が守られない事態が生じた。また、六麓荘町の周辺地域においてはミニ開発が活発化していた。そのような状況の中、このままでは良好なまちなみが破壊されるという六麓荘町の住民の危機意識が高まり、法的拘束力のない建築協定を法的拘束力を有する地区計画へと移行するため、2003年8月から町内会において地区計画制度の研究が開始され、2004年12月には六麓荘町地区まちづくり協議会が発足した。このまちづくり協議会を中心に住民間で議論が重ねられ、2006年3月、従来の建築協定の内容を踏襲した地区計画案が同協議会総会において全会一致で承認を受け、同案が住民案として芦屋市に提出された。そして同年9月、六麓荘町地区地区計画の都市計画決定が告示された。

2 地区計画への「格上げ」とその意義

建築基準法69条に基づく建築協定は、1950年（昭和25年）に建築基準法が制定された当初からある制度で、土地所有者等の全員合意によって、敷地の分割禁止や建築物の敷地面積の最低限度、用途や構造、高さや容積率などの形態、色彩や屋根の形状などの意匠等に関する制限につき建築基準法より厳しい基準を定めることができる制度である。ただし、建築協定はあくまで私人間の契約の一種であって建築確認の対象とはならず、また建築協定に違反する建築物については建築基準法上の違反是正のための措置の対象にもならないという限界がある。建築協定は、1970年頃までほとんど実績がなかったが、その後多くの宅地開発で活用されるようになった。これは、新興住宅地ではそこで最初に形成されるまちなみ自体が「売り」になることから、開発業者がそのまちなみを形成・保全するために建築協定を活用したためである。

しかし、そのような狙いで定められた建築協定は、たとえば、店舗等を禁止し専用住宅に限るというように建築物の用途を制限したり、道路・隣地からの後退距離や生け垣の構造等を定めるといった程度の制限にとどまるもの

が多かった。そして、そのようなレベルの建築協定であれば、それを都市計画法に基づく地区計画にまでいわば「格上げ」しようとするケースは少ない。逆にいえば、地区計画への「格上げ」をめざすのは、第1に、それまでの建築協定では良好なまちなみや景観を保全できない何らかの事情（たとえば、六麓荘町のように時代の流れの中で、建築協定では定めていなかった敷地の細分化が進んでいく等）が生じ、第2に、それを契機として良好なまちなみや景観に対する地元住民の（危機）意識が高まったこと、がその背景にあるはずである。したがって実際にそのような「格上げ」が行われたということは、住民（地権者）が多くの学習をし、大きなパワーを発揮したことの現れである。その意味において、六麓荘町地区でそれまでの建築協定の枠を大きく越えた地区計画が定められたことの意義は大きい。

3　「豪邸条例」の制定

　2006年（平成18年）12月、芦屋市の高級住宅地である六麓荘町地区において、敷地面積の最低限度を原則400㎡とし、一戸建ての住宅以外の建築を禁止する等の制限を定めることを内容とする条例の改正が行われ、2007年（平成19年）2月1日に施行された。この条例（の改正）は「豪邸条例」として新聞記事等において報道されたこともあって大きな注目を浴びた。「豪邸条例」というネーミングは、一般市民への説明という点でわかりやすいものであるが、厳密にいえば、六麓荘町地区のみを対象とした新たな条例が制定されたのではなく、従来からある条例が改正されて六麓荘町地区につき上記のような制限が定められたものであることに注意する必要がある。

　法的な説明をすれば、新聞記事等において「豪邸条例」と表現された条例は、正式には「芦屋市地区計画の区域内における建築物の制限に関する条例」（平成14年9月27日条例第27号）のことである。この条例はいわゆる「地区計画」の建築条例であり、建築基準法68条の2第1項の規定に基づいて地区計画における建築物の敷地や構造等に関する制限を定める委任条例である。つまり、六麓荘町地区について定められたという「豪邸条例」とは、2006年（平成18年）

12月の条例改正によって六麓荘町地区につき敷地面積の最低限度等の制限が追加されたことを指す。すなわち、その改正の具体的な中身は、前記1で解説した芦屋市が2006年9月に都市計画法12条の5に基づいて定めた六麓荘町地区地区計画（平成18年9月26日芦屋市告示第164号）のうち地区整備計画を定めた地域につき、その地区整備計画の区域内における建築物の制限として、冒頭で述べたような敷地面積の最低限度を原則400㎡とする制限等を追加したことである。

したがって、芦屋市の地区計画に関する建築条例では六麓荘町地区以外の地区計画についても各地区計画に応じた制限が定められていることを考えれば、2006年（平成18年）12月の条例改正によって六麓荘町地区につき敷地面積の最低限度等の制限が追加されたことを「豪邸条例」と表現するのは、上記建築条例全体が「豪邸条例」であるという誤解を招くおそれがあり、筆者にはあまり適切な表現とは思えない。

4 「豪邸条例」の評価

六麓荘町地区で地元町内会が定めた建築協定を地区計画に「格上げ」し、地区計画に関する建築条例を改正して敷地面積の最低限度等の制限を定めたことは、芦屋のブランドイメージを象徴する六麓荘町地区の良好な景観を保全するうえで画期的な取組みであった。この取組みの核となったのは住民主体で地区計画を策定することであるから、これは住民が自治体と共に進めたまちづくりの成果の1つである。

前記Ⅰ・Ⅱで紹介した芦屋市による市全域の景観地区指定を、行政による強いリーダーシップの下で実現された「上からの景観政策」と位置づければ、六麓荘町地区における地区計画決定と建築条例の改正は「下からの景観政策」と位置づけることができる。良好な景観を形成・保全するための取組みを進めるには、行政と住民の連携・パートナーシップが不可欠であるところ、芦屋市においては「上から」も「下から」も良好な景観形成をめざす取組みが行われていることは興味深くかつ意義深い。

第4節　各地の新景観政策

I　岐阜県各務原市——分譲住宅地初の景観地区

1　分譲住宅地に対する景観地区の指定

　2008年4月、岐阜県各務原市（かかみがはらし）は、民間業者が開発分譲した分譲住宅地である「グリーンランド柄山（からやま）」を景観法に基づく景観地区に指定した。各務原市によれば、分譲住宅地を景観地区に指定したのは、このグリーンランド柄山景観地区が全国で初めてである。

　景観地区は、歴史的なまちなみや観光資源となるような良好な景観がすでに形成されている地域で指定されるのが、2005年（平成17年）6月に景観法が全面施行されて以来のオーソドックスな形であった。これは、景観地区の前身である美観地区の時代から同様である。しかし、グリーンランド柄山景観地区は、そのような従来の美観地区や景観地区と異なり、分譲されている途中の分譲住宅地が景観地区に指定された。つまり、グリーンランド柄山景観地区は、すでに存在する景観を「保全」するために景観地区として指定されたのではなく、いわば「何もない」状態の地域にこれから形成されるまちなみを良好な景観へと「誘導」するために景観地区として指定されたものである。

　このように、ゼロの状態から良好な景観の創出をめざして景観地区の制度を活用することは、「景観を守る」という発想からスタートすればなかなか思いつかない。なぜなら「守る」というのは、その守るべき対象の景観がすでに存在していることが大前提となるためである。しかし、景観法の目的は「我が国の都市、農山漁村等における良好な景観の形成を促進」することであり（景観法1条）、景観地区の目的は「市街地の良好な景観の形成を図る」ことである（同法61条1項）。このような景観法や景観地区の目的を考えれ

ば、すでに存在する「景観を守る」という発想にとらわれることは誤りである。各務原市が分譲住宅地であるグリーンランド柄山を景観地区に指定したように、ゼロの状態から「良好な景観を形成する」ために景観地区の制度を活用することは、景観法の目的に沿ったものであることは間違いなく、正しい発想である。その意味において、各務原市によるグリーンランド柄山景観地区の指定は、従来の発想を転換する視点を与えたという点で画期的である。

2　グリーンランド柄山の分譲と景観地区の指定

　グリーンランド柄山は、積水ハウスが市街化調整区域で開発分譲した建築条件付きの分譲住宅地である。一区画の敷地面積は200㎡以上を確保し、建築物の用途を個人専用住宅とする全126区画の分譲が2005年9月から開始された。日経アーキテクチュアの2008年4月4日付けのインターネット記事によれば、グリーンランド柄山が景観地区に指定された2008年4月時点では、126区画のうち63区画が分譲済みである。

　グリーンランド柄山を景観地区に指定することになった発端は、すでに分譲が開始されていた2007年に、各務原市がグリーンランド柄山の自治会とその分譲主である積水ハウスに対して景観地区や景観協定の制度に関する情報を提供したことが始まりである。景観地区の指定が資産価値の維持に役立つと判断した積水ハウスの協力の下、各務原市は2007年の9月と12月に全地権者を対象とする説明会を開催し、その9割以上の賛成を得て景観地区の都市計画決定の手続を進め、2008年4月1日にグリーンランド柄山景観地区の都市計画決定を告示した。グリーンランド柄山景観地区の都市計画には、形態意匠の制限のほか、建築物の高さの最高限度、壁面の位置の制限、建築物の敷地面積の最低限度が定められた。その内容は積水ハウスが分譲時のルールとして定めていたものをほぼ受け継いでいる。具体的には<chart 44>のとおりである。

<chart 44> グリーンランド柄山景観地区の内容

| 建築物の形態意匠の制限 | [地区全体]
・環境、景観に配慮した空間の形成に配慮し、各戸の庭が自然と共存し、それらが集まって多自然型の街を形成する。
[建築物全体]
・建築物の形態は建築物自体のバランスだけでなく、周辺の建築物の形態との調和、及び周辺の山並みや建築物のつくるスカイラインに配慮すること。
[屋根]
・屋根形態については、勾配屋根を原則とする。なお、陸屋根であっても、ペントハウスがあり、その形態が勾配屋根に類するものであれば可とする。
・瓦葺きを原則とする。ただし瓦葺きが適当ではない屋根構造の場合はこの限りではない。
[外壁]
・緑豊かな住宅団地としての質を向上させるため、外壁部分に用いる素材は周辺の建築物との調和に配慮する。
[色彩]
・周辺環境との調和に配慮したものとし、背景となる山並みの色彩（背景色）との関係にも配慮する。
・外観（外壁、屋根、外部建具）の色彩については、表1に掲げる色彩を用いないこと。ただし、各立面の5％までについてはこの限りではない。なお、素材色（ガラス・無着色の金属板・木材など）を効果的に利用する場合や、地区全体のデザイン性の向上に寄与すると認められる場合は、表1の色彩を各立面の5％を超えて使用することを認める。
・色彩に関する表示については日本工業規格Z8721に定められた規格とする。 |

(表1)

色 相	彩 度
0R～4.9R／5.1Y～10Y	5以上のもの
5R～5Y	7以上のもの
上記以外	2.5以上のもの

建築物の高さの最高限度	10m（階数2以下）とする。ただし、A地区については小屋裏3階建てを認める。なお、建築物の高さは、建築基準法施行令2条1項6号の規定によるものとする。
壁面の位置の制限	敷地境界線から1ｍ以上後退することとする。 歩行者専用通路に面する境界については、その通路の境界線から1ｍ以上後退することとする。なお、建築基準法に準じ、バルコニー壁面等も後退の対象とする。
建築物の敷地面積の最低限度	200㎡とする。

3 グリーンランド柄山景観地区における景観形成ガイドライン

　グリーンランド柄山では、景観地区の指定と同時に、緑化や屋外広告物などに関する基準を定める景観形成ガイドラインが策定された。この景観形成ガイドラインは、景観地区の都市計画で定められた制限のうち形態意匠の制限が各務原市の計画認定の手続によって担保され、その他の制限が建築確認の手続によって担保されることを前提として、これら以外の、景観地区の都市計画では定められない事項をコントロールするために、自治会独自の自主的ルールとして定めたものである。

　この景観形成ガイドラインに適合しているかどうかの確認は、自治会の内部組織として設置された「グリーンランド柄山景観形成委員会」において行われる。つまり、グリーンランド柄山において建築物を建築する場合には、

第7章　景観政策の新たな展開──攻めの景観条例へ

景観法に基づく計画認定の手続及び建築基準法に基づく建築確認の手続とは別に、グリーンランド柄山景観形成委員会に計画内容を通知し、その承認を受ける必要がある。同景観形成委員会は、施主等から通知された計画内容を確認し、必要がある場合には各務原市の助言を受けたうえで景観形成ガイドラインが定める基準に適合するか否かを判断する。基準に適合する場合は施主等に対してその旨通知・承認し、適合しない場合には必要に応じて是正要求等を行うものとされている。もっとも、この景観形成ガイドラインはあくまでも自主的なまちづくりルールであるため、法的拘束力を有するものではない。そのため、ガイドラインに違反し、グリーンランド柄山景観形成委員会の是正要求にも応じなかったとしても法的なペナルティーが課されることはない。

　まとまった戸数の新築戸建て住宅を開発分譲する際には、その分譲主が地域の特性に応じたまちづくりルールを前もって定めることが一般的に見受けられ、そのルールを都市計画法に基づく地区計画や建築基準法に基づく建築協定の制度を活用して定めることが少なくなかった。これは、分譲主側からすれば分譲地の「商品価値」を高めることにつながるためである。グリーンランド柄山においては、分譲住宅地として全国で初めて景観地区を定めたことは画期的であるものの、景観地区の都市計画で定めることができない事項についての基準を定めた景観形成ガイドラインを法的拘束力のない自主的なルールにとどめたのは疑問である。筆者としては、この景観形成ガイドラインの内容も地区計画又は建築協定等の制度を活用して法的拘束力を有するものとして定めなければ、万一この景観形成ガイドラインを遵守しない建築物が建築された場合に有効な対抗手段とならないため、良好な景観形成のための方策としては不十分ではないかと考えている。

II　兵庫県西宮市

1　横長マンションを禁止する景観計画

(1)　横長マンションの建築規制

　2009年5月、兵庫県西宮市は市全域を景観計画区域とする景観計画を策定し、その景観計画において、いわゆる「横長マンション」の建築を制限する基準を定めた。つまり西宮市は、景観計画で定めるものとされている、「良好な景観の形成のための行為の制限に関する事項」（景観法8条2項2号）の1つとして、建築物の壁面の「最大投影立面積」を定めて、この最大投影立面積の制限と従来からある高さ規制によって、建築されるマンションの横幅を制限したのである。西宮市によれば、神奈川県川崎市や京都府宇治市において一定以上の横幅となる場合における届出制度はあるが、定められた基準を超える横幅での建築を認めない規制は例がなく、このようにマンションの横幅を対象とする規制が定められたのは全国で初めてである。

　西宮市がこのようにして横長マンションの建築規制を定めた背景には、阪神・淡路大震災後にマンション開発が活発化する中、高さ規制の枠内で1棟の戸数を増やすために横幅の長いマンションが建築されるケースが目立ち始めたことがある。神戸新聞2008年10月10日付けのインターネット記事によれば、西宮市内のゴルフ練習場跡地に建築された市内最大級のマンション（約450戸）は高さ約30m、幅約220mで、周辺住民から「まるで巨大な壁のよう」「風が遮られ、両端で突風が起きる」などの苦情が出ていたとのことである。このような状況の下、西宮市は景観計画を定めて、前述のようにマンションの横幅を制限するための基準を定めたのである。

　このような横長マンションの建築規制を定めた理由としては、もちろん圧迫感やビル風の軽減もあるが、筆者としては西宮市（の担当者）が景観法に基づく景観計画の制度を活用したことに大きな意義を求めたい。つまり、西宮市の問題意識は、横長マンションによる圧迫感やビル風への対応だけでな

く、「巨大な壁」のような建築物が景観に及ぼす影響の甚大さにより重点をおいていると考えられる。圧迫感やビル風の問題は当該マンションの周辺住民だけの問題であるのに対し、横長マンションによって景観が破壊されるという問題は、周辺住民だけでなく市全体の問題として考えるべき問題である。その意味において、西宮市が景観計画の制度を活用して横長マンションの建築規制を定めたことは画期的である。

(2) 横長マンションを禁止する景観計画の策定

　西宮市は、2008年4月1日に中核市へ移行したため、景観法7条1項により自動的に景観行政団体となった。景観行政団体となった西宮市は、2009年5月1日に市全域を景観計画区域とする景観計画を策定した。西宮市が策定した景観計画においては、「景観形成指針」と「景観形成基準」が定められている。前者の景観形成指針は、景観法8条3項に基づく「景観計画区域における良好な景観の形成に関する方針」として定められたもので、景観計画区域内の全ての建築行為等について自主的に守るべき誘導基準である。建築物については、①立地特性、②まちなみとの調和、③形態、④意匠全般、⑤色彩、⑥設備機器などの修景、⑦緑化、⑧外構計画の8項目が定められているところ、③の形態については、「大きく視線を遮らないよう、分棟化を図るなど形状を工夫する」と定められた。

　後者の景観形成基準は、景観法8条2項2号に基づく「良好な景観の形成のための行為の制限に関する事項」として定められたもので、景観計画区域全域について良好な景観の形成のための各行為に関する共通基準と、景観重点地区について地区の特性に応じて定める重点基準の2つがある。なお、景観重点地区とは、景観計画区域のうち特に重点的に都市景観の形成に取り組むべき地区として市が指定する地区であるが、それについては後記3で述べる。

　そして、建築物の新築・増築・改築・移転について定められた共通基準には、①形態、②色彩、③緑化の3項目が定められ、①の形態に関し、用途地域に応じた「壁面の最大投影立面積」が定められた。最大投影立面積とは「一体

の建物の鉛直投影面積が最大となる方位から見た場合の立面積」と定義され、この壁面の最大投影立面積の制限が横長マンションの建築を規制する根拠となっている。つまり、市街化調整区域・第一種低層住居専用地域・第二種低層住居専用地域における壁面の最大投影立面積は1500㎡以下、第一種中高層住居専用地域・第二種中高層住居専用地域・第一種住居地域・第二種住居地域・準住居地域・準工業地域・工業地域における壁面の最大投影立面積は2500㎡以下と制限されたのである（近隣商業地域・商業地域については制限なし）。西宮市の景観計画に定められた建築物の新築・増築・改築・移転について定められた共通基準は、<chart 45>のとおりである。

<chart 45> 建築物の新築・増築・改築・移転について定められた共通基準

形　態	・壁面の最大投影立面積（※1）は次の数値以下とする（大空間を要する工場・スポーツ施設・劇場などは除く）。			
	区　域（※2）	イ	ロ	ハ
	最大投影立面積	1500㎡	2500㎡	―

色　彩	・外壁、屋根など外観に使用する色彩のマンセル表色系（※3）による明度・彩度は、次の範囲内の数値とする（無着色の木材、石材、漆喰、レンガ、ガラスなどを使用する部分及び各壁面の見付面積の10分の1以下の部分は除く）。			
	区域（※2）	イ	ロ	ハ
	明　度	4以上8.5以下	4以上9以下	3以上9以下
	彩　度	R系、YR系、Y系（0〜0.5Y）の色相：4以下　上記以外の色相：2以下		

緑　化	・敷地の道路に面する部分の間口緑視率（※4）は、次の数値以上とする（危険物取扱所や高架下建築物などは除く）。			
	区　域（※2）	イ	ロ	ハ
	間口緑視率	10%	10%	5%

※1　最大投影立面積：一体の建物の鉛直投影面積が最大となる方位から見た場合の立面積
（地下階で周囲から見える部分や、塔屋、屋外階段なども算入する。複数の建物が、地上からの高さ8mを超える渡り廊下などで結ばれている場合は、全体を一体とみなす）

※2　景観計画区域の区分
　　イ：市街化調整区域、第一種低層住居専用地域、第二種低層住居専用地域
　　ロ：第一種中高層住居専用地域、第二種中高層住居専用地域、第一種住居地域、第二種住居地域、準住居地域、準工業地域、工業地域
　　ハ：近隣商業地域、商業地域

※3　マンセル表色系：色彩を数値で表す方法の1つ。色相（色の種類）、明度（色の明るさ）、彩度（色の鮮やかさ）の3つの数値で1つの色を表す。

※4　間口緑視率は、敷地の道路に面する部分の合計（以下、「敷地間口」という）から通路及び出入口に必要な6.0mを引いた長さに対する、地上から高さ10.0mまでの部分の立面積に占める樹木の立面換算面積の割合をいう。

間口緑視率（％）＝ A1 ／ A2 × 100

・立面積換算面積：A1（㎡）＝（高木本数×7.0）＋（中木本数×1.5）＋（低木植栽帯間口長さ×0.5）
・緑化対象立面積：A2（㎡）＝（敷地間口－6.0）× 10.0

2　西宮市都市景観条例の改正

　西宮市は、1988年（昭和63年）に都市景観条例を制定し、西宮の都市景観を保全、育成又は創造するため、都市景観形成地区の指定制度や行為の届出制度など市独自の各種の景観施策を実施してきた。しかし、この条例は、法的根拠のないいわゆる自主条例であったため、罰則など強制力を伴った実効性のある取組みを行うことは困難であった。そのような中、前記2のとおり、中核市へ移行したことにより自動的に景観行政団体となり、景観法が定める景観計画の制度を活用することが可能になった西宮市は、2009年5月に景観

計画を策定した。そして同年（平成21年）7月、景観計画を活用するため、都市景観条例を全面改正して景観法に基づく委任条例へ衣替えさせ、同年10月1日に施行した。

　この都市景観条例の改正によって、西宮市は市独自の施策にあわせて景観法の活用による実効性のある規制、誘導が可能となった。つまり、条例に基づく届出協議の制度に、景観法16条1項に基づく景観計画区域内における行為の届出を追加したのである。この届出を受けた西宮市は、前記2で説明した景観形成基準に対する適合確認を行い、適合しないと認める場合は、景観法16条3項に基づく勧告や同法17条1項に基づく変更命令をとることができる。さらに、この勧告を受けた者が正当な理由なく当該勧告に従わないときはその旨を公表することができるものとして（西宮市都市景観条例16条1項）、景観法にはない規定も定めている。

3　甲陽園目神山地区を景観重点地区に指定

(1)　景観重点地区の指定

　前述した景観形成基準（共通基準）と重点地区基準の策定、そして西宮市都市景観条例の改正を受けて、西宮市はさらに2011年（平成23年）10月、六甲山系の山並みを背景とする市内の高級住宅地「甲陽園目神山地区」44.1haを景観重点地区に指定し、景観形成指針（誘導基準）と重点地区基準を定めた。

　これは、自然と共生する緑豊かなまちづくりをめざす地元住民でつくるまちづくり協議会が、甲陽園目神山地区の美しい景観を守り・育て・受け継いでいくため、粘り強く市に働きかけてきた結果、実現したものである。重点地区として指定したことの最大の特徴は、まちなみや地域だけではなく、戸建て住宅にまで間口緑視率を適用したことである。なお間口緑視率とは、境界領域における、道路から見える植栽の量を示したもので、敷地の道路に面する部分（敷地間口）における、地上から高さ10mまでの部分の立面積（緑化対象立面積）に対する樹木を立面に換算した面積（立面換算面積）の割合である。

423

(2) 緑視率の指定

景観重点地区では、まず「景観重点地区内の良好な景観の形成に関する指針」として、①立地特性、②まちなみとの調和、③形態・意匠、④色彩、⑤設備機器などの修景、⑦緑化、⑧外構計画、⑨附属建築物・駐車場等、⑩その他の工作物について「景観形成指針」（誘導基準）が定められる。たとえば、①立地特性では、「六甲山系の山並みを背景とする本地区では、平坦地から見上げる眺めの対象であることを意識し、山並みの景観と調和させる」、②まちなみとの調和では、「周辺建物及び緑との調和を考慮し、統一感のあるまちなみを創出させる」、③形態・意匠では、「植栽等により緑豊かな空間となるような形態・意匠に努める」等と定められている。

次に、「良好な景観の形成のための行為の制限に関する事項」として「重点地区基準」が、①緑化、②色彩、③擁壁について定められる。最もポイントとなる①の緑化についての定めは、<chart 46>のとおりである。

上記のように、緑視率という概念を定義したうえ、その数値を具体的に「15％以上とする」と定める景観重点地区を指定したのは西宮市が初めてである。

<chart 46> 緑化についての重点地区基準

| 緑化 | 敷地の道路に面する部分の間口緑視率は、15％以上とする。
ただし、接道長さが4m以下の敷地の場合は20％以上とする。
※間口緑視率：境界領域における、道路から見える植栽の量を示したもの。
敷地の道路に面する部分（敷地間口）における、地上から高さ10mまでの部分の立面積（緑化対象立面積）に対する樹木を立面に換算した面積（立面換算面積）の割合をいう。 |

間口緑視率（％）＝Ａ１（立面換算面積）（㎡）／Ａ２（緑化対象立面積）（㎡）
　　　　　　　　×100

　　Ａ１（㎡）＝（高木本数×7.0）＋（中木本数×1.5）＋（低木植栽帯長さ×0.5）
　　　　　　　＋（その他の植栽・自然石等の設置面積）

　　Ａ２（㎡）＝敷地間口長さ×10.0

さらに景観重点地区では、①無届又は虚偽の届出には、過料・罰金、②重点地区基準への不適合には、勧告・変更命令、③勧告・変更命令に従わない場合には、公表・罰金という罰則も定められている。

第5節　大阪のまちづくりと景観政策

I　大阪府・市における景観法の活用

1　大阪府における景観法の活用——景観計画と景観条例

(1) **大阪府景観条例の制定と改正**

　大阪府は、1998年（平成10年）10月に大阪府景観条例を制定した。これは、美しい世界都市・うるおいのある世界都市の実現をめざして、世界に誇ることができる魅力ある都市空間と、誰もが愛着を感じることのできる生活空間を創造し、大阪の景観づくりを進めるためである。大阪府は、景観条例に基づいて良好な広域景観の形成を推進するための「大阪府景観形成基本方針」と「大阪府公共事業景観形成指針」を策定するとともに、景観形成地域を指定して、建築物等の外観・色彩・緑化について規制・誘導を実施してきた。

　その後、景観法が2005年（平成17年）6月に全面施行されたことを受けて大阪府は、2008年（平成20年）3月に景観条例を改正し、大阪府景観形成基本方針と大阪府公共事業景観形成指針も改正して、景観法に基づく景観計画の策定の方針や位置づけ、景観法の施行に関し必要な事項を定めた。そして同年9月、府全域を対象とするのではなく、道路軸、河川軸、山並み・緑地軸を中心とする区域を対象とする景観計画を策定した。この景観計画区域は、景観行政団体となった市町の区域や市独自の景観条例により届出制度を実施している区域が除かれ、本書執筆の2012年2月時点で、道路軸について5区域、河川軸について3区域、山並み・緑地軸について3区域の合計11区域が指定されている。

(2) **大阪府景観計画の基準**

　大阪府は、これら3つの軸ごとに、「良好な景観の形成のための行為の制限に関する事項」（景観法8条2項2号）として、建築物等の形態・色彩、敷

地内の緑化、敷地の外から見える物（屋上設備、屋外設備、駐車場、駐輪場等）に対する配慮を定めた。この行為の制限に関する事項は景観計画（区域）の制度において建築物等に対する規制として重要なポイントであるところ、大阪府は、建築物の外観のうち色彩の基準については、「外壁及び屋根等の基調となる色彩は、（背景となる山並みと調和し、かつ）著しく派手なものとしない」として、他の多くの自治体の景観計画と同様、マンセル値を活用した色彩基準を定めた。しかし、建築物の意匠の基準については「周辺の景観になじまない、著しく突出した意匠としない」というように、抽象的な基準しか定めていない。

　大阪府景観計画が定めたこれらの基準は、京都市が建築物の形態意匠につき屋根の形状や材質等の基準まで定めたことや、東京都が高さや規模の制限まで定めたことと比較すれば、当たり障りのない内容である。しかしこれは、景観計画の冒頭で「大阪府としては、基礎的自治体である市町村が、それぞれの地域特性に応じた景観施策を講じることが重要」という考えを示しているように、大阪府は地域の実情に応じた細かな規制は市町村に委ねたためと考えられる。そのため、自動的に景観行政団体となっている大阪市・堺市・高槻市・東大阪市以外の大阪府下の市町村においては、早急に知事の同意を得て景観行政団体となって景観計画を策定し、地域の実情に即した規制を定めることが期待される（なお、第2次一括法によって知事の同意は不要とされたため、より市町村の自主性が問われることになる）。

(3) 茨木市の取組みと大阪府の景観行政に関する課題

　ちなみに筆者は、2009年4月から茨木市の都市景観委員会の委員に就任し、12名の委員の合議の中で茨木市の景観行政団体への移行と景観計画の策定作業に従事している。2010年4月1日に景観行政団体となった茨木市では、1991年から都市景観の向上と景観に関する市民意識の高揚を図ることを目的とする「都市景観賞」を設けて、市内の優れた景観形成に寄与している建築物や団体活動等を表彰しており、筆者も都市景観委員会でその選定に携わった。また、2010年7月には茨木市内の現地見学会が実施され、市民アンケー

第7章 景観政策の新たな展開——攻めの景観条例へ

トや基礎調査だけではわかりにくい茨木市の景観を実際に視察した。

　このように「現場」の動きを肌で体験していると、景観法の活用に向けた茨木市の熱意を十分に感じることができる。しかし、実際に景観計画や景観地区を定めて規制をかけるとなると、市北部の丘陵地や山麓地の自然景観の形成・保全については市民や企業の抵抗が少ないためすんなり進めることができそうだが、JR京都線茨木駅と阪急京都線茨木市駅を中心とする市内中心部で建築物や屋外広告物に対して良好な景観を形成・保全するための規制をかけることは、地権者や業者からの反発があり難しい。筆者は、会議の席で「芦屋市のように景観地区の指定をして建築物の規制まで踏み込むことを考えているのか」と問題提起したが、茨木市や他の委員の反応は鈍い。筆者の予想では、茨木市においては景観地区の指定まではいかず、せいぜい景観計画を策定するという、「標準程度」の景観政策まで到達するのが精いっぱいと考えている。

　このように、結局のところ景観計画や景観地区を活用してどこまで規制をかけるかは、それぞれの市町村の「やる気」の「熱量」によるところが大きい。そのような現実をみると、大阪府が期待するように、大阪府下の全ての市町村が景観行政団体となって景観計画を策定するというのは、夢物語に近いものと筆者は考えている。大阪府が地域の実情に応じた規制を市町村に「委ねた」ということは、裏を返せば大阪府が景観法の活用という点においてはリーダーシップをとろうとはせず、市町村に「丸投げ」したということかもしれない。

2　大阪市における景観法の活用①——景観計画と景観条例

　大阪市は、1998年（平成10年）に大阪市都市景観条例を制定し、翌1999年には大阪市景観形成基本計画を策定して、協議・誘導や普及・啓発を中心とした市独自の景観施策を実施してきた。その後、景観法が2005年（平成17年）6月に全面施行されたことを受けて、大阪市は2006年2月に市全域を対象とする景観計画を策定するとともに、上記の景観条例を改正した。条例改正後

に策定された景観計画では、「良好な景観の形成のための行為の制限に関する事項」（景観法8条2項2号）が定められ、たとえば建築物の外壁については「周辺景観と調和するよう、形態意匠を工夫すること」、「建築物の正面だけでなく、道路等の公共空間から見える側面や背面の意匠も工夫すること」等と定められた。しかし、建築物の色彩については「周辺景観に配慮すること」とだけ定められ、具体的な色彩基準は定められていない。

大阪市が景観計画で定めたこれらの基準は、京都市や東京都の景観計画と比べて平板なものであり、大阪府が地域の実情に応じた細かな規制を市町村に委ねたこととあわせ考えると物足りない。

3　大阪市における景観法の活用②──景観協議会

大阪市中心部をJR大阪駅から南海電鉄難波駅まで南へ真っ直ぐ伸びる御堂筋は、幅員約44m、全長約4kmの道路で、1937年に完成した。計画当初は「飛行場をつくる気か」という批判もあったが、今では沿道に植えられたイチョウ並木が特徴的な大阪のシンボルストリートである。そのような御堂筋について、大阪市は、2006年12月に「御堂筋地区景観協議会」を設置した。景観協議会とは、「景観計画区域における良好な景観の形成を図るために必要な協議を行うため」に、景観行政団体等が組織することができるものである（景観法15条1項）。

この御堂筋地区景観協議会は、沿道地権者、学識経験者、まちづくり団体である御堂筋まちづくりネットワーク、公共施設管理者である大阪国道事務所、景観行政団体である大阪市で構成され、2006年12月から2008年3月までの間に5回開催された。大阪市が、御堂筋沿道の建築物の高さ規制や壁面の位置及び形態・意匠、賑わいのある空間づくり等について協議するために上記景観協議会を設置したことは、景観法の活用という点で注目されるが、その実効性は今後の課題である。

なお、御堂筋沿道の建築物の高さは、御堂筋が完成する以前の1920年以降、いわゆる「百尺制限」（31mの高さ規制）によって規制されてきた。その後、

1995年には高さ規制が31mから50m（後退部分は60m）に緩和され、さらに2007年には本町3丁目の交差点周辺と土佐堀沿いの淀屋橋地区に限って高さ規制が大幅に緩和された。2007年の規制緩和の狙いは、本町の交差点に御堂筋を挟んで左右対称となる2本ずつのビルを4棟建築し、淀屋橋にもツインビル2棟を建てて、それぞれに「御堂筋への入口」という役割を持たせてランドマーク的なアクセントにすることであった。

そのような中、前述の御堂筋地区景観協議会においても高さ規制の緩和問題が議論され、注目を集めた。これは、沿道地権者（企業）の中には2007年の規制緩和の対象外となったことに対して不満がくすぶっている地権者がいるほか、御堂筋の活性化のためにさらなる規制緩和を希望する声が出ているためである。

このような御堂筋沿道における高さ規制の緩和の議論と対照的なのが、東京・銀座のいわゆる「銀座ルール」の規制強化である。銀座ルールとは、老朽化した建築物を建て替える際のルールとして、1998年に壁面の位置の制限と容積率の緩和を地区計画で定めることで建物の高さの最高限度を56mまでとしたものである（ただし、大規模開発については除外）。その後、2006年にこの銀座ルール（つまり、銀座地区地区計画）を見直して大規模開発に対する高さ制限の除外規定を廃止した。これは、銀座地区において老朽化した建物の建替えの動きの中で、高さ百数十mの超高層ビルの建築計画が持ち上がっていたことを背景とするものであるが、その行方を注目したい。

II 大阪府・市のまちづくりのおもしろさ

1 大阪府・市のまちづくりの特徴

大阪府も大阪市も景観行政団体として景観計画を策定するとともに、景観条例の改正を行っている。しかし、大阪市の御堂筋地区景観協議会は別として、大阪府・市による景観計画の策定と景観条例の改正は、筆者にいわせれば、やることはやっているが、「右へならえ」をしただけのものであって、京都

市や東京都のような先進的なものとはいえず平板なものである。しかし他方で、大阪府・市では京都市や東京都にはないおもしろいまちづくりがあちこちで実施されている。つまり、大阪府・市のまちづくり政策は「市民参加型」若しくは「協同のまちづくり型」という性格が強い。その典型が市民の募金や出資（つまり、市民のパワー）を活用したまちづくりである。後述する中之島の桜の植樹や道頓堀川の真珠養殖、天満天神繁昌亭の建築などがその一例である。

　ちなみに、大阪市の中心部に職場も住居も所有し、職住超近接の生活を実践している筆者は、このような大阪市のまちづくりに賛同し、中之島の桜と天満天神繁昌亭についてはそれぞれ1口1万円×家族4人分を寄付し、道頓堀川の真珠については2002年に5000円1口を出資してイケチョウガイ1個のオーナーとなった。そして2006年に引き揚げられた貝から取り出した真珠は、現在筆者のお守りとして財布の中に入っている。

　このような市民の「パワー」を活用する大阪市のまちづくりは、第7編第1章において紹介した京都市による新景観政策が、観光資源である古都の景観を守るための政策として先鋭的でユニークなものであるものの、基本的に「お上による規制型」であることと対比して考えると興味深い。京都が古くから朝廷（＝お上）の膝元で発展したまちであるのに対し、大阪は商人のまちという違いがあることも、このような大きな違いの一因となっていることは間違いないと思われる。また、京都には歴史ある寺院や伝統行事が多く、そのため景観保全の視点もそういった歴史的建築物や伝統行事を保全することが主眼となるのは当然である。つまり、新景観政策をはじめとする京都市の景観政策は「守る」という観点が大きい。これに対し大阪は、もちろん歴史的価値の大きい建築物や建造物（大阪城、大仙陵古墳など）を保全する観点もあるが、そういった歴史や伝統を「守る」という観点よりも、それらを「いかに発信するか」という観点が強い。これは、橋下徹前大阪府知事の就任直後に発表された大阪ミュージアム構想の取組みからもよくわかる。

　本書執筆の2012年2月時点で、上記のような性格をもつ大阪のまちづくり

の筆頭といえるのが水都大阪2009である。また、前述の中之島の桜の植樹や道頓堀川の浄化も、良好な景観を取り戻すための重要な政策であり活動である。以下、筆者が住んでいる大阪府・市のおもしろいまちづくりの事例をいくつかあげてみたい。

2　水都大阪2009の試み

(1)　水の都としての大阪

　前記１のような性格をもつ大阪では、まちづくり（都市再生）の一環として2009年に「水都大阪2009」が開催された。これは、本書のテーマである「景観をめぐる法と政策」にそのままあてはまる政策ではないが、水都大阪のテーマには「新しい都市景観の創出」が含まれており、大いに注目される。大阪は元来水運とともに発達した商業都市である。また、大阪市の面積の10％を川が占め、四方を川に囲まれた都心をもつ大都市は、アムステルダム（オランダ）、ベネチア（イタリア）、サンアントニオ（アメリカ）、バンコク（タイ）、蘇州（中国）など世界の「水都」と比べても珍しい。東に遡る川筋によって大和（奈良）や京都と結ばれ、西に伸びる海路は瀬戸内を経由して全国の港と結ばれていた大阪は、難波津の時代や「天下の台所」と呼ばれた江戸時代から「東洋のマンチェスター」と称された近代に至るまで、縦横に開削された堀川には無数の船が浮かび、浜には蔵が立ち並んでいた。そして、町人自身も建設の一端を担った「八百八橋」の景観は大阪の誇りであった。このような「川」の存在は人々の活動を豊かにし、新しい都市景観を創出し、産業・文化を創造するものである。

　このような認識の下、水都大阪2009は、都市再生の成果を伝えると同時にまちづくりの起点となる、美しい「水の都」の復興を広く伝える市民協働のプロジェクトとして開催されたのである。

(2)　水都大阪2009の内容

　この水都大阪2009の背景には、都市再生プロジェクトがあった。すなわち、都市再生本部による2001年12月の３次決定で『水都大阪』を再生するため、

都心部の河川について沿川のまちづくりと一体となった再生構想を策定するとともに、このうち先行的に道頓堀川の環境整備を推進する」と決定されたことを受けて、2002年9月に「花と緑・光と水懇話会」が設立された。同懇話会で策定された「大阪花と緑・光と水まちづくり提言」の中で提案されたシンボルイベントが水都大阪2009なのである。

その開催を準備、運営する組織として2008年5月に大阪市長を委員長とする水都大阪2009実行委員会が発足し、大阪府と大阪市は共に協力してこの水都大阪2009に熱心に取り組んできた。以前から行われてきた道頓堀川沿岸の改修(オープンデッキ化)のほか、江戸時代の水運拠点であった八軒家浜の船着場が再整備され、中之島公園を見渡せる土佐堀川左岸に川床が設置された。2009年8月から10月の52日間の会期の中で、親水性の高い中之島公園を中心に、アーティストによるワークショップ、灯りで会場を埋めるプログラム、アート船の巡航や橋のライトアップ、船着場での朝市やマーケット&カフェ、水都アート回廊などのプログラムが開催され、会期中の参加者は約190万人に上った。水都大阪2009は大きな成功を収め、公共事業の無駄が叫ばれ、事業仕分けによる支出削減が注目を浴びる昨今、知恵を振り絞った好イベントとして評価されている(2009年10月9日付け大阪日日新聞)。

(3) 水都にぎわい創出プロジェクト2010の開催

水都大阪2009の開催から約1年後の2010年10月には、水辺を見直し大阪を盛り上げるイベントとして、「水都にぎわい創出プロジェクト2010」が中之島で開催された(2010年8月30日付け読売新聞)。これは、水都大阪2009の継続事業である。

水都大阪2009の成功によって大阪の水都としての魅力が再発見・再認識されたことは素直に喜ばしいが、1回のイベントを成功しただけで終わらせてしまっては意味がない。水都大阪2009で創出された賑わいを一過性のもので終わらせることなく、今後も継続していくことができるかどうかが大切である。水都大阪2009の試みとこれに続く各種の事業によって、賑わい創出を恒常的なものにできてこそ、大阪の都市再生につながると筆者は考えている。

III 大阪府・市のまちづくりのユニーク性と住民参加

1 中之島の桜の植樹

　大阪の「桜の名所」といえば「造幣局の通り抜け」であるが、これに並ぶ新名所をめざした植樹プロジェクトが大阪市の「桜の会・平成の通り抜け」事業である。この事業は、市民等の参加による樹木の植栽を行うことで、まちづくりへの参加意識の向上を図り、官民一体となったまちづくりを推進することを目的としている。著名な建築家安藤忠雄氏を実行委員長とする「桜の会・平成の通り抜け実行委員会」が組織され、当初1000本の植樹を目標に2004年12月から募金をスタートさせたところ、2008年4月末の募金終了までに実に4億5000万円もの募金が集まり（このほか企業からの協賛金が約7000万円）、2010年には3000本の植樹を達成した（2010年3月29日付け朝日新聞）。

　この「平成の通り抜け」は、大阪市役所など官庁が集中する中之島エリアを対象としたものである。同エリアは、ネオルネサンス様式で1918年に建築された中之島中央公会堂（重要文化財）や、1904年完成の大阪府立中之島中央図書館など、歴史ある建築物が並ぶ優れた景観を備えている。1970年代には、これらの建物を高層ビルに建て替えるという計画があったが、建築の専門家を中心に市民の反対運動が起こり断念された。前述の水都大阪2009のメイン会場が設置されたように、大阪市は中之島を「水都・大阪再生」の拠点として位置づけている（2010年6月8日付け読売新聞「百景を歩く」）。

　また、大阪市役所や中央公会堂のある御堂筋の西に位置する四ツ橋筋では、朝日新聞グループ所有のビル3棟の建替えが進められ、2010年代後半には四ツ橋筋を挟んでツインタワーとなる超高層ビルが完成する予定である。これらのビルは、水辺の景観に馴染むよう設計され、緑もふんだんに取り入れるとのことである。安藤氏は、この朝日新聞グループの建替えに際し、再開発ビル群が桜並木を採用すれば、周辺の桜並木とつながり、大阪人の「心の森」

になるだろうと述べている（2007年4月3日付け朝日新聞）。

　筆者も同氏の上記意見に大賛成である。民間企業による再開発においては、その再開発の対象となる土地だけでなく周囲の景観やまちづくりとの連携が重要であることはいうまでもない。大阪市内に住む市民の一員として、「平成の通り抜け」事業のコンセプトが周辺の（再）開発事業につながることを心から期待している。

2　道頓堀川の浄化

　大阪市内を流れる道頓堀川は、心斎橋・難波を中心とするいわゆる「ミナミ」と呼ばれる繁華街エリアの代名詞となっている。阪神タイガースが優勝すると若者が飛び込むことでも有名なこの川は、水質が悪く大量の大腸菌が生息しているため、本来水泳は不可能である。しかし一時期に比べると、大阪市による浄化事業により水質はかなり改善されてきた。ここに新たな風を吹き込んだのが、2001年に設立されたNPO法人「大阪・水かいどう808」である。水かいどう808は、「水の都・大阪の川からの再生」をめざして、川・水・ウォーターフロントに関するさまざまな活動を行っており、代表的なものは、なにわ八百八橋の「橋洗い」や「道頓堀で泳ごうや」と題する道頓堀川での水泳大会開催の計画などである（本書執筆の2012年2月現在、この水泳大会はいまだ実現できていない）。

　この水かいどう808が2003年にスタートさせた活動が、真珠の養殖に使われるイケチョウガイが水質浄化に役立つことに注目した真珠の養殖による道頓堀川の浄化活動である。この活動はメディアにも大きく取り上げられ、現在水かいどう808では、「大阪ジョウカ（浄化）物語」と銘打って、道頓堀川以外の大阪市内の川についても民間の手で水質を改善する活動に取り組んできた。この「大阪ジョウカ物語」における真珠の養殖は、一般市民から貝1個ごとに7000円の出資を募り、養殖開始4年後に「貝開式」を行って、得られた真珠を出資者に返すという仕組みである（筆者が出資した2002年当時は、1つの貝から産まれる真珠が単数なら5000円、複数なら7000円とされていた

が、その後複数産まれるように統一された)。もちろん、貝は生き物であるから、必ず真珠の養殖に成功するとは限らない。しかし、川の浄化を進めて水辺の景観をよくすることをめざすこの取組みは、「実利」と「楽しみ」を伴ったユニークな手法で、市民参加という視点から大いに評価したい。水かいどう808のこれらのユニークな取組みについては、今後のさらなる工夫と展開を期待したい。

3　天満天神繁昌亭の復活

　景観政策とは関係ないが、大阪における市民の力によるまちづくりの一例として興味深いのが天満天神繁昌亭の復活である。上方落語の定席(常設の寄席)として大阪大空襲以来60年ぶりに復活した繁昌亭は、日本一長い商店街として有名な天神橋筋商店街の新たなシンボルとして計画された。天神橋筋商店街は全長約2.6km、約600店が軒を連ねる長大な商店街で、最近では「落語家を目指す女子高生」が主人公となったNHK連続テレビ小説『ちりとてちん』(2007年10月〜2008年3月)の舞台にもなった。歴史と伝統ある商店街であるとともに最高に安くておいしい店の多い商店街として有名で、筆者はこの商店街の常連客である。

　全国的な商店街の衰退の流れにあって、元気と活気が取り柄のこの商店街も近年はシャッターを下ろしたままの店も現れた。そうした中、客を呼び込むための拠点として計画され、隣接する大阪天満宮の敷地を無料で提供してもらい建設されたのが繁昌亭である。繁昌亭は2006年8月に竣工し、その建設費約2億4000万円の大部分は個人や企業からの合計約4500件の寄付金で賄われた。劇場内外の天井には、寄付をした団体や個人の名前が記された1550個の提灯で埋め尽くされている。

　このようにして開設された繁昌亭は客の入りも上々で、筆者は、絵に描いたような「庶民のまちづくり」の成功例として評価している。このような成功例を身近に見れば、わがまち大阪のまちづくりもまだまだ捨てたものではないということが実感できる。大阪庶民のパワーを阪神タイガースばかりで

4　大阪府・市のまちづくりにみる住民参加

前記Ⅱ・Ⅲで紹介した大阪のまちづくりにおいては、眺望・景観をめぐる紛争は全く発生せず、官民の協力で順調に進められてきた。その鍵の1つは、何といっても市民がまちづくりに積極的に参加していることにある。まちづくりとは本来こうありたいものである。そのまちに住む住民がまちづくりの主役となるべきで、住民の意見を無視したまちづくりが成功することはあり得ない。無論、そうであるからといって住民側が「エゴ」や個人的な主義・主張を押し通すようなことは許されない。

それぞれの住民が思い描く「おらがまち」のイメージをどこまで共有できるかがポイントであるとともに、どうすればそれを実現できるかについての徹底した議論が求められる。本章で紹介した大阪のまちづくりのユニークさから、市民の力を結集することの意義ややり方を学び、住民参加の必要性を読み取ってもらいたい。

Ⅳ　「大阪維新」とまちづくり

1　びっくり仰天の橋下知事誕生

ひょっとして「日本一有名な弁護士」は今やこの人では、と思えるほど話題になっている人物が2011年12月から大阪市長に就任した橋下徹氏である。橋下市長は私と同じ大阪弁護士会の所属で、人気TV番組『行列のできる法律相談所』のレギュラーとして有名になった「タレント弁護士」である。私はいわゆるバラエティー番組は大嫌いだが、やしきたかじん氏が司会を務める関西ローカルの『たかじんのそこまで言って委員会』だけは毎回観ており、茶髪の橋下弁護士はこの番組でもレギュラーになっていたのでよく知っていた。

その橋下氏が、2007年12月、「大阪府知事選に出馬する」と宣言したこと

には驚いた。もっとも、大阪はタレントの横山ノック氏が2期続けて府知事に当選したような土地柄だから「下地」はあったが、前職・太田房江知事が官僚出身で地味な印象が強かったこともあってか、橋下氏はあれよあれよという間に支持を伸ばし、対立候補の民主党推薦・熊谷貞俊元大阪大学教授の2倍の得票という大差で選挙戦を制して、38歳の若さで大阪府知事に就任した。

2　橋下府政のまちづくり

　橋下知事は、就任会見で大阪府に「財政非常事態宣言」を出し、「知事の退職金は半減」を筆頭に掲げて大胆な歳出カットに取り組んだが、就任後しばらくは「派手」な動きはみられなかった。しかし、まちづくりの分野では、選挙公約で重点事業の1つに「大阪府内で冬季イルミネーション・イベントを実施」、「『石畳と淡い街灯』の街をつくる」等のプランを掲げたことを受けて、就任直後に設置した重要政策プロジェクトチームにおいて、御堂筋沿いをイルミネーションで彩る「光る御堂筋」計画や、府内全域を1つの博物館に見立てて近代的建築物や古墳などの名所をライトアップする「大阪ミュージアム構想」などが提案された。前者の「光る御堂筋」計画については2010年度より御堂筋イルミネーションとして実施され、後者の大阪ミュージアム構想についてはインターネットを存分に活用し、そのホームページ上で「展示品」として登録された建物・まちなみ、みどり・自然や「館内催し」として登録されたお祭りやイベントが紹介されている。前述の「水都大阪2009」などもこれらの成果の1つである。

　他方で、橋下知事は、経営不振に陥っていた大阪ワールドトレードセンター（WTC、現在の愛称はコスモタワー）ビルに大阪府の庁舎を移転する計画を立てたが、庁舎移転は府議会で否決され、会社更生手続に入ったWTCから損失補償を求められることになった。この問題については、2010年には大阪府がWTCビルを購入することになり実質的な庁舎移転計画は進んだものの、東日本大震災の発生によって災害拠点としての耐震性能に疑問が出てきたた

438

め、庁舎の全面移転を断念することになるという「ドタバタ劇」もみられた。

　また、梅田駅北ヤードの再開発では、2009年に日本サッカー協会が2022年のワールドカップ招致をめざして「スタジアムを建設したい」という要望を出し、当時の平松邦夫市長らはこれを推進しようとしていた。しかし、橋下知事は、「北ヤードは緑に」との持論から反対していた。結局、2010年12月にワールドカップ招致失敗が確定したためスタジアム構想は頓挫することになったが、橋下知事はこのスタジアム構想について、「大阪全体のこととして北ヤードの使い道を考えないといけない」、「池田市や箕面市や東大阪市の市民の声からすれば、あんなところにサッカー場は大反対だと思う。僕は府民全体の意思を表している立場として反対」などと述べて大阪市が広域行政に「口を出す」ことを批判し、まちづくりをめぐる府と市の対立を象徴する場面となった。

3　「大阪維新の会」の躍進とまちづくり

　そのような大阪情勢が大きく動いたのは2010年に入ってからである。橋下知事は、当初平松市長と協調関係にあった。しかし、地方分権の強化と「大阪都」「道州制」などをセットで主張する橋下知事に対し、次第に平松市長ら大阪府下の自治体首長からの反発が強まった。そのため橋下知事は、2010年4月、「大阪都構想」を掲げて地方政党「大阪維新の会」を立ち上げて周囲をあっと言わせ、自らその代表に就任した。そして、前述のように府と市の対立が激しくなる中、東日本大震災後の2011年4月の統一地方選挙では大阪府議会で単独過半数を、大阪市議会と堺市議会で議会第一党を確保して勢いを強めた。さらに2011年11月、大阪市長の任期切れにあわせて自ら知事を辞職し、大阪府知事・大阪市長のダブル選挙に持ち込んだ結果は、大阪府知事に「維新の会」幹事長の松井一郎氏が、大阪市長に橋下氏がダブル当選する「完全勝利」となった。

　ダブル選挙の中で「今の日本の政治で一番重要なのは独裁」とまで言い切った橋下氏は、日本では珍しい「強いリーダー」タイプの政治家である。その

ような橋下氏が大阪を念頭において展開し始めた「大阪都構想」は、今や国政レベルでも無視できないものになりつつある。「大阪都構想」とは、大阪府全域を「大阪都」とし、大阪市・堺市は解消、大阪市24区を8都区、堺市7区を3都区、さらに周辺9市を都区として合計20都区に再編、選挙で選ばれる公選区長・区議会を置くというものであり、その狙いは「二重行政の解消」である。特に大阪市に対しては、従来から公務員の待遇が民間はもちろん他の地方自治体と比較しても優遇されすぎているという「役人天国」批判が強かった。これを一気に「ぶっつぶそう」というわけである。さらに、大阪都は「首都機能を備える」とまでいうから、その構想は雄大そのものである。堺屋太一氏は、大阪都構想を「平成維新の尖兵、日本を改めるモデルケース」と評価し、現代版「版籍奉還」の公務員改革とセットになる「廃藩置県」にたとえている（橋下徹＝堺屋太一『体制維新——大阪都』（文春新書））。歴史小説家でもある堺屋氏らしい比喩だが、歴史大好きの私も興味津々で大阪都構想に注目している。「府市統合本部」を設置し、国政にまでウイングを伸ばしながら、松井大阪府知事とタッグを組んで大阪都構想の具体化を着々と進めている橋下大阪市長の動きに注目したい。

4　「10大名物構想」に注目

　その中で出てきた注目すべき「大阪都のまちづくり」案が、府及び市の特別顧問を務める堺屋太一元経済企画庁長官が府市統合本部会議で提案した「大阪10大名物」案である。「世界的名物」を作ろうと意気込むこの案には、「道頓堀に2kmのプールを作って世界遠泳大会を開催」とか、「1万㎡の『ヘクタール・ビジョン』を作りCMを上映する」などの「ど派手」な目玉から、「御堂筋全体をデザインストリート化」、「JR大阪駅大屋根の『空中カフェ』再開」といった比較的実現しやすく効果の大きなプラン、「大阪城公園と天満公園を結ぶ大歩道橋を作る」、「北ヤード第2期工事で空中緑地を実現」といった「ハコモノ」型まちづくり、さらには「関空と舞州を一体開発して国際特区に」という橋下氏の持論であるカジノ解禁など特色ある政策とセットになるであ

ろうユニークな経済政策まで、盛りだくさんである。橋下氏は「1つでも2つでも実現できれば」と前向きな姿勢を示しているという（2012年1月26日付け読売新聞）。

　これらのまちづくり案はあくまでもまだデザイン段階だが、大阪府と大阪市は2012年2月9日に第1回の「大阪府市都市魅力戦略部会」を開催し、「都市魅力創造事業」の協議を始めた。同部会では「10大名物」案だけでなく、特別顧問を務める橋爪紳也大阪府立大学特別教授は、南海難波駅前をニューヨークの繁華街・タイムズスクエア風の歩行者天国にして御堂筋と繋げる「御堂筋フェスティバルモール化事業」を提案するなどさまざまなプランが検討される予定である。何ごとも縮小傾向が強い昨今の日本国にあって、このような元気のあるプランがどんどん構想され、実現していけば素晴らしいことであるし、そのためには「強いリーダー」が必要であることは間違いない。「大阪維新」や「橋下改革」がまちづくりに与える影響を、他の自治体も大いに研究し参考にしてもらいたいものである。

終章

日本はどこへ行くのか
――景観をめぐる法と政策への不安と期待――

終章　日本はどこへ行くのか——景観をめぐる法と政策への不安と期待

第1節　こんな不安①——日本の経済

I　大阪万博vs上海万博、日本vs中国

1　万博の入場者数

　1970年、日本で「国際博覧会史上、アジア初」という大阪万博が開催された。「人類の進歩と調和」をテーマとした大阪万博は、来訪者の誰もがあっと驚いた岡本太郎氏製作の「太陽の塔」をシンボルとして、公式総入場者6421万8770人を集め、国際万博史上初めて収支が黒字になるという大成功を収めて閉幕した。

　それから40年後の2010年5月1日、「より良い都市、より良い生活」をテーマに掲げた、6カ月間の上海万博が華々しく開幕した。中国は大阪万博を強く意識し、「大阪万博を超えること」を目標に掲げてきたという。初日や開幕当初の5月こそ入場者数はやや低調だったが、6月に入ると1日の入場者数が40万人を超える盛況が続き、7月・8月とその勢いが持続した。9月はやや落ち込んだものの、10月に入り閉幕が近づくにつれ再び入場者数は増加に転じた。10月8日には累積入場者数が6000万人を突破し、10月16日には累積入場者数が大阪万博の約6442万人を超えた。ちなみに、この日は1日の入場者数は開幕以来最高の100万人を超え、これまでの1日あたりの入場者数記録である大阪万博の83万5832人を超える新記録となった。そして10月31日に無事閉幕したが、総入場者数は当初目標の7000万人を大きく超え、7308万人となった。

2　日本と中国の経済発展

　1950年代後半からの高度経済成長の中、公害問題や都市住宅問題などさまざまな矛盾と問題を抱えながらも、考えてみれば1970年の大阪万博当時の日

444

本は最も豊かで繁栄した時代であった。まちづくりの分野でも、その前後に都市計画法、都市再開発法、建築基準法などを軸とする「近代都市法」が成立し、日本の都市はさらなるステップアップに向けた開発が進んでいくように思われた。1980年代に入った日本は中曽根アーバン・ルネッサンス（都市創造）によってさらに活性化し、80年代後半のバブル景気では「わが世の春」を謳歌したが、90年代初頭にバブル経済が崩壊したことによって、以降「失われた10年」「失われた20年」の時代に突入した。以来、小泉政権時代の「いざなみ景気」と呼ばれる一時期を除いてデフレが進行し、経済不況、不景気、株安、円高から脱却できない状態が続いている。

これに対して中国では、1966年代から毛沢東の号令によって10年間も続いた「文化大革命」によって多大の犠牲を払ったものの、1978年から鄧小平が進めた「改革・開放」政策が大成功を収め、1989年の天安門事件のような政治的緊張があったにもかかわらず、1980年代以降、一党独裁体制の下で目覚ましい経済発展を継続してきた。近時、経済的にも日本に追いつき追い越しつつあったことは序章でも述べたとおりであるが、ついに2010年の中国の名目国内総生産（GDP）は5兆8786億ドルとなり、2011年2月14日に発表された日本の名目GDPを4044億ドル上回った。これによってついに日本は、1968年以来42年間守り続けていた世界2位の座を明け渡すことになったうえ、2011年の名目GDPの差は1兆4237億ドルとさらに広がった。

II　中国映画『CEO』をどう見るか

筆者は2001年に初めての映画評論本『SHOW-HEY　シネマルームⅠ』を出版して以来、2012年の『シネマルーム27』まで、27冊を数える『シネマルーム』シリーズの出版を続けてきた。『シネマルームⅠ』のサブタイトルは「二足のわらじをはきたくて」であったが、今や名実ともに弁護士業と映画評論家業の「二足のわらじ」を履いていると自負している。そのような筆者は「歴史大好き人間」であるため歴史の長い中国の映画も大好きで、これまで200本以上の中国映画を観ているが、その中での注目作の1つが『CEO（最高経

終章　日本はどこへ行くのか——景観をめぐる法と政策への不安と期待

営責任者）』である。

　この映画は、中国の大手総合家電企業「ハイアール」と、その「CEO」（＝最高経営責任者）である張瑞敏（チャン・ルエミン）をモデルにした2002年の作品であるが、筆者がこれを観たのは2005年である。ハイアールは、1984年に青島で旗挙げした小さな冷蔵庫の製造会社であり、当初その品質はお粗末なものであったらしい。そのような中でチャン・ルエミンは工場長に就任し、品質の向上に尽力する。品質管理を徹底させるために彼が全従業員の目の前で行ったパフォーマンスは圧巻である。すなわち、冷蔵庫1台の価格が従業員の1年分の給料に相当していたという時代に、何と彼は完成しているがほんの少しだけ不備のある冷蔵庫を1カ所に集め、これを全て全従業員の目の前でハンマーで叩き壊したのである。その後チャン・ルエミンは最高経営責任者となり、ハイアールグループを、2003年には世界の冷蔵庫シェアの35％を占めて世界第1位に、2004年には「世界で最も影響力ある100のブランド」の1つにまで成長させ、その優れた経営方法で各界の注目を集めた。なおハイアールは、2002年から提携関係にあり、2007年には合弁会社を設立していた三洋電機の洗濯機、家庭用冷蔵庫事業を2011年に三洋電機から譲り受けることになった。そのため、今後日本の家電量販店にはハイアールの「白モノ」が大量に並ぶことになる。

　かつて、日本にも松下幸之助、本田宗一郎ら伝説的な経営者がいたが、チャン・ルエミンはまさにそうした位置づけにある人物ということができる。筆者が本作を鑑賞した2005年の注目映画としては、アメリカには『エンロン』という企業不祥事を描いた映画がある。ところが、この年の日本映画は、といえば、これといった「企業モノ」は見当たらず、「社会派」映画としては「戦争モノ」の『亡国のイージス』や『男たちの大和／YAMATO』くらいである。そして、1968年の京都を舞台とした『パッチギ！』や、「古き良き昭和」を描いた『ALWAYS　三丁目の夕日』がヒット作であった。まさに日の出の勢いというべき中国の『CEO（最高経営責任者）』と比べると、いかにも日本の2005年を象徴しているように思われてならない。

446

Ⅲ　日本丸の「CEO」（最高経営責任者）の手腕

　戦後、高度経済成長を果たした日本丸の「CEO」は自民党総裁であり、それを支えたのが優秀な官僚であった。しかし、バブル経済崩壊後、小泉政権の一時期を除いて短命政権が続き、政治的な混乱が続いている。そのような中、自民党から民主党への政権交代が起こり、鳩山政権が誕生したものの、政治資金規正法違反や普天間基地の移設をめぐるアメリカとの関係悪化により支持率は急落した。そのため、鳩山政権は１年も経たない間に菅政権に交代した。菅政権は2010年７月11日に実施された参議院選挙で大きく議席を減らし、過半数を失う「ねじれ」状態を招いたものの、菅総理は小沢一郎元代表を代表選で破り引き続き政権を率いることになった。しかし、尖閣諸島における海上保安庁の巡視船と中国漁船の衝突をめぐる事件での中国人船長の釈放問題、前原誠司外務大臣の外国人献金問題での辞任などで政権支持率は低迷し、菅総理自身も外国人献金問題の責任を問われる事態となった。そのような中、2011年３月11日、東日本大震災が日本を襲った。菅総理は、「地震・津波・原発」の三重苦となる未曾有の大災害への対応に追われたが、特に原発対応であまりに多くの組織を乱立させたり、「挙国一致」で自民党との大連立を画策したりといった対応が批判を浴びた。そのため、４月11日の統一地方選挙では民主党が惨敗する結果となり、党内からも「菅おろし」の大合唱という状態になった。菅総理は「自然エネルギー庁」構想を掲げ、再生エネルギー法案を成立させ「原発に依存しない社会をつくる」と主張するなど続投の意欲をみせていたが、結局退陣を表明して民主党代表選が行われ、９月２日、後任として野田佳彦第95代内閣総理大臣が誕生した。

　野田総理は菅政権で財務相を務めてきたが、「泥臭く汗をかいて働く」と自らを「どじょう」になぞらえるだけあって、派手なパフォーマンスは少なく実務的な動きが多いとの印象が強い。話題の中心となっているのはTPP（環太平洋戦略的経済連携協定）や消費税増税問題などの経済問題が多いが、野田総理はいわゆる増税派・財政再建派であり、TPP参加、消費税増税に積極的

終章　日本はどこへ行くのか──景観をめぐる法と政策への不安と期待

である。低迷が続く日本経済にとって景気回復は急務であるが、他方で膨大な赤字国債を毎年発行し続ける財政の立て直しも避けて通れないことは明らかである。

　他方国外に目を向ければ、中東では2010年末からチュニジアの「ジャスミン革命」、エジプトの民主化革命、リビアのカダフィ政権崩壊など「アラブの春」と呼ばれる政治的変革が急激に進んでいるが、安定化の兆しはなかなかみえてこない。また、安定していると思われてきたヨーロッパでは、2009年10月に発生した「ギリシャ危機」が余波を広げて「欧州債務危機」にまで拡大したためユーロ安が止まらず、統一通貨の存続すら危ぶまれるような状況になっている。これらの影響もあって、国内経済がこれほど大きなダメージを受けているにもかかわらず円高は収まる気配がなく、日本の輸出産業には苦しい状況が続き、原発問題、エネルギー（電力不足）問題などと絡んで国内産業の空洞化がますます懸念されている。

　国内問題への対応はもちろん、対外的にも、まさに日本の「CEO」の手腕が問われる局面を迎えているのである。

第2節　こんな不安②——日本の政治

I　政権交代と政権のたらい回しをどう考えるか

　それでも日本は、かつて「ジャパン・アズ・ナンバーワン」といわれた経済大国の地位を失ったわけではなく、依然国際経済のプレイヤーとして大きな存在感を示している。しかし、経済と両輪をなす日本の政治はどうだろうか。第2次世界大戦終結後には、「東西冷戦」という深刻な対立構造が生まれ、日本でも自民党と社会党が対立した。しかし、その対立が有効な政策形成論議に結びつくことはほとんどないまま議会制民主主義は硬直化し、「55年体制」による自民党の長期政権の中、高度経済成長の裏で政官業のトライアングルが形成された。また、ロッキード事件、リクルート事件など今日でいう「政治とカネ」の問題が次々と発生し、「利益誘導」がはびこる政治が横行した。さらに、2010年9月にはこのような巨大な政治不正を「社会正義」の観点から正してきたはずの「特捜」検察までもが、無実の被告人を有罪に陥れるために証拠を改ざんしたり、その犯人である検察官を身内でかばっていたのではないかという疑いが浮上し、大阪地検特捜部の部長以下3名の検察官が逮捕されるという前代未聞の事件まで発生した。もはや、国民は誰をそして何を信じてよいのかわからないという惨状である。

　それでも、経済一流の時代には、政治は二流でもよかったのかもしれない。しかし、経済が二流に堕ちた今、政治が二流から三流、四流になってしまったのでは日本丸自体が大変なことになるのは明らかである。小泉政権が5年半続き、その後安倍・福田・麻生と自民党政権が続いた後、2009年8月民主党への「政権交代」が実現したが、期待の民主党鳩山政権・菅政権・野田政権はどうみても合格点とはいいがたい。国際・外交問題においては、普天間基地移設についての対米問題に加え、中国とは尖閣諸島をめぐる領土問題による摩擦が激しくなっているが、菅政権では、海上保安庁の巡視船に衝突し

終章　日本はどこへ行くのか——景観をめぐる法と政策への不安と期待

てきた中国漁船の船長を易々と釈放して低姿勢すぎるとの批判を浴びた。これに対し、後任の野田総理は中国脅威論者で、靖国参拝問題、外国人参政権問題などについても保守的な姿勢をとっているといわれているが、どのような外交姿勢をみせるかはやや未知数である。折しも中国では2012年秋に指導部が交代し、胡錦濤国家主席の後任として習近平副主席の就任が確実視されている。新たな指導者の選出によって中国のあり方がどのように変わるのかは、南沙・西沙諸島の領土問題、アフリカの資源開発問題なども絡んで国際的に注目を集めている。これに引き換え、日本の指導者の交代の「軽さ」はどうだろうか。

　何よりも、これほどまでに政治的リーダーが頻繁に交代する国は、よほど政情不安定な国を除けば日本くらいであろう。「もしクレオパトラの鼻がもう少し低かったら……」と同じような類の歴史上の「if」だが、「もし小泉長期政権の後、安倍政権が本格的保守政権として5年間も続いていれば……」、「美しい国」の景観政策はもっと進んでいたかもしれない。筆者はそのようなことも考えているが、さて読者はいかがであろうか。

II　「行き当たりばったり」の一例

　このような「行き当たりばったり」の政治では到底だめだということの一例として、2006年（平成18年）の建築基準法の改正をあげておきたい。この改正は、2005年に発覚した、いわゆるマンションの耐震強度偽装問題に対応し、その再発防止を図ったものである。その趣旨自体は間違っていないが、轟々たる国民の非難に対してあまりにも拙速に対応したため付焼刃なものとなり、結果としては建築についての審査をやたら厳しくしただけの改正になってしまった。この改正によって審査が極端に長期化し、住宅着工数が減少し、景気の悪化につながるという皮肉な結果を生むことになったのである。

　本来、一時的な熱狂に巻き込まれることなく、冷静に総合的な判断で立法を行うのが選良たる国会議員の役目であり、それが憲法に定められた間接民主制の趣旨である。メディアが大きな力をもつ昨今の風潮では何かと「民意」

が強調されるが、筆者の視点では単に「民意」に迎合するだけの国会議員には何の存在意義もない。この一例は国会による立法の出来具合の問題であるが、このようなことではたして日本丸は大丈夫だろうかという不安は募るばかりである。

終章　日本はどこへ行くのか——景観をめぐる法と政策への不安と期待

第3節　こんな期待①
——自治体間競争によるまちづくり

I　景観法は上からか、それとも下からか

　もっとも、不安ばかり並べ立てても仕方がない。まだまだ日本丸には期待できるところがたくさんあるはずである。そこで、本書のテーマに沿って、筆者なりのこんな期待、あんな期待のポイントを取り上げたい。その第1は自治体間競争である。

　景観価値の高まり、観光立国の要請、「美しい国」の提唱などを背景とした2004年（平成16年）6月の景観法制定は画期的な出来事であった。1984年に大阪駅前第二ビルの再開発問題に取り組み、阿倍野再開発訴訟にチャレンジするなど、80年代半ばから今日まで約25年間にわたって都市問題のフィールドで「実践する弁護士」として悪戦苦闘を重ねてきた筆者は、正直なところ国（＝行政＝国土交通省（旧建設省））が景観重視に舵を切り、本当に景観法を制定するとは思っていなかったし、そういう気運が高まっても、どうせ「ポシャる（だめになる）だろう」と考えていた。ところが、瓢箪から駒のように景観法が成立することになった。これは筆者にとっては、まさに狐につままれたような気分といってもいいすぎではない。

　もっとも、そこで残念なのは、これが下からの盛り上がり、つまり国民の景観についての意識の向上やその実現をめざした国民の運動によるものではなく、「お上」から与えられたものだということである。これは、日本が戦争に負けたために戦後アメリカから憲法が与えられ、民主主義も基本的人権もアメリカから与えられた状況と似ているうえ、真の民主主義、真の人権保障が定着しているとは思えない現状をみると、景観法の将来も必ずしもバラ色ではない。

452

II　地方分権、地域主権の進展

　しかし、下からか、それとも上からか、はともかく、景観法は成立した。つまり、よりよい景観とまちづくりのための武器はできたのである。そこで問題はその使いこなしである、ということは本書でも再三強調した。本書第7章では、景観法制定から6年を経た今、その活用ぶり、定着ぶり、応用ぶりはどうかをみてきた。その中では、何といっても京都の先進性が際立っている。また、地方都市でありながら、金沢のように先進的な景観政策を遂行している自治体もある。他方で、このような取組みを行っているのは一部であり、多数の自治体はいまだ実効性ある景観政策をとっていない現状も明らかにした。こうした「自治体間格差」は、地方分権時代にあってはある意味当然の結果である。

　わが国では、2000年（平成12年）に地方分権の推進を図るための関係法律の整備等に関する法律（地方分権一括法）が、2006年（平成18年）に地方分権改革推進法が制定されるなど、地方分権が推進されてきたが、それはいまだ道半ばである。2009年8月30日に政権交代を果たした民主党は「地域主権」を推進させるべく、「地方分権改革推進計画」を閣議決定した（2009年12月15日）うえ、2011年4月28日に「第1次一括法」を成立させ、続いて「地域主権戦略大綱」を閣議決定した（2010年6月22日）うえ、2011年8月26日に「第2次一括法」を成立させた。これらは、義務付け・枠付けの見直し、条例制定権の拡大、基礎自治体への権限移譲等を目的とするものである。

　これらの地方分権と地域主権の「推進」が真に価値あるものになるか否かについては、主権者たる国民が注意深く監視していかなければならない。

III　自治体間競争への期待

　他方、地方分権・地域主権が進むということは、国が一律に地方の面倒をみる時代、国が地方にカネをばらまく時代が終わるということである。つまり、自治体間に必然的に格差が生じ、競争が不可欠となる。これは景観行政

終章　日本はどこへ行くのか──景観をめぐる法と政策への不安と期待

の分野でも同じであり、景観法の活用についても明らかに自治体間競争が始まっている。そして景観法の成立から6年経った今、その優劣は次第にはっきりし、「成績表」が出始めている。本書は、いわばその「成績表」の1つということになるであろう。

　競争は「実力」を伸ばすために大切なことである。いつの頃からか、小学校の運動会などで一等賞・二等賞・三等賞と順位を付けない方式が定着してしまった。その理由は、勝ち負けを付けると負けた者が「かわいそうだから」らしいが、筆者の考えではそれは明らかにおかしい。社会生活において、勝者と敗者、優者と劣者が出てくることは避けられないものであり、それに目を背け、優劣、勝敗を付けない競争を否定する教育が実社会に役立つとは到底思えない。景観をめぐる法と政策にも勝者と敗者が出てくることは間違いない。そのような自治体間競争の中で、よりよいまちづくり、よりよい景観の充実が図られることを期待したい。

IV　「大阪都構想」への期待

　そのような中、本書第7章第5節の「大阪のまちづくりと景観政策」でも取り上げた「大阪都構想」への動きは要注目である。橋下市長・松井知事の「大阪維新の会」コンビが市と府のリーダーになったことによって、都構想への動きは加速している。実現までのハードルは多いはずだが、もしこれが実現されれば地方自治の大きな転機となることは間違いない。筆者は期待を込めてこれを見守りたいと考えている。

V　震災の克服と再び観光立国へ

　序章にも述べたとおり、岩手・宮城・福島の三県を中心とする東日本大震災は深い傷跡を残したうえ、復興はその緒に就いたばかりで道のりはまだまだ遠い。復興庁は被災三県を中心とする復興への歩みを全面的に協力しなければならない。そのような震災の克服と並行して進めなければならないのが、再び観光立国への道である。福島第1原発事故の影響で外国人観光客は大幅

第3節　こんな期待①——自治体間競争によるまちづくり

に減少したが、震災から約1年が経った今やっと本格的な復興が始まろうとしており、外国人観光客も再び日本を訪れるようになっている。そのような中、被災三県への観光客の誘致も重要な課題である。歴史を振り返ってみれば、日本は何度も大震災に襲われたが、そのたびに見事に復興を成し遂げてきた。今回もきっと大丈夫、筆者はそう信じているが、そのためにも、被災三県はもとより日本の美しい景観を活かした「観光立国」の復活が大切である。

終章　日本はどこへ行くのか——景観をめぐる法と政策への不安と期待

第4節　こんな期待②
——住民参加のまちづくり

I 「住民運動」に期待

　菅直人元首相の特徴の1つは「市民運動出身」ということであった。さまざまな国家的課題が山積する中、市民運動出身の菅氏が一国の総理としてみせたリーダーシップは満足できるものではなかったが、まちづくりの分野においては市民運動、住民運動が大切なことはいうまでもない。

　本書第3章では国立マンション事件の1審判決や最高裁判決に注目し分析したが、その画期的な判決は決して棚ぼた式に得られたのではない。つまり、国立の住民たちが画期的な判決を勝ち取った背景には、昔から続く住民運動が大きな役割を果たしていたのである。したがって、国立マンション事件を論ずるにあたっては、判決の文言のみに目を向けるのではなく、困難な法廷闘争を闘ってきた「パワーの源」としての住民運動に注目し、その分析をしなければならない。

　わが国では古くからまちづくりへの住民参加の必要性と重要性が唱えられながらも、従来神戸市や世田谷の「まち協」が目立ったくらいで、まちづくりに関する住民運動は弱かった。また、制度上もまちづくりに住民の意見を反映させる制度や仕組みは少なかった。ところが、阪神・淡路大震災以降その流れが大きく変化したことは第4章で紹介したとおりである。そして、まちづくりへの積極的な住民参加を促す制度も生まれてきた。2000年（平成12年）・2002年（平成14年）の都市計画法改正はその流れの中で位置づけられるものであるが、景観法も同様に「住民参加」を取り入れた制度を創設している。

　ちなみに、より身近な住民運動として筆者が取り組んできたものの1つにマンション建替え問題がある。これは1960年代に建築された多数のマンションが建替え期を迎えている日本では重要かつ深刻なテーマである。マンショ

ンについては、近時、2002年（平成14年）には区分所有法が大きく改正された。また2000年（平成12年）にはマンションの管理の適正化の推進に関する法律が、2002年（平成14年）にはマンション建替え円滑化法が制定されるなど新たな法制度が次々と整備されてきたが、それを担うのは区分所有者であり、管理組合である。ところが近年、管理組合の役員のなり手が不足し外部に委託する傾向が強まっている。確かにそれはそれで合理的かもしれないが、本来、自らの「終の住処」は自ら管理し、自ら建替えの計画を立て、それについての合意を形成することが必要である。それが「住民運動」の出発点なのである。

　国立マンション事件で画期的な1審判決と最高裁判決を獲得した国立市民の住民運動に敬意を表しつつ、各地方におけるまちづくりとよりよき景観づくりの現場において住民運動が育ち、住民参加のまちづくりがより加速することを期待したい。

II 「自立した市民」の形成

1 「自立した市民」とは

　身近なマンションの管理・建替え問題に比べると、景観をめぐるまちづくりや住民運動、さらに訴訟はもっとハードで難しい。しかし、震災復興まちづくり以降各地のまちづくりにおける住民運動が盛んになり、NPO法もできるなど、そのための道具は揃ってきている。しかし、筆者の基準ではまだまだその取組みは不十分といわざるを得ない。

　ヨーロッパでは、「計画なければ建築なし」＝「建築不自由の原則」に基づいて、住民が合意形成することが建築の大前提とされている。しかしこれは、近代国家成立後のヨーロッパでは「自立した市民」という概念が明確に存在するとともに、その「自立した市民」が常に合議をし、民主的な議論を経たうえで建築計画をつくるという伝統が存在しているからである。したがって、たとえば隣の住戸から出るピアノの音問題等、たかだかマンション

終章　日本はどこへ行くのか──景観をめぐる法と政策への不安と期待

の管理をめぐる問題1つで合意が形成できないようでは、住民運動による計画的かつあるべきまちづくりの実践は夢のまた夢になってしまう。

2009年5月から施行された裁判員裁判や、小沢一郎元民主党代表に対して「強制起訴」の議決をしたことで注目を浴びている検察審査会も「市民参加」の制度の1つであり、目下、市民参加は大切なキーワードになっている。まちづくりの分野は従来から市民参加が注目されているが、今後は司法を含むあらゆる分野で「市民力」をつけることが要請されているのである。

2　まちづくりの分野での「自立した市民」の形成

そのような時代状況の中、筆者としてはこの視点から、まちづくり分野においてどこで、どのような住民運動が展開され、どのような訴訟が提起されるかに注目したい。弁護士としての筆者の感覚では、基本的に訴訟を起こさなければ実効性のある住民運動にはならないと考えている。国立マンション事件も鞆の浦事件も住民運動の延長として裁判闘争が展開され、画期的な判決に結びついたのである。

厳しい規制を実践し始めた京都では、そのような規制は不当、違法であるという反対の方向での訴訟が提起されるのではないか。筆者はかなりの確率でそう予想するとともに内心どこかでそれを期待していた。なぜなら、たとえそれが不動産業者からの不平不満の声であったとしても、それもまた「市民の声」であって、それはそれで望ましいことであり、訴訟で真剣に争うことによって、議論の深化が期待できると筆者は考えていたからである。新景観政策に反対する訴訟が提起されていないことはすなわち、新景観政策が京都市民に支持されたことだと評価できればよいのだが、コトはそれほど簡単ではない。新景観政策の定着にはまだまだ時間を要するのではないかと筆者は考えている。「自立した市民」の形成、今後それが日本国にとっての大きな課題であるが、筆者としてはまちづくりの分野において特にそれを期待したい。

他方、3・11東日本大震災後特に注目を集めているのが「『原発』国民投

第4節　こんな期待②——住民参加のまちづくり

票」の動きである。東日本大震災で福島第1原発が大きな危機を招いたため、原発の安全性に疑問がもたれ、原発の廃止を求める声が高まってきた。そうした中で出てきたのが国民投票で原発政策を決めようとする運動である。現実問題として、原発を止めた場合に電力は足りるのか、代替エネルギーはどうするのかなどクリアすべき問題は多く、脱原発には賛否両論がある。現実にドイツでは総選挙で原発問題が争点になり「脱原発」が選択されているし、イタリアでも国民投票が実施された。しかし筆者は、原発先進ヨーロッパ諸国に比べて（間接）民主主義についての成熟度の低いわが国においては、直接民主主義に通ずる「『原発』の国民投票」には無理があると考えている。まずは、福島第1原発事故の中で明らかにされた原発をめぐる巨大なヤミの部分を広く国民に明らかにしてその問題点を整理し、各論点について科学的な論拠を明示したうえで、いかなる選択をすればよいのかを考えるネタを提供することが先である。現状にみる「『原発』の国民投票」の動きは私にはヒステリックとまではいわなくとも、一過的、感情的な面が強いのではないかと心配している。そうだとすると、急いでそのような選択を迫るのではなく、まずは冷静に原発の是非や必要性について学習したうえで、どのような情報に基づき、どのような政策を選択するのかを考えなければならない。それが「自立した市民」そして「自立した国民」に求められる役割である。

終章　日本はどこへ行くのか──景観をめぐる法と政策への不安と期待

第5節　こんな期待③
──柔軟な思考と骨太の議論、そして政策的議論

I　柔軟な思考

　最高裁判所は「保守的」な判決を出すことが多い、権威的な機関である。多くの人がそういう印象をもっていると思われる。しかし最近では、小田急高架化事件判決（2005年（平成17年）12月7日）、国立マンション事件判決（2006年（平成16年）3月30日）、土地区画整理事業の事業計画決定に処分性を認めた判決（2008年（平成20年）9月10日）など、まちづくりの分野では、最高裁判決がかなり柔軟な判断を示している。筆者は1984年9月10日に提起した阿倍野訴訟において、1966年2月23日の土地区画整理事業の事業計画についてのいわゆる「青写真判決」と格闘し、1988年（昭和63年）6月24日には「第二種市街地再開発事業の事業計画決定は抗告訴訟の対象となる行政処分にあたる」という大阪高等裁判所判決を獲得し、1992年（平成4年）11月26日には最高裁判所でもこれを認める判決を獲得した。

　これも画期的な判決であるが、このような事例はごく例外で、都市計画法やまちづくり法の分野において、最高裁判所は従来の見解を踏襲し判例変更に踏み込まないのが大半であった。しかるに、近時なぜ最高裁判所が柔軟な思考に変化したのか。筆者にはそのような大テーマに取り組む能力はないが、その分析は不可欠である。

II　骨太の議論

1　環境権の議論

　私が弁護士登録をした1974年当時、「環境権」の議論が盛んであった。そしてその提唱者は、私が初めて勤務した法律事務所の木村保男、川村俊雄弁

護士をはじめとする大阪弁護士会のメンバーが中心であった。その成果として、大阪弁護士会環境権研究会編『環境権』（1973年・日本評論社）がある。同書の「はしがき」において、研究会の座長を務めた川村俊雄弁護士は、弁護士は「市民に一番近い場所にいて、つぶさに市民の訴を聞くことが多い」から、学者が予想できなかった問題、既存の法理論によっては解決できない問題が多く発生している現状において、「気づいた問題については、勇敢に問題の提起をなすべきである」と述べている。筆者が思うに、その凄さは、「その際に弁護士の展開する法律論は、既存の法理論との整合性や論理の精密さなどの点において、ただちにこれをそのまま承認するわけにはゆかないこともあろう」ということを承認しつつ、「これらの法律論は、それを支える社会的な要請と必要性とがあって、未熟ながらも苦悩の末に生れてくるものであるから、……そう簡単には葬り去ることのできない重みと根強さを持っているはずである。われわれは、同様の意味において、ここに述べられている環境権論は、少なくともその大綱において、誤りはないと確信している」と言い切り、社会全体に大きく問題提起をしたところにある。

　確かに、「環境権」は法の世界においてはいまだ認められていない。その一因は、比較的すんなり実務に定着した「人格権」や「日照権」が法技術的な性格が強いのに対して、環境権は法解釈という技術的なレベルからみればあまりにもステージが大きすぎたのかもしれない。しかし、「景観権」は、国立マンション事件や鞆の浦事件を通じてかなりのレベルまで到達している。「景観権」がもたらす社会的影響の大きさを考えれば、ある意味では、景観権を認めさせる住民運動、社会運動そして訴訟運動は、形を変えた環境権運動ともいえるのかもしれない。

2　インパクトのある議論の必要性

　「景観は法律上の保護に値する利益である」という国立マンション事件最高裁判決の内容については、すでに学者・実務家による多数の論文・著書が発表され、精密な議論と研究が進められている。しかし、筆者が「現場で実

践する弁護士の立場」から現状をみた場合、これらの議論はあまりにも精密すぎ、細かすぎるように思われる面もある。

　たとえば、本書でも国立マンション事件・鞆の浦事件の判決分析においてその論考を参考にさせていただいた大塚直早稲田大学教授は、近時の論文「公害・環境、医療分野における権利利益侵害要件」(NBL936号40頁以下)において、さらに緻密さを加え、民法709条の権利利益を「権利」「第1種利益」「第2種利益」に区分して検討している。そうした細かい議論が学問的に必要なものであることは間違いないが、それだけでは筆者には物足りないうえ、法律学の世界の外に対してはインパクト不足である。上記大塚論文は、景観利益を含む一般的な「環境利益」に関する議論を紹介し、ドイツ法の考え方やフランス法の「集団的利益」といった概念を参考に、①環境利益は公益でもある、②環境利益は主観的なものにすぎないととらえられるおそれがある、③民事訴訟の対象となりにくいものが含まれているおそれがある、といった特徴を指摘している。そして、一方では環境利益の個別的利益性を拡大するとともに、公共的利益の部分については団体訴訟立法等を推進していくことが、環境保護推進のために必要であると主張している。こうした政策的主張とともに、かつての「環境権」のような、骨太の議論が沸き起こってくることを期待したい。

III　政策的議論を

1　要件事実論の立場

　最後に、国立マンション事件にしても鞆の浦事件にしても、判決そのものは画期的だが、そのもとになっているのは、あくまで既成のまちづくり法であることを強調しておきたい。そもそもわが国では、筆者のような弁護士を含め、法律を専門とする者の多くは、法学部や法科大学院で主として「法解釈学」を学ぶ。これはすなわち、すでにできている法律の条文を解釈し、一定の事実がどのような法律要件にあてはまれば、そこにどのような法律効果

第5節　こんな期待③——柔軟な思考と骨太の議論、そして政策的議論

が発生するかを学ぶ学問なのである。また、法曹になるためには、「要件事実論」を学ばなければならない。これは、ある法律効果を発生させるための請求原因となる事実は何か、その発生を阻害するための抗弁となる事実は何か、さらにそれに対する再抗弁となる事実は何かという「事実の振り分け」を行う、極めてテクニカルなものである。

　難しいのは、ここでいう「事実」とは法律効果の発生・変動・消滅に直接必要な要件となる「主要事実」に限られており、「間接事実」や「事情」は含まれていないことである。もっとも、過失や正当事由など、要件そのものが抽象的で、具体的事実を評価しなければその有無を判断することができない「規範的要件」については、もう少し細かい具体的な事実を主要事実ととらえるなどの「テクニック」が必要になるものの、要件事実論では原則として「間接事実」や「事情」は「切り捨てるべき事実」とされている。典型的な例をあげれば、AがBに対して所有権に基づき、ある土地を明け渡すよう請求するためには、「Aが土地を所有していること」「Bが土地を占有していること」の2点だけを主張立証すれば足りるため、その他の事情（たとえば、Bが土地を占有するに至った事情やAとBの人間関係など）は請求原因として摘示する必要がない、というよりしてはならないのである。

　この「要件事実論」は、特に民事裁判の実務を円滑に処理するために必須のものとされており、これをよく習得したものが司法研修所の成績上位者となり、裁判官に任官していくことが多い。つまり、裁判官は要件事実論を駆使して判決を組み立てるのである。しかし、依頼者から話を聞く筆者たち弁護士の立場では、それだけでは依頼者との話が通じない。たとえば、弁護士が不動産訴訟や貸金請求訴訟さらには離婚訴訟等を受任するについて、依頼者から「事実」を聞き出す必要がある。しかし、依頼者は何が要件事実なのかはわからないために、自分の経験した事実や主張、希望を1から10まで弁護士に説明しようとする。ところが、その中には要件事実にあてはまらず、裁判所に対して主張しても意味がないものがたくさん含まれていることが多い。したがって、弁護士が要件事実論にあてはめ、裁判所に主張するために

聞き出したい「事実」との間に食い違いが生じ、弁護士は、依頼者から聞き取った「事実」を、いわば「そぎ落としていく」作業を強いられるという点で日々苦労することになる。

2 法政策の議論の必要性

だが、ここで少し要件事実論の立場を離れて考えてみれば、社会に生起する諸問題、とりわけ日々生まれてくる新しい社会問題を法律的に解決するにあたっては、既存の法律の解釈・適用のみでは足りないことがあるのは当然である。そのような場合は、いくら法解釈学や要件事実論を習得していても限界がある。これまで注目されていなかった問題や新たに発生する問題については、既存の法律では対応できないことが多く、新たな立法によって対処せざるを得ないのである。しかし、そこではどのような立法が望ましいのかをよく考えなければ、前述の建築基準法「改悪」のように、かえって新たな弊害を引き起こす危険もある。そこで、このような課題に対処するための「法政策学」が必要となる。景観法の制定は、まさに「美しい国」という国家観、観光立国という経済政策といった法政策論の延長から生まれたものと考えるべきである。

つまり法化社会が進む中、新たに法的に対処しなければならない社会問題が次々と生起する昨今、既成の法律を適用し、それをあてはめることによって法的解決を図るだけではなく、法の創造、すなわち立法を含めて、法政策をいかに展開するかが問われているのである。景観法の制定から8年を経ようとする今、筆者としてはこうした「法政策」の議論を期待したい。現在の景観法を「使いこなす」ところからさらに一歩を進め、「新しい景観法をつくる！」そのような雄大な議論ができないものであろうか。本書がその議論の一端を担うことができれば、この上ない幸いである。

◨参考文献・参考論文◨

[参考文献]
- 大久保昌一＝角橋徹也編著『苦悩する都市再開発——大阪駅前ビルから』（都市文化社・1985年）
- 坂和章平＝中井康之＝岡村泰郎『岐路に立つ都市再開発』（都市文化社・1987年）
- 阿倍野再開発訴訟弁護団『阿倍野再開発訴訟の歩み』（都市文化社・1989年）
- 坂和章平『都市づくり・弁護士奮闘記』（都市文化社・1990年）
- 坂和章平＝中井康之＝森恵一＝岡村泰郎『震災復興まちづくりへの模索』（都市文化社・1995年）
- 大阪モノレール訴訟弁護団『ルートは誰が決める？——大阪モノレール訴訟顛末記』（都市文化社・1995年）
- 坂和章平編著『まちづくり法実務体系』（新日本法規出版・1996年）
- 坂和章平『実況中継まちづくりの法と政策』（日本評論社・2000年）
- 坂和章平『実況中継まちづくりの法と政策　PartⅡ——都市再生とまちづくり』（日本評論社・2002年）
- 坂和章平『実況中継まちづくりの法と政策　PartⅢ——都市再生とまちづくり』（日本評論社・2004年）
- 坂和章平『実況中継まちづくりの法と政策　Part 4——「戦後60年」の視点から』（文芸社・2006年）
- 坂和章平編著『Ｑ＆Ａ改正都市計画法のポイント』（新日本法規出版・2001年）
- 都市計画法令実務研究会編『わかりやすい都市計画法の手引』（新日本法規出版・2003年）
- 坂和章平編著『注解マンション建替え円滑化法（付：改正区分所有法等の解説）』（青林書院・2003年）
- 坂和章平『Ｑ＆Ａわかりやすい景観法の解説』（新日本法規出版・2004年）
- 坂和章平『実務不動産法講義』（民事法研究会・2005年）
- 坂和章平「景観法の論点・課題についての一考察」稲本洋之助先生古稀記念論文集『都市と土地利用』347頁（日本評論社・2006年）
- 坂和章平『建築紛争に強くなる！　建築基準法の読み解き方——実践する弁護士の視点から』（民事法研究会・2007年）
- 坂和章平『津山再開発奮闘記　実践する弁護士の視点から』（文芸社・2008年）

参考文献・参考論文

- 安倍晋三『美しい国へ』（文藝春秋・2006年）
- 阿部泰隆『行政法解釈学Ⅰ』（有斐閣・2008年）
- 五十嵐敬喜『都市法』（ぎょうせい・1987年）
- 五十嵐敬喜『美しい都市をつくる権利』（学芸出版社・2002年）
- 五十嵐敬喜『美しい都市と祈り』（学芸出版社・2006年）
- 五十嵐敬喜＝小川明雄『都市計画　利権の構図を超えて』（岩波書店・1993年）
- 五十嵐敬喜＝小川明雄『公共事業をどうするか』（岩波書店・1997年）
- 五十嵐敬喜＝小川明雄編著『公共事業は止まるか』（岩波書店・2001年）
- 五十嵐敬喜＝小川明雄『「都市再生」を問う』（岩波書店・2003年）
- 五十嵐敬喜＝小川明雄『道路をどうするか』（岩波書店・2008年）
- 五十嵐敬喜＝野口和雄＝池上修一『美の条例　いきづく町をつくる』（学芸出版社・1996年）
- 五十嵐敬喜＝野口和雄＝萩原淳司『都市計画法改正――「土地総有」の提言』（第一法規・2009年）
- 五十嵐太郎『美しい都市・醜い都市　現代景観論』（中央公論新社・2006年）
- 石原一子『景観にかける――国立マンション訴訟を闘って』（新評論・2007年）
- 伊藤滋編著『都市再生最前線――実践！　都市の再生、地域の復活』（ぎょうせい・2005年）
- 美しい景観を創る会編著『美しい日本を創る――異分野12名のトップリーダーによる連携行動宣言』（彰国社・2006年）
- NPO法人区画整理・再開発対策全国連絡会議編『区画整理・再開発の破綻　底なしの実態を検証する』（自治体研究社・2001年）
- NPO法人区画整理・再開発対策全国連絡会議編『都市再生――熱狂から暗転へ』（自治体研究社・2008年）
- 区画整理対策全国連絡会議編『改訂　都市再開発はこれでよいか――商業再開発の事例に学ぶ』（自治体研究社・1988年（初版1984年））
- 建設省都市局都市計画課ほか監修『平成12年改正都市計画法・建築基準法の解説Ｑ＆Ａ』（大成出版社・2000年）
- 建設政策研究所編『「都市再生」がまちをこわす――現場からの検証』（自治体研究社・2004年）
- 国土交通省住宅局建築指導課・市街地建築課ほか監修『Ｑ＆Ａ平成14年改正建築基準法等の解説』（新日本法規・2002年）
- 小林重敬編著『地方分権時代のまちづくり条例』（学芸出版社・1999年）

- 小林重敬編著『条例による総合的まちづくり』(学芸出版社・2002年)
- 田村明『まちづくりと景観』(岩波書店・2005年)
- 田村明『都市プランナー田村明の闘い――横浜＜市民の政府＞をめざして』(学芸出版社・2006年)
- 西村幸夫『環境保全と景観創造――これからの都市風景へ向けて』(鹿島出版会・1997年)
- 松原隆一郎『失われた景観　戦後日本が築いたもの』(PHP研究所・2002年)
- 日本マンション学会法律実務研究委員会編『マンション紛争の上手な対処法〔第3版〕』(民事法研究会・2006年)
- 「文藝春秋」2005年8月号
- 橋本徹＝堺屋太一『体制維新――大阪都』(文藝春秋・2011年)
- 朝日新聞オピニオン編集部『3・11後　ニッポンの論点』(朝日新聞出版・2011年)
- 中村良夫『都市をつくる風景――「場所」と「身体」をつなぐもの』(藤原書店・2010年)

[参考論文]
- 淡路剛久「眺望・景観の法的保護に関する覚書――横須賀野比海岸眺望権判決を契機として」ジュリ692号119頁
- 淡路剛久「民法709条の法益侵害と最近の三つの最高裁判例（下）」法曹時報61巻7号1頁
- 淡路剛久「景観権の生成と国立・大学通り訴訟判決」ジュリ1240号68頁
- 五十嵐敬喜「景観論」都市問題94巻7号17頁
- 伊藤茂昭＝棚村友博＝中山泉「眺望を巡る法的紛争に係る裁判上の争点の検討」判タ1186号4頁
- 上田哲「国立景観訴訟上告審判決」判タ臨時増刊1245号79頁
- 大塚直「国立景観訴訟控訴審判決」NBL799号4頁
- 大塚直「国立景観訴訟最高裁判決の意義と課題」ジュリ1323号70頁
- 鎌野邦樹「眺望・景観利益の保護と調整――花火観望侵害・損害賠償請求事件(東京地判平成18・12・8)を契機として」NBL853号10頁
- 角松生史「地域地権者の『景観利益』――国立市マンション事件民事1審判決」別冊ジュリスト168号80頁
- 角松生史「景観利益と抗告訴訟の原告適格――鞆の浦世界遺産訴訟をめぐって」日本不動産学会誌86号71頁
- 加藤了「国立市の通称『大学通り』に完成した14階建てマンションの高さ20メー

トルを超える部分について撤去を認めた一審判決を取り消し、その撤去請求を棄却した事例」判例地方自治274号72頁
- 加藤了「国立市『大学通り』に完成した14階建てマンションの高さ20mを超える部分の撤去を認めた一審判決を取り消し、その撤去請求も棄却した二審判決に近傍住民らが上告申立したが最高裁は近傍住民らの上告を棄却した――マンションの一部撤去等請求事件（国立市）」判例地方自治280号104頁
- 北村喜宣「法的保護に値する景観利益を侵害される者は、公有水面埋立法にもとづく埋立免許の差止訴訟を提起する法律上の利益を有するとされた事例」（TKCローライブラリー速報判例解説・環境法No. 3）
- 交告尚史「鞆の浦公有水面埋立免許差止め判決を読む」法学教室354号7頁
- 高橋譲「時の判例」ジュリ1345号74頁
- 高橋譲「【1】良好な景観の恵沢を享受する利益は法律上保護されるか 【2】良好な景観の恵沢を享受する利益に対する違法な侵害に当たるといえるために必要な条件 【3】直線状に延びた公道の街路樹と周囲の建物とが高さにおいて連続性を有し調和がとれた良好な景観を呈している地域において地上14階建ての建物を建築することが良好な景観の恵沢を享受する利益を違法に侵害する行為に当たるとはいえないとされた事例」『最高裁判所判例解説（民事篇）〔平成18年度〕（上）1月～5月分』425頁
- 富井利安「国立高層マンション景観侵害事件――景観利益の侵害と妨害排除請求の根拠」別冊ジュリスト171号162頁
- 富井利安「国立景観事件（民事）東京高裁判決について」法律時報77巻2号1頁
- 福永実「景観保護を理由として公有水面埋立免許の差止めが認められた事例」（TKCローライブラリー速報判例解説Vol. 6（2010．4）行政法No. 7・53頁）
- 福永実「自然・歴史的景観利益と仮の差止め」大阪経大論集310号65頁
- 松尾弘「景観利益の侵害を理由とするマンションの一部撤去請求等を認めた原判決を取り消した事例（国立景観訴訟控訴審判決）」判タ1180号119頁
- 山村恒年「地方行政判例解説・鞆の浦埋立免許差止請求事件」判例自治327号85頁
- 吉田克己「景観利益」別冊ジュリスト196号156頁
- 吉田克己「『景観利益』の法的保護」判タ1120号67頁
- 吉村良一「国立景観訴訟最高裁判決」法律時報79巻1号141頁
- 吉村良一「不法行為の差止訴訟」『民法の争点』296頁

◨著者略歴◨

坂和　章平（さかわ　しょうへい）

〔略　歴〕

1949年（昭和24年）	愛媛県松山市生まれ
1967年（昭和42年）	大阪大学法学部入学
1971年（昭和46年）	大阪大学法学部卒
1972年（昭和47年）	司法修習生（26期）
1974年（昭和49年）	大阪弁護士会登録
2001年（平成13年）	日本都市計画学会「石川賞」（「弁護士活動を通した都市計画分野における顕著な実践および著作活動」）、日本不動産学会「実務著作賞」（『実況中継　まちづくりの法と政策』）受賞

〔主な著書〕　共著を含む

『苦悩する都市再開発──大阪駅前ビルから』（都市文化社・1985年）
『阿倍野再開発訴訟の歩み』（都市文化社・1989年）
『岐路に立つ都市再開発』（都市文化社・1987年）
『都市づくり・弁護士奮闘記』（都市文化社・1990年）
『ルートは誰が決める？──大阪モノレール訴訟顚末記』（都市文化社・1995年）
『震災復興まちづくりへの模索』（都市文化社・1995年）
『まちづくり法実務体系』（新日本法規出版・1996年）
『Q＆A生命保険・損害保険をめぐる法律と税務』（新日本法規出版・1997年）
『Q＆A改正都市計画法のポイント』（新日本法規出版・2001年）
『わかりやすい都市計画法の手引（加除式）』（新日本法規出版・2003年）
『注解マンション建替え円滑化法（付：改正区分所有法等の解説）』（青林書院・2003年）
『実況中継まちづくりの法と政策（1～4）』（日本評論社・文芸社・2000年～2006年）
『改正区分所有法＆建替事業法の解説』（民事法研究会・2004年）
『ケースメソッド公法』（日本評論社・2004年）

著者略歴

『Q&Aわかりやすい景観法の解説』(新日本法規出版・2004年)
『いま、法曹界がおもしろい!』(民事法研究会・2004年)
『がんばったで!31年　ナニワのオッチャン弁護士　評論・コラム集』(文芸社・2005年)
『いまさら人に聞けない「交通事故示談」かしこいやり方』(セルバ出版・2005年)
『実務不動産法講義』(民事法研究会・2005年)
『建築紛争に強くなる!　建築基準法の読み解き方──実践する弁護士の視点から』(民事法研究会・2007年)
『津山再開発奮闘記──実践する弁護士の視点から』(文芸社・2008年)
『取景中国：跟着电影去旅行(Shots of China)』(上海文芸出版社・2009年)
『名作映画から学ぶ裁判員制度』(河出書房新社・2010年)
『SHOW‐HEY　シネマルーム(1〜27)』(オール関西・文芸社・自費出版・2002年〜2012年)

眺望・景観をめぐる法と政策

平成24年4月29日　第1刷発行

定価　本体　4,800円（税別）

著　者　坂和章平
発　行　株式会社　民事法研究会
印　刷　シナノ書籍印刷　株式会社

発行所　株式会社　民事法研究会
　〒150-0013　東京都渋谷区恵比寿3-7-16
　〔営業〕TEL 03（5798）7257　FAX 03（5798）7258
　〔編集〕TEL 03（5798）7277　FAX 03（5798）7278
　http://www.minjiho.com/　　info@minjiho.com

組版／民事法研究会　　カバーデザイン／鈴木　弘
落丁・乱丁はおとりかえします。ISBN978-4-89628-769-1 C2032 ¥4800E

■最新の事例と判例・法令等に基づきＱ＆Ａ形式で
わかりやすく解説した待望の改訂版！

Q＆A
賃貸住宅紛争の上手な対処法
〔第5版〕

改題：賃貸住宅紛争の上手な対処法

仙台弁護士会 編

A5判・422頁・定価 3,570円（税込　本体価格 3,400円）

▷▷▷▷▷▷▷▷▷▷▷▷▷▷　**本書の特色と狙い**　◁◁◁◁◁◁◁◁◁◁◁◁◁◁

▶第5版では、敷引特約・更新料の最高裁判例、最新の実務動向等に基づいて問題事例を大幅に見直すとともに、原状回復ガイドライン、賃貸住宅標準契約書の改訂にも対応！

▶また、賃貸借契約をめぐる反社会的勢力への対応につき暴力団排除条項のモデルを示すとともに、家賃滞納者を暴力的に退去させる「追い出し屋」の事例、サブリースや家賃収納代行会社に関する事例を追録し実務の指針を明示！

▶東日本大震災を踏まえて、「賃貸借契約と震災等」の章を新設するとともに、被災地の最前線で法律相談に臨んだ仙台弁護士会の震災ＡＤＲを紹介しているので、今後、震災等の事態に陥ったときに参考になる！

　　　　　　　　　　　　　　　本書の主要内容

第1章	賃貸借契約と賃貸人、賃借人の義務〔10問〕	第9章	保証人関係の法律問題、保証人の死亡〔4問〕
第2章	賃借物件の所有者の変更と賃借人の権利〔3問〕	第10章	特殊使用関係（社宅、公務員宿舎、公営住宅）〔3問〕
第3章	賃貸建物の修繕義務等の存否、必要費・有益費の償還請求等〔5問〕	第11章	賃貸借契約と震災等〔4問〕
第4章	賃料増額請求、更新料請求への対処〔3問〕	第12章	その他の諸問題〔6問〕
第5章	敷金、権利金等〔5問〕	第13章	紛争解決手段〔2問〕
第6章	敷金返還義務および原状回復義務〔5問〕	第14章	参考資料・関連書式
第7章	借家契約の解約・更新拒絶、解除〔9問〕		Ⅰ　賃貸住宅
第8章	特殊な理由による解約・解除・対処法〔5問〕		Ⅱ　関連書式
			Ⅲ　全国消費生活センター

発行　民事法研究会

〒150-0013　東京都渋谷区恵比寿3-7-16
（営業）TEL. 03-5798-7257　FAX. 03-5798-7258
http://www.minjiho.com/　　info@minjiho.com